W0003194

Mathematik 9

Autoren:

Jochen Herling
Karl-Heinz Kuhlmann
Uwe Scheele
Wilhelm Wilke

westermann

Zum Schülerband erscheint:

Arbeitsheft 9E: 978-3-14-124839-5
Arbeitsheft zum individuellen Fördern 9: 978-3-14-125839-4
Lösungen 9: 978-3-14-291829-7

Druck A [4] / Jahr 2015
Alle Drucke der Serie A sind im Unterricht parallel verwendbar.

Redaktion: Gerhard Strümpler
Typografie und Layout: Andrea Heissenberg, Jennifer Kirchhof, Braunschweig
Umschlaggestaltung: Andrea Heissenberg
Satz: media service schmidt, Hildesheim
Repro, Druck und Bindung: westermann druck GmbH, Braunschweig

ISBN 978-3-14-**121829**-9

Zur Konzeption des neuen Unterrichtswerks Mathematik

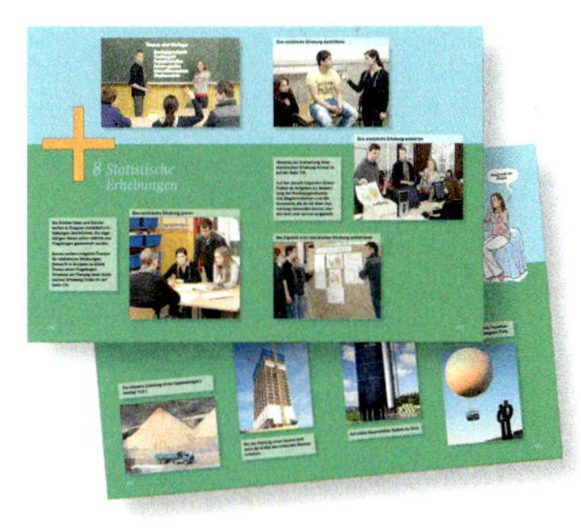

Das neue Buch **Mathematik** lädt ein zum Entdecken, Lernen, Üben und Handeln.

Jedes Kapitel beginnt mit einer offen gestalteten **Doppelseite,** die sich als Denkanstoß zum projektorientierten Arbeiten eignet und zu einem Unterrichtsgespräch anregt.

Anschließend werden die **grundlegenden Inhalte** erarbeitet und so anhand einfacher Übungsaufgaben die Grundvorstellungen bei den Schülerinnen und Schülern gefestigt.

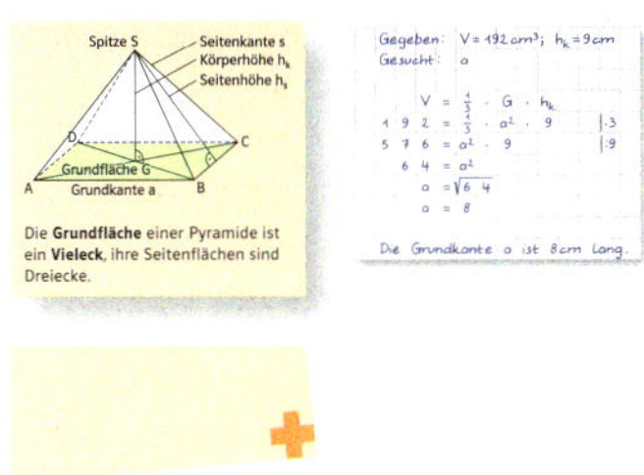

Wichtige **Definitionen** und **Merksätze** stehen auf einem farbigen Fond, **Musteraufgaben** auf Karopapier, **Beispiele** sind hellgrün unterlegt.

Seiten und Aufgaben, die sich auf zusätzliche Kompetenzen und Zusatzstoff (fakultative Lerninhalte) beziehen, sind durch ein **Plus-Zeichen** gekennzeichnet.

• **3** Aufgabe mit Lösungszahlen

Das **Grundwissen** enthält wichtige Ergebnisse und nützliche Verfahren des Kapitels.

Beim **Üben und Vertiefen** wird das erworbene Wissen auf anspruchsvolle und problemhaltige Aufgaben angewendet.

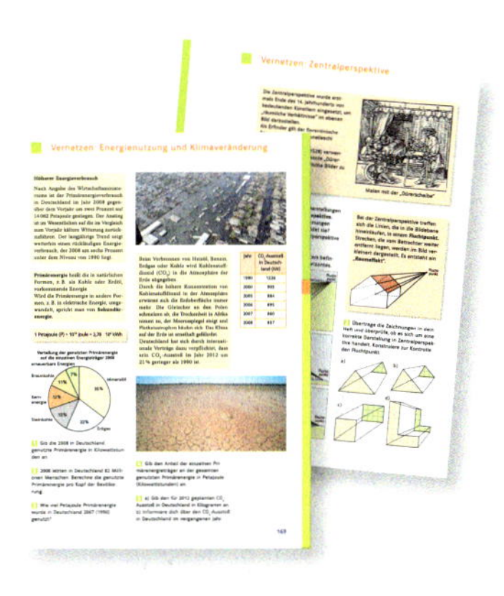

Unter **Vernetzen** werden komplexe Aufgaben mit zusätzlichen mathematischen Inhalten bereitgestellt, die bisweilen auch andere Sozialformen und Unterrichtsmethoden verlangen.

Die **Lernkontrolle** ermöglicht integrierendes Wiederholen auf zwei Lernniveaus:
In der **Lernkontrolle 1** sind Aufgaben aus dem jeweiligen Kapitel sowie Wiederholungsaufgaben zusammengefasst.
Die **Lernkontrolle 2** enthält auch vernetzte Übungen mit Themen aus früheren Kapiteln oder Jahrgängen.
Die Lösungen sind zur Selbstkontrolle am Ende des Buches angegeben.

Das neue Buch gibt auf speziellen Seiten ausführliche Hinweise zu den **prozessbezogenen Kompetenzen**: Präsentieren (Seite 94), Problemlösen: Sachaufgaben mithilfe des Satzes des Pythagoras lösen (Seite 106), Problemlösen: Aufgaben zu Sachtexten (Seite 138), eine Umfrage planen (Seite 168), eine Umfrage auswerten und Ergebnisse darstellen (Seite 169) und strukturierte Partnerarbeit (Seite 185).

In der **mathematischen Reise** können die Schülerinnen und Schüler Gesetzmäßigkeiten spielerisch entdecken.

Das Kapitel **Wiederholung** am Ende des Buches enthält wesentliche Übungsaufgaben des vergangenen Schuljahres.

Mit der **CD** im Schülerband kannst du selbstständig am Computer üben. Gib nach dem Programmstart eine der Zahlen neben dem CD-Symbol ein, dann findest du schnell eine passende Übung.

39
40

Inhalt

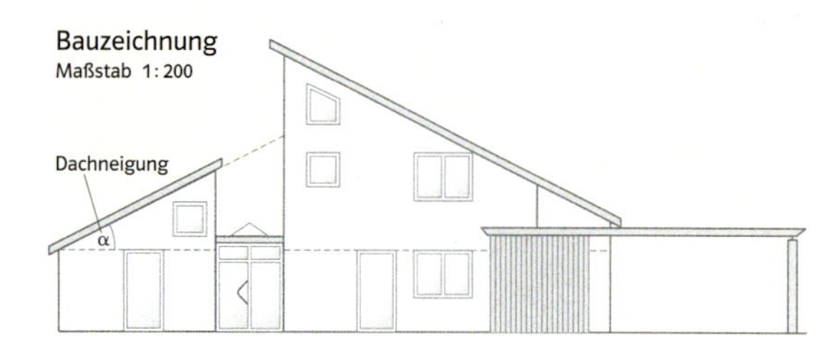

1 Ähnlichkeit

2 Reelle Zahlen

3 Lineare Gleichungs- und Ungleichungssysteme

4 Die Satzgruppe des Pythagoras

5 Körper berechnen

6 Große und kleine Zahlen

Inhalt

7 Statistische Erhebungen

8 Sachprobleme

Mathematische Zeichen und Gesetze

Mengen

$M = \{4, 5, 6, 7\}$	Menge aus den Elementen 4, 5, 6 und 7 in aufzählender Form
$\mathbb{N} = \{0, 1, 2, 3, \ldots\}$	Menge der natürlichen Zahlen
$\mathbb{Z}$	Menge der ganzen Zahlen
$\mathbb{Q}$	Menge der rationalen Zahlen
$\mathbb{R}$	Menge der reellen Zahlen
L	Lösungsmenge für eine Gleichung bzw. Ungleichung
$\{\ \}$	leere Menge
$\in$	ist Element von

Beziehungen zwischen Zahlen

		$\approx$	nahezu gleich
$a = b$	a gleich b	$a > b$	a größer als b
$a \neq b$	a ungleich b	$a < b$	a kleiner als b

Verknüpfungen von Zahlen

$a + b$	Summe (*lies:* a plus b)	$a \cdot b$	Produkt (*lies:* a mal b)
$a - b$	Differenz (*lies:* a minus b)	$a : b$	Quotient (*lies:* a geteilt durch b)

Rechengesetze

Vertauschungsgesetz (Kommutativgesetz)

$3 + 7 = 7 + 3$ $\qquad$ $3 \cdot 7 = 7 \cdot 3$

Verbindungsgesetz (Assoziativgesetz)

$3 + (7 + 5) = (3 + 7) + 5$ $\qquad$ $3 \cdot (7 \cdot 5) = (3 \cdot 7) \cdot 5$

Verteilungsgesetz (Distributivgesetz)

$6 \cdot (8 + 5) = 6 \cdot 8 + 6 \cdot 5$ $\qquad$ $6 \cdot (8 - 5) = 6 \cdot 8 - 6 \cdot 5$

Geometrie

A, B, C, ...	Punkte
$\overline{AB}$	Strecke mit den Endpunkten A und B
AB	Gerade durch die Punkte A und B
$\overline{AB}$ (mit Anfangsstrich)	Strahl
g, h, k, ...	Geraden
$g \parallel h$	g ist parallel zu h
$g \perp k$	g ist senkrecht zu k
$P(3 \mid 4)$	Punkt im Koordinatensystem mit den Koordinaten 3 (x-Wert) und 4 (y-Wert)
$\alpha, \beta, \gamma, \delta$; $\measuredangle ASB$; $\measuredangle (a, b)$	Winkel

Das abgebildete Haus soll im Baugebiet Ortschmiedeweg errichtet werden.

1 Ähnlichkeit

Warum sind die einzelnen Bauzeichnungen und der Lageplan in unterschiedlichen Maßstäben gezeichnet worden?
Was bedeuten die Maßstabsangaben?

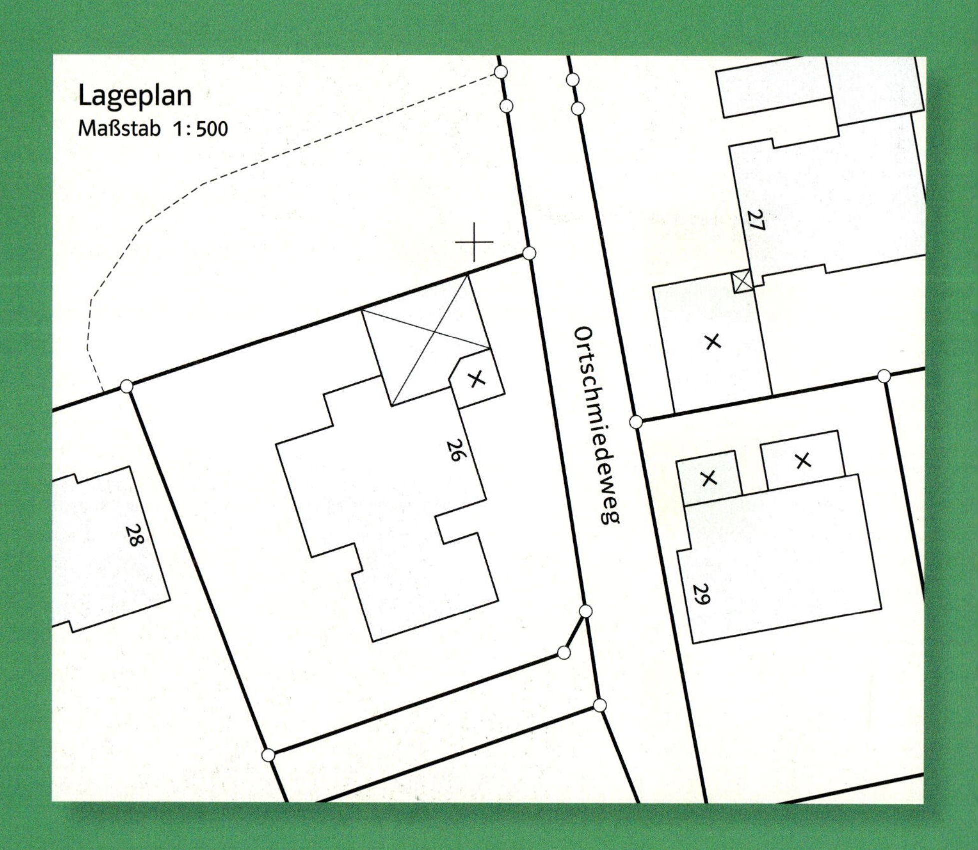

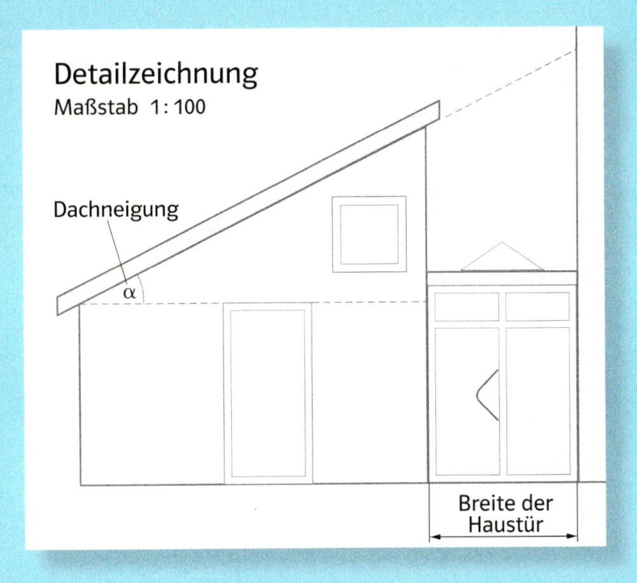

Der linke Teil des Hauses wurde in einer Detailzeichnung vergrößert dargestellt.
Vergleiche die Bauzeichnung und die Detailzeichnung miteinander, indem du die Längen und den Dachneigungswinkel misst. Was stellst du fest?

Maßstäbliches Vergrößern und Verkleinern

1 Gib an, in welchem Verhältnis die Gegenstände vergrößert bzw. verkleinert gezeichnet worden sind.

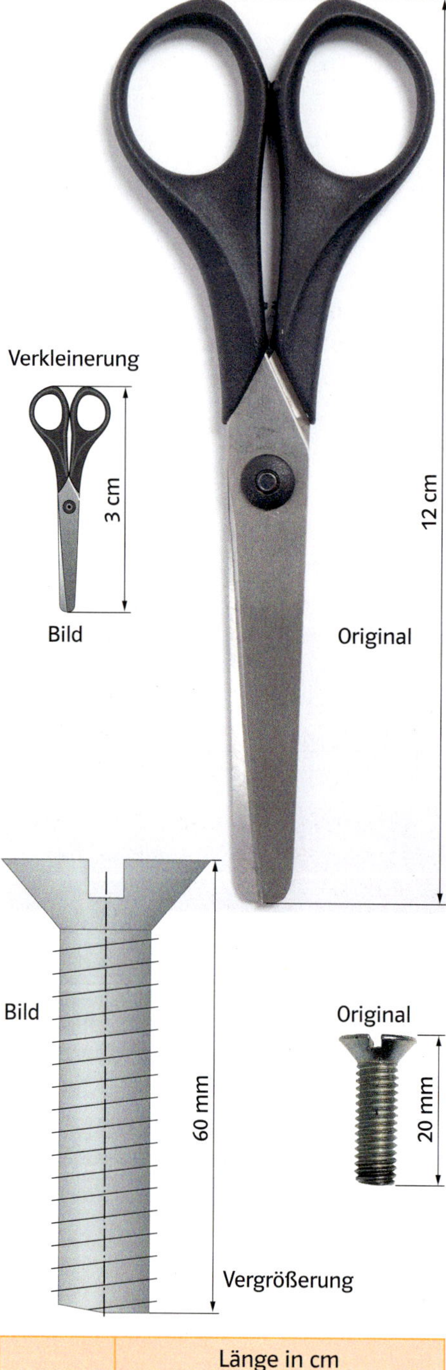

	Länge in cm		
	Bild	Original	Verhältnis
Schere	■	■	■
Schraube	■	■	■

Der Maßstab gibt das Verhältnis einander entsprechender Streckenlängen in **Bild** und **Original** an, wobei die Verhältniszahl für das Bild immer zuerst genannt wird.

Verkleinerung
Maßstab 1 : 3

1 cm im Bild $\triangleq$ 3 cm im Original

Vergrößerung
Maßstab 5 :1

5 cm im Bild $\triangleq$ 1 cm im Original

Die Winkelgrößen bleiben gleich.

2 Ergänze die Tabelle in deinem Heft.

Verkleinerung

	Maßstab	Bild	Original
a)	1:2	3,5 cm	■
b)	1:6	0,5 cm	■
c)	1:10	6,8 cm	■
d)	■	5 cm	100 cm
e)	1:100	■	3,50 m

Vergrößerung

	Maßstab	Bild	Original
a)	2:1	18 cm	■
b)	4:1	10 cm	■
c)	10:1	72 cm	■
d)	■	6 cm	1,2 cm
e)	100:1	■	6 mm

3 a) Das Modell eines New Beetle hat eine Länge von 23 cm. Wie lang ist das Original?

b) Der Audi A8 ist 5,04 m lang. Bestimme die Länge des Modells im Maßstab 1 : 16.
c) Der gebräuchlichste Maßstab bei Modelleisenbahnen ist 1 : 87. Die Länge einer Modelllokomotive beträgt 12,5 cm.

Maßstäbliches Vergrößern und Verkleinern

4 Übertrage die Figuren in dein Heft.
a) Vergrößere jede Figur im Maßstab 2 : 1.
b) Verkleinere jede Figur im Maßstab 1 : 3.
c) Was kannst du über die entsprechenden Winkel in Bild und Original aussagen?

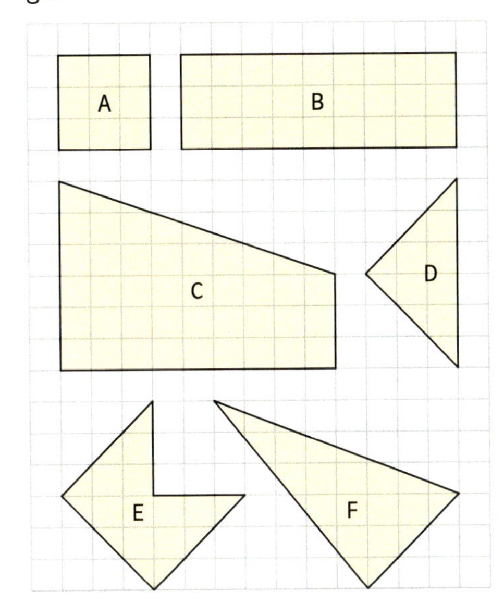

5 Übertrage die Figur in dein Heft und fertige eine zweite Zeichnung im angegebenen Maßstab an.

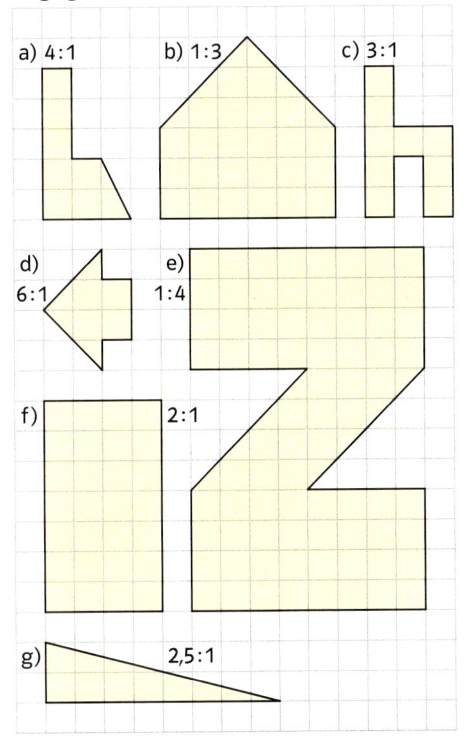

6 In welchem Maßstab ist das abgebildete Rechteck vergrößert worden?

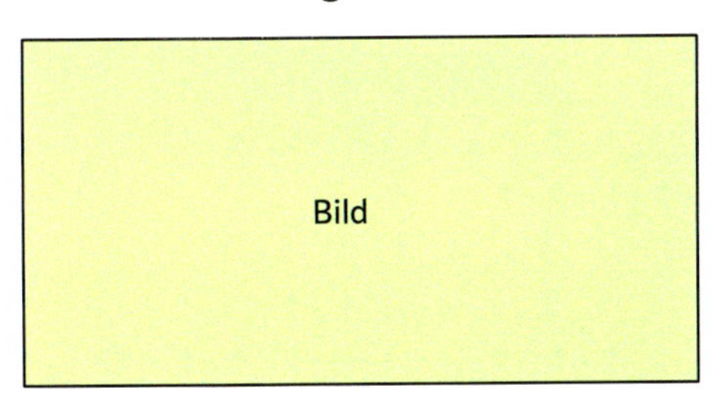

7 Die Landkarte ist in einem Maßstab von 1 : 600 000 gezeichnet worden. Bestimme die Entfernung von Lage nach Verl (Luftlinie).

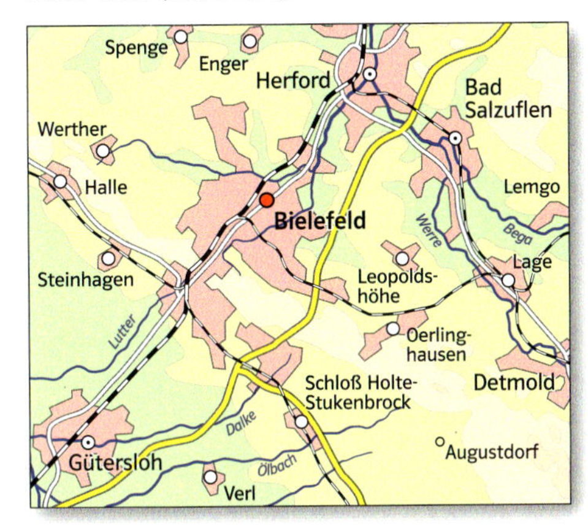

8 Mit einem Fotokopiergerät können maßstäbliche Vergrößerungen und Verkleinerungen angefertigt werden.
a) Eine DIN-A4-Seite soll auf DIN-A6-Format verkleinert werden. Welchem Maßstab entspricht das? Wie verhalten sich die Flächeninhalte der beiden Formate zueinander?
b) Eine Vorlage im DIN-A8-Format soll im Maßstab 4:1 vergrößert werden. Welchem DIN-Format entspricht die Vergrößerung?

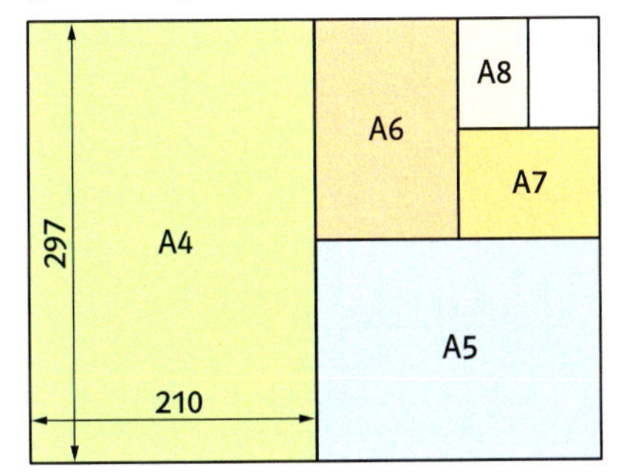

Ähnliche Figuren

1 a) Hanna möchte mit einem Grafikprogramm die Größe von Bildern verändern.
Beschreibe, wie sie dabei vorgehen kann.
b) Bei welchem Bild handelt es sich um eine maßstäbliche Vergrößerung (Verkleinerung)?

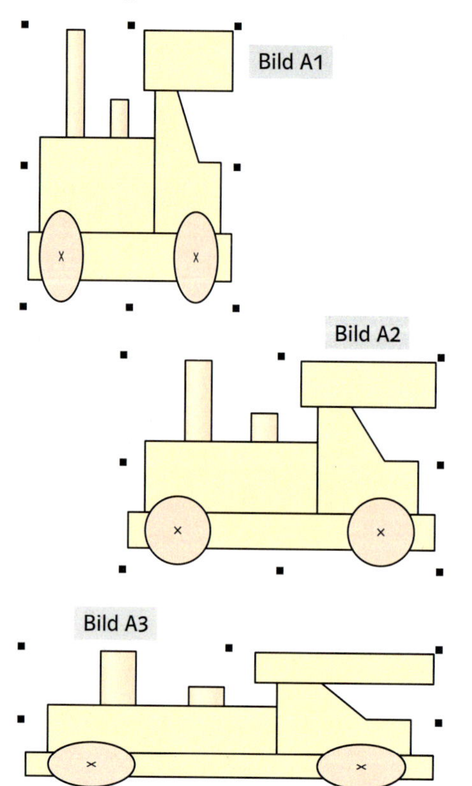

Ähnliche Figuren

2 Das Dreieck B ist durch maßstäbliches Vergrößern aus dem Dreieck A hervorgegangen.

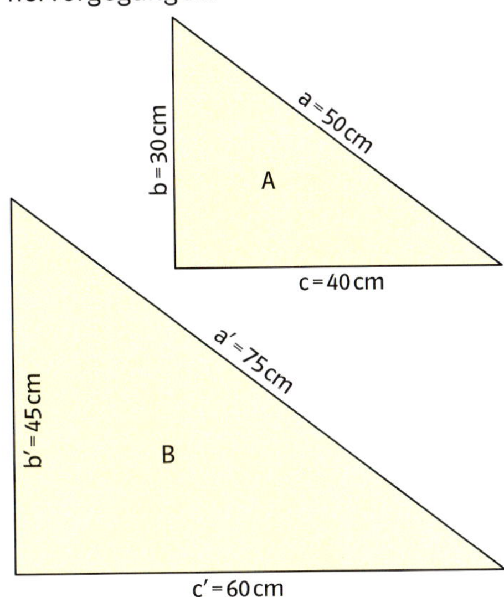

a) Bestimme den Maßstab.
b) Im Beispiel sind die Verhältnisse entsprechender Streckenlängen in Dreieck A und B berechnet worden.

$\frac{b}{c} = \frac{30}{40} = \frac{3}{4}$ $\qquad$ $\frac{b'}{c'} = \frac{45}{60} = \frac{3}{4}$

Berechne ebenso die Verhältnisse

$\frac{a}{c}$ und $\frac{a'}{c'}$; $\frac{c}{a}$ und $\frac{c'}{a'}$; $\frac{a}{b}$ und $\frac{a'}{b'}$

Was stellst du fest?
c) Vergleiche in beiden Dreiecken die Winkelgrößen miteinander.

Figuren, die durch maßstäbliches Vergrößern oder Verkleinern entstanden sind, heißen **ähnlich.**
In zueinander ähnlichen Figuren sind entsprechende Winkel gleich groß.
Die Verhältnisse entsprechender Seiten sind gleich.

Bei zwei zweistelligen Zahlen, die sich nur durch ihre Ziffernfolge unterscheiden, unterscheiden sich auch die zugehörigen Quadratzahlen nur durch ihre Ziffernfolge. Wie heißen die Zahlen?

3 Welche der unten abgebildeten Figuren sind den Figuren I, II oder III ähnlich?
Begründe deine Antwort mithilfe der Eigenschaften ähnlicher Figuren.

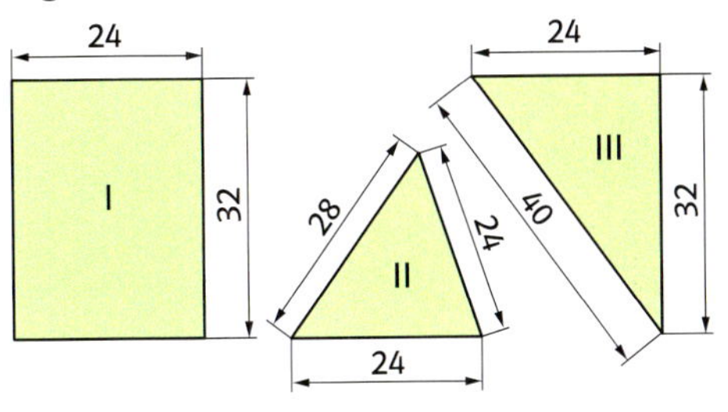

Maße in cm

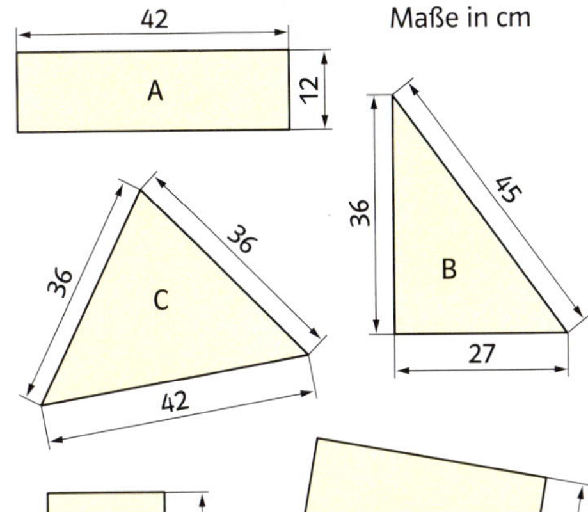

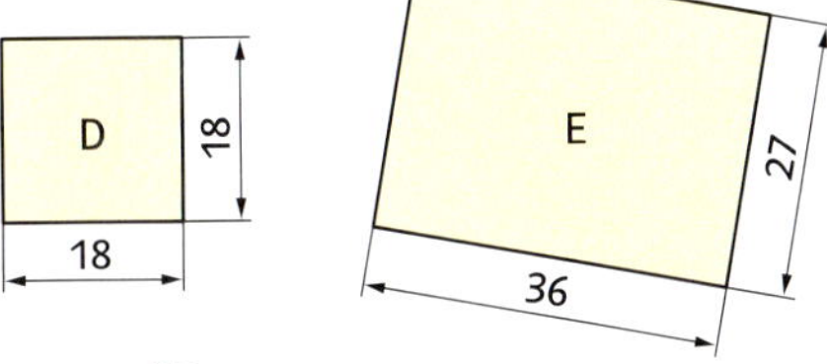

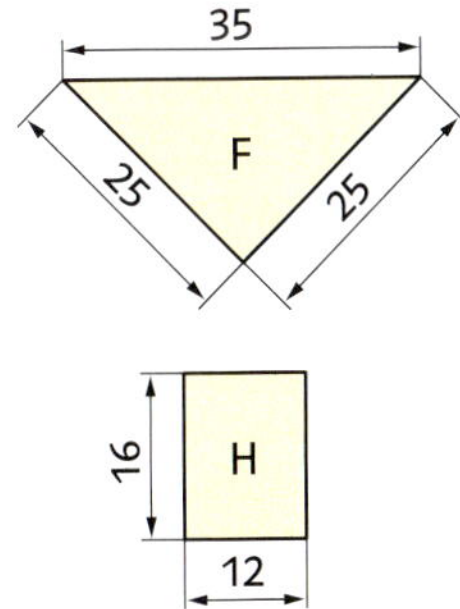

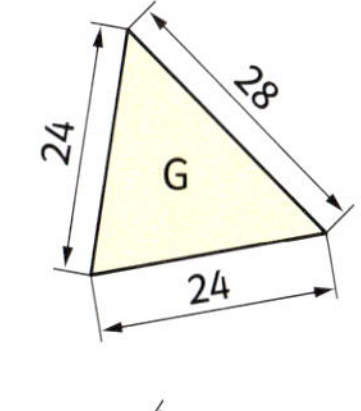

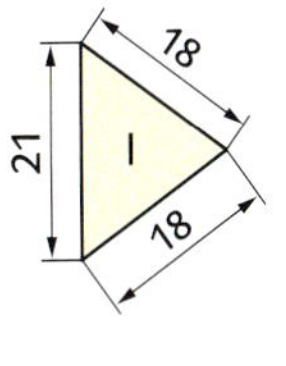

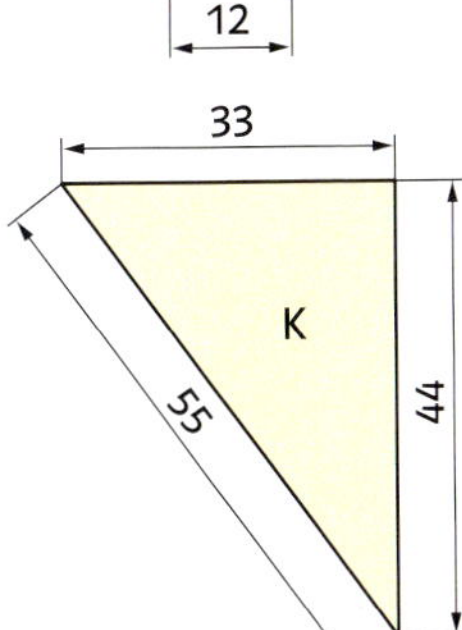

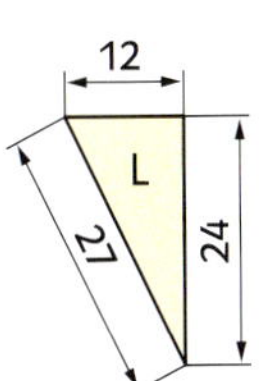

54

Zentrische Streckung

1 Eine Lichtquelle erzeugt ein vergrößertes Bild von der L-Blende.

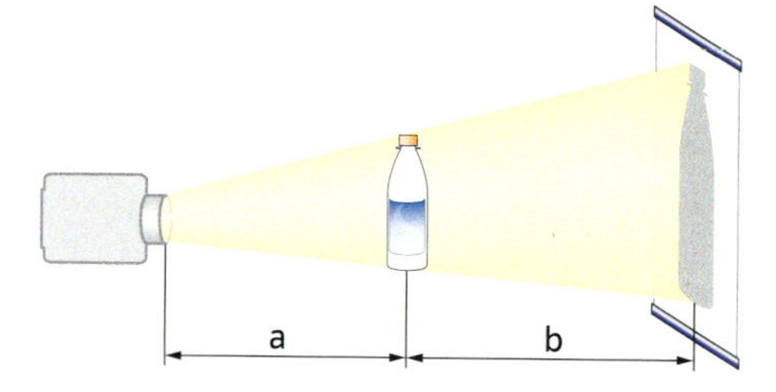

Was geschieht, wenn Abstand b vergrößert (verkleinert) und Abstand a beibehalten wird?

2 Der Buchstabe L ist wie in Aufgabe 1 vergrößert worden. Diese Abbildung heißt **zentrische Streckung.**

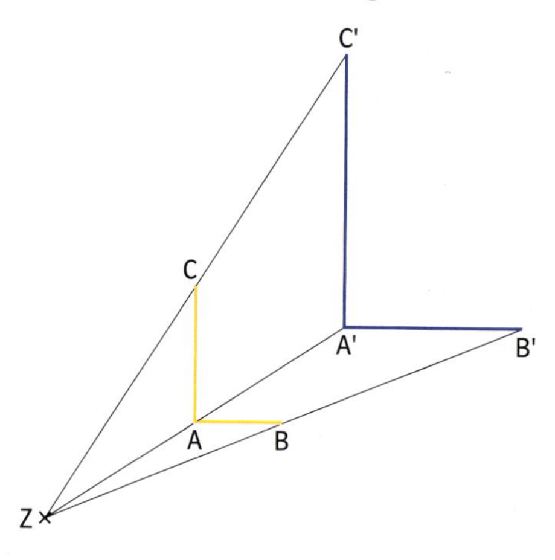

a) Vervollständige die Tabelle in deinem Heft. Was fällt dir auf?

$\overline{ZA}$ = 2 cm	$\overline{ZA'}$ = 4 cm	$\frac{\overline{ZA'}}{\overline{ZA}} = \frac{4}{2} = 2$
$\overline{ZB}$ = ■	$\overline{ZB'}$ = ■	$\frac{\overline{ZB'}}{\overline{ZB}}$ = ■ = ■
$\overline{ZC}$ = ■	$\overline{ZC'}$ = ■	$\frac{\overline{ZC'}}{\overline{ZC}}$ = ■ = ■
$\overline{AB}$ = ■	$\overline{A'B'}$ = ■	$\frac{\overline{A'B'}}{\overline{AB}}$ = ■ = ■
$\overline{AC}$ = ■	$\overline{A'C'}$ = ■	$\frac{\overline{A'C'}}{\overline{AC}}$ = ■ = ■

b) Gib den Vergrößerungsmaßstab an.

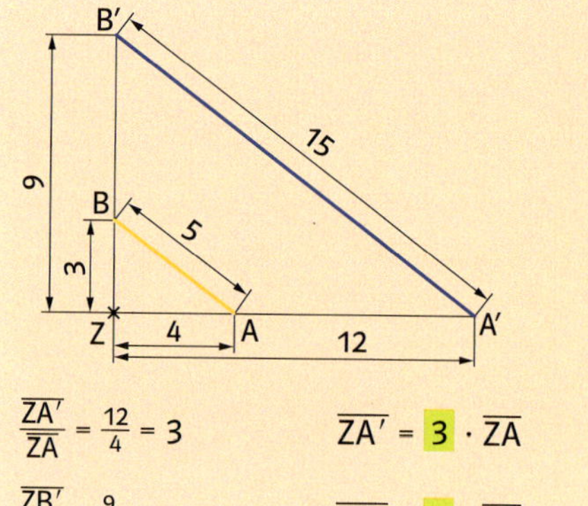

$\frac{\overline{ZA'}}{\overline{ZA}} = \frac{12}{4} = 3$ $\quad\overline{ZA'} = 3 \cdot \overline{ZA}$

$\frac{\overline{ZB'}}{\overline{ZB}} = \frac{9}{3} = 3$ $\quad\overline{ZB'} = 3 \cdot \overline{ZB}$

$\frac{\overline{A'B'}}{\overline{AB}} = \frac{15}{5} = 3$ $\quad\overline{A'B'} = 3 \cdot \overline{AB}$

Streckungsfaktor: k = 3

Bei einer zentrischen Streckung liegen Originalpunkt und Bildpunkt auf einer Geraden durch das Streckungszentrum Z. Der Streckungsfaktor wird k genannt.
Bei einer zentrischen Streckung sind Originalfigur und Bildfigur **ähnlich** zueinander.

3 Die Strecke $\overline{A'B'}$ ist durch eine zentrische Streckung aus $\overline{AB}$ hervorgegangen. Bestimme den Streckungsfaktor k. Berechne dann die fehlenden Längen.

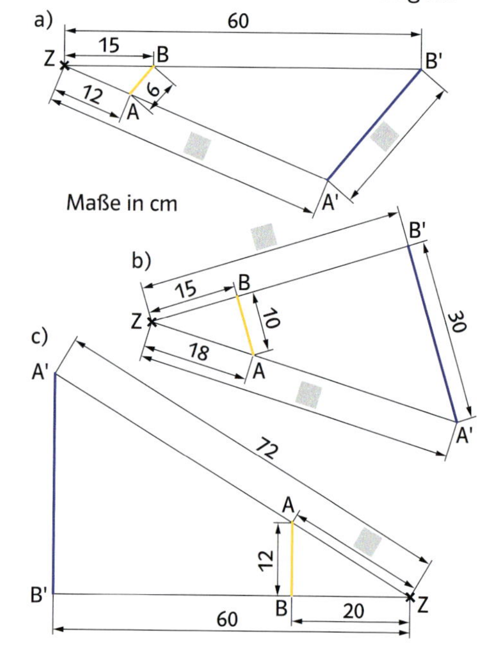

4 Übertrage die Zeichnung in dein Heft und strecke $\overline{AB}$ mit dem Streckungsfaktor k von Z aus. Bestimme die Streckenlänge $\overline{A'B'}$.

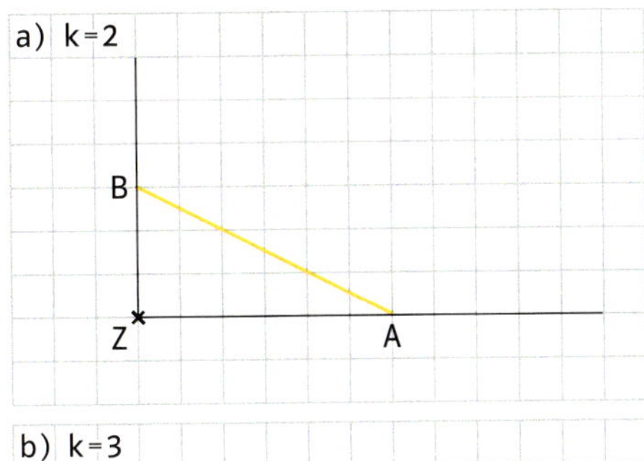

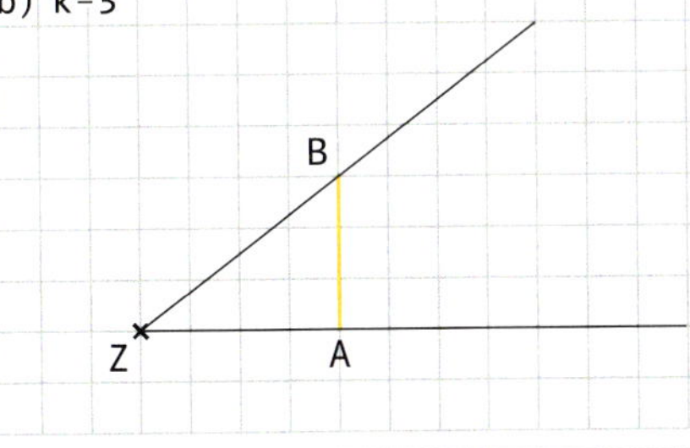

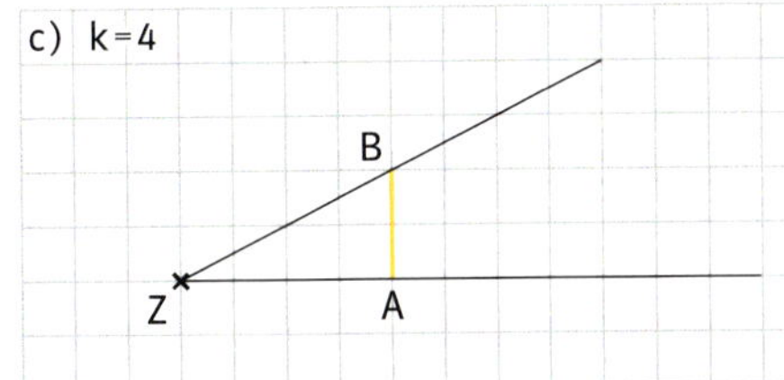

5 In den beiden Abbildungen ist jeweils $\overline{AB}$ durch eine zentrische Streckung auf $\overline{A'B'}$ abgebildet worden. Bestimme den Streckungsfaktor.

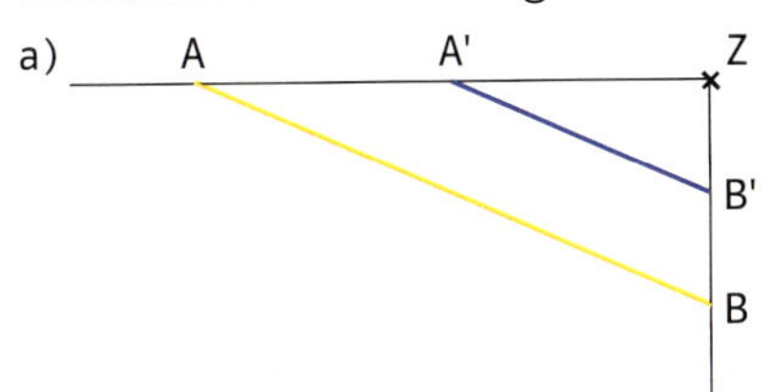

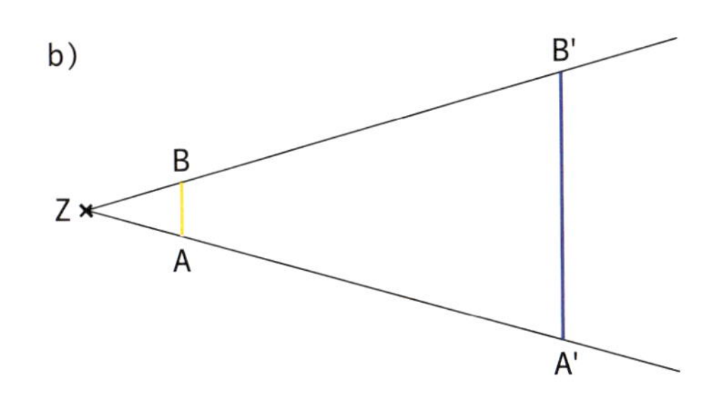

6 Übertrage die Zeichnung in dein Heft und strecke $\overline{AB}$ von Z aus mit dem Streckungsfaktor k. Bestimme die Streckenlänge $\overline{A'B'}$.

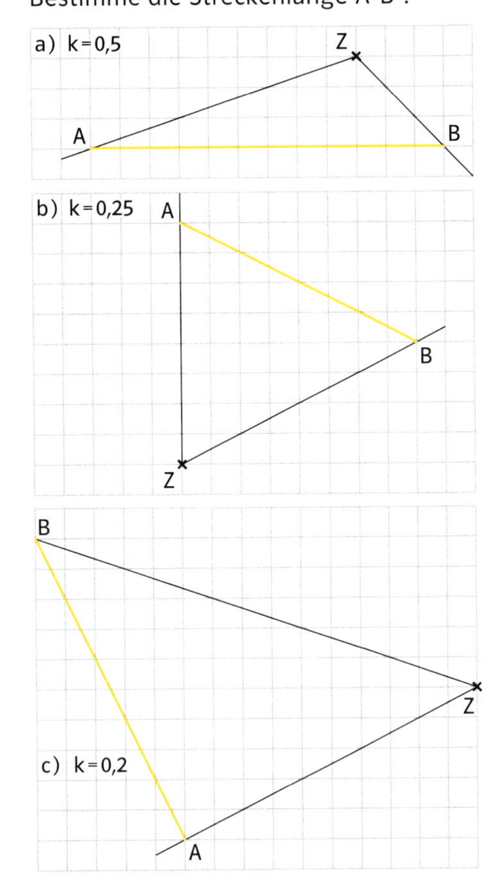

7 Zeichne die Strecke $\overline{AB}$ und den Punkt Z in ein Koordinatensystem (Einheit 1 cm). Strecke $\overline{AB}$ von Z aus mit dem angegebenen Faktor k. Gib die Koordinaten der Bildpunkte A′ und B′ an.

	a)	b)	c)
Z	(0 | 0)	(5 | 2)	(2 | −1)
A	(4 | 2)	(4 | 0)	(1 | 2)
B	(1 | 2)	(8 | 0)	(−1 | −2)
k	2	1,5	3

	d)	e)	f)
Z	(0 | 0)	(0 | 0)	(2 | −1)
A	(10 | 0)	(−10 | 0)	(−6 | −1)
B	(10 | 8)	(0 | 10)	(2 | 7)
k	0,5	0,2	0,25

8 a) Beschreibe anhand der vier Abbildungen, wie das Dreieck ABC von Z aus mit k = 2 gestreckt wird.
b) Vergleiche jeweils die Größe der Winkel von Original- und Bildfigur miteinander. Wie liegen entsprechende Seiten zueinander?

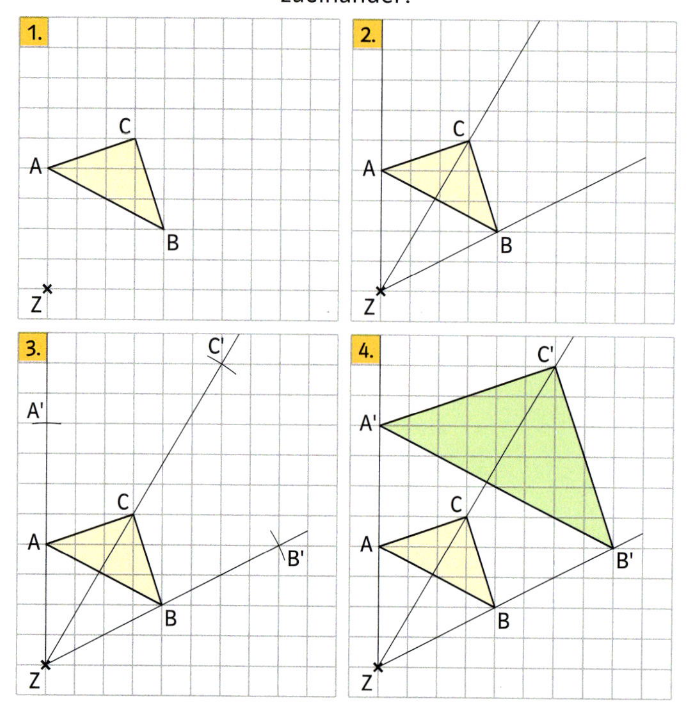

c) Übertrage Abbildung 1 in dein Heft und strecke das Dreieck ABC von Z aus mit dem Streckungsfaktor k = 1,5.

Das Dreieck A'B'C' ist ähnlich Dreieck ABC.

9 Übertrage die Figur in dein Heft und strecke sie anschließend von Z aus mit dem angegebenen Faktor.

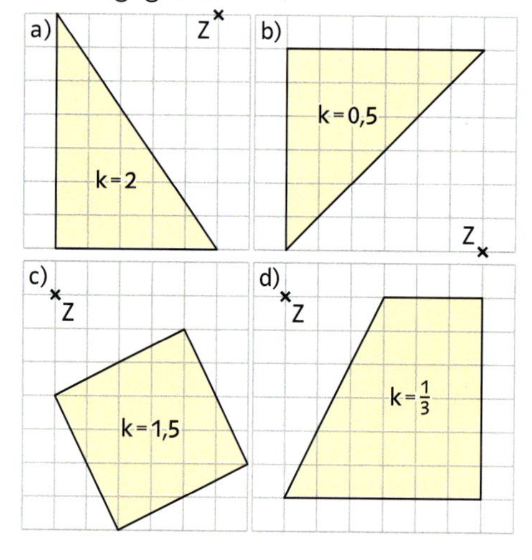

> Bei einer zentrischen Streckung sind die entsprechenden Winkel in Original- und Bildfigur gleich groß. Original- und Bildstrecke liegen parallel zueinander.

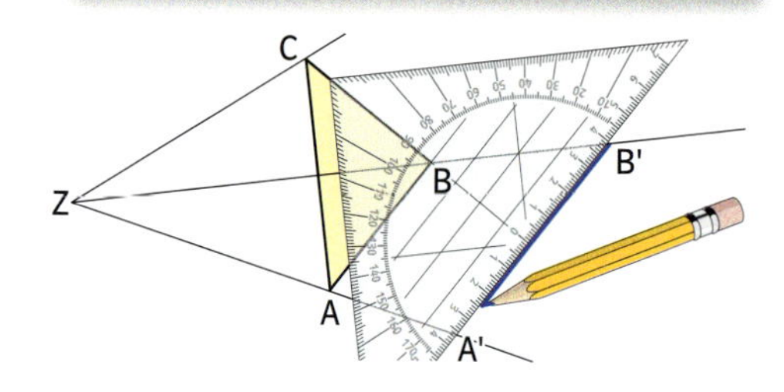

10 a) Cima streckt das abgebildete Dreieck von Z aus mit k = 1,5. Welche Eigenschaft der zentrischen Streckung benutzt sie dabei?
b) Übertrage die Figuren in dein Heft und konstruiere mithilfe dieser Eigenschaft die Bildfigur.

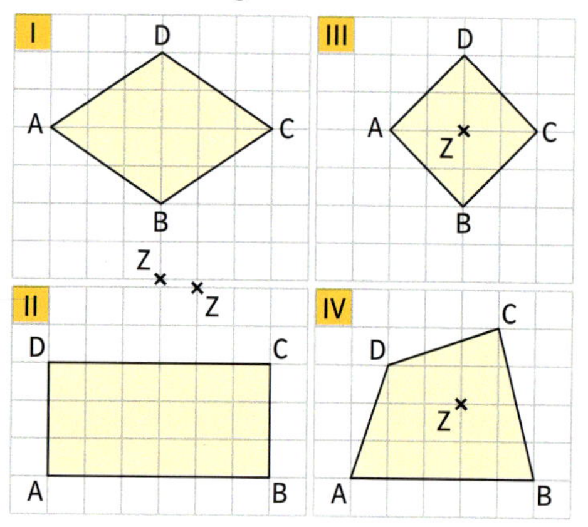

11 Zeichne die Figur mit den gegebenen Eckpunkten in ein Koordinatensystem (Einheit 1 cm) und verkleinere sie durch zentrische Streckung von Z aus mit dem angegebenen Faktor k. Gib die Koordinaten der Bildpunkte an.

	a)	b)	c)	d)
Z	(1|−1)	(7|−2)	(1|0)	(−2|4)
k	0,5	0,5	0,5	0,25
A	(−1|2)	(−2|−6)	(−1|−2)	(−4|−2)
B	(3|2)	(−2|0)	(3|−1)	(2|−4)
C	(3|4)	(0|−4)	(3|1)	(4|2)
D	(−1|4)		(−1|4)	(−2|2)

Flächeninhalt von Originalfigur und Bildfigur

1 In der Abbildung ist das Quadrat ZABC (Seitenlänge 2 cm) mit dem Faktor k = 3 von Z aus gestreckt worden.

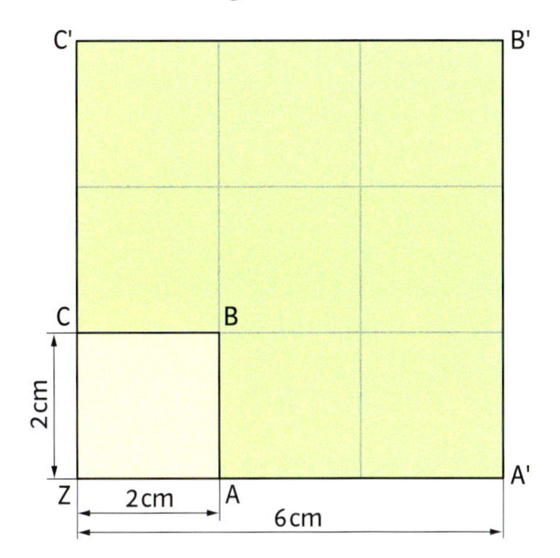

a) Vergleiche den Flächeninhalt der Originalfigur mit dem Flächeninhalt der Bildfigur.
b) Führe eine weitere Streckung des Originalquadrats mit dem Streckungsfaktor k = 4 durch. Vergleiche auch hier die Flächeninhalte von Originalfigur und Bildfigur. Was stellst du fest?

2 Ein Quadrat mit der Seitenlänge a′ ist durch eine zentrische Streckung aus einem Quadrat mit der Seitenlänge a entstanden. Vervollständige die Tabelle in deinem Heft.

k	a	a′	k²	A	A′
5	10 cm	50 cm	25	100 cm²	2500 cm²
4	10 cm	▒	16	▒	▒
3	10 cm	▒	▒	▒	▒
2	10 cm	▒	▒	▒	▒

3 a) Zeichne ein 3 cm langes und 2 cm breites Rechteck ABCD und wähle Punkt A als Streckungszentrum. Strecke das Rechteck von Punkt A aus mit dem Faktor k = 3.
b) Bestimme den Flächeninhalt der Bildfigur A′B′C′D′ und vergleiche ihn mit dem Flächeninhalt des ursprünglichen Rechtecks ABCD.
c) Wie verändert sich der Flächeninhalt bei dem Streckungsfaktor 4 (5, 6, 7)?

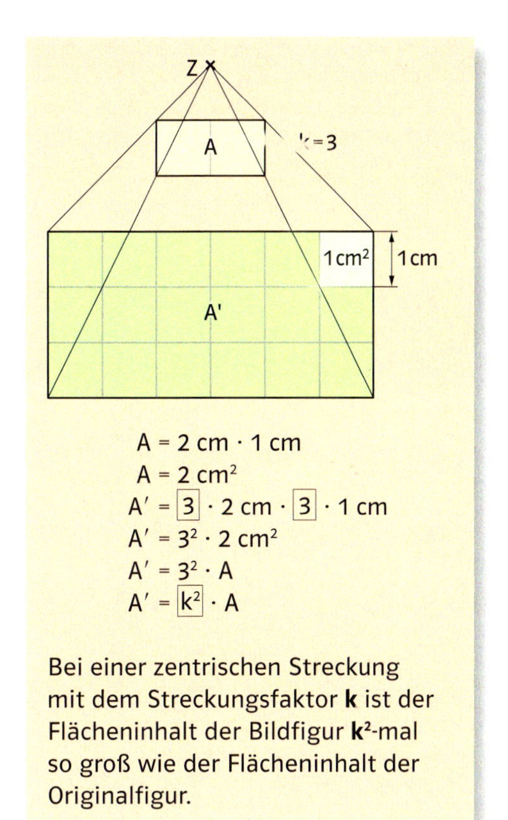

$A = 2\text{ cm} \cdot 1\text{ cm}$
$A = 2\text{ cm}^2$
$A' = \boxed{3} \cdot 2\text{ cm} \cdot \boxed{3} \cdot 1\text{ cm}$
$A' = 3^2 \cdot 2\text{ cm}^2$
$A' = 3^2 \cdot A$
$A' = \boxed{k^2} \cdot A$

Bei einer zentrischen Streckung mit dem Streckungsfaktor **k** ist der Flächeninhalt der Bildfigur **k²**-mal so groß wie der Flächeninhalt der Originalfigur.

4 Ergänze die Tabelle in deinem Heft.

	a)	b)	c)	d)
k	4	3	5	▒
k²	▒	▒	▒	0,25
A	25 cm²	108 cm²	▒	▒
A′	▒	▒	300 cm²	1,5 cm²

5 a) Wenn ich mit einem Fotokopiergerät eine Seite im DIN-A5-Format auf DIN-A3 vergrößern möchte, muss ich den Faktor 2 bzw. den Faktor 200 % einstellen. Wie verändern sich die Seitenlängen und der Flächeninhalt der Seite bei der Vergrößerung?
b) Wie verändert sich der Flächeninhalt, wenn ich den Faktor 50 % wähle?

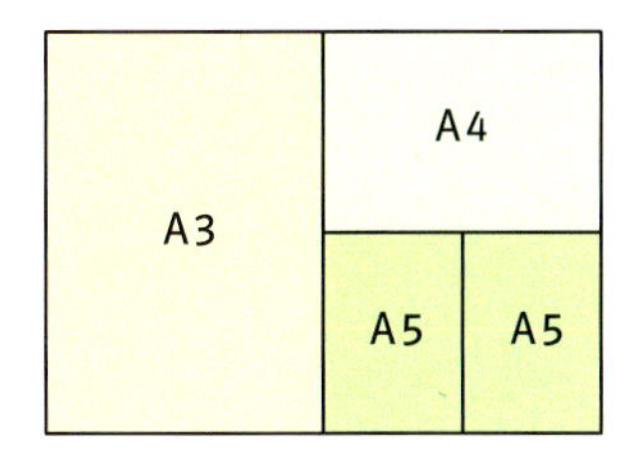

Negativer Streckungsfaktor

1 Das Dreieck ABC ist auf das Dreieck A′B′C′ abgebildet worden.
a) Übertrage die Figur in dein Heft und vergleiche die Lage von Original- und Bildstrecken sowie die Größe von Original- und Bildwinkel miteinander.
b) Berechne die folgenden Verhältnisse:
$\frac{\overline{A'B'}}{\overline{AB}}$ und $\frac{\overline{ZA'}}{\overline{ZA}}$

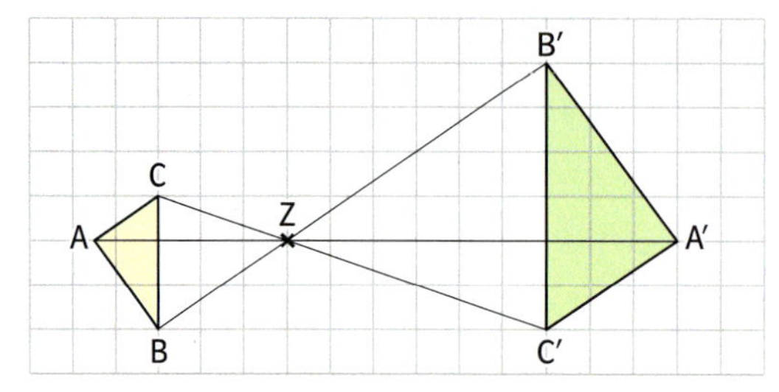

Wenn bei einer zentrischen Streckung das Zentrum Z zwischen Original- und Bildpunkt liegt, wird vereinbart, dass der **Streckungsfaktor k negativ** ist.

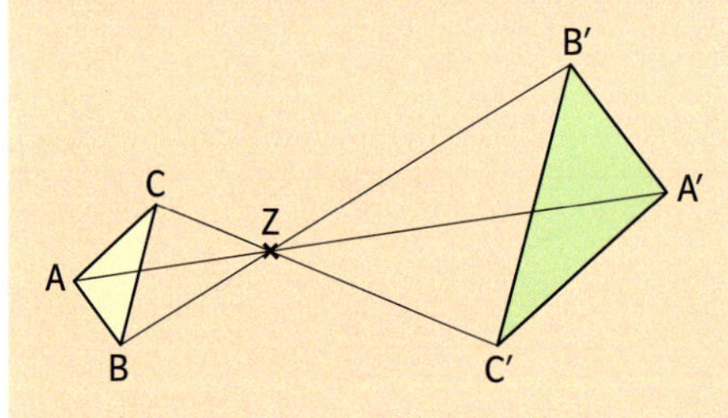

$\frac{\overline{ZA'}}{\overline{ZA}} = \frac{16}{8} = 2$ **k = −2**

$\frac{\overline{ZB'}}{\overline{ZB}} = \frac{14}{7} = 2$ **k = −2**

$\frac{\overline{ZC'}}{\overline{ZC}} = \frac{7}{3,5} = 2$ **k = −2**

2 Übertrage die Zeichnung in dein Heft und bestimme den Streckungsfaktor k.

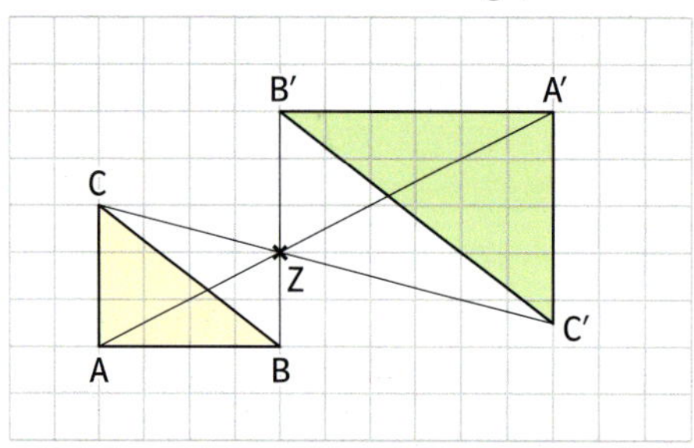

So kannst du das Dreieck ABC durch eine zentrische Streckung mit dem Faktor k = −0,5 abbilden:

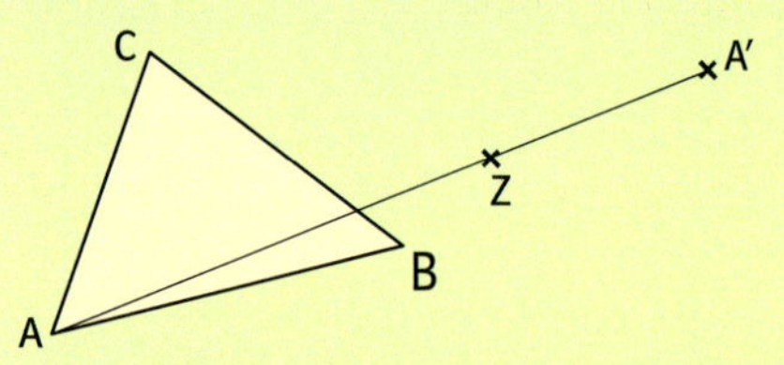

Verlängere $\overline{AZ}$ über Z hinaus und trage auf der Verlängerung von Z aus die Hälfte der Länge von $\overline{AZ}$ ab. Du erhältst A′.

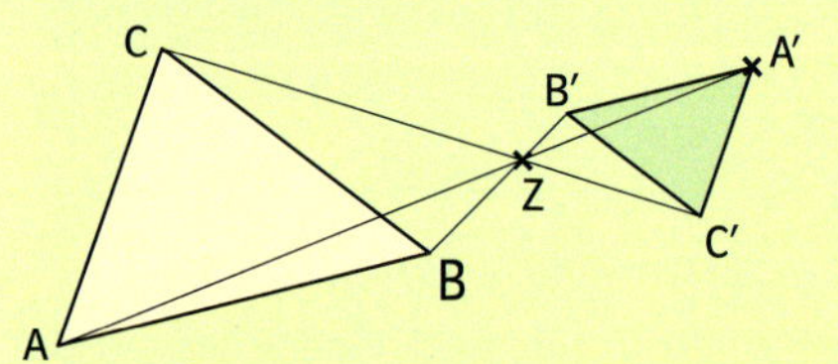

Verlängere $\overline{BZ}$ und $\overline{CZ}$ über Z hinaus. Zeichne zu $\overline{AB}$ und zu $\overline{AC}$ die Parallelen durch A′. Du erhältst B′ und C′. Verbinde B′ mit C′. Du erhältst das Bilddreieck A′B′C′.

3 Zeichne das Dreieck ABC in ein Koordinatensystem (Einheit 0,5 cm) und strecke es von Z aus mit dem Faktor k.

	a)	b)	c)	d)
Z	(0 | 0)	(0 | 5)	(4 | 0)	(−1 | −2)
k	−2	1	−0,5	−1,5
A	(2 | 2)	(4 | 0)	(0 | 2)	(3 | 0)
B	(11 | 2)	(12 | 5)	(10 | 2)	(9 | −4)
C	(2 | 8)	(4 | 9)	(2 | 12)	(9 | 0)

4 Übertrage die Figur in dein Heft und strecke sie von Z aus mit dem angegebenen Streckungsfaktor.

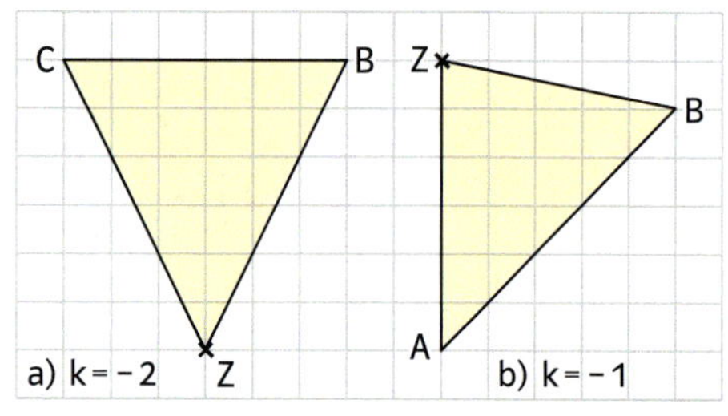

Arbeiten mit dem Computer: Zentrische Streckung

1 a) Strecke ein beliebiges Dreieck von Z aus mit dem Streckungsfaktor k. Der Streckungsfaktor k soll einstellbar sein. Gehe dazu wie folgt vor:

1. Konstruiere mit dem Befehl „Dreieck“ ein beliebiges Dreieck und einen Punkt Z außerhalb des Dreiecks. Benenne alle Punkte.

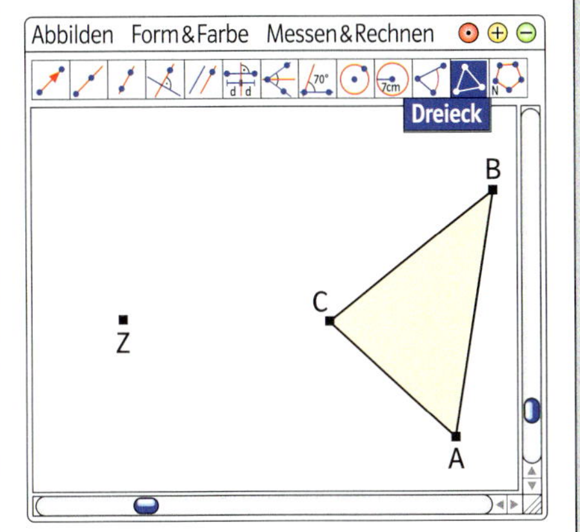

2. Erstelle ein „Zahlobjekt“ und nenne es k (Doppelklick).

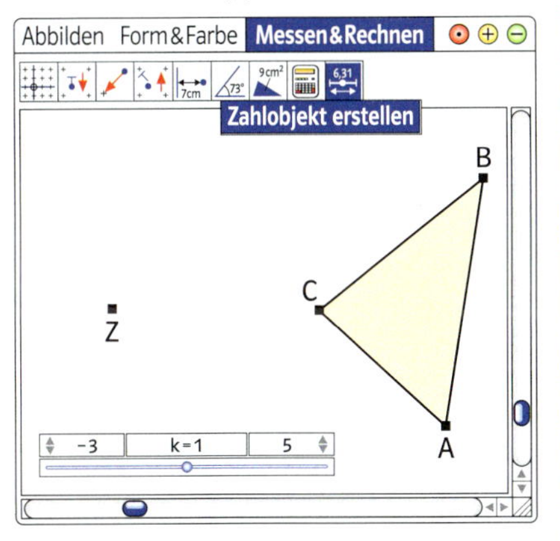

3. Wähle im Menü „Abbilden“ den Befehl „Objekt zentrisch strecken“ und befolge die Anweisungen in der Statuszeile: „Das zu streckende Objekt, das Streckzentrum und den Streckungsfaktor angeben“.

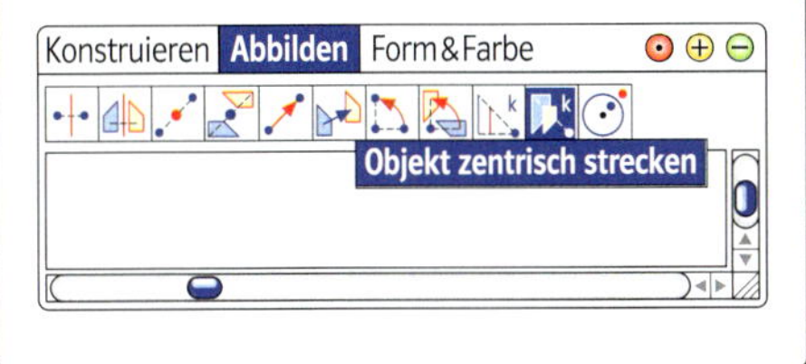

4. Bewege den Schieber des Streckungsfaktors k, der auf 1 eingestellt ist, mit der „Zange“. Beobachte dabei das entstandene Bilddreieck und die jeweilige Größe von k. Benenne die Eckpunkte des Bilddreiecks mit A′, B′ und C′.

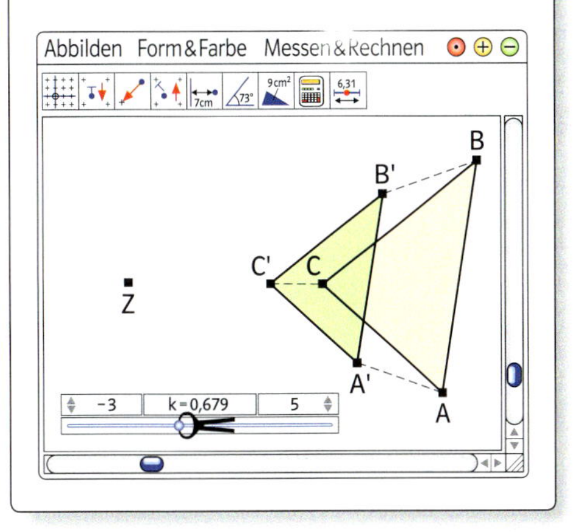

b) Wähle auch negative Werte für k. Was kannst du beobachten?

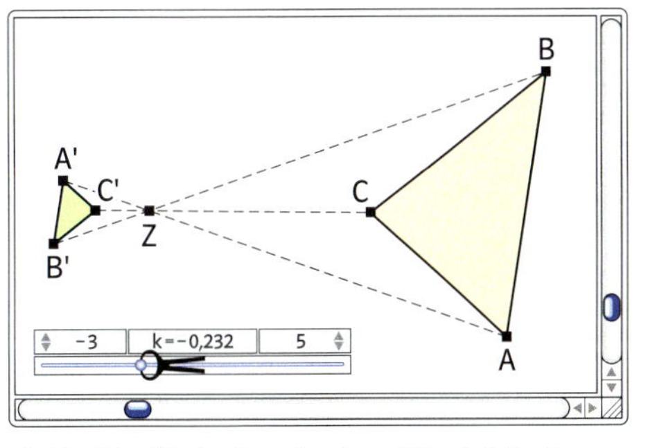

c) Stelle für k den festen Wert 0,5 ein. Wähle dazu das Zahlobjekt aus und wähle im Kontextmenü (rechte Maustaste) „Bereich editieren“.
Stelle weitere feste Werte (− 1; − 0,5; 1; 1,5; 3) ein und beschreibe Größe und Lage des Bilddreiecks.

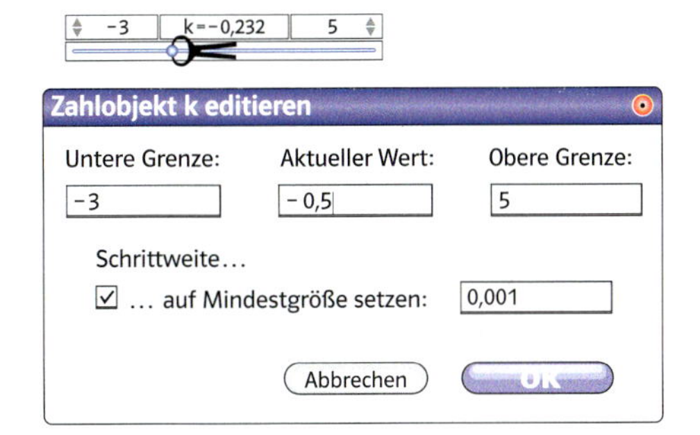

2 a) Das Dreieck ABC mit A (2 | 2), B (4 | 2), C (2 | 3) soll von Z (1 | 1) so gestreckt werden, dass A auf A′(4 | 4) abgebildet wird.

1. Stelle im Menü „Messen & Rechnen" das Koordinatensystem auf „sichtbar". Fertige die abgebildete Zeichnung an.

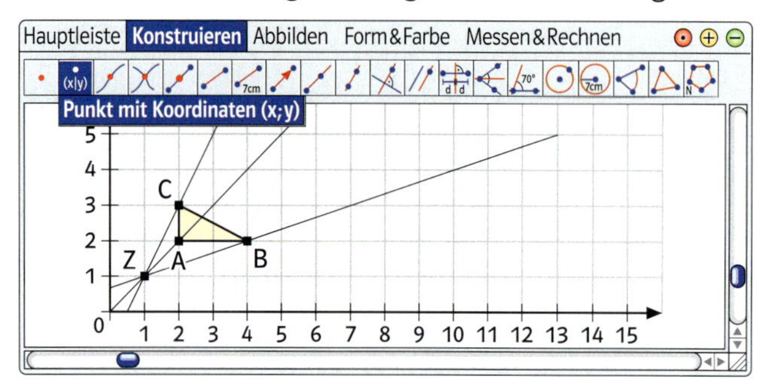

2. Setze einen Punkt auf die Gerade durch ZA und schiebe ihn zum Gitterpunkt (4 | 4). Nenne ihn A′.

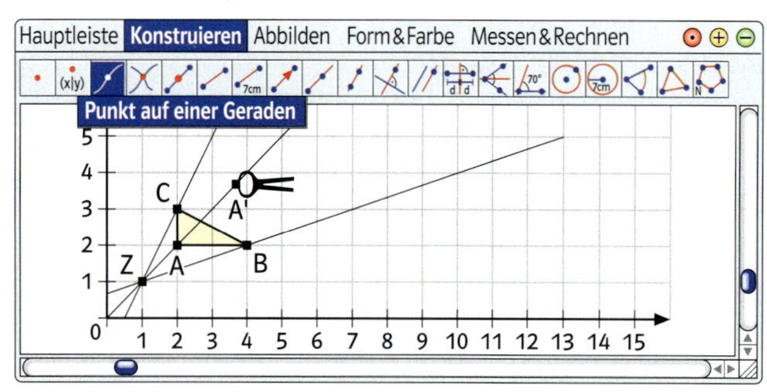

3. Konstruiere eine Parallele zu $\overline{AB}$, die durch Punkt A′ verläuft, und eine Parallele zu $\overline{AC}$ durch A′.
Markiere, wie abgebildet, die Schnittpunkte der Parallelen mit den Geraden.

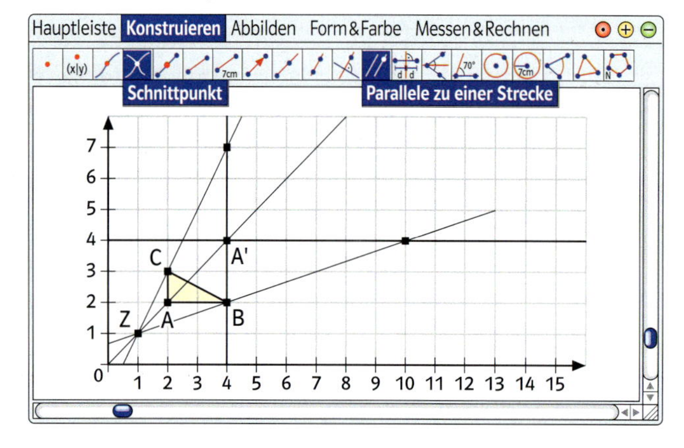

4. Mache überflüssige Linien unsichtbar. Zeichne das Bilddreieck und benenne die übrigen Bildpunkte.
Notiere die Koordinaten der Bildpunkte.

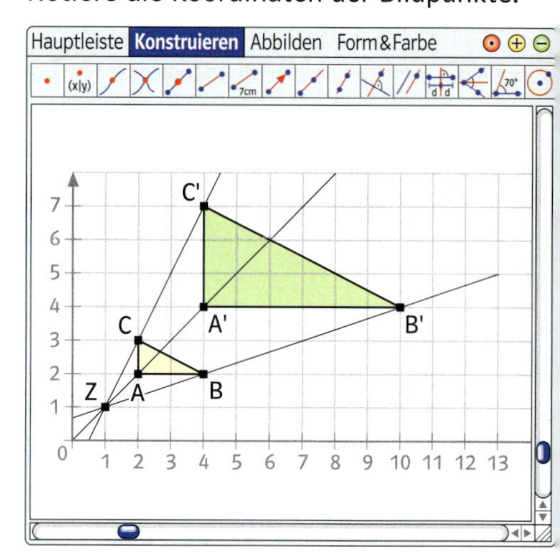

b) Berechne den Streckungsfaktor k. Miss dazu die Streckenlängen $\overline{ZA}$ und $\overline{ZA'}$ und bestimme den Quotienten

$\frac{\overline{ZA'}}{\overline{ZA}} = k$ über ein Termobjekt.

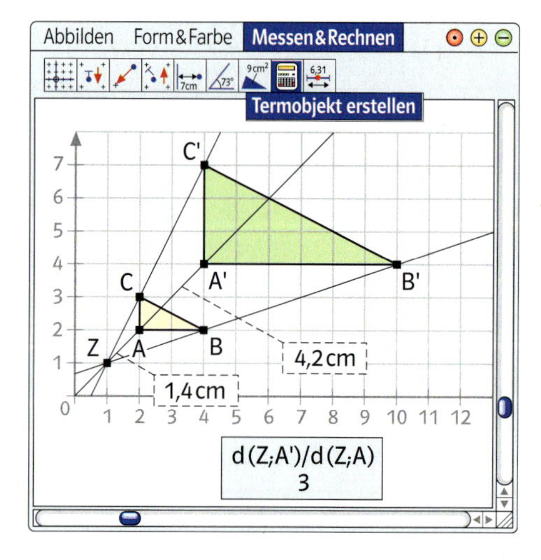

Du kannst dir die Berechnung des Termobjekts erleichtern, indem du die Maßzahlen für $\overline{ZA}$ und $\overline{ZA'}$ anklickst.

c) Verschiebe den Punkt A′ auf der Geraden durch Z und A. Bestimme den Streckungsfaktor k für A′(3 | 3); A′(4 | 4); A′(5 | 5); A′(0 | 0); A′(−1 | −1); A′(−5 | −5).

Was fällt dir auf?

1. Strahlensatz

1 Tim möchte in einer Zimmerecke zwei Regalbretter anbringen. Tim weiß, dass die Schräge 270 cm lang ist.
a) Berechne die fehlenden Maße mithilfe der zentrischen Streckung.
b) Vergleiche die Maße in der Schräge mit den entsprechenden Maßen in der Senkrechten. Was fällt dir auf?

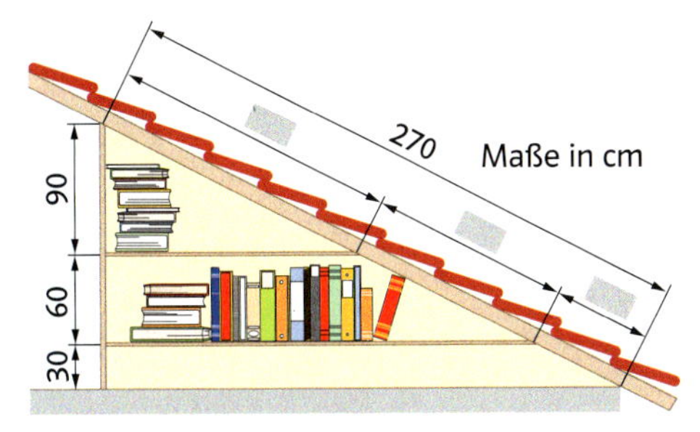

2 Die Strecken $\overline{A_2B_2}$ und $\overline{A_3B_3}$ sind durch zentrische Streckung aus der Strecke $\overline{A_1B_1}$ hervorgegangen. Stelle wie im Beispiel drei weitere Gleichungen auf. Vergleiche dazu einander entsprechende **Streckenabschnitte** auf den **Strahlen**.

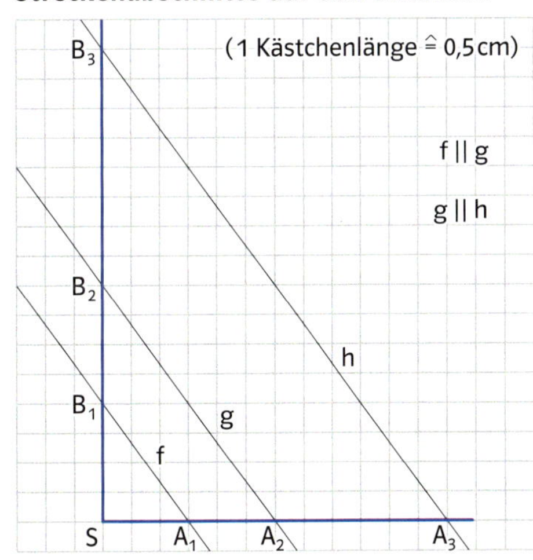

$$\frac{\overline{SA_2}}{\overline{SA_1}} = \frac{3}{1{,}5} = 2 \qquad \frac{\overline{SB_2}}{\overline{SB_1}} = \frac{4}{2} = 2$$

$$\frac{\overline{SA_2}}{\overline{SA_1}} = \frac{\overline{SB_2}}{\overline{SB_1}}$$

$$\frac{\overline{SA_1}}{\overline{A_1A_3}} = \frac{1{,}5}{4{,}5} = \frac{1}{3} \qquad \frac{\overline{SB_1}}{\overline{B_1B_3}} = \frac{2}{6} = \frac{1}{3}$$

$$\frac{\overline{SA_1}}{\overline{A_1A_3}} = \frac{\overline{SB_1}}{\overline{B_1B_3}}$$

1. Strahlensatz

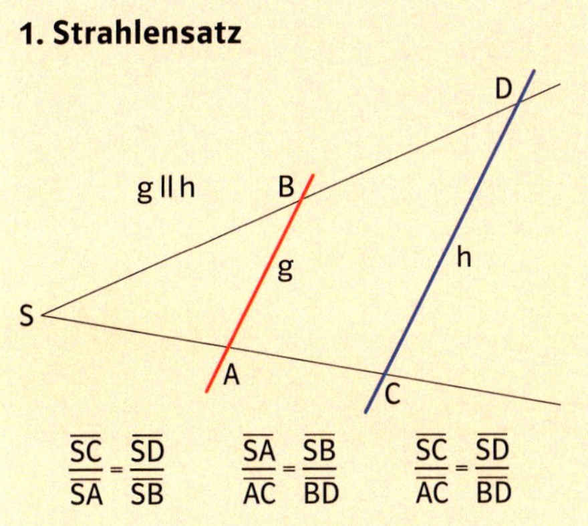

$$\frac{\overline{SC}}{\overline{SA}} = \frac{\overline{SD}}{\overline{SB}} \qquad \frac{\overline{SA}}{\overline{AC}} = \frac{\overline{SB}}{\overline{BD}} \qquad \frac{\overline{SC}}{\overline{AC}} = \frac{\overline{SD}}{\overline{BD}}$$

Werden zwei Strahlen (Halbgeraden) mit einem gemeinsamen Anfangspunkt von zwei Parallelen geschnitten, so verhalten sich die Längen von zwei Streckenabschnitten auf dem einen Strahl wie die Längen der entsprechenden Streckenabschnitte auf dem anderen Strahl.

3 Ersetze die Platzhalter durch geeignete Streckenlängen. Die Geraden a, b, c und d liegen parallel zueinander.

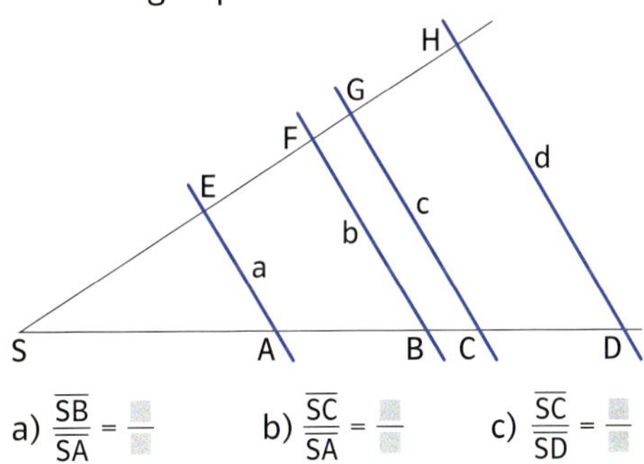

a) $\frac{\overline{SB}}{\overline{SA}} = \frac{\square}{\square}$ b) $\frac{\overline{SC}}{\overline{SA}} = \frac{\square}{\square}$ c) $\frac{\overline{SC}}{\overline{SD}} = \frac{\square}{\square}$

d) $\frac{\overline{SE}}{\overline{SH}} = \frac{\square}{\square}$ e) $\frac{\overline{SB}}{\overline{BC}} = \frac{\square}{\square}$ f) $\frac{\overline{SG}}{\overline{GH}} = \frac{\square}{\square}$

54

4 Bestimme die rot gekennzeichnete Streckenlänge x.

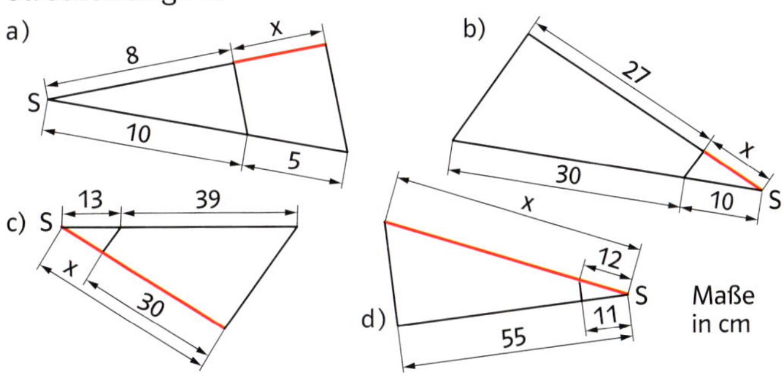

1 Ein Stab wird durch eine Lichtquelle vergrößert auf einer Leinwand abgebildet.

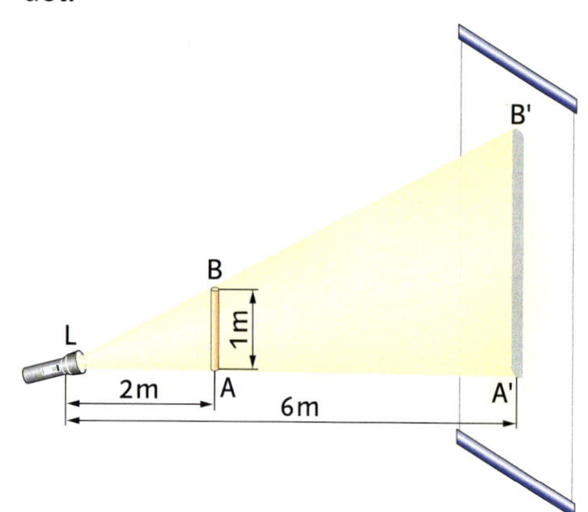

Beschreibe, wie du die Länge des Schattens $\overline{A'B'}$ bestimmen kannst.

2 Stelle wie im Beispiel drei weitere Gleichungen auf. Vergleiche dazu Abschnitte auf einem Strahl mit entsprechenden **Abschnitten** auf den **Parallelen.**

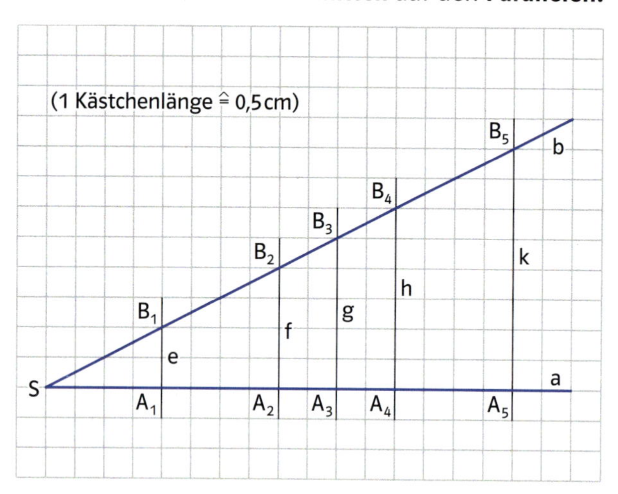

$$\frac{\overline{A_5B_5}}{\overline{A_1B_1}} = \frac{4}{1} = 4 \qquad \frac{\overline{SA_5}}{\overline{SA_1}} = \frac{8}{2} = 4$$

$$\frac{\overline{A_5B_5}}{\overline{A_1B_1}} = \frac{\overline{SA_5}}{\overline{SA_1}}$$

$$\frac{\overline{A_3B_3}}{\overline{A_2B_2}} = \frac{2{,}5}{2} \qquad \frac{\overline{SA_3}}{\overline{SA_2}} = \frac{5}{4} = \frac{2{,}5}{2}$$

$$\frac{\overline{A_3B_3}}{\overline{A_2B_2}} = \frac{\overline{SA_3}}{\overline{SA_2}}$$

54

2. Strahlensatz

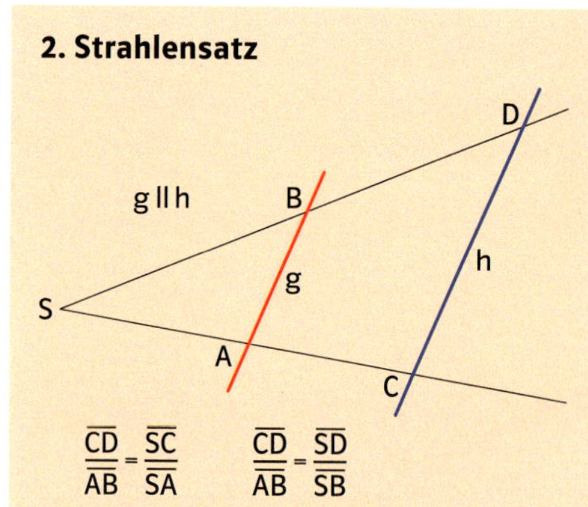

$$\frac{\overline{CD}}{\overline{AB}} = \frac{\overline{SC}}{\overline{SA}} \qquad \frac{\overline{CD}}{\overline{AB}} = \frac{\overline{SD}}{\overline{SB}}$$

Werden zwei Strahlen (Halbgeraden) mit einem gemeinsamen Anfangspunkt von zwei Parallelen geschnitten, so verhalten sich die Längen der Streckenabschnitte auf den Parallelen wie die vom Anfangspunkt aus gemessenen Längen der entsprechenden Abschnitte auf jedem der Strahlen.

3 Ersetze die Platzhalter durch geeignete Streckenlängen. Die Geraden a, b, c und d liegen parallel zueinander.

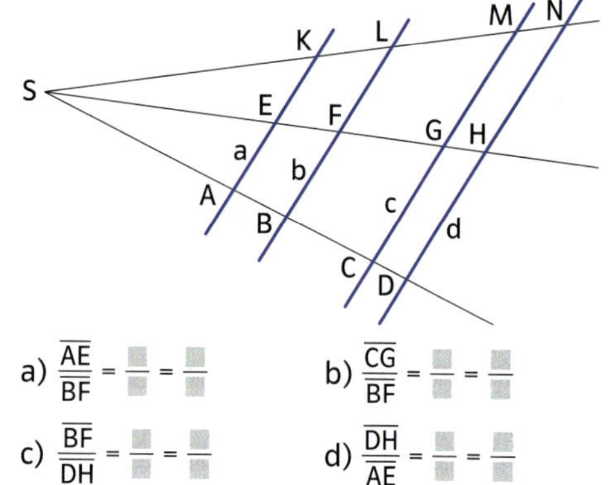

a) $\frac{\overline{AE}}{\overline{BF}} = \frac{\square}{\square} = \frac{\square}{\square}$ b) $\frac{\overline{CG}}{\overline{BF}} = \frac{\square}{\square} = \frac{\square}{\square}$

c) $\frac{\overline{BF}}{\overline{DH}} = \frac{\square}{\square} = \frac{\square}{\square}$ d) $\frac{\overline{DH}}{\overline{AE}} = \frac{\square}{\square} = \frac{\square}{\square}$

4 Bestimme die rot gekennzeichnete Streckenlänge x (Maße in cm).

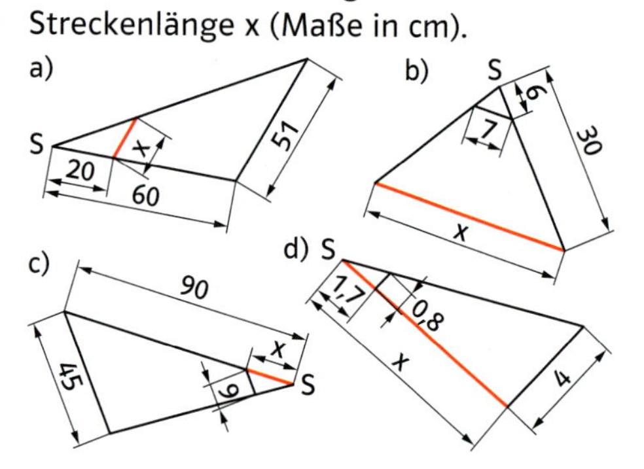

Im Beispiel wird mithilfe des **1. Strahlensatzes** die Länge der Strecke x berechnet (Maße in cm).

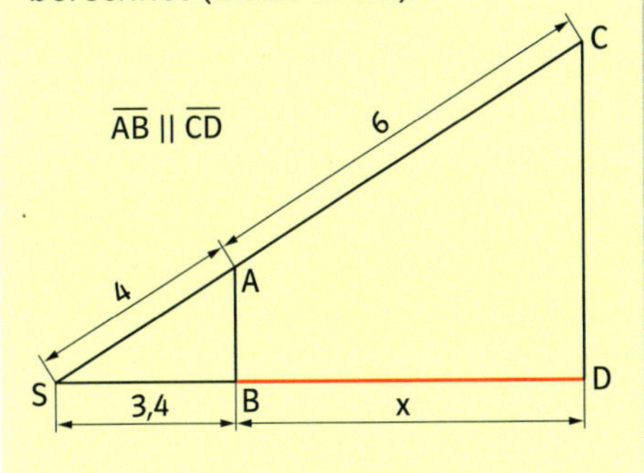

$$\frac{x}{3{,}4} = \frac{6}{4} \qquad | \cdot 3{,}4$$

$$x = \frac{6 \cdot 3{,}4}{4}$$

$$x = \frac{20{,}4}{4}$$

$$x = 5{,}1$$

Die Strecke x ist 5,1 cm lang.

Im Beispiel wird mithilfe des **2. Strahlensatzes** die Länge der Strecke x berechnet (Maße in cm).

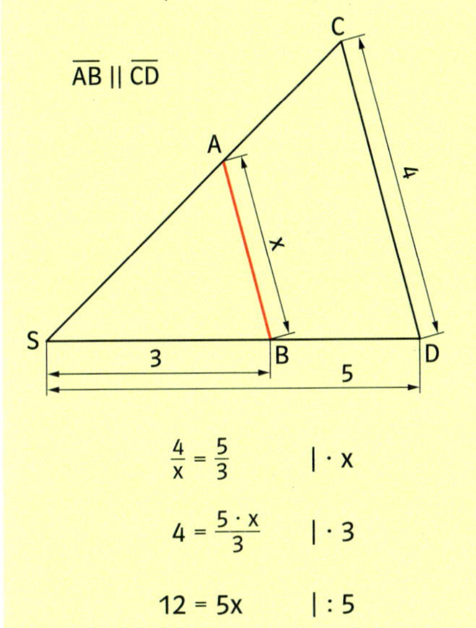

$$\frac{4}{x} = \frac{5}{3} \qquad | \cdot x$$

$$4 = \frac{5 \cdot x}{3} \qquad | \cdot 3$$

$$12 = 5x \qquad | : 5$$

$$x = 2{,}4$$

Die Strecke x ist 2,4 cm lang.

1 Berechne die rot gekennzeichnete Streckenlänge.

a) $\overline{AB} \parallel \overline{CD}$

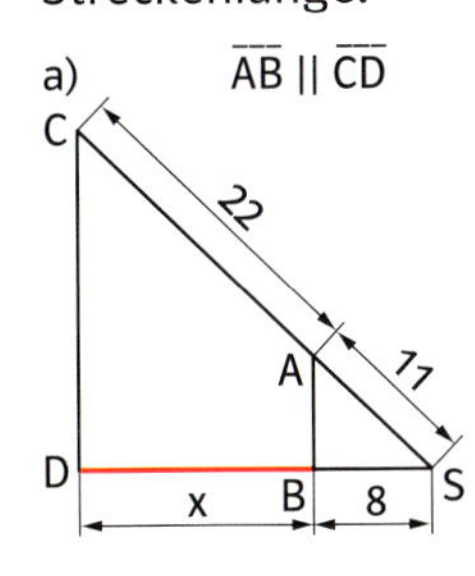

b)

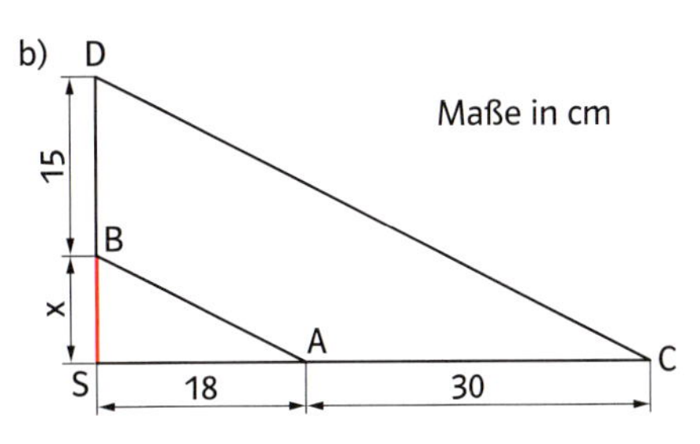

c)

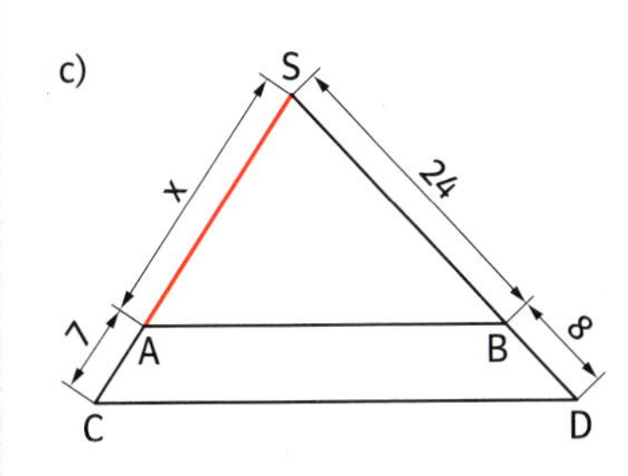

d)

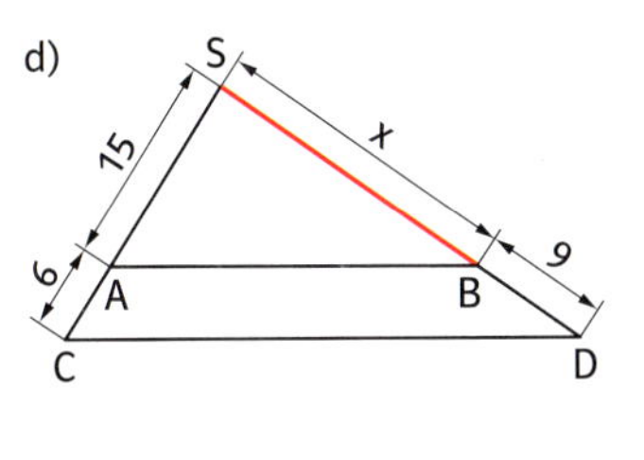

e)

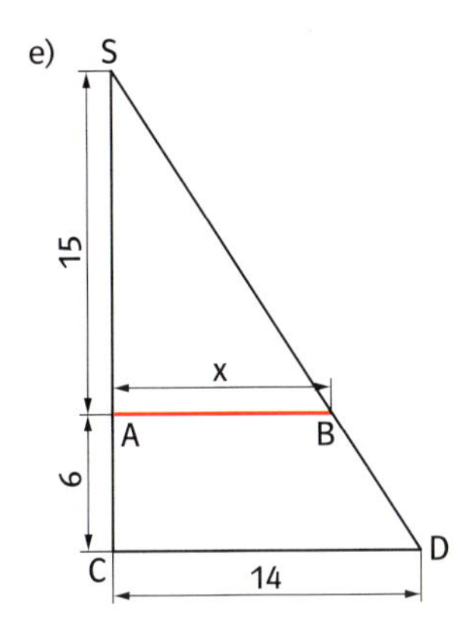

f)

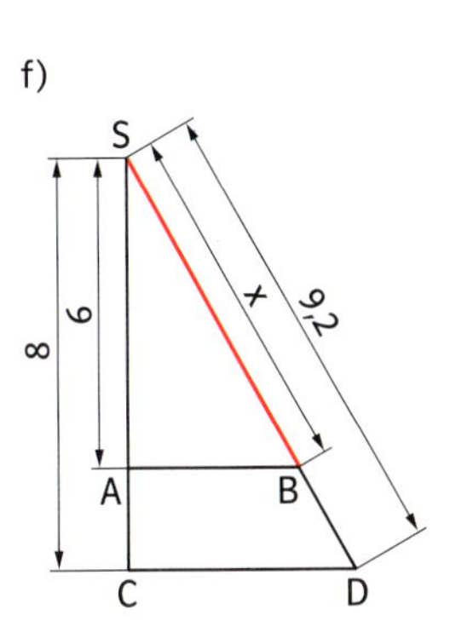

g)

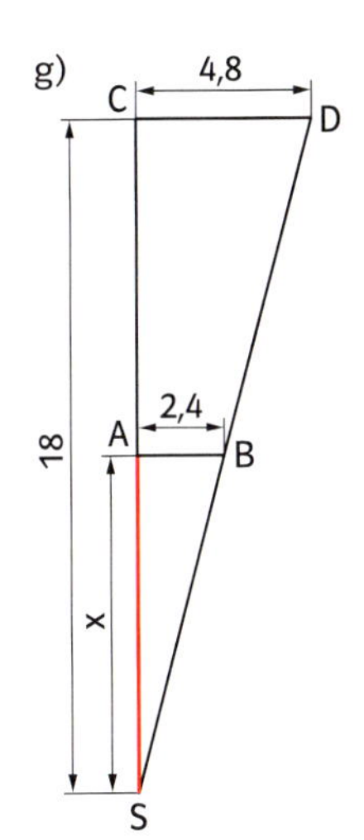

h)

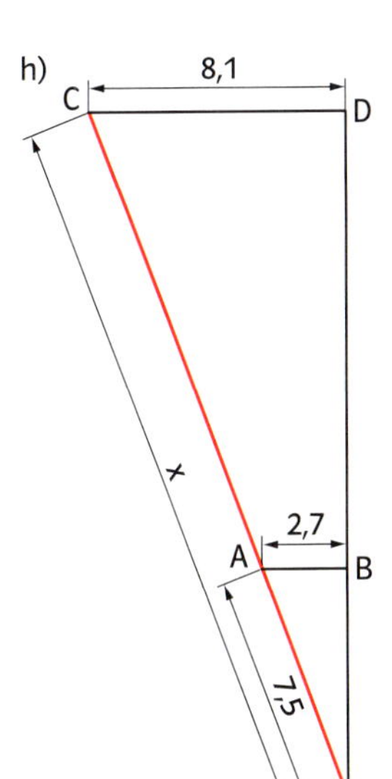

i)

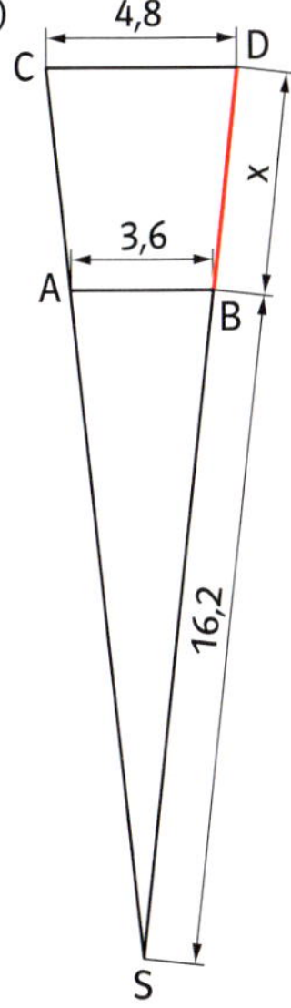

Grundwissen: Maßstab, Ähnlichkeit, zentrische Streckung

Maßstab
Der Maßstab gibt das Verhältnis einander entsprechender Streckenlängen im **Bild** und **Original** an.

Vergrößerung
Maßstab 10 : 1
10 cm im Bild ≙ 1 cm im Original

Verkleinerung
Maßstab 1 : 10
1 cm im Bild ≙ 10 cm im Original

Ähnliche Figuren

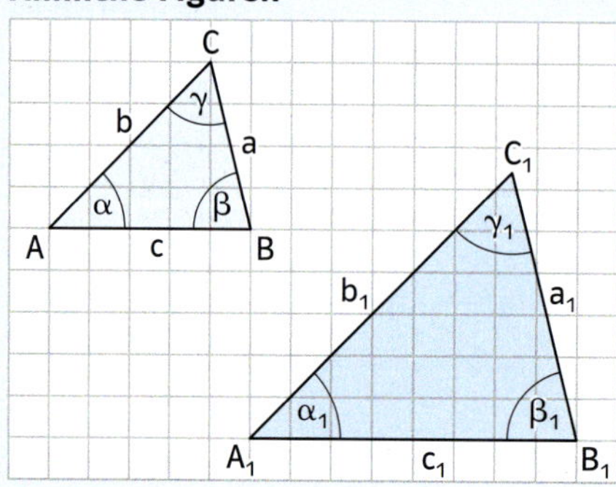

Figuren, die durch maßstäbliches Vergrößern oder Verkleinern entstanden sind, heißen **ähnlich.**

In zueinander ähnlichen Figuren sind entsprechende Winkel gleich groß.
Die Verhältnisse entsprechender Seiten sind gleich.

$\alpha = \alpha_1$ $\quad a : b = a_1 : b_1$
$\beta = \beta_1$ $\quad a : c = a_1 : c_1$
$\gamma = \gamma_1$ $\quad b : c = b_1 : c_1$

Zentrische Streckung

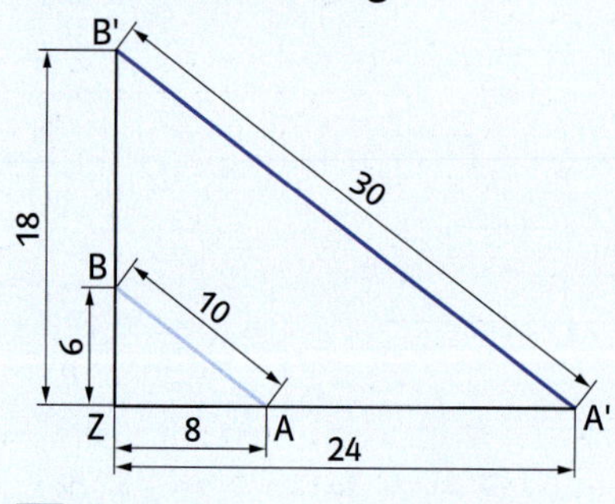

$\frac{\overline{ZA'}}{\overline{ZA}} = \frac{24}{8} = 3$ $\qquad \overline{ZA'} = 3 \cdot \overline{ZA}$

$\frac{\overline{ZB'}}{\overline{ZB}} = \frac{18}{6} = 3$ $\qquad \overline{ZB'} = 3 \cdot \overline{ZB}$

$\frac{\overline{A'B'}}{\overline{AB}} = \frac{30}{10} = 3$ $\qquad \overline{A'B'} = 3 \cdot \overline{AB}$

Der Streckungsfaktor beträgt 3.

Bei einer zentrischen Streckung liegen Original- und Bildpunkt auf einer Geraden durch das Streckungszentrum Z. Der Streckungsfaktor wird k genannt.

Bei einer zentrischen Streckung sind Originalfigur und Bildfigur ähnlich zueinander.

Bei einer zentrischen Streckung sind die entsprechenden Winkel in Original- und Bildfigur gleich groß.
Original- und Bildstrecke liegen parallel zueinander.

k=3

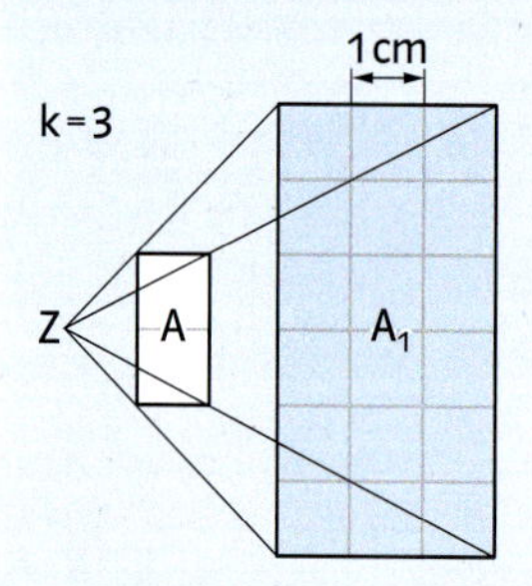

$A = 2\ \text{cm}^2$

$A' = 3^2 \cdot 2\ \text{cm}^2$
$A' = 18\ \text{cm}^2$

Bei einer zentrischen Streckung mit dem Streckungsfaktor k ist der Flächeninhalt der Bildfigur k^2-mal so groß wie der Flächeninhalt der Originalfigur.

$$A' = k^2 \cdot A$$

Üben und Vertiefen

1 Übertrage die Figur in dein Heft und fertige eine zweite Zeichnung im angegebenen Maßstab an.

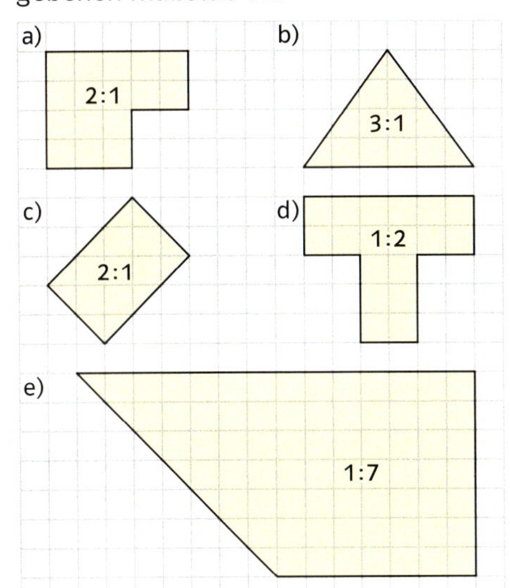

2 Auf einer Landkarte im Maßstab 1:1 000 000 beträgt die Entfernung zweier Städte 3 cm. Wie weit sind die Städte wirklich voneinander entfernt?

3 Ein Tischler hat eine Leiste auf 90 cm zugesägt. In seiner Bauzeichnung hat die Leiste eine Länge von 18 cm. In welchem Maßstab ist die Zeichnung angefertigt worden?

4 Ein elektronisches Bauteil ist 4 mm lang. Es ist im Maßstab 6:1 gezeichnet worden. Wie lang ist es auf der Zeichnung?

5 Eine Zeichnung einer 4 m langen Maschine soll auf einem DIN-A4-Blatt angefertigt werden. Welchen Maßstab sollte man wählen?

6 Strecke das Dreieck ABC mit dem Faktor k = 2 von Z aus. Vergleiche zur Kontrolle die Länge von Original- und Bildstrecken.

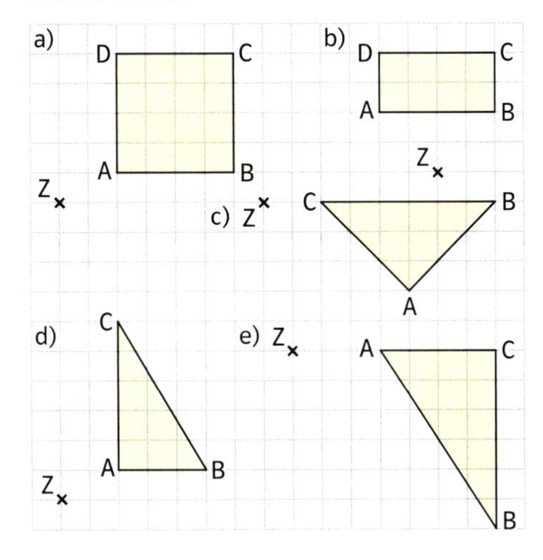

7 Übertrage die Figur in dein Heft und vergrößere sie um den angegebenen Streckungsfaktor k.

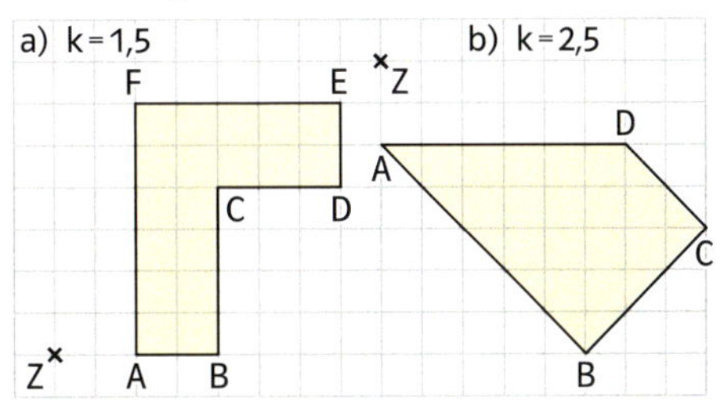

8 Übertrage die Figur in dein Heft und strecke sie von Z aus mit dem angegebenen Streckungsfaktor k.

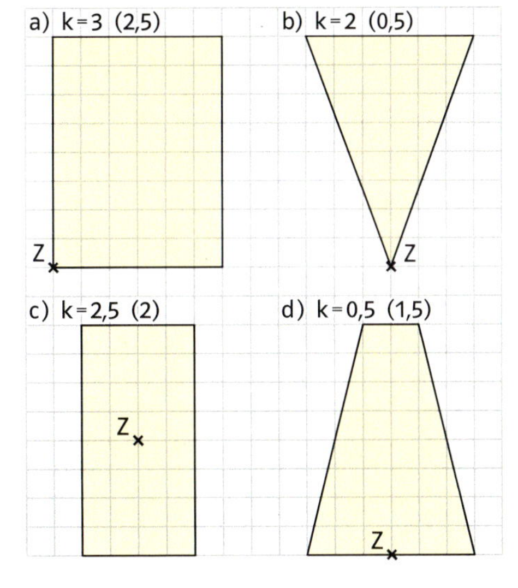

Üben und Vertiefen

9 Übertrage die Figur in dein Heft und verkleinere sie durch zentrische Streckung mit dem Faktor k = 0,5.

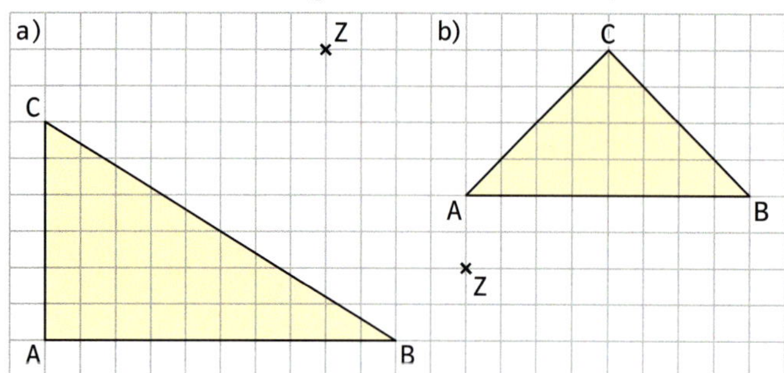

10 Zeichne das Dreieck ABC in ein Koordinatensystem (Einheit 1 cm) und vergrößere es durch zentrische Streckung um den angegebenen Faktor k.
Gib die Koordinaten der Bildpunkte an.

	a)	b)	c)
Z	(0 | 0)	(10 | 0)	(5 | 0)
k	2,5	2	1,5
A	(1 | 2)	(9 | 1)	(4 | 1)
B	(3 | 2)	(11 | 1,5)	(7 | 1)
C	(1 | 5)	(10 | 3)	(5 | 3)

11 Übertrage die Figur in dein Heft und strecke sie von Z aus mit dem angegebenen Streckungsfaktor.

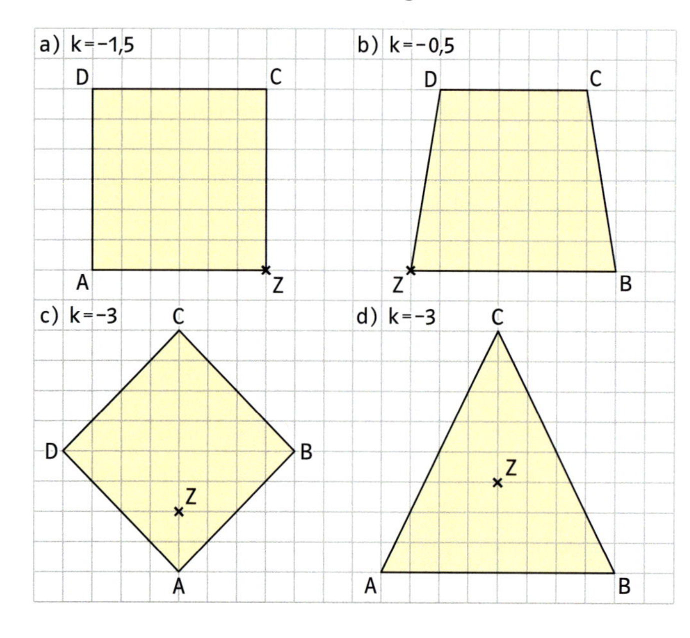

12 Bestimme den Streckungsfaktor k (1 Kästchenlänge ≙ 0,5 cm).

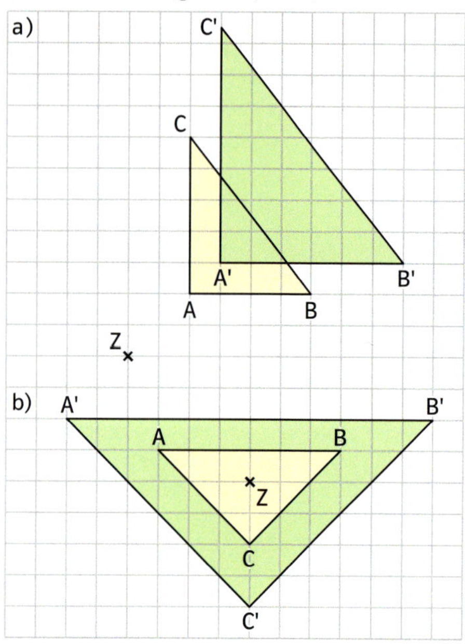

13 Führe eine Streckung durch. Ein Bildpunkt ist angegeben.

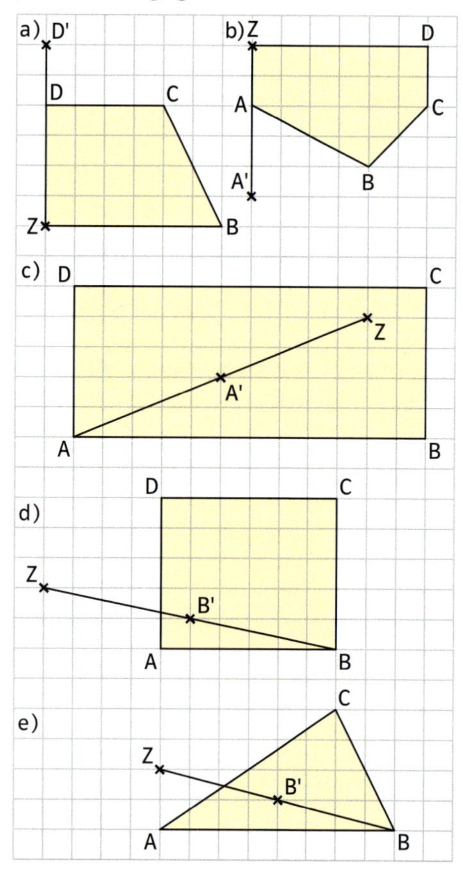

Die folgenden Aufgaben kannst du mithilfe der Eigenschaften der zentrischen Streckung oder mit den Strahlensätzen lösen.
Fertige zunächst eine Planskizze an.

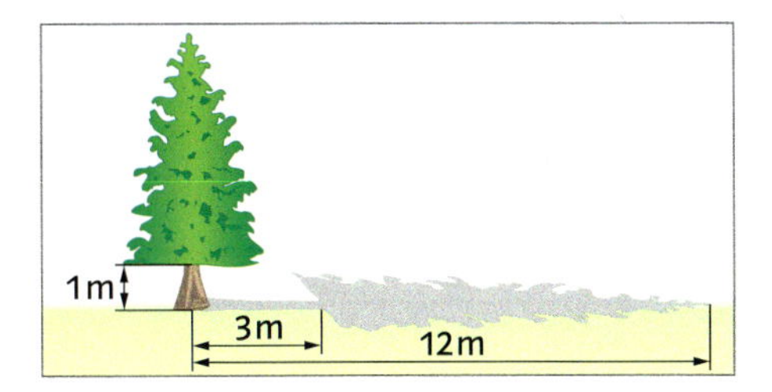

1 Bestimme die Höhe des Baumes.

2 In einen Dachstuhl soll eine 0,8 m hohe Stütze eingefügt werden. In welcher Entfernung $\overline{ZA}$ vom Dachstuhlende Z aus ist die Stütze aufzustellen?

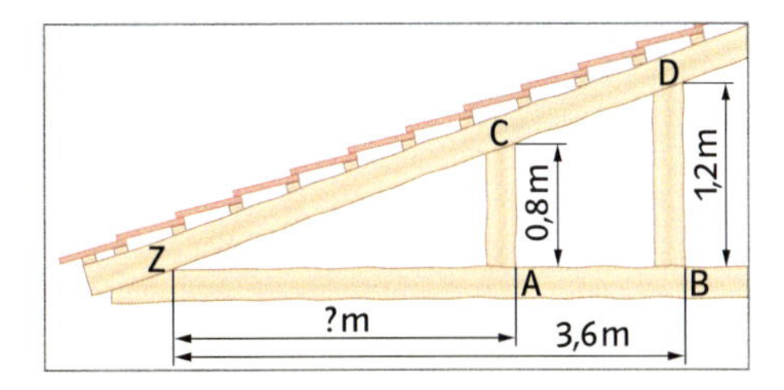

3 Mit einem Försterdreieck kann man die Höhe von Bäumen oder Gebäuden bestimmen.
a) Erkläre die Funktionsweise des Försterdreiecks.
b) Bestimme die Höhe des abgebildeten Baumes.

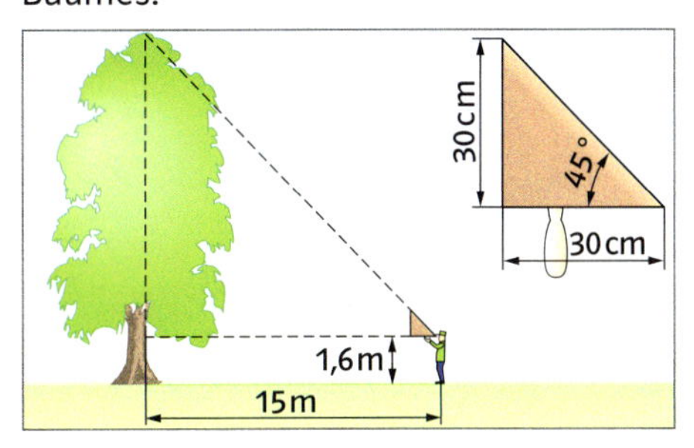

4 Der Schatten eines 1,80 m großen Menschen ist 2,70 m lang.
Wie hoch ist ein Mast, dessen Schatten zur gleichen Zeit 20,40 m misst?

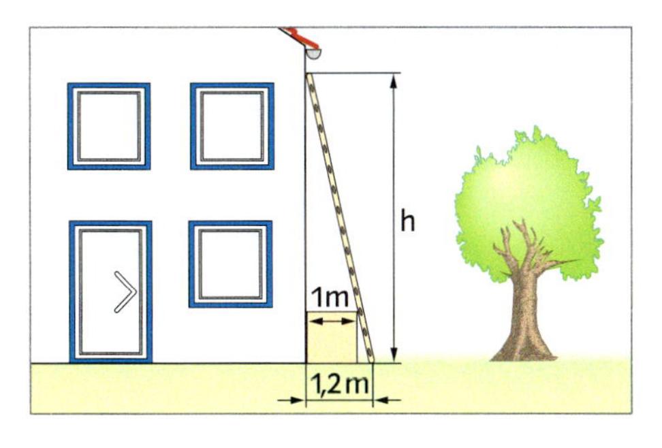

5 Unter der Leiter steht eine würfelförmige Kiste mit einer Kantenlänge von einem Meter. Wie hoch reicht die Leiter?

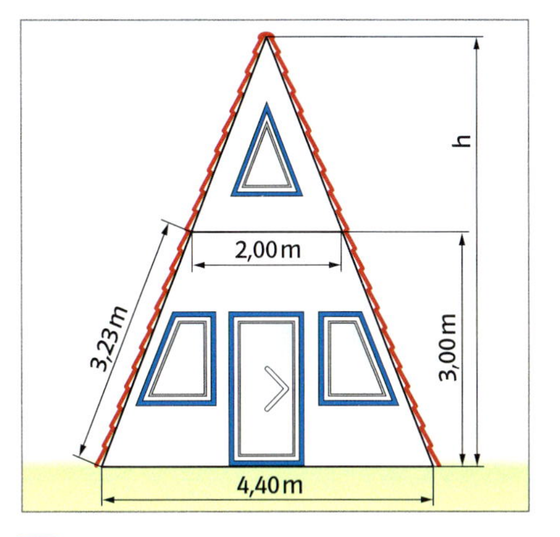

6 Die Giebelwand eines Nurdachhauses wird, wie in der Zeichnung dargestellt, vermessen.
a) Berechne die Höhe h des Giebels.
b) Wie lang ist eine Dachkante?

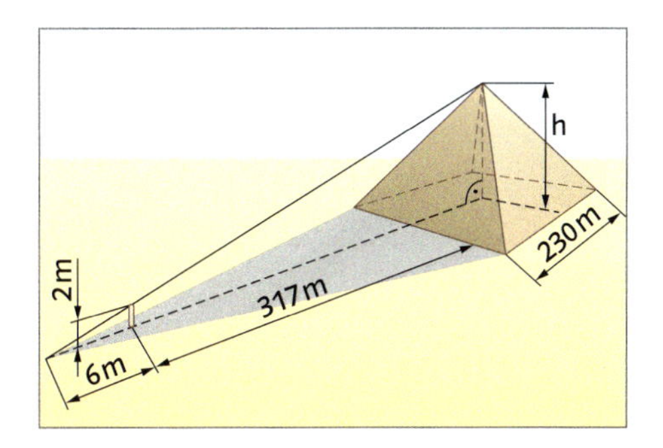

7 Im Altertum wurde, um die Höhe einer Pyramide zu vermessen, ein Stab lotrecht so aufgestellt, dass das Ende seines Schattens mit dem Ende des Schattens der Pyramide zusammenfiel. Berechne mithilfe der angegebenen Werte die Höhe der Cheopspyramide.

Vernetzen: Zentralperspektive

Die Zentralperspektive wurde erstmals Ende des 14. Jahrhunderts von bedeutenden Künstlern eingesetzt, um „räumliche Verhältnisse" im ebenen Bild darzustellen.
Als Erfinder gilt der florentinische Baumeister Filippo Brunelleschi (1377 – 1446).
Albrecht Dürer (1471 – 1528) verwendete die nach ihm benannte „Dürerscheibe", um perspektivische Bilder zu entwerfen.

Malen mit der „Dürerscheibe"

1 Im Bild siehst du drei Darstellungen eines **Hauses in Zentralperspektive.**
a) Was haben die drei Zeichnungen gemeinsam, was unterscheidet sie?
b) Erkläre die Begriffe Vogelperspektive und Froschperspektive.

Die Augenhöhe des Betrachters befindet sich auf der Höhe des Horizontes.

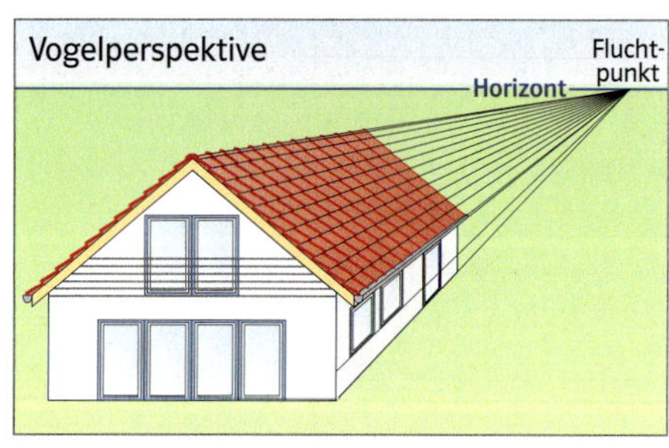

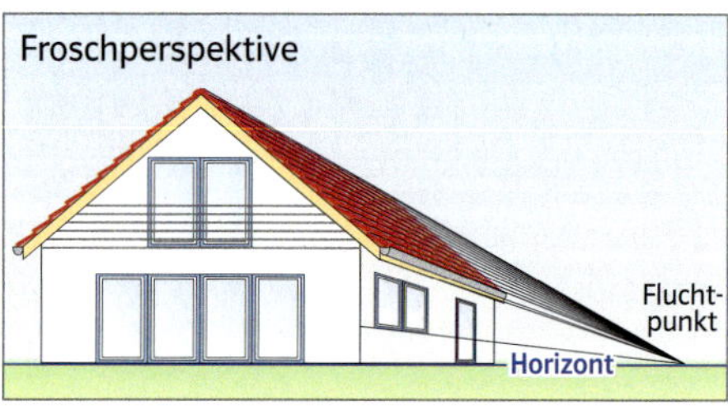

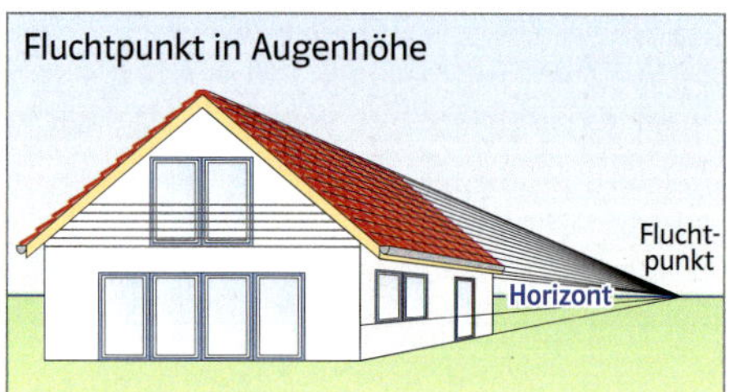

Bei der Zentralperspektive treffen sich die Linien, die in die Bildebene hineinlaufen, in einem **Fluchtpunkt.** Strecken, die vom Betrachter weiter entfernt liegen, werden im Bild verkleinert dargestellt. Es entsteht ein **„Raumeffekt".**

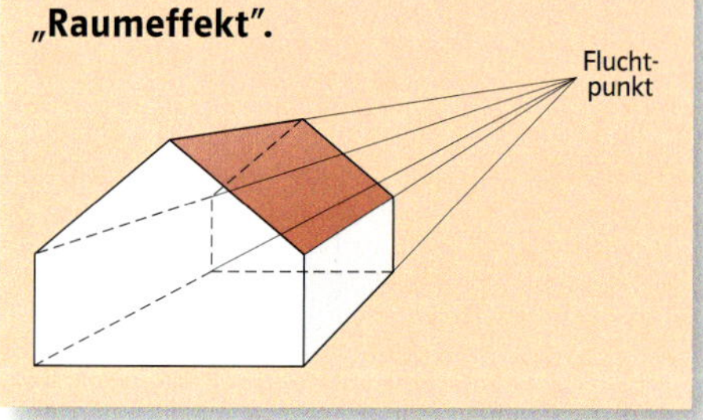

2 Übertrage die Zeichnungen in dein Heft und überprüfe, ob es sich um eine korrekte Darstellung in Zentralperspektive handelt. Konstruiere zur Kontrolle den Fluchtpunkt.

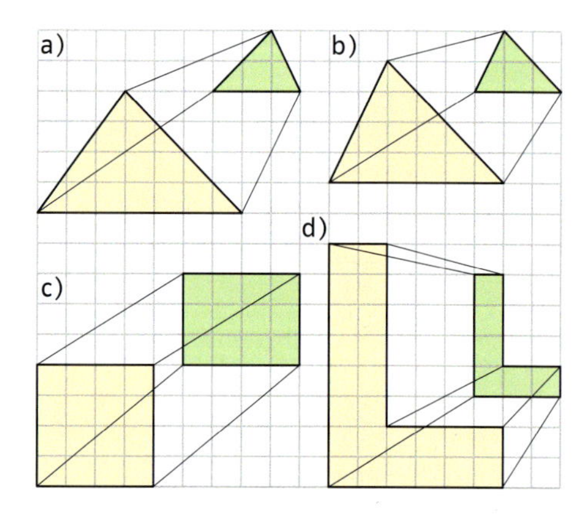

3 Wenn du einen Gegenstand in **Zentralperspektive** darstellen möchtest, kannst du die Eigenschaften der zentrischen **Streckung** anwenden.
Beschreibe die Gemeinsamkeiten und Unterschiede. Benutze die Begriffe:
- Bildfigur, Originalfigur
- Vorderseite, Rückseite
- Fluchtpunkt, Zentrum
- unsichtbar, sichtbar
- parallel
- Vogelperspektive, Froschperspektive, Augenhöhe.

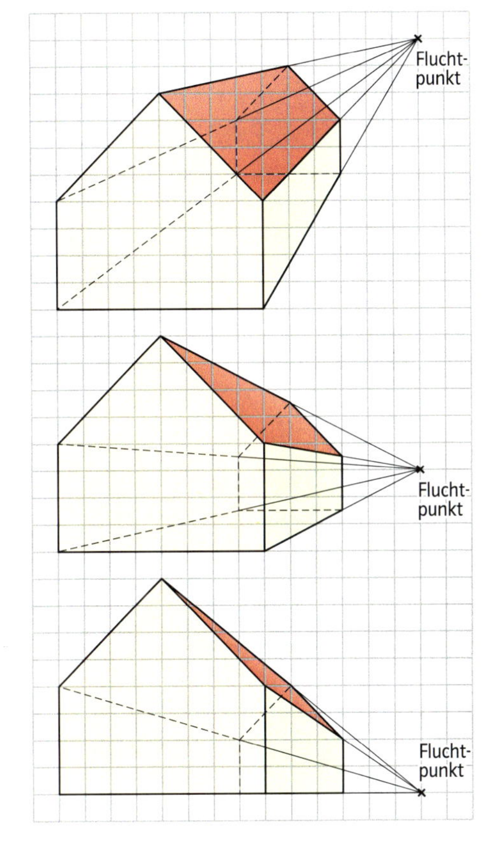

So kannst du einen Körper mithilfe der Eigenschaften der zentrischen Streckung in Zentralperspektive darstellen:

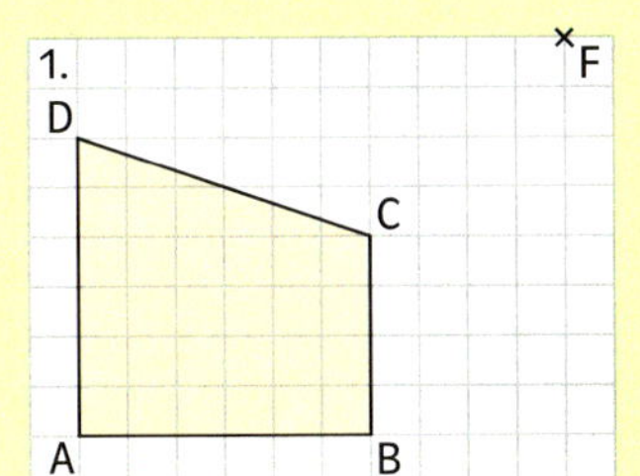

Zeichne die Vorderseite des Körpers und lege, je nach Augenhöhe, den Fluchtpunkt F fest.

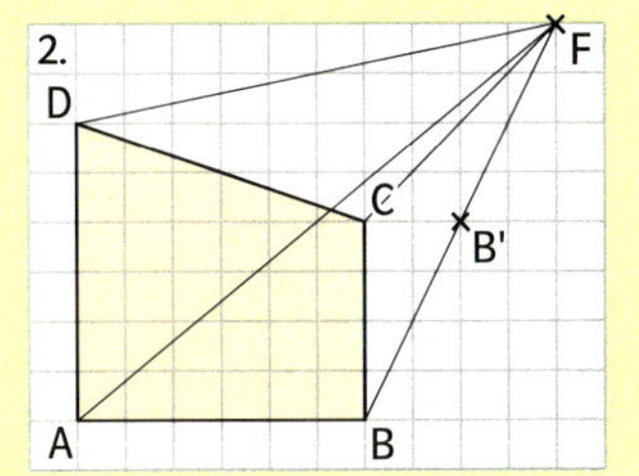

Bestimme, wie weit die Rückseite des Körpers in die Ebene „hineinragen" soll, indem du einen Punkt B' auf der entsprechenden Fluchtlinie festlegst.

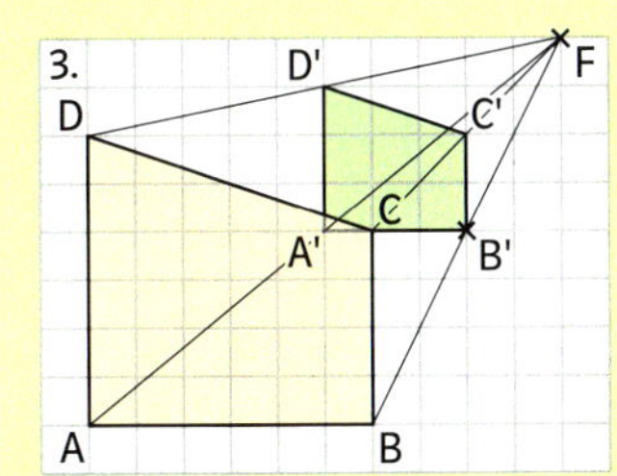

Konstruiere die Bildfigur A'B'C'D'.
Zeichne Parallelen zu den Originalstrecken. Beginne mit Strecke $\overline{B'C'}$.

4 Übertrage die Zeichnung in dein Heft und vervollständige die perspektivische Darstellung des Körpers. Zeichne unsichtbare Kanten gestrichelt ein.

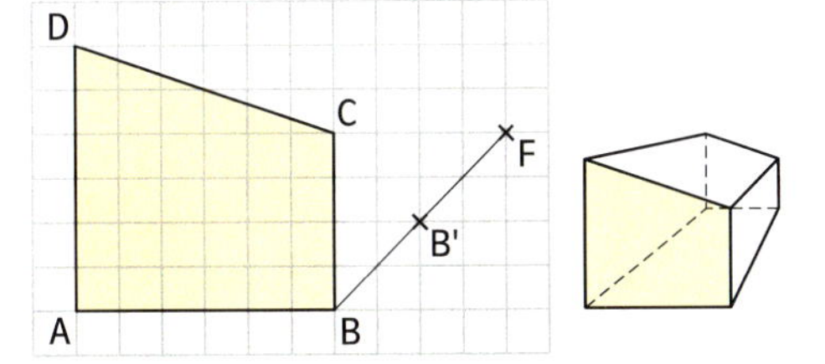

5 Vervollständige die folgenden Zeichnungen in deinem Heft, sodass ein Körper in Zentralperspektive entsteht.
Zeichne unsichtbare Kanten gestrichelt.

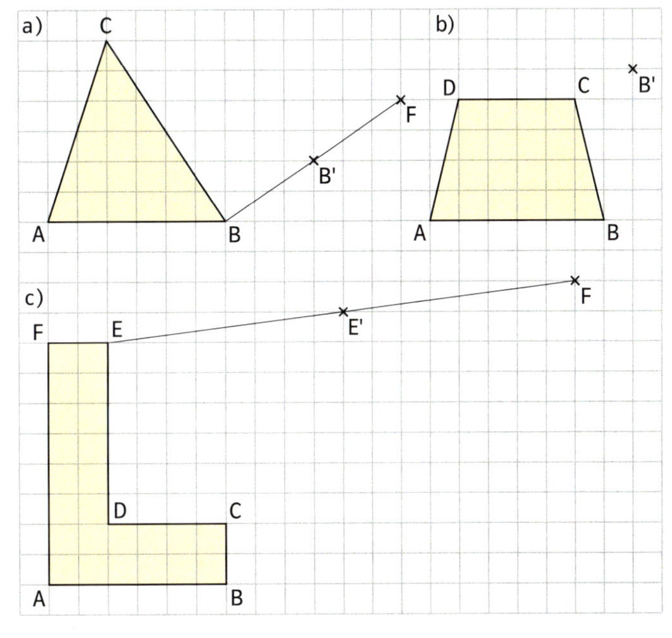

Vernetzen: Bruchgleichungen

1 Um die Breite eines Flusses zu bestimmen, sind im Gelände Punkte markiert und Strecken vermessen worden.

Die Breite des Flusses kann ich mithilfe einer Gleichung bestimmen.

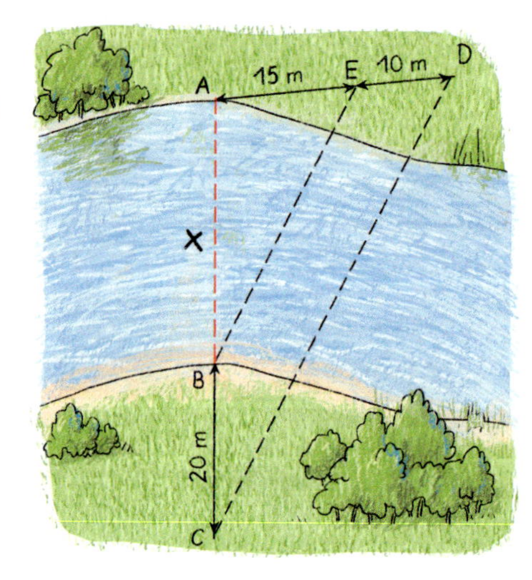

1. Strahlensatz: $\frac{\overline{AC}}{\overline{AB}} = \frac{\overline{AD}}{\overline{AE}}$

$$\frac{x + 20}{x} = \frac{15 + 10}{15}$$

a) Erkläre, wie du mithilfe des ersten Strahlensatzes die angegebene Gleichung aufstellen kannst.
b) Löse die Gleichung durch Probieren, indem du für x nacheinander 10, 20, 30 … einsetzt, und gib die Breite des Flusses an.

2 Bestimme die Breite des Sees mithilfe des zweiten Strahlensatzes. Stelle dazu eine Gleichung auf und löse sie durch Probieren.

a)

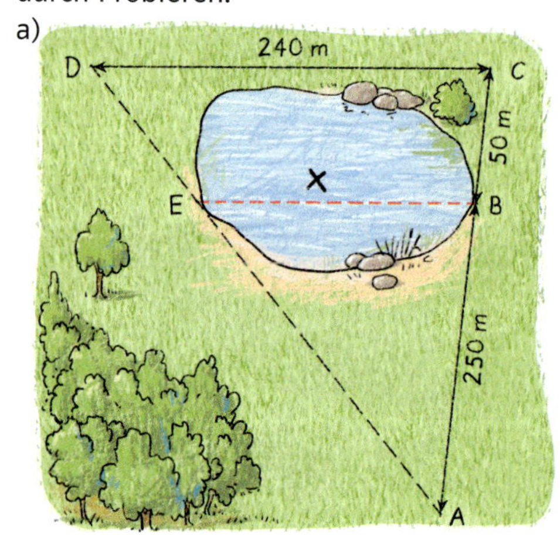

b)

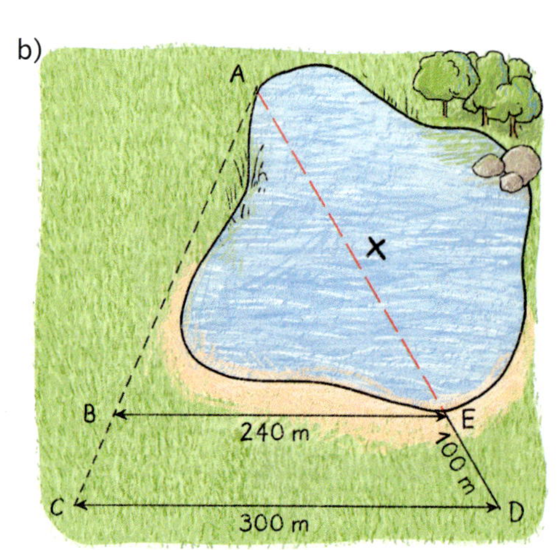

In den Gleichungen kann die Variable x im Nenner auftreten.

Eine Gleichung, bei der eine Variable im Nenner vorkommt, heißt **Bruchgleichung.**

$\frac{40}{x} = 10$ $\qquad$ $\frac{9}{14} = \frac{x}{x + 5}$

3 a) Löse die Gleichung $\frac{8}{x-3} = 4$ durch Probieren. Beschreibe deinen Lösungsweg.
Warum kannst du für x nicht die Zahl 3 einsetzen?
b) Löse die Gleichungen durch Probieren. Überlege jeweils, welche Zahl du für x nicht einsetzen darfst.

$\frac{18}{x-2} = 3$ $\frac{22}{x-1} = 11$ $\frac{27}{x-5} = 9$

Alle reellen Zahlen, die für die Variable x in einer Gleichung eingesetzt werden können, bilden die **Definitionsmenge** der Gleichung.
Die Definitionsmenge heißt auch **Grundmenge.**

Gleichung: $\frac{24}{x-4} = 8$

Definitionsmenge: $D = \mathbb{R} \setminus \{4\}$

Lies: Die Definitionsmenge ist die Menge aller reellen Zahlen ohne die Zahl 4.

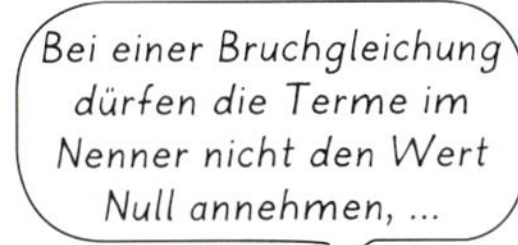

4 Gib jeweils die Definitionsmenge an. Bei einigen Definitionsmengen musst du mehr als eine reelle Zahl ausschließen.

a) $\frac{7}{x-4} = 1$

$\frac{9}{x-5} = 3$

$\frac{10}{x+3} = 2$

$\frac{20}{2x-4} = 5$

b) $\frac{8}{x-2} = \frac{12}{x-1}$

$\frac{30}{x+3} = \frac{6}{x-1}$

$\frac{36}{x+1} = \frac{12}{x-5}$

$\frac{48}{3x-3} = \frac{20}{5x-20}$

$\frac{21}{x-2} = 7 \qquad D = \mathbb{R} \setminus \{2\}$

$\frac{21}{x-2} = 7 \qquad | \cdot (x-2)$

$\frac{21\cancel{(x-2)}}{\cancel{x-2}} = 7(x-2)$

$21 = 7(x-2)$
$21 = 7x - 14 \qquad | +14$
$35 = 7x \qquad | :7$
$5 = x$
$5 \in D$
$L = \{5\}$

5 Löse die Bruchgleichung. Gib zunächst die Definitionsmenge an.

a) $\frac{4}{x-5} = 2$ b) $\frac{11}{x+3} = 1$ c) $\frac{20}{x-9} = 5$

d) $\frac{15}{10+x} = 1$ e) $\frac{3x}{x-3} = 4$ f) $\frac{20x}{x+9} = 5$

L 3 5 7 8 12 13

6 Löse die Gleichung wie im Beispiel.

$\frac{5}{x+3} = \frac{2}{x} \qquad D = \mathbb{R} \setminus \{-3, 0\}$

$\frac{5}{x+3} = \frac{2}{x} \qquad | \cdot (x+3)$

$\frac{5\cancel{(x+3)}}{\cancel{x+3}} = \frac{2(x+3)}{x}$

$5 = \frac{2(x+3)}{x} \qquad | \cdot x$

$5x = \frac{2(x+3)\cancel{x}}{\cancel{x}}$

$5x = 2(x+3)$
$5x = 2x + 6 \qquad | -2x$
$3x = 6 \qquad | :3$
$x = 2$
$2 \in D$
$L = \{2\}$

a) $\frac{4}{x-7} = \frac{8}{x}$ b) $\frac{10}{x} = \frac{5}{x-1}$

c) $\frac{3}{x-2} = \frac{5}{x+2}$ d) $\frac{3}{x-3} = \frac{6}{x+4}$

e) $\frac{39}{x+6} = \frac{12}{x-3}$ f) $\frac{16}{x-1} = \frac{30}{x+6}$

L 2 7 8 9 10 14

Vernetzen: Bruchgleichungen

7 Tim hat eine Bruchgleichung in einem Schritt in eine Gleichung ohne Brüche umgeformt.

$$\frac{18}{x+2} = \frac{9}{x-1}$$

$$18(x-1) = 9(x+2)$$

a) Erkläre, wie Tim vorgegangen ist.
b) Bestimme die Lösungsmenge der Gleichung.

8 Forme jede Bruchgleichung in einem Schritt in eine Gleichung ohne Brüche um. Bestimme dann die Lösungsmenge.

a) $\frac{24}{x+4} = \frac{15}{x+1}$ b) $\frac{12}{x-3} = \frac{18}{x+1}$

c) $\frac{8}{x-9} = \frac{12}{x-6}$ d) $\frac{4}{x} = \frac{12}{x+10}$

e) $\frac{16}{x+7} = \frac{8}{x-1}$ f) $\frac{50}{x+9} = \frac{35}{x+6}$

L 1 4 5 9 11 15

9 Erkläre, wie die Gleichung $\frac{5x+10}{x+2} = 4$ umgeformt wurde. Begründe, warum die Lösungsmenge leer ist.

$\frac{5x+10}{x+2} = 4$ $\quad D = \mathbb{R} \setminus \{-2\}$

$\frac{5x+10}{x+2} = 4$ $\quad |\cdot(x+2)$

$5x + 10 = 4(x+2)$

$5x + 10 = 4x + 8$ $\quad |-4x$

$x + 10 = 8$ $\quad |-10$

$x = -2$

$-2 \notin D$

$L = \{\ \}$

10 a) Erkläre, warum die Lösungsmenge der Gleichung $\frac{1}{x+1} = \frac{1}{x-1}$ leer ist.

$\frac{1}{x+1} = \frac{1}{x-1}$ $\quad D = \mathbb{R} \setminus \{-1, 1\}$

$\frac{1}{x+1} = \frac{1}{x-1}$ $\quad |\cdot(x+1)(x-1)$

$\frac{\cancel{(x+1)}(x-1)}{\cancel{x+1}} = \frac{(x+1)\cancel{(x-1)}}{\cancel{x-1}}$

$x - 1 = x + 1$ $\quad |-x$

$-1 = 1$ $\quad$ falsch!

$L = \{\ \}$

b) Erkläre, warum die Lösungsmenge der Gleichung $\frac{2x-6}{3-x} = -2$ aus der gesamten Definitionsmenge besteht.

$\frac{2x-6}{3-x} = -2$ $\quad D = \mathbb{R} \setminus \{3\}$

$\frac{2x-6}{3-x} = -2$ $\quad |\cdot(3-x)$

$\frac{(2x-6)\cancel{(3-x)}}{\cancel{3-x}} = -2$

$2x - 6 = -2(3-x)$

$2x - 6 = -6 + 2x$ $\quad |-2x$

$-6 = -6$ $\quad$ wahr!

$L = D$

11 Bestimme die Lösungsmenge der Gleichung.

a) $\frac{2}{x-2} = \frac{2}{x-3}$ b) $\frac{2x+10}{x+5} = 2$

c) $\frac{4}{x-2} = \frac{4}{x+1}$ d) $\frac{5}{x-1} = \frac{-5}{1-x}$

Wenn beim Umformen einer Bruchgleichung eine falsche Aussage entsteht, hat die Gleichung keine Lösung.
Die Lösungsmenge ist leer.

Wenn beim Umformen einer Bruchgleichung eine Aussage entsteht, die immer wahr ist, dann sind alle Zahlen aus der Definitionsmenge Lösungen der Gleichung.
Die Lösungsmenge ist gleich der Definitionsmenge.

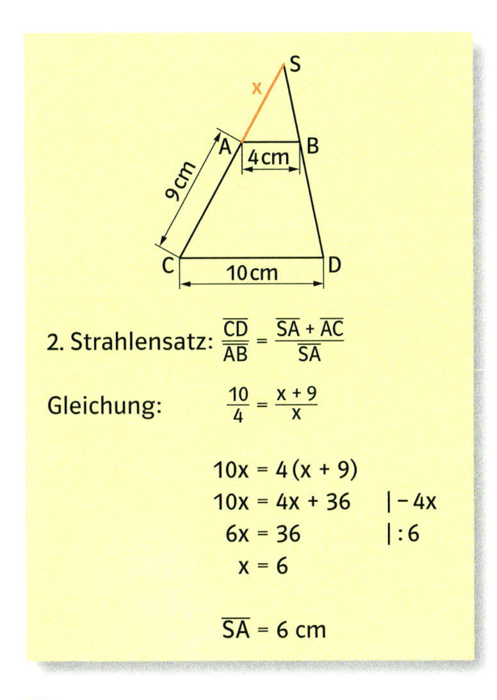

2. Strahlensatz: $\frac{\overline{CD}}{\overline{AB}} = \frac{\overline{SA} + \overline{AC}}{\overline{SA}}$

Gleichung: $\frac{10}{4} = \frac{x+9}{x}$

$10x = 4(x + 9)$

$10x = 4x + 36 \quad | -4x$

$6x = 36 \quad | :6$

$x = 6$

$\overline{SA} = 6$ cm

12 Stelle mithilfe der Strahlensätze eine Gleichung auf. Dabei kann die Variable x im Nenner stehen. Forme sie in einem Schritt in eine Gleichung ohne Brüche um und bestimme dann die Länge der rot gekennzeichneten Strecke.

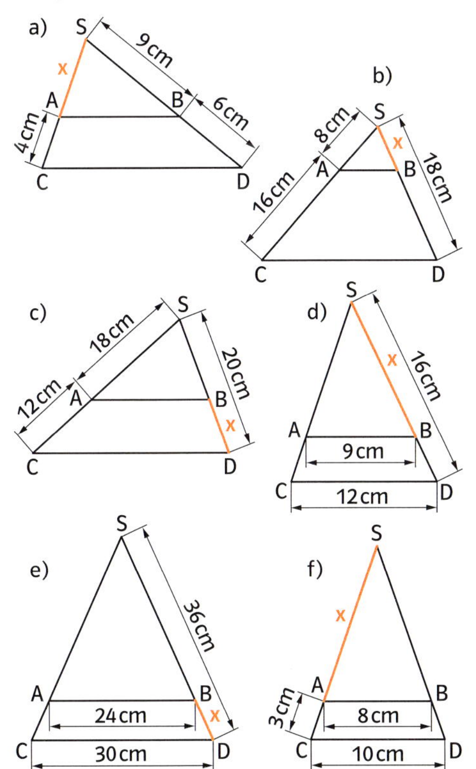

13 a) Von einer Pyramide aus Holz wird oben ein Stück abgesägt. Die Schnittfläche soll ein Quadrat mit der Seitenlänge 15 cm sein, das parallel zur Grundfläche verläuft.
Um die Säge ansetzen zu können, soll auf dem Holzkörper der Punkt P markiert werden.
Bestimme die Länge der Strecke $\overline{PA}$ mithilfe einer Gleichung.

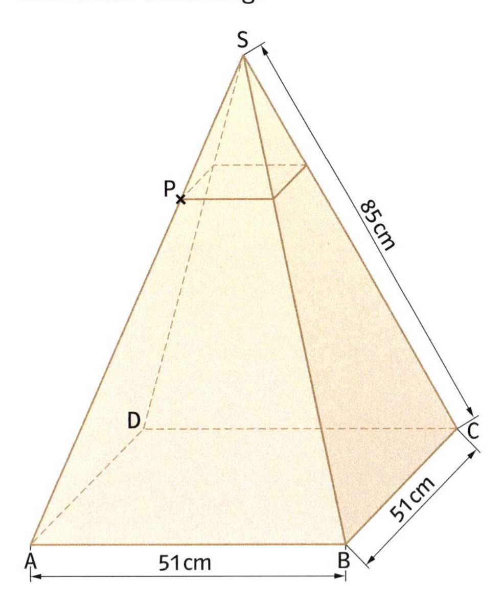

b) Auf den abgebildeten Körper soll eine kleine Pyramide gesetzt werden, sodass beide Körper zusammen eine große Pyramide bilden.
Bestimme die Höhe der kleinen Pyramide mithilfe einer Gleichung.

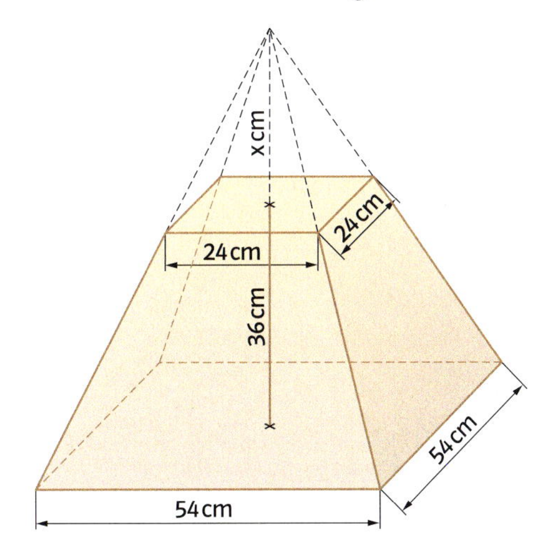

Lernkontrolle 1

1 Ergänze die Tabelle.

	Maßstab	Bild	Original
a)	2 : 1	■	3 cm
b)	1 : 3	0,5 cm	■
c)	■	34 cm	3,4 cm
d)	1 : 5	■	1 m
e)	1 : 100	23 cm	■

2 Fertige eine zweite Zeichnung im angegebenen Maßstab an.

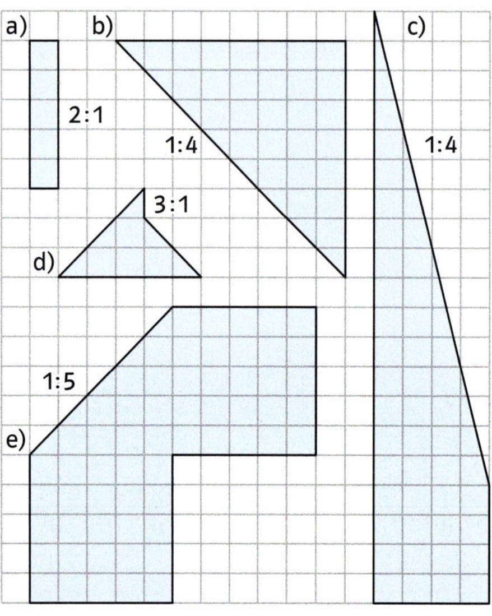

3 Auf einer Landkarte im Maßstab 1 : 250 000 beträgt die Entfernung zweier Orte 7,3 cm.
Berechne die wirkliche Entfernung.

4 Übertrage die Figur in dein Heft und strecke sie von Z aus mit dem angegebenen Streckungsfaktor k.

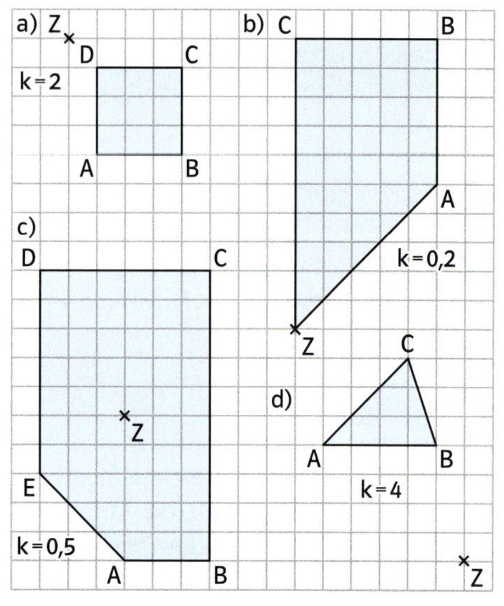

5 Ein Rechteck ist 4 cm lang und 5 cm breit. Es wird mit dem Faktor k = 3 gestreckt. Berechne den Flächeninhalt des Rechtecks vor und nach der Streckung.

Wiederholung

1 Vervollständige die Wertetabelle für die Zuordnung in deinem Heft.
f: y = – 1,5x

x	– 2	– 1	0	1	2
f(x)	■	■	■	■	■

g: y = 2x – 5

x	– 2	– 1	0	1	2
f(x)	■	■	■	■	■

2 Gib für die folgenden Zuordnungen die Funktionsgleichung an.
a) Jeder Zahl wird das Doppelte zugeordnet.
b) Jeder Zahl wird das Dreifache vermindert um 4 zugeordnet.
c) Jeder Zahl wird ihr Quadrat zugeordnet.

3 Zeichne die Graphen der Funktionen f: y = 2x; D = ℚ und g: y = 0,5x ; D = ℚ in ein Koordinatensystem.

4 Lies aus dem Koordinatensystem die Steigungen der Geraden ab.

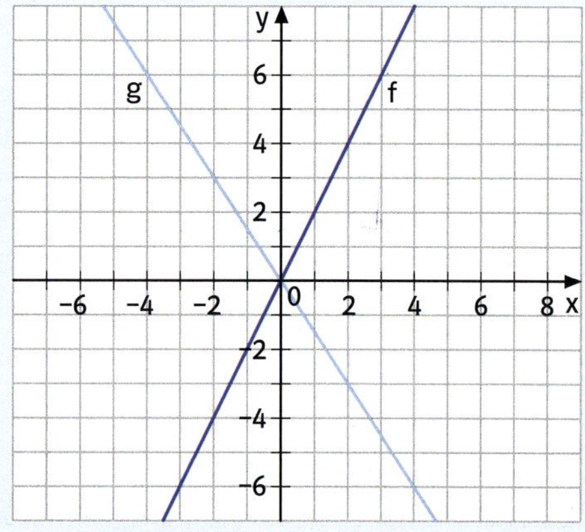

Lernkontrolle 2

1 Von einem Auto (Länge 4,60 m) soll auf einem DIN-A4-Blatt (297 mm x 210 mm) eine maßstabsgerechte Zeichnung angefertigt werden.

Welchen Maßstab musst du mindestens wählen, damit die Zeichnung auf das Blatt passt?

2 Zeichne das Dreieck ABC in ein Koordinatensystem (Einheit 0,5 cm) und strecke es von Z aus mit dem angegebenen Streckungsfaktor k. Gib die Koordinaten der Bildpunkte an.
Z(−1 | 0); k = 1,5; A(3 | 0); B(9 | −4); C(9 | 0)

3 Zeichne das Dreieck ABC und den Bildpunkt B′ in ein Koordinatensystem (Einheit 1 cm). Bestimme den Streckungsfaktor k. Strecke das Dreieck von Z aus mit dem Streckungsfaktor k. Gib die Koordinaten von A′ und C′ an.
Z(5 | 0); A(0 | 2,5); B(5 | 5); C(2,5 | 8); B′(5 | 2)

4 Ein Rechteck ist mit dem Streckungsfaktor k = 3 gestreckt worden.
Das Bilddreieck hat einen Flächeninhalt von 108 cm². Berechne den Flächeninhalt des Originaldreiecks.

5 Berechne die fehlende Streckenlänge x. (Maße in cm).

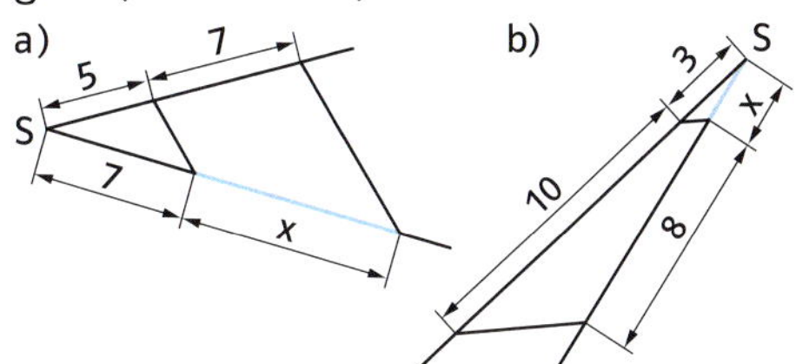

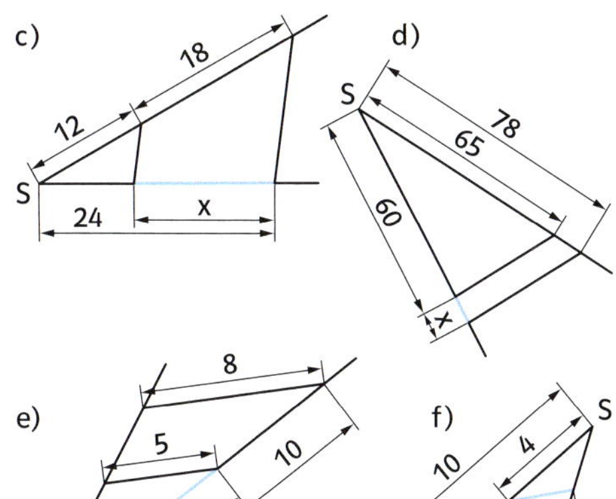

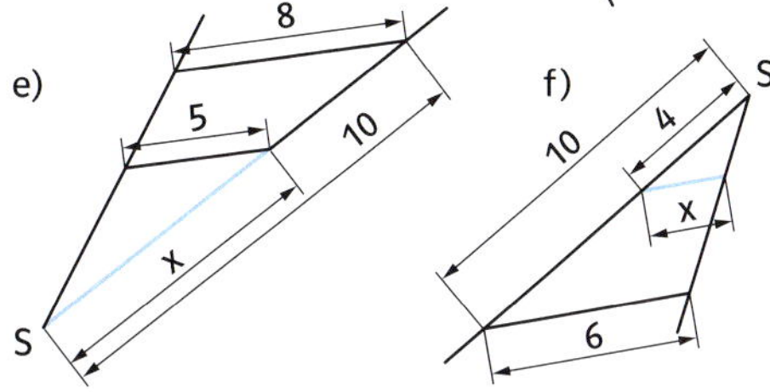

6 Berechne die Bildgröße in der abgebildeten Lochkamera. Runde auf mm.

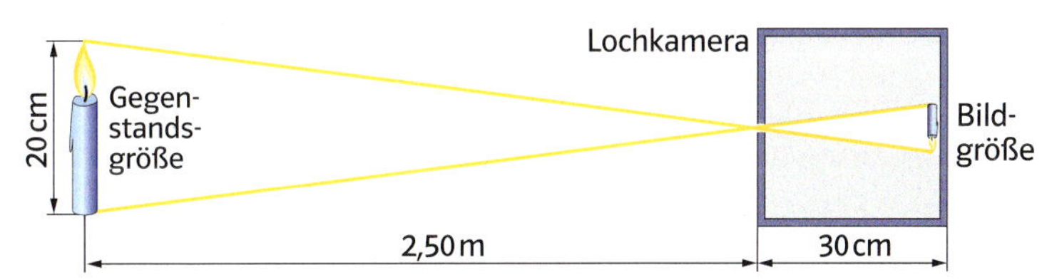

1 a) Zeichne die Graphen folgender Funktionen in ein Koordinatensystem.
f: y = 2x − 5 g: y = 1,5x + 3
h: y = 0,5x − 1 k: y = 3x − 6
b) Wo schneiden die Funktionsgraphen jeweils die y-Achse?

2 Gib die Koordinaten des Schnittpunkts mit der y-Achse an:
a) y = 2x b) y = 1,4x − 0,5
c) y = x − 7 d) y = 2x + 0,3

3 Zeichne die Graphen der Funktionen in ein Koordinatensystem (ohne Wertetabelle): f: y = x + 4 g: y = x − 1,5

4 Gib jeweils die Funktionsgleichung an.

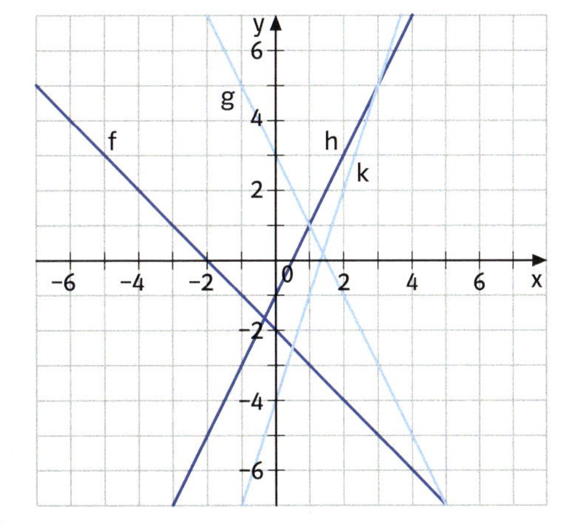

Wiederholung

Fotografie

1 Die Abbildung zeigt eine kompakte Digitalkamera.

Was unterscheidet eine Digitalkamera von einer analogen Kamera?

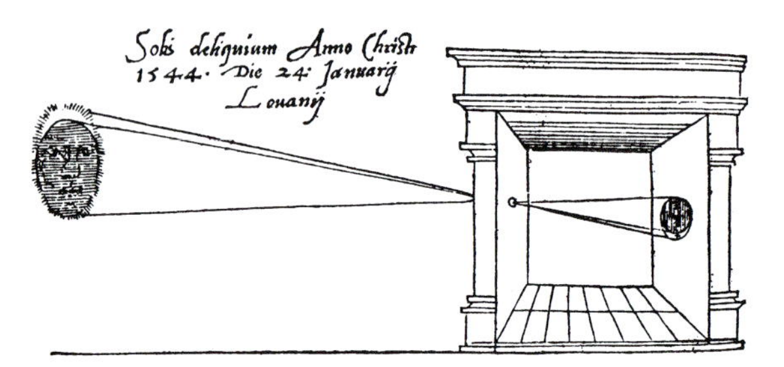

2 Die Entwicklung der fotografischen Apparate lässt sich auf die Camera obscura (lat.: dunkle Kammer) zurückführen.
Auf dem abgebildeten Holzschnitt fällt das Sonnenlicht durch ein kleines Loch in der Wand in eine dunkle Kammer. Was wird auf der gegenüberliegenden Wand abgebildet?

3 In der unteren Zeichnung siehst du den Strahlenverlauf in einer Camera obscura, die heute auch Lochkamera genannt wird. Vergleiche das Bild in der Kamera mit dem Original.

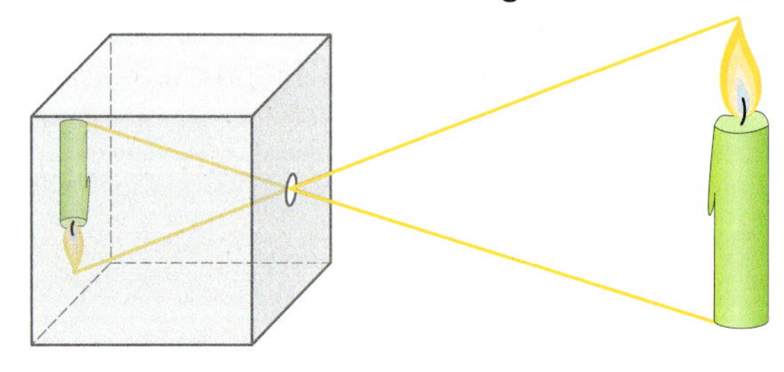

4 Maler des 17. und 18. Jahrhunderts benutzten eine tragbare Camera obscura, um Landschaften naturgetreu nachzeichnen zu können.
Beschreibe anhand der Abbildung (Kupferstich 1671) das Bild, das der Künstler in der Camera obscura auf einer Leinwand erblickt.

5 Bereits 1568 empfahl Daniele Barbaro, eine Sammellinse in die Öffnung einer Camera obscura einzusetzen. Dadurch wurde das Bild heller und schärfer.
Beschreibe das Funktionsprinzip des abgebildeten Apparates.

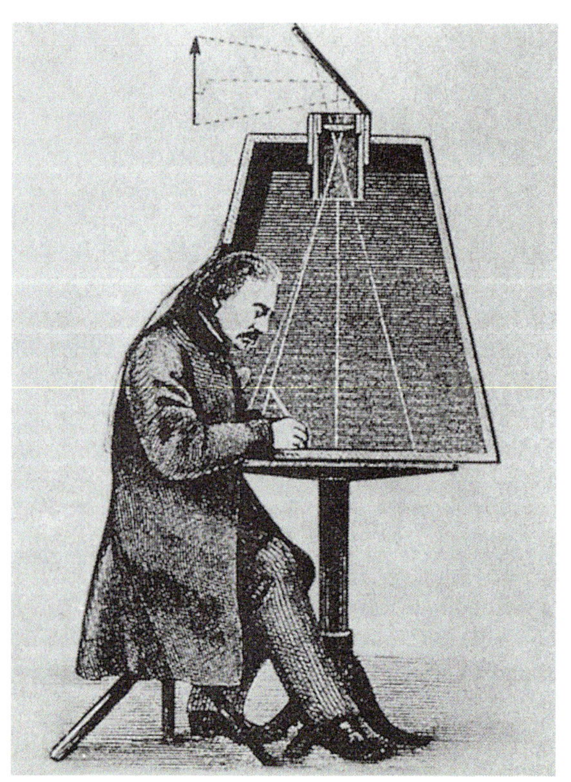

6 Der Bildsensor einer kompakten Digitalkamera hat die Maße 8 mm x 6 mm. Er fängt das Licht ein, das durch die Linse in die Kamera fällt.
Das ausgedruckte Foto ist 16 cm lang und 12 cm breit.
a) Berechne den Maßstab der Vergrößerung.
b) Vergleiche den Flächeninhalt des Bildsensors mit dem Flächeninhalt des Ausdrucks.

7 Eine digitale Spiegelreflexkamera hat einen größeren Bildsensor (22 mm x 15 mm). Ein Foto wird in der Größe 15,4 cm x 10,5 cm entwickelt.
a) Berechne k.
b) Vergleiche den Flächeninhalt des Fotos mit dem Flächeninhalt des Bildsensors.
c) Welchen Vorteil hat eine digitale Spiegelreflexkamera gegenüber einer kompakten Digitalkamera?

8 Bei der analogen Fotografie arbeitet man mit Negativen.
Beim Fotografen wird von einem Negativ der Größe 24 mm x 36 mm ein Papierabzug von 12 cm Breite und 18 cm Länge hergestellt.
a) Welchem Maßstab entspricht die Vergrößerung?
b) Vergleiche den Flächeninhalt des Fotos mit dem des Negativs.

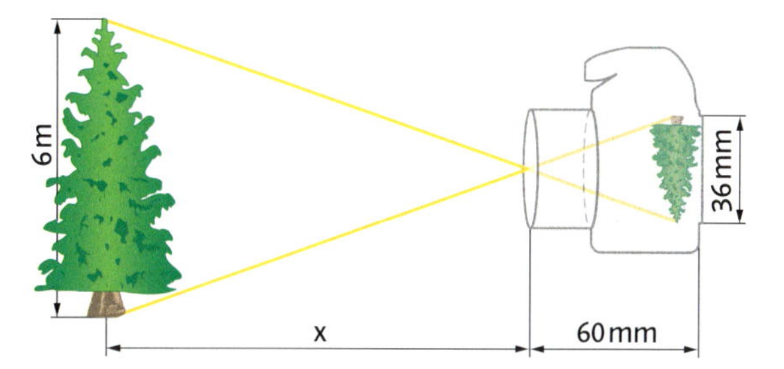

9 Max hat den Strahlenverlauf bei der Fotografie in einer Skizze stark vereinfacht dargestellt.
a) Beschreibe das Bild des Baumes, wie es in der Kamera auf dem Negativ abgebildet wird.
b) Wie weit müsste der Baum von der Linse der Kamera entfernt sein, damit sein Bild auf das Negativ passt?

10 Herr Schröder besitzt eine digitale Kompaktkamera (Sensorgröße 8 mm x 6 mm).
Er lässt seine Fotos bei einem Onlinebilderdienst entwickeln.
Dort werden die Bilder auf einem 10 cm breiten Papierstreifen entwickelt.
Wie lang wird jedes Foto?

2 Reelle Zahlen

16 cm²
Kannst du umgekehrt auch die Seitenlänge des Quadrats bestimmen, wenn der Flächeninhalt gegeben ist?
2,25 cm²
7,84 cm²
23 cm²
11 cm²

Straßenreinigungsgebühren

Streit über Straßenreinigungsgebühren

Die Gebühren für die Straßenreinigung bleiben ein Dauerthema im Gemeinderat. Bei der Sitzung am vergangenen Donnerstag wurde ausführlich über den Vorschlag des Gemeinderatsmitglieds Tom Jäger diskutiert, die Gebühren künftig nach einem neuen Verfahren zu berechnen.
Jägers Vorschlag sieht vor, die Grundstücksfläche in ein Quadrat zu verwandeln und die Seitenlänge dieses Quadrats zur Berechnung der Gebühren zu verwenden. Dies sei gerechter als das zurzeit geltende Verfahren, das nur die Länge der Straßenfront eines Grundstücks berücksichtige, sagte Jäger unserer Zeitung.

Wir stellen unseren Lesern beide Verfahren im Vergleich vor:

Altes Verfahren: Die Reinigungsgebühr wird auf Grund der Länge der Straßenfront berechnet.

Grundstücksfläche: $45\text{ m} \cdot 20\text{ m} = 900\text{ m}^2$

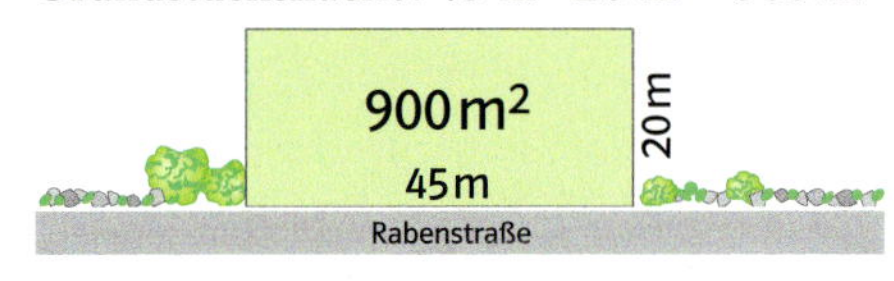

Länge der Straßenfront (m)		Preis pro Meter		Reinigungsgebühr
45	·	2 €	=	90 €

Neues Verfahren: Die Grundstücksfläche wird in ein flächengleiches Quadrat umgewandelt.

Grundstücksfläche:
$900\text{ m}^2 = 30\text{ m} \cdot 30\text{ m}$

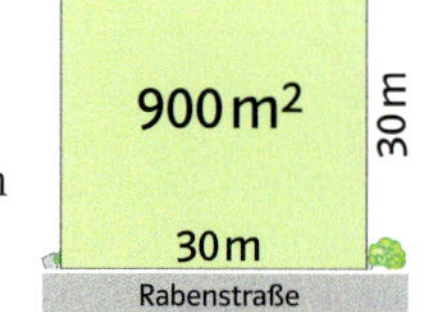

Seitenlänge des Quadrats (m)		Preis pro Meter		Reinigungsgebühr
30	·	2 €	=	60 €

1 Vergleiche das alte und das neue Verfahren. Beurteile, ob das neue Verfahren vorteilhafter als das alte ist.

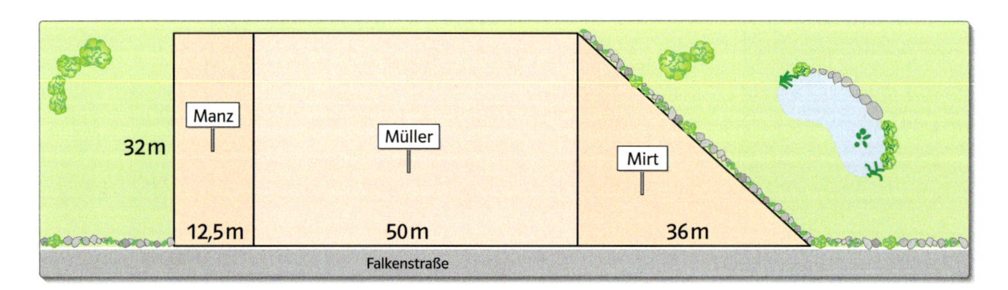

2 a) Berechne die Straßenreinigungsgebühr für jedes Grundstück nach dem alten und dem neuen Verfahren. Für welche Grundstücksbesitzer ist das alte Verfahren günstiger, für welche das neue?

b) Gib die Lage und die Maße eines weiteren Grundstücks an, bei dem das neue Verfahren preiswerter als das alte (teurer als das alte, genauso teuer wie das alte) ist.

$A = 6{,}25\,\text{cm}^2$

1 Der Flächeninhalt des Quadrats ist angegeben. Bestimme die Länge der Seite. Erläutere deinen Lösungsweg.

2 Bestimme die fehlende Größe des Quadrats.

	Seitenlänge	Flächeninhalt
a)	8 cm	
b)		81 cm²
c)	11 cm	
d)		49 cm²
e)		100 cm²
f)		144 cm²

Die Quadratwurzel aus 64 ist die positive Zahl, die beim Quadrieren 64 ergibt.

$\sqrt{64} = 8$, denn $8^2 = 8 \cdot 8 = 64$

Lies: Wurzel aus 64 ist gleich 8.

3 Bestimme die Quadratwurzel.

a) $\sqrt{4}$ $\sqrt{9}$ $\sqrt{16}$

b) $\sqrt{81}$ $\sqrt{49}$ $\sqrt{100}$

c) $\sqrt{2{,}25}$ $\sqrt{6{,}25}$ $\sqrt{1{,}44}$

Ein Produkt aus zwei gleichen Faktoren kann als Quadrat geschrieben werden.

Sind die Faktoren natürliche Zahlen, so heißt das Produkt **Quadratzahl.**

x	x²
1	1
2	4
3	9
4	16
5	25
6	36
7	49
8	64
9	81
10	100
11	121
12	144
13	169
14	196
15	225
16	256
17	289
18	324
19	361
20	400

4 Bestimme jeweils die Wurzel aus den Quadratzahlen.

a) $\sqrt{121}$ $\sqrt{196}$ $\sqrt{169}$

b) $\sqrt{289}$ $\sqrt{144}$ $\sqrt{324}$

c) $\sqrt{400}$ $\sqrt{900}$ $\sqrt{225}$

d) $\sqrt{1}$ $\sqrt{0}$ $\sqrt{25}$

e) $\sqrt{256}$ $\sqrt{361}$ $\sqrt{625}$

f) $\sqrt{676}$ $\sqrt{841}$ $\sqrt{1024}$

g) $\sqrt{484}$ $\sqrt{784}$ $\sqrt{961}$

h) $\sqrt{576}$ $\sqrt{441}$ $\sqrt{729}$

i) $\sqrt{2500}$ $\sqrt{3600}$ $\sqrt{4900}$

5 a) Quadriere 7 (9; 0,5; $\frac{1}{3}$) und ziehe aus dem Ergebnis die Quadratwurzel.
b) Ziehe die Quadratwurzel aus 36 (121, 2,25; $\frac{1}{4}$) und quadriere das Ergebnis.

c) Begründe Stefanies Aussagen.

$\sqrt{a}$ ist die nichtnegative Zahl b, die beim Quadrieren a ergibt.
Die Zahl b heißt **Quadratwurzel** aus a.
Die Zahl a heißt **Radikand.**
Aus negativen Zahlen können wir keine Wurzel ziehen.

$\sqrt{25} = 5$, denn $5^2 = 25$
$\sqrt{81} = 9$, denn $9^2 = 81$
$\sqrt{0} = 0$, denn $0^2 = 0$

43

Irrationale Zahlen

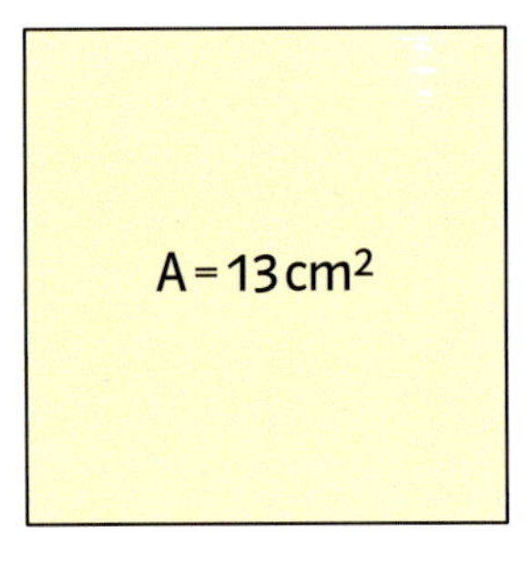

1 a) Warum kannst du die Seitenlänge des Quadrats nicht sofort angeben?
b) Begründe, dass die Maßzahl für die Seitenlänge des Quadrats zwischen 3 und 4 liegt.
c) Miss die Seitenlänge. Quadriere den gemessenen Wert und vergleiche mit dem Flächeninhalt des Quadrats. Was stellst du fest?

2 Der Flächeninhalt eines Quadrats beträgt 7 cm² (11 cm², 19 cm², 29 cm²). Zwischen welchen aufeinanderfolgenden natürlichen Zahlen liegt die Maßzahl für die Seitenlänge des Quadrats?

3 Das Beispiel zeigt, wie du für die Zahl $\sqrt{7}$ die erste Stelle nach dem Komma bestimmen kannst.

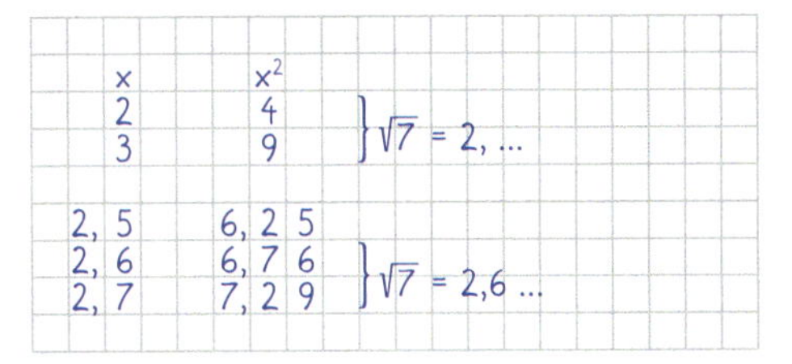

Gib wie im Beispiel die erste Nachkommastelle an.
a) $\sqrt{2}$ b) $\sqrt{6}$ c) $\sqrt{8}$ d) $\sqrt{10}$

4 Im Beispiel siehst du, wie für $\sqrt{2}$ die zweite und dritte Nachkommastelle bestimmt werden können. Dieses Verfahren heißt **Intervallschachtelung.** Erkläre die einzelnen Schritte der Intervallschachtelung mithilfe der Zeichnung.

Im Intervall [1,4; 1,5] liegen alle Zahlen, die größer oder gleich 1,4 und kleiner oder gleich 1,5 sind.

$\sqrt{2}$ liegt zwischen 1,4 und 1,5;
denn $1{,}4^2 = 1{,}96 < 2$
und $1{,}5^2 = 2{,}25 > 2$.
Wir sagen: $\sqrt{2}$ liegt im Intervall [1,4; 1,5].

Wir bestimmen $\sqrt{2}$ genauer:
$\sqrt{2}$ liegt zwischen 1,41 und 1,42;
denn $1{,}41^2 = 1{,}9881 < 2$
und $1{,}42^2 = 2{,}0164 > 2$.
$\sqrt{2}$ liegt im Intervall [1,41; 1,42].

Wir bestimmen $\sqrt{2}$ noch genauer:
$\sqrt{2}$ liegt zwischen 1,414 und 1,415;
denn $1{,}414^2 = 1{,}999396 < 2$
und $1{,}415^2 = 2{,}002225 > 2$.
$\sqrt{2}$ liegt im Intervall [1,414; 1,415].

$\sqrt{2} = 1{,}414\ \dots$

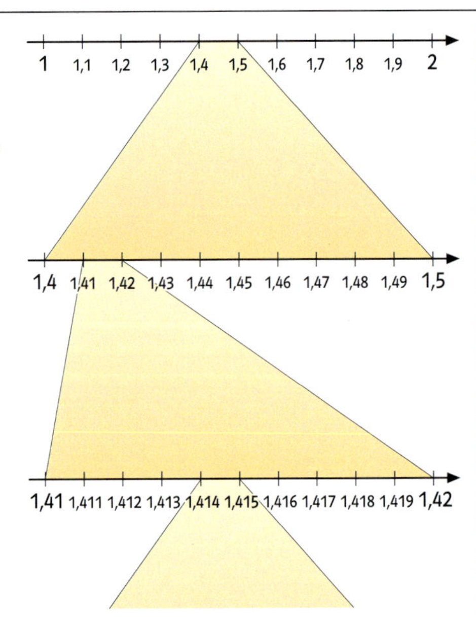

Bei jedem Schritt wird ein kleineres Intervall bestimmt, das in dem größeren Intervall des vorangegangenen Schrittes enthalten ist. Die Länge der Intervalle wird beliebig klein. Wenn wir dieses Verfahren immer weiter fortsetzen, erhalten wir immer genauere Näherungswerte für $\sqrt{2}$.
Es gibt nur eine einzige Zahl, die in allen Intervallen enthalten ist. Im Beispiel ist das die Zahl, deren Quadrat genau 2 ist.

5 In der Zeichnung sind die ersten drei Schritte einer Intervallschachtelung für $\sqrt{7}$ dargestellt.

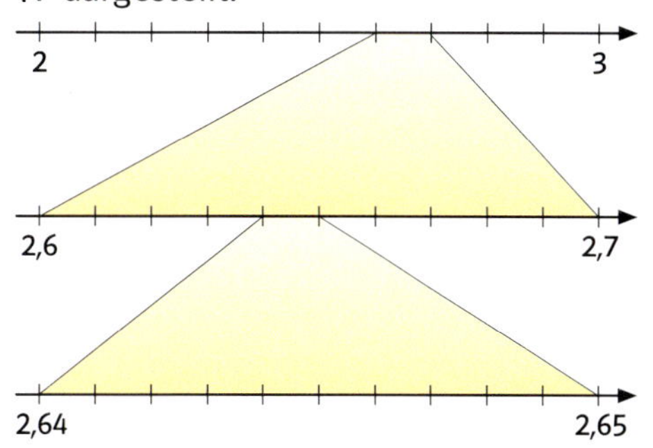

a) Gib die drei dargestellten Intervalle an.
b) Begründe, dass $\sqrt{7}$ in jedem dieser Intervalle liegt.
c) Bestimme das vierte Intervall dieser Intervallschachtelung.

6 Angegeben sind die ersten drei Schritte einer Intervallschachtelung für die Quadratwurzel einer natürlichen Zahl. Bestimme die natürliche Zahl.

a)

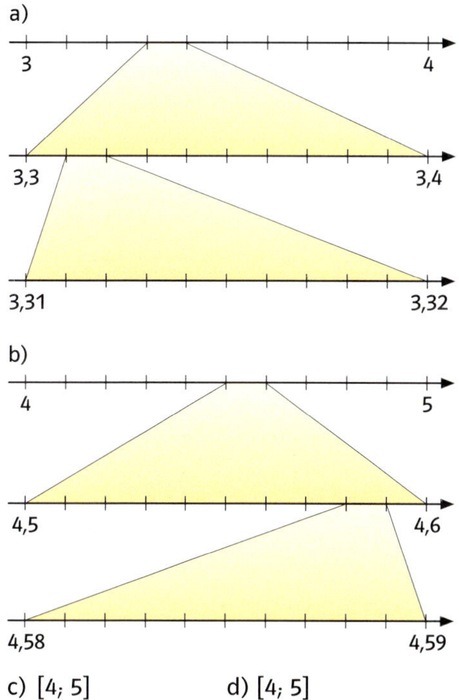

c) [4; 5]
[4,3; 4,4]
[4,35; 4,36]

d) [4; 5]
[4,7; 4,8]
[4,79; 4,8]

e) [10; 11]
[10,7; 10,8]
[10,72; 10,73]

f) [14; 15]
[14,5; 14,6]
[14,52; 14,53]

7 a) Für $\sqrt{3}$ zeigt der Taschenrechner die Zahl 1,732050808 an. Begründe mithilfe der dargestellten Rechnung, dass diese Zahl nicht der genaue Wert für $\sqrt{3}$ ist.

1,732050808 · 1,732050808
1732050808
12124355656
5196152424
3464101616
8660254040
13856406464
13856406464
3,000000001493452864

b) Gib die Zahl 1,732050808 in deinen Taschenrechner ein und quadriere sie. Was stellst du fest?

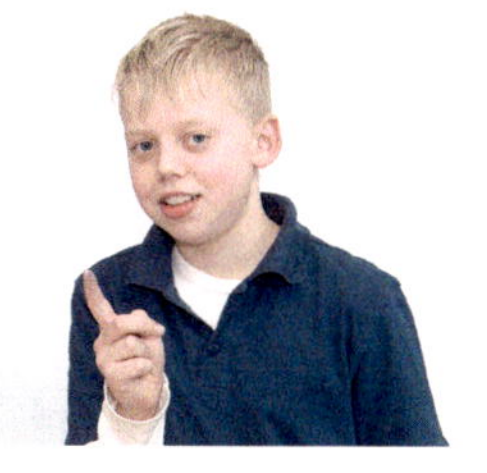

c) Begründe, warum Elina nicht den genauen Wert von $\sqrt{3}$ bestimmt hat.
d) Überlege, dass auch eine Dezimalzahl mit mehr als zwölf Stellen nach dem Komma nicht der genaue Wert für $\sqrt{3}$ sein kann.

8 Lilli hat zwei Quadrate (Seitenlänge 2 cm) längs einer Diagonalen zerschnitten und die vier Dreiecke zu einem größeren Quadrat zusammengesetzt.

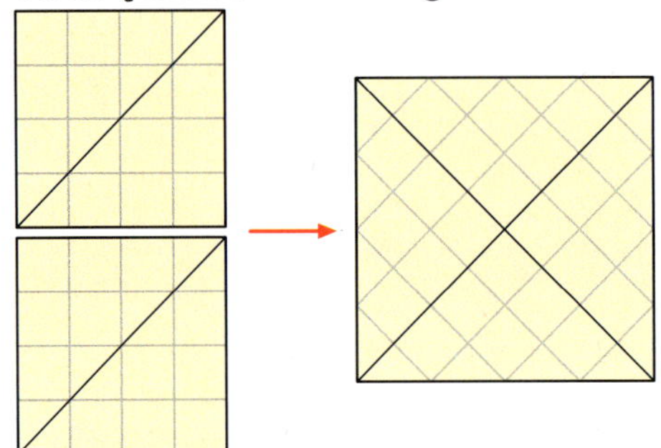

a) Gib den Flächeninhalt des großen Quadrats an. Begründe, dass die Seitenlänge dieses Quadrats $\sqrt{8}$ cm ist.
b) Miss die Seitenlänge des großen Quadrats. Begründe, dass der Messwert nicht der genaue Wert für $\sqrt{8}$ sein kann.

9 Milian hat zunächst das blaue Quadrat mit der Diagonalen $\overline{AC}$ gezeichnet und dann mit Zirkel und Lineal das rote Quadrat ACEF konstruiert.

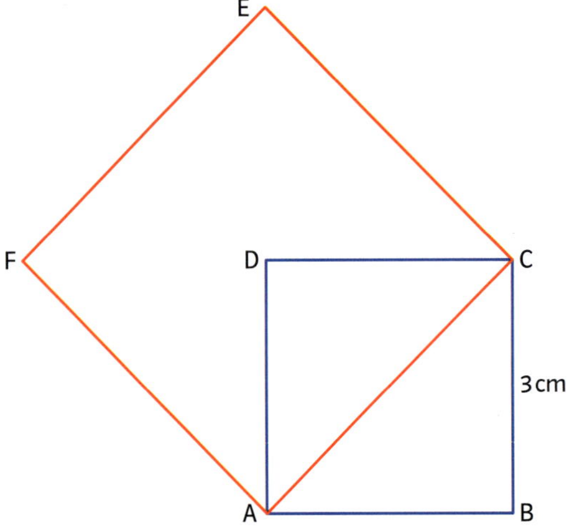

a) Gib den Flächeninhalt des Quadrats ACEF an. Begründe, dass die Seitenlänge des Quadrats ACEF $\sqrt{18}$ cm ist.
b) Der Taschenrechner zeigt für $\sqrt{18}$ die Zahl 4.242640687 an. Warum ist diese Zahl nicht die Maßzahl der Seitenlänge des Quadrats ACEF?
c) Warum kann auch eine Dezimalzahl mit mehr als neun Stellen nach dem Komma nicht die genaue Maßzahl der Seitenlänge des roten Quadrats sein?

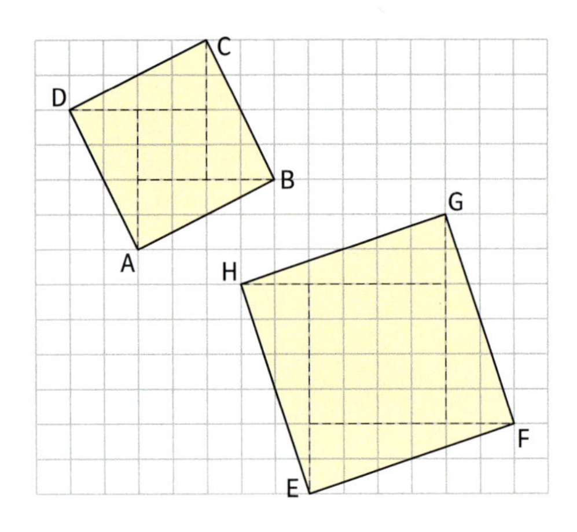

10 a) Übertrage beide Quadrate in dein Heft.
b) Bestimme für jedes Quadrat den Flächeninhalt.
c) Begründe, dass du die Längen der Strecken $\overline{AB}$ und $\overline{EF}$ nicht durch eine endliche Dezimalzahl ausdrücken kannst.
d) Bestimme mit dem Taschenrechner jeweils einen Näherungswert für die Maßzahl der Länge von $\overline{AB}$ und $\overline{EF}$.

Die meisten Quadratwurzeln sind Zahlen, die nicht als endliche oder periodische Dezimalzahlen geschrieben werden können. Solche Zahlen heißen **irrationale Zahlen.**
Für irrationale Zahlen können Näherungswerte bestimmt werden, deren Genauigkeit schrittweise verbessert werden kann.

$\sqrt{2} \approx 1{,}414212562\ \dots$
$\sqrt{5} \approx 2{,}236067977\ \dots$

Die rationalen und die irrationalen Zahlen bilden zusammen die **reellen Zahlen.** Die Menge aller reellen Zahlen wird mit $\mathbb{R}$ bezeichnet.

Rationale und irrationale Zahlen

1 Welche Quadratwurzeln sind rationale Zahlen, welche sind irrationale Zahlen?

$\sqrt{11}$ $\sqrt{81}$ $\sqrt{9}$
$\sqrt{12}$ $\sqrt{48}$ $\sqrt{49}$ $\sqrt{0{,}25}$
$\sqrt{0{,}09}$ $\sqrt{0{,}9}$
$\sqrt{0{,}5}$ $\sqrt{9{,}9}$ $\sqrt{7{,}29}$
$\sqrt{0{,}49}$ $\sqrt{4{,}9}$

2 Welche Aussagen sind wahr, welche sind falsch?

3 Setze < oder > ein.

a) $\sqrt{32}$ ▢ 6
$\sqrt{84}$ ▢ 9
$\sqrt{53}$ ▢ 7

b) $\sqrt{120}$ ▢ 11
$\sqrt{145}$ ▢ 12
$\sqrt{170}$ ▢ 13

c) $\sqrt{200}$ ▢ 14
$\sqrt{250}$ ▢ 16
$\sqrt{290}$ ▢ 17

d) $\sqrt{850}$ ▢ 29
$\sqrt{680}$ ▢ 26
$\sqrt{960}$ ▢ 31

4 Ordne jeder reellen Zahl die zugehörige Markierung auf der Zahlengeraden zu.

a) $\sqrt{7}$ 2,72 $\sqrt{6}$ 2,53 $\sqrt{8}$

b) 3,55 $\sqrt{14}$ 3,65 $\sqrt{11}$ $\sqrt{12}$

c) $\sqrt{20{,}25}$ $\sqrt{22}$ 4,6 $\sqrt{23{,}04}$ 4,75

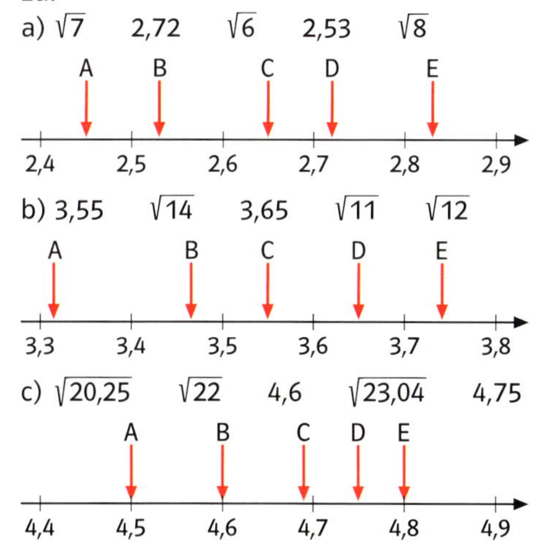

5 Gib an, welche Zahl am nächsten liegt

a) bei $\sqrt{85}$: 9 9,1 9,5 10
b) bei $\sqrt{115}$: 10 10,5 10,8 11
c) bei $\sqrt{74}$: 8,5 8,4 8,6 8,7
d) bei $\sqrt{250}$: 15,5 15,7 15,9 16
e) bei $\sqrt{92}$: 9,3 9,4 9,5 9,6
f) bei $\sqrt{300}$: 17,2 17,4 17,6 17,8

Überprüfe dein Ergebnis mit dem Taschenrechner.

43

6 Gib wie im Beispiel die beiden aufeinander folgenden natürlichen Zahlen an, zwischen denen die Quadratwurzel liegt. Überlege zunächst, zwischen welchen Quadratzahlen der Radikand liegt.

▢ $< \sqrt{78} <$ ▢
$64 < 78 < 81$
$8^2 < 78 < 9^2$
$8 < \sqrt{78} < 9$

a) $\sqrt{89}$
$\sqrt{31}$

b) $\sqrt{42}$
$\sqrt{67}$

c) $\sqrt{53}$
$\sqrt{90}$

d) $\sqrt{110}$
$\sqrt{200}$

+ **7** Welche Zahlen sind rational, welche irrational?

$\sqrt{0{,}36} + \sqrt{2{,}25}$ $5 \cdot \sqrt{2}$ $7 \cdot \sqrt{3}$
$\sqrt{5} + \sqrt{4}$ $\sqrt{6{,}25} - \sqrt{4{,}84}$ $2 + \sqrt{1}$
$7 \cdot \sqrt{7}$ $6 \cdot \sqrt{9}$ $5 - \sqrt{4}$
$1 + \sqrt{2}$ $4 - \sqrt{5}$ $8 : \sqrt{4}$
$9 \cdot \sqrt{6}$ $8 : \sqrt{2}$ $\sqrt{1{,}96} + \sqrt{1{,}69}$
$\sqrt{0{,}9} + \sqrt{0{,}4}$ $3 + \sqrt{0{,}25}$ $\sqrt{2} \cdot \sqrt{2}$
$\sqrt{16 : 3}$ $7 + \sqrt{0{,}5}$ $\sqrt{18 : 2}$
$\sqrt{36 : 9}$ $\sqrt{15 : 3}$ $\sqrt{9 : 36}$

$\sqrt{0{,}36} + \sqrt{2{,}25} = 0{,}6 + 1{,}5 = 2{,}1$
$\sqrt{0{,}36} + \sqrt{2{,}25}$ ist eine rationale Zahl.

$7 \cdot \sqrt{3} = 7 \cdot 1{,}73205\ldots = 12{,}12435\ldots$
$7 \cdot \sqrt{3}$ ist eine irrationale Zahl.

Vervollständige die Tabelle im Heft.

rationale Zahlen	irrationale Zahlen
$\sqrt{0{,}36} + \sqrt{2{,}25}$	$7 \cdot \sqrt{3}$

Rechnen mit Quadratwurzeln

1 Berechne und vergleiche die Ergebnisse. Was stellst du fest?

$\sqrt{16} + \sqrt{9}$ und $\sqrt{16 + 9}$	$\sqrt{169} - \sqrt{25}$ und $\sqrt{169 - 25}$
$\sqrt{36} + \sqrt{64}$ und $\sqrt{36 + 64}$	$\sqrt{289} - \sqrt{64}$ und $\sqrt{289 - 64}$
$\sqrt{16} \cdot \sqrt{9}$ und $\sqrt{16 \cdot 9}$	$\sqrt{100} : \sqrt{4}$ und $\sqrt{100 : 4}$
$\sqrt{81} \cdot \sqrt{4}$ und $\sqrt{81 \cdot 4}$	$\sqrt{225} : \sqrt{9}$ und $\sqrt{225 : 9}$

Für zwei verschiedene positive reelle Zahlen a und b gilt:

$\sqrt{a} + \sqrt{b} \neq \sqrt{a + b}$
$\sqrt{a} - \sqrt{b} \neq \sqrt{a - b}$

Für alle positiven reellen Zahlen a und b gilt:

$\sqrt{a} \cdot \sqrt{b} = \sqrt{a \cdot b}$
$\sqrt{a} : \sqrt{b} = \sqrt{a : b}$

Das Produkt von zwei Quadratwurzeln kann man zu einer Wurzel zusammenfassen, ...

den Quotienten auch, ...

die Summe oder die Differenz von zwei Quadratwurzeln aber nicht.

2 Welche Fehler hat Fabian gemacht?

① $\sqrt{16} + \sqrt{9} = \sqrt{25} = 5$
② $\sqrt{100} - \sqrt{36} = \sqrt{64} = 8$
③ $\sqrt{2} + \sqrt{2} = \sqrt{4} = 2$
④ $\sqrt{4} + \sqrt{4} = \sqrt{8} = 4$
⑤ $\sqrt{25} - \sqrt{25} = \sqrt{0} = 0$

3 Berechne.

a) $\sqrt{25 \cdot 49}$
$\sqrt{36 \cdot 81}$

b) $\sqrt{16 \cdot 225}$
$\sqrt{64 \cdot 121}$

c) $\sqrt{169 \cdot 196}$
$\sqrt{100 \cdot 289}$

d) $\sqrt{324 \cdot 144}$
$\sqrt{361 \cdot 576}$

4 Berechne jeweils die Quadratwurzel wie in den Beispielen.

$\sqrt{3600} = \sqrt{36 \cdot 100}$
$= \sqrt{36} \cdot \sqrt{100}$
$= 6 \cdot 10$
$= 60$

$\sqrt{360000} = \sqrt{36 \cdot 10000}$
$= \sqrt{36} \cdot \sqrt{10000}$
$= 6 \cdot 100$
$= 600$

a) $\sqrt{4900}$
$\sqrt{8100}$

b) $\sqrt{12100}$
$\sqrt{14400}$

c) $\sqrt{160000}$
$\sqrt{640000}$

d) $\sqrt{1960000}$
$\sqrt{9000000}$

e) $\sqrt{1210000}$
$\sqrt{2250000}$

f) $\sqrt{4000000}$
$\sqrt{25000000}$

5 Berechne die Produkte, indem du die beiden Wurzeln zu einer Wurzel zusammenfasst.

$\sqrt{2} \cdot \sqrt{50} = \sqrt{2 \cdot 50} = \sqrt{100} = 10$
$\sqrt{75} \cdot \sqrt{3} = \sqrt{75 \cdot 3} = \sqrt{225} = 15$

a) $\sqrt{2} \cdot \sqrt{32}$
$\sqrt{2} \cdot \sqrt{72}$

b) $\sqrt{3} \cdot \sqrt{75}$
$\sqrt{48} \cdot \sqrt{3}$

c) $\sqrt{18} \cdot \sqrt{2}$
$\sqrt{6} \cdot \sqrt{54}$

d) $\sqrt{5} \cdot \sqrt{80}$
$\sqrt{6} \cdot \sqrt{150}$

e) $\sqrt{7} \cdot \sqrt{28}$
$\sqrt{72} \cdot \sqrt{8}$

f) $\sqrt{320} \cdot \sqrt{5}$
$\sqrt{11} \cdot \sqrt{44}$

6 Fasse zu einer Wurzel zusammen und berechne.

a) $\sqrt{6} \cdot \sqrt{8} \cdot \sqrt{12}$
$\sqrt{10} \cdot \sqrt{5} \cdot \sqrt{2}$

b) $\sqrt{2{,}5} \cdot \sqrt{5} \cdot \sqrt{2}$
$\sqrt{4{,}5} \cdot \sqrt{6} \cdot \sqrt{3}$

c) $\sqrt{6} \cdot \sqrt{0{,}5} \cdot \sqrt{7{,}5} \cdot \sqrt{2{,}5}$
$\sqrt{2{,}4} \cdot \sqrt{0{,}5} \cdot \sqrt{4{,}8} \cdot \sqrt{0{,}25}$

7 Berechne.

a) $\sqrt{81:9}$
   $\sqrt{144:16}$

b) $\sqrt{324:36}$
   $\sqrt{441:49}$

8 Ziehe die Quadratwurzel aus den Brüchen.

$\sqrt{\frac{64}{81}} = \frac{\sqrt{64}}{\sqrt{81}} = \frac{8}{9}$

a) $\sqrt{\frac{4}{9}}$
   $\sqrt{\frac{16}{25}}$
   $\sqrt{\frac{36}{49}}$

b) $\sqrt{\frac{81}{100}}$
   $\sqrt{\frac{169}{196}}$
   $\sqrt{\frac{121}{225}}$

c) $\sqrt{\frac{144}{289}}$
   $\sqrt{\frac{400}{529}}$
   $\sqrt{\frac{324}{625}}$

d) $\sqrt{\frac{361}{900}}$
   $\sqrt{\frac{289}{900}}$
   $\sqrt{\frac{256}{729}}$

9 Berechne die Quadratwurzel.

$\sqrt{0,64} = \sqrt{\frac{64}{100}} = \frac{\sqrt{64}}{\sqrt{100}} = \frac{8}{10} = 0,8$

2 Stellen nach dem Komma — 1 Stelle nach dem Komma

$\sqrt{0,0064} = \sqrt{\frac{64}{10\,000}} = \frac{8}{100} = 0,08$

4 Stellen nach dem Komma — 2 Stellen nach dem Komma

a) $\sqrt{0,04}$
   $\sqrt{0,16}$
   $\sqrt{0,81}$

b) $\sqrt{1,96}$
   $\sqrt{2,25}$
   $\sqrt{3,24}$

c) $\sqrt{0,0049}$
   $\sqrt{0,0036}$
   $\sqrt{0,0121}$

d) $\sqrt{0,000004}$
   $\sqrt{0,000025}$
   $\sqrt{0,000144}$

e) $\sqrt{0,000169}$
   $\sqrt{0,000625}$
   $\sqrt{0,00000009}$

10 Berechne die Quotienten, indem du die beiden Wurzeln zu einer Wurzel zusammenfasst.

$\sqrt{80} : \sqrt{5} = \sqrt{80:5} = \sqrt{16} = 4$
$\sqrt{75} : \sqrt{3} = \sqrt{75:3} = \sqrt{25} = 5$

a) $\sqrt{162} : \sqrt{2}$
   $\sqrt{98} : \sqrt{2}$

b) $\sqrt{300} : \sqrt{3}$
   $\sqrt{192} : \sqrt{3}$

c) $\sqrt{242} : \sqrt{2}$
   $\sqrt{108} : \sqrt{3}$

d) $\sqrt{150} : \sqrt{6}$
   $\sqrt{405} : \sqrt{5}$

e) $\sqrt{847} : \sqrt{7}$
   $\sqrt{275} : \sqrt{11}$

f) $\sqrt{60,5} : \sqrt{0,5}$
   $\sqrt{31,5} : \sqrt{3,5}$

11 Fasse zusammen.

$5\sqrt{7} + 3\sqrt{7} = 8\sqrt{7}$
$9\sqrt{5} - 6\sqrt{5} = 3\sqrt{5}$
$9\sqrt{6} - 3\sqrt{6} - 2\sqrt{6} = 4\sqrt{6}$
$8\sqrt{3} + 6\sqrt{5} + 2\sqrt{5} - 3\sqrt{3} = 5\sqrt{3} + 8\sqrt{5}$

a) $11\sqrt{2} + 7\sqrt{2}$
   $9\sqrt{7} - 2\sqrt{7}$
   $8\sqrt{6} + 2\sqrt{6}$

b) $9\sqrt{3} + 2\sqrt{3} + 4\sqrt{3}$
   $11\sqrt{5} - 2\sqrt{5} - 6\sqrt{5}$
   $17\sqrt{8} - 6\sqrt{8} + 2\sqrt{8}$

c) $6\sqrt{11} + 4\sqrt{11} - 6\sqrt{11} - 9\sqrt{11} + 2\sqrt{11}$
   $3\sqrt{13} - 6\sqrt{13} + 11\sqrt{13} - 5\sqrt{13} + \sqrt{13}$
   $12\sqrt{17} + 4\sqrt{17} - 3\sqrt{17} + \sqrt{17} - 11\sqrt{17}$

d) $6\sqrt{19} + 11\sqrt{17} - 6\sqrt{19} - 4\sqrt{17} + 2\sqrt{19}$
   $3\sqrt{23} + 6\sqrt{10} + 11\sqrt{23} - 5\sqrt{10} + \sqrt{23}$
   $12\sqrt{6} + 4\sqrt{6} + 13\sqrt{15} + \sqrt{6} - 11\sqrt{15}$

12 Löse die Klammern auf.

$\sqrt{3}(\sqrt{12} + \sqrt{27})$
$= \sqrt{3} \cdot \sqrt{12} + \sqrt{3} \cdot \sqrt{27}$
$= \sqrt{36} + \sqrt{81}$
$= 6 + 9$
$= 15$

$(\sqrt{98} - \sqrt{50}) : \sqrt{2}$
$= \sqrt{98} : \sqrt{2} - \sqrt{50} : \sqrt{2}$
$= \sqrt{49} - \sqrt{25}$
$= 7 - 5$
$= 2$

Zwischen Klammer und Wurzelzeichen darfst du den Malpunkt weglassen.

a) $\sqrt{5}(\sqrt{5} + \sqrt{20})$
   $\sqrt{3}(\sqrt{12} + \sqrt{75})$

b) $\sqrt{6}(\sqrt{54} - \sqrt{24})$
   $\sqrt{2}(\sqrt{32} - \sqrt{18})$

c) $(\sqrt{48} + \sqrt{12}) : \sqrt{3}$
   $(\sqrt{27} + \sqrt{75}) : \sqrt{3}$

d) $(\sqrt{63} - \sqrt{28}) : \sqrt{7}$
   $(\sqrt{96} - \sqrt{24}) : \sqrt{6}$

e) $\sqrt{5}(\sqrt{180} - \sqrt{80})$
   $(\sqrt{448} - \sqrt{252}) : \sqrt{7}$

f) $\sqrt{20}(\sqrt{125} + \sqrt{5})$
   $(\sqrt{128} - \sqrt{98}) : \sqrt{2}$

Dritte Wurzeln

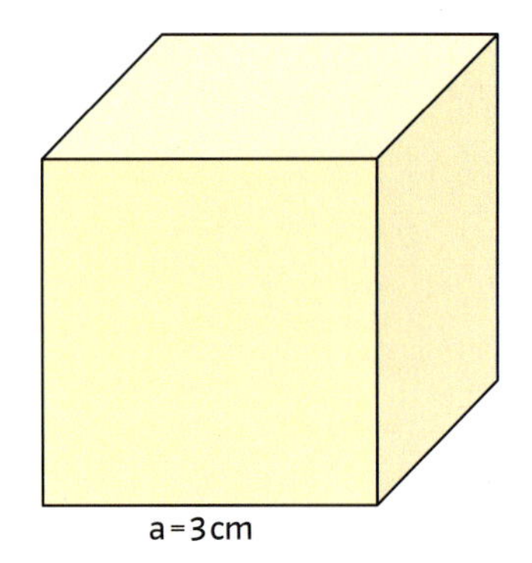

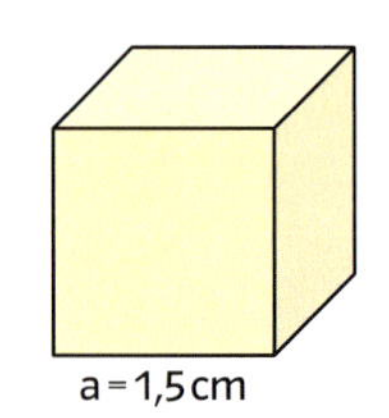

1 Berechne jeweils das Volumen des Würfels. Erläutere, wie du die Maßzahl bestimmt hast.

Ein Produkt aus drei gleichen Faktoren kann als dritte Potenz geschrieben werden.
$5 \cdot 5 \cdot 5 = 5^3$ *lies:* 5 hoch 3

Sind die Faktoren natürliche Zahlen, heißt das Produkt **Kubikzahl**.

2 a) Für jeden Würfel ist das Volumen angegeben. Bestimme jeweils die Kantenlänge.

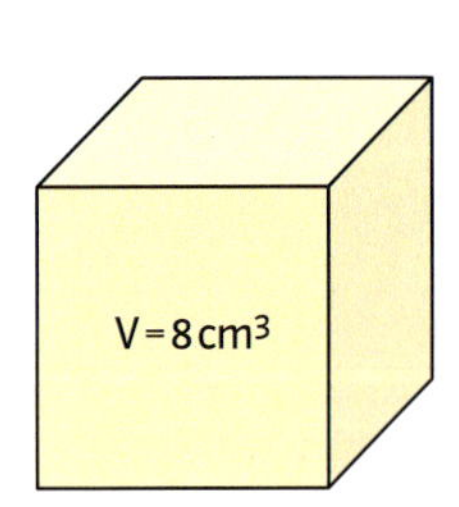

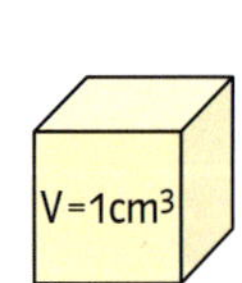

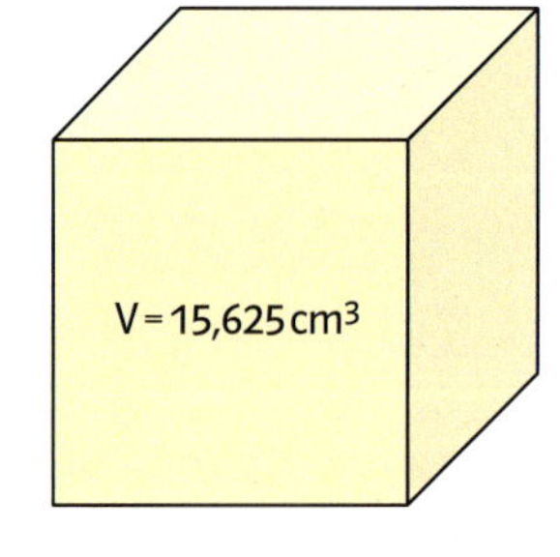

b) Das Volumen eines Würfels beträgt 125 cm³ (1 000 cm³, 8 000 cm³, 0,125 cm³). Gib die Kantenlänge an.

In einem Korb liegen 5 Äpfel. Wie verteilt man diese Äpfel so unter 5 Kindern, dass jedes einen Apfel erhält und ein Apfel im Korb bleibt?

Die dritte Wurzel aus 64 ist die positive Zahl, die als dritte Potenz 64 ergibt.

$\sqrt[3]{64} = 4$, denn $4^3 = 4 \cdot 4 \cdot 4 = 64$

Lies: Dritte Wurzel aus 64 ist gleich 4.

3 Bestimme jeweils die dritte Wurzel aus den Kubikzahlen.

$\sqrt[3]{8} = 2$, denn $2^3 = 8$
$\sqrt[3]{27\,000} = 30$, denn $30^3 = 27\,000$

a) $\sqrt[3]{27}$, $\sqrt[3]{125}$, $\sqrt[3]{512}$
b) $\sqrt[3]{216}$, $\sqrt[3]{343}$, $\sqrt[3]{729}$
c) $\sqrt[3]{1\,000}$, $\sqrt[3]{8\,000}$, $\sqrt[3]{0}$
d) $\sqrt[3]{3\,375}$, $\sqrt[3]{1\,728}$, $\sqrt[3]{2\,744}$
e) $\sqrt[3]{1\,331}$, $\sqrt[3]{2\,197}$, $\sqrt[3]{4\,096}$
f) $\sqrt[3]{64\,000}$, $\sqrt[3]{216\,000}$, $\sqrt[3]{1\,000\,000}$

4 Bestimme jeweils die dritte Wurzel aus der Dezimalzahl.

$\sqrt[3]{3\,375} = 15,$, denn $15^3 = 3\,375$
$\sqrt[3]{3,375} = 1,5$, denn $1,5^3 = 3,375$

3 Stellen nach dem Komma — 1 Stelle nach dem Komma

a) $\sqrt[3]{0,125}$, $\sqrt[3]{0,216}$, $\sqrt[3]{0,027}$
b) $\sqrt[3]{0,512}$, $\sqrt[3]{0,008}$, $\sqrt[3]{0,064}$
c) $\sqrt[3]{1,331}$, $\sqrt[3]{4,096}$, $\sqrt[3]{2,744}$

5 Ziehe aus jedem Bruch die dritte Wurzel.

$\sqrt[3]{\frac{27}{1000}} = \frac{3}{10}$, denn $\left(\frac{3}{10}\right)^3 = \frac{27}{1000}$

a) $\sqrt[3]{\frac{8}{27}}$, $\sqrt[3]{\frac{1}{512}}$
b) $\sqrt[3]{\frac{125}{216}}$, $\sqrt[3]{\frac{343}{1000}}$
c) $\sqrt[3]{1\frac{61}{64}}$, $\sqrt[3]{5\frac{104}{125}}$

6 Welche Kantenlänge hat der Würfel, dessen Volumen genauso groß wie das des Quaders ist?

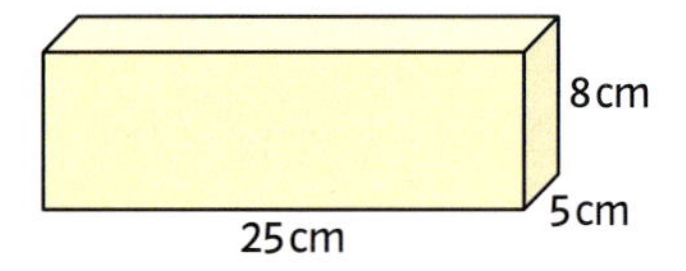

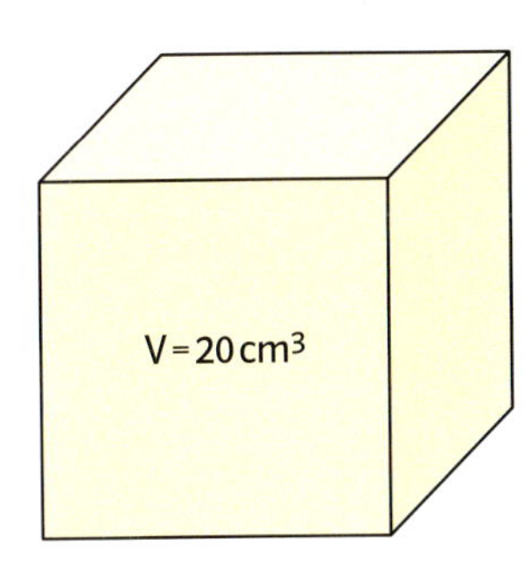

7 a) Warum kannst du die Kantenlänge des Würfels nicht sofort angeben?
b) Begründe, dass die Kantenlänge des Würfels zwischen 2 und 3 liegt.

8 Die meisten dritten Wurzeln sind irrationale Zahlen, für die du mithilfe einer Intervallschachtelung immer genauere Näherungswerte bestimmen kannst. Im Beispiel sind die ersten drei Schritte einer Intervallschachtelung für $\sqrt[3]{4}$ angegeben.

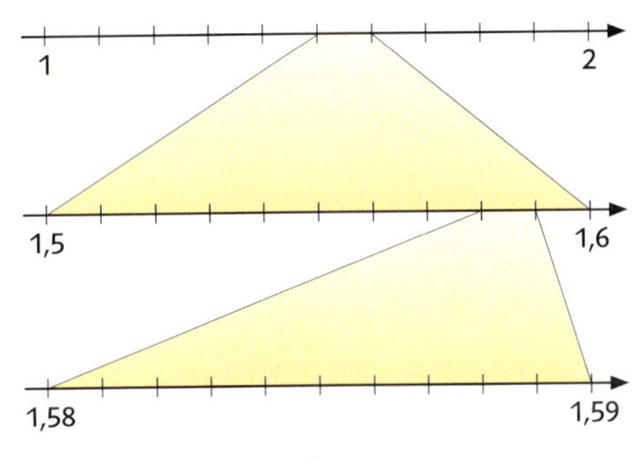

a) Überprüfe, dass $\sqrt[3]{4}$ in jedem der angegebenen Intervalle liegt.
b) Bestimme das vierte Intervall dieser Intervallschachtelung.

9 Angegeben sind jeweils die ersten Schritte einer Intervallschachtelung für die dritte Wurzel einer natürlichen Zahl. Bestimme die natürliche Zahl.

a) [3; 4]
[3,4; 3,5]
[3,41; 3,42]

b) [4; 5]
[4,6; 4,7]
[4,64; 4,65]

c) [8; 9]
[8,2; 8,3]
[8,25; 8,26]
[8,257; 8,258]

d) [11; 12]
[11,5; 11,6]
[11,51; 11,52]
[11,512; 11,513]

10 Welche dritten Wurzeln sind rationale Zahlen, welche sind irrationale Zahlen?

$\sqrt[3]{1000}$ $\sqrt[3]{343}$ $\sqrt[3]{81}$ $\sqrt[3]{18}$
$\sqrt[3]{1\,000\,000}$ $\sqrt[3]{0{,}000027}$
$\sqrt[3]{270}$ $\sqrt[3]{3375}$ $\sqrt[3]{2{,}16}$

11 Gib wie im Beispiel die beiden aufeinander folgenden natürlichen Zahlen an, zwischen denen die dritte Wurzel liegt. Überlege zunächst, zwischen welchen Kubikzahlen der Radikand liegt.

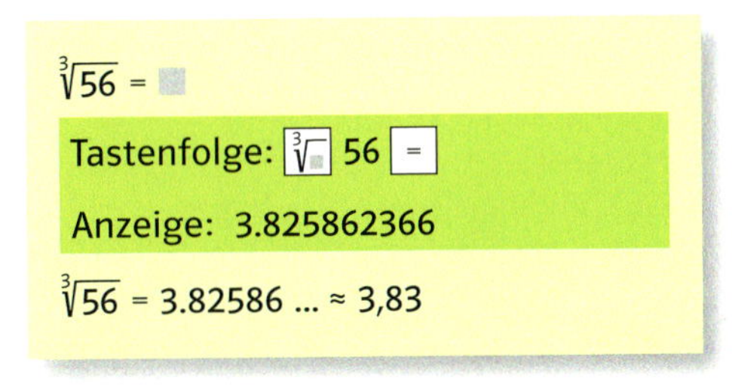

▢	<	$\sqrt[3]{200}$	<	▢
125	<	200	<	216
5^3	<	200	<	6^3
5	<	$\sqrt[3]{200}$	<	6

a) $\sqrt[3]{50}$
$\sqrt[3]{90}$

b) $\sqrt[3]{600}$
$\sqrt[3]{800}$

12 Bestimme mit dem Taschenrechner Näherungswerte für die dritten Wurzeln. Runde auf zwei Stellen nach dem Komma.

$\sqrt[3]{56}$ = ▢

Tastenfolge: [∛] 56 [=]

Anzeige: 3.825862366

$\sqrt[3]{56}$ = 3.82586 … ≈ 3,83

a) $\sqrt[3]{88}$
$\sqrt[3]{34}$

b) $\sqrt[3]{71}$
$\sqrt[3]{99}$

c) $\sqrt[3]{450}$
$\sqrt[3]{612}$

d) $\sqrt[3]{578}$
$\sqrt[3]{942}$

$\sqrt[3]{a}$ ist die nichtnegative Zahl b, die als dritte Potenz a ergibt.
Die Zahl b heißt **dritte Wurzel aus a.**
Die Zahl a heißt **Radikand.**

$\sqrt[3]{125} = 5$, denn $5^3 = 125$
$\sqrt[3]{27} = 3$, denn $3^3 = 27$
$\sqrt[3]{0} = 0$, denn $0^3 = 0$

Die meisten dritten Wurzeln sind irrationale Zahlen, für die Näherungswerte bestimmt werden können.

$\sqrt[3]{7} \approx 1{,}912931 \ldots$
$\sqrt[3]{1{,}2} \approx 1{,}062658 \ldots$

Grundwissen: Reelle Zahlen

$\sqrt{a}$ ist die nichtnegative Zahl b, die beim Quadrieren a ergibt.
Die Zahl b heißt Quadratwurzel aus a.
Die Zahl a heißt Radikand.
Aus negativen Zahlen können wir keine Wurzel ziehen.

$\sqrt{36} = 6$, denn $6^2 = 36$

$\sqrt{121} = 11$, denn $11^2 = 121$

$\sqrt{0} = 0$, denn $0^2 = 0$

$\sqrt[3]{a}$ ist die nichtnegative Zahl b, die als dritte Potenz a ergibt.
Die Zahl b heißt dritte Wurzel aus a.

$\sqrt[3]{64} = 4$, denn $4^3 = 64$

$\sqrt[3]{512} = 8$, denn $8^3 = 512$

Die meisten Quadratwurzeln und dritten Wurzeln sind Zahlen, die nicht als endliche oder periodische Dezimalzahlen geschrieben werden können. Solche Zahlen heißen **irrationale Zahlen.**

$\sqrt{2} \approx 1{,}41421356\ldots$

$\sqrt{7} \approx 2{,}64575131\ldots$

$\sqrt[3]{5} \approx 1{,}70997594\ldots$

Die rationalen und die irrationalen Zahlen bilden zusammen die **reellen Zahlen.**

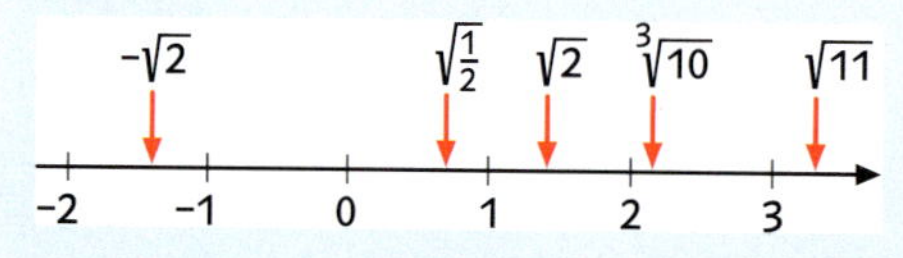

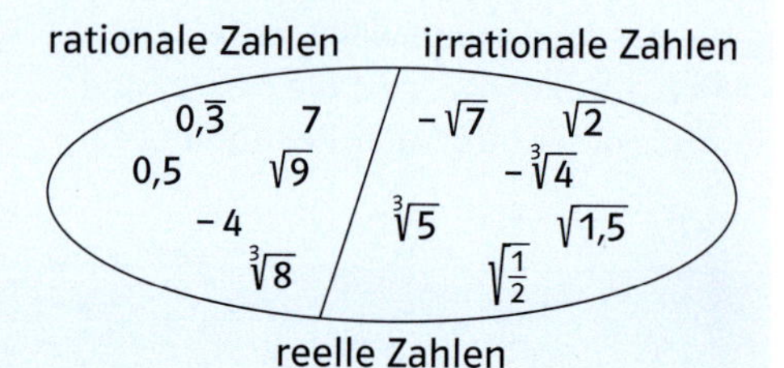

Mit einer Intervallschachtelung können schrittweise beliebig viele Nachkommastellen einer irrationalen Zahl bestimmt werden.

$\sqrt{3}$ liegt im Intervall [1,7; 1,8],
denn $1{,}7^2 = 2{,}89 < 3$
und $1{,}8^2 = 3{,}24 > 3$.

$\sqrt{3}$ liegt im Intervall [1,73; 1,74],
denn $1{,}73^2 = 2{,}9929 < 3$
und $1{,}74^2 = 3{,}0276 > 3$.

$\sqrt{3}$ liegt im Intervall [1,732; 1,733],
denn $1{,}732^2 = 2{,}999824 < 3$
und $1{,}733^2 = 3{,}003289 > 3$.

$\sqrt{3} = 1{,}732\ldots$

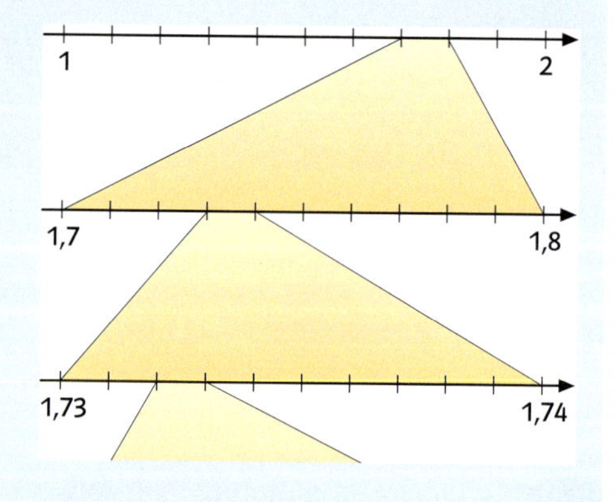

Für zwei verschiedene positive reelle Zahlen a und b gilt:

$\sqrt{a} + \sqrt{b} \neq \sqrt{a+b}$
$\sqrt{a} - \sqrt{b} \neq \sqrt{a-b}$

$\sqrt{64} + \sqrt{36} = 8 + 6 = 14$
$\sqrt{64 + 36} = \sqrt{100} = 10$

$\sqrt{25} - \sqrt{16} = 5 - 4 = 1$
$\sqrt{25 - 16} = \sqrt{9} = 3$

Für alle positiven reellen Zahlen a und b gilt:

$\sqrt{a} \cdot \sqrt{b} = \sqrt{a \cdot b}$
$\sqrt{a} : \sqrt{b} = \sqrt{a : b}$

$\sqrt{4} \cdot \sqrt{9} = 2 \cdot 3 = 6$
$\sqrt{4 \cdot 9} = \sqrt{36} = 6$

$\sqrt{100} : \sqrt{4} = 10 : 2 = 5$
$\sqrt{100 : 4} = \sqrt{25} = 5$

Üben und Vertiefen

1 Bestimme die Wurzel im Kopf.

a) $\sqrt{10\,000}$; $\sqrt{14\,400}$; $\sqrt{12\,100}$

b) $\sqrt{22\,500}$; $\sqrt{62\,500}$; $\sqrt{16\,900}$

c) $\sqrt{0{,}0064}$; $\sqrt{0{,}0049}$; $\sqrt{0{,}0144}$

d) $\sqrt{0{,}000081}$; $\sqrt{0{,}000036}$; $\sqrt{0{,}000121}$

e) $\sqrt{160\,000}$; $\sqrt{490\,000}$; $\sqrt{6\,250\,000}$

f) $\sqrt[3]{27\,000\,000}$; $\sqrt[3]{125\,000\,000}$; $\sqrt[3]{8\,000\,000\,000}$

2 Berechne ohne Taschenrechner.

a) $\sqrt{29^2}$; $\sqrt{77^2}$

b) $(\sqrt{31})^2$; $(\sqrt{23})^2$

c) $\sqrt[3]{11^3}$; $(\sqrt[3]{37})^3$

3 Verwandle die gemischte Zahl in einen Bruch. Bestimme dann die Quadratwurzel.

$\sqrt{2\frac{1}{4}} = \sqrt{\frac{9}{4}} = \frac{3}{2} = 1\frac{1}{2}$

a) $\sqrt{1\frac{9}{16}}$; $\sqrt{2\frac{2}{49}}$

b) $\sqrt{3\frac{1}{16}}$; $\sqrt{2\frac{7}{9}}$

c) $\sqrt{7\frac{1}{9}}$; $\sqrt{12\frac{1}{4}}$

4 Berechne.

$\sqrt{\sqrt{256}} = \sqrt{16} = 4$

a) $\sqrt{\sqrt{81}}$; $\sqrt{\sqrt{625}}$

b) $\sqrt{\sqrt{1296}}$; $\sqrt{\sqrt{2401}}$

c) $\sqrt{\sqrt{0{,}0001}}$; $\sqrt{\sqrt{0{,}0016}}$

5 Gib die beiden aufeinander folgenden natürlichen Zahlen an, zwischen denen die Quadratwurzel liegt. Überlege zuerst, zwischen welchen Quadratzahlen der Radikand liegt.

a) $\sqrt{78}$; $\sqrt{67}$

b) $\sqrt{57}$; $\sqrt{92}$

c) $\sqrt{134}$; $\sqrt{153}$

d) $\sqrt{300}$; $\sqrt{500}$

6

$\sqrt{48} - \sqrt{27} = \sqrt{21}$

$\sqrt{48} + \sqrt{27} = \sqrt{147}$

$\sqrt{50} - \sqrt{18} = \sqrt{8}$

$\sqrt{36} + \sqrt{64} = \sqrt{100}$

$\sqrt{125} - \sqrt{5} = \sqrt{80}$

$\sqrt{24} + \sqrt{36} = \sqrt{60}$

$\sqrt{150} - \sqrt{24} = \sqrt{54}$

7 Der Oberflächeninhalt eines Würfels beträgt 150 cm² (240 000 mm²; 13,5 dm²; 7,26 m²; 365,04 cm²; 0,1944 m²). Berechne die Kantenlänge.

$O = 6 \cdot a^2$

8 Ein Würfel hat ein Volumen von 64 cm³ (8 000 cm³; 1 728 cm³; 10 941,048 cm³; 12,167 cm³; 42,875 cm³). Bestimme den Oberflächeninhalt.

9 Ein Rechteck ist 18 cm lang und 8 cm breit (25 cm lang und 16 cm breit, 2,7 m lang und 1,2 m breit).

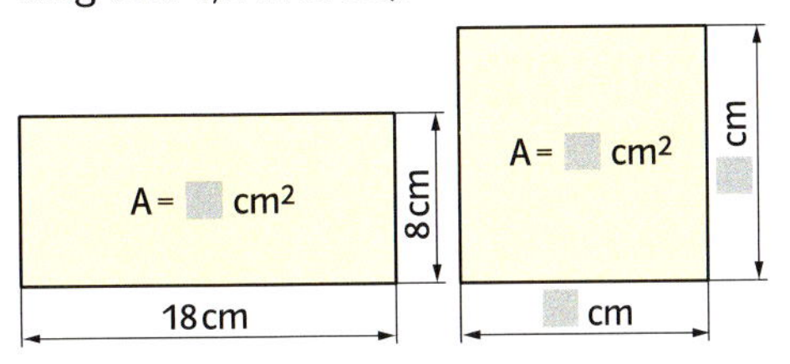

Berechne die Seitenlänge des Quadrats, das den gleichen Flächeninhalt wie das Rechteck hat.

10 Ein Quadrat hat einen Flächeninhalt von 256 m² (900 m²; 5,76 m²). Gib die Länge und die Breite von drei verschiedenen Rechtecken an, die denselben Flächeninhalt wie das Quadrat haben.

11 Wie verändert sich die Seitenlänge des Quadrats, wenn der Flächeninhalt verdoppelt wird?

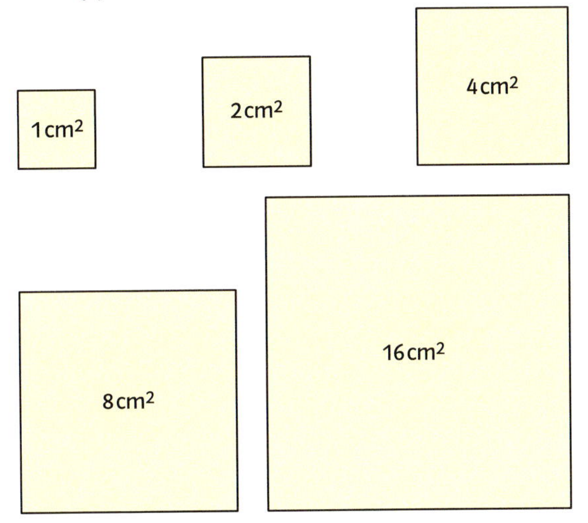

Bestimme jeweils die Seitenlänge des Quadrats.

12 Fasse gleiche Quadratwurzeln zusammen.

a) $10\sqrt{6} + 5\sqrt{6}$
$\sqrt{10} - 4\sqrt{10}$
$2\sqrt{3} - 9\sqrt{3}$

b) $\sqrt{5} + 11\sqrt{5}$
$7\sqrt{2} - 12\sqrt{2}$
$\sqrt{11} - 10\sqrt{11}$

c) $13\sqrt{7} + 5\sqrt{5} - \sqrt{5} - 6\sqrt{7} + 11\sqrt{5}$
$\sqrt{19} - 4\sqrt{8} + 7\sqrt{19} - 2\sqrt{8} + 6\sqrt{8}$
$2\sqrt{15} + 5\sqrt{15} - 9\sqrt{11} + 2\sqrt{11} - 3\sqrt{15}$

13 Berechne.

a) $\sqrt{11} \cdot \sqrt{44}$
$\sqrt{13} \cdot \sqrt{52}$
$\sqrt{12} \cdot \sqrt{27}$

b) $\sqrt{162} : \sqrt{2}$
$\sqrt{192} : \sqrt{3}$
$\sqrt{150} : \sqrt{6}$

c) $\sqrt{60{,}5} \cdot \sqrt{8}$
$\sqrt{31{,}5} \cdot \sqrt{14}$
$\sqrt{21{,}6} \cdot \sqrt{15}$

d) $\sqrt{1{,}08} : \sqrt{3}$
$\sqrt{4{,}9} : \sqrt{10}$
$\sqrt{2{,}75} : \sqrt{11}$

14 Multipliziere die Klammern aus und berechne.

$4\sqrt{2}(5\sqrt{18} - 3\sqrt{8})$
$= 4\sqrt{2} \cdot 5\sqrt{18} - 4\sqrt{2} \cdot 3\sqrt{8}$
$= 20\sqrt{2 \cdot 18} - 12\sqrt{2 \cdot 8}$
$= 20\sqrt{36} - 12\sqrt{16}$
$= 20 \cdot 6 - 12 \cdot 4$
$= 120 - 48$
$= 72$

a) $3\sqrt{2}(2\sqrt{2} + 5\sqrt{8})$
$4\sqrt{7}(5\sqrt{28} - 2\sqrt{63})$
$5\sqrt{10}(6\sqrt{90} - 3\sqrt{160})$

b) $2\sqrt{11}(5\sqrt{44} + 10\sqrt{11})$
$12\sqrt{3}(7\sqrt{27} - 2\sqrt{108})$
$10\sqrt{6}(5\sqrt{150} - 3\sqrt{96})$

✚ **15** Wende die binomischen Formeln an.

$(4\sqrt{5} - 3\sqrt{7})^2$
$= (4\sqrt{5})^2 - 2 \cdot 4 \cdot 3\sqrt{5}\sqrt{7} + (3\sqrt{7})^2$
$= 16\sqrt{5^2} - 24\sqrt{5 \cdot 7} + 9\sqrt{7^2}$
$= 16 \cdot 5 - 24\sqrt{35} + 9 \cdot 7$
$= 80 - 24\sqrt{35} + 63$
$= 143 - 24\sqrt{35}$

a) $(2\sqrt{5} - \sqrt{3})^2$
$(\sqrt{8} + 5\sqrt{2})^2$
$(4\sqrt{11} - \sqrt{10})^2$

b) $(2\sqrt{6} - 3\sqrt{7})^2$
$(4\sqrt{2} + 7\sqrt{3})^2$
$(\sqrt{5} - 8\sqrt{3})^2$

✚ **16** Ziehe die Wurzel teilweise.

$\sqrt{242} = \sqrt{121 \cdot 2} = \sqrt{121} \cdot \sqrt{2} = 11\sqrt{2}$

a) $\sqrt{50}$
$\sqrt{32}$
$\sqrt{200}$

b) $\sqrt{490}$
$\sqrt{360}$
$\sqrt{640}$

c) $\sqrt{12}$
$\sqrt{48}$
$\sqrt{75}$

✚ **17** Ziehe die Wurzel teilweise und fasse dann zusammen.

$\sqrt{50} + \sqrt{162}$
$= \sqrt{25 \cdot 2} + \sqrt{81 \cdot 2}$
$= 5\sqrt{2} + 9\sqrt{2}$
$= 14\sqrt{2}$

a) $\sqrt{32} + \sqrt{72}$
$\sqrt{80} + \sqrt{45}$

b) $\sqrt{48} - \sqrt{27}$
$\sqrt{54} - \sqrt{24}$

c) $\sqrt{28} + \sqrt{700}$
$\sqrt{250} - \sqrt{40}$

d) $\sqrt{200} - \sqrt{8} - \sqrt{98}$
$\sqrt{108} + \sqrt{75} - \sqrt{3}$

✚ **18** Multipliziere und ziehe die Wurzel teilweise.

$\sqrt{3} \cdot \sqrt{15} = \sqrt{3 \cdot 3 \cdot 5} = \sqrt{9 \cdot 5} = 3\sqrt{5}$

a) $\sqrt{6} \cdot \sqrt{3}$
$\sqrt{2} \cdot \sqrt{6}$
$\sqrt{2} \cdot \sqrt{10}$

b) $\sqrt{2} \cdot \sqrt{14}$
$\sqrt{5} \cdot \sqrt{10}$
$\sqrt{3} \cdot \sqrt{21}$

c) $\sqrt{5} \cdot \sqrt{55}$
$\sqrt{6} \cdot \sqrt{15}$
$\sqrt{3} \cdot \sqrt{33}$

✚ **19** Erweitere so, dass eine natürliche Zahl im Nenner steht.

$\frac{3}{\sqrt{6}} = \frac{3\sqrt{6}}{\sqrt{6}\sqrt{6}} = \frac{3\sqrt{6}}{6} = \frac{\sqrt{6}}{2}$

a) $\frac{4}{\sqrt{5}}$
$\frac{6}{\sqrt{3}}$

b) $\frac{5}{\sqrt{15}}$
$\frac{21}{\sqrt{7}}$

c) $\frac{9}{\sqrt{6}}$
$\frac{12}{\sqrt{18}}$

d) $\frac{10}{\sqrt{10}}$
$\frac{15}{\sqrt{20}}$

Rechnen mit Näherungswerten

1 Gib für die Quadratwurzeln jeweils einen Näherungswert an. Runde auf drei Stellen nach dem Komma.

> Der Näherungswert für $\sqrt{15}$ ist auf drei Stellen nach dem Komma gerundet.
> $\sqrt{15} = 3{,}872983346\ldots$
> $\sqrt{15} \approx 3{,}873$

a) $\sqrt{141}$; $\sqrt{137}$; $\sqrt{123}$
b) $\sqrt{283}$; $\sqrt{649}$; $\sqrt{397}$
c) $\sqrt{27{,}72}$; $\sqrt{18{,}94}$; $\sqrt{3{,}751}$

> Näherungswert (auf drei Stellen nach dem Komma gerundet):
> $\sqrt{23} \approx 4{,}796$
>
> Bereich für den exakten Wert:
> $4{,}7955 \leq \sqrt{23} < 4{,}7965$

2 Die Näherungswerte für die Quadratwurzeln sind auf drei Stellen nach dem Komma gerundet. Zwischen welchen Werten liegt jeweils der exakte Wert?
a) $\sqrt{47} \approx 6{,}856$; $\sqrt{78} \approx 8{,}832$
b) $\sqrt{97} \approx 9{,}849$; $\sqrt{53} \approx 7{,}28$

3 Im Beispiel wird der auf eine Stelle nach dem Komma gerundete Näherungswert für $\sqrt{5} + \sqrt{7}$ berechnet.

Erst runden, dann addieren	Erst addieren, dann runden
$\sqrt{5} \approx 2{,}2$ $\sqrt{7} \approx 2{,}6$ $\sqrt{5} + \sqrt{7}$ $\approx 2{,}2 + 2{,}6$ $= 4{,}8$	$\sqrt{5} + \sqrt{7}$ $\approx 2{,}236.. + 2{,}645..$ $= 4{,}881\ldots$ $\approx 4{,}9$

a) Welches Ergebnis ist genauer?
b) Berechne jeweils den auf eine Stelle nach dem Komma gerundeten Näherungswert auf zwei verschiedene Arten und vergleiche die Ergebnisse.
$\sqrt{60} + \sqrt{51}$ $\qquad$ $\sqrt{85} + \sqrt{57}$

4 Im Beispiel wird der auf eine Stelle nach dem Komma gerundete Näherungswert für $\sqrt{10} \cdot \sqrt{19}$ berechnet.

Erst runden, dann multiplizieren	Erst multiplizieren, dann runden
$\sqrt{10} \approx 3{,}2$ $\sqrt{19} \approx 4{,}4$ $\sqrt{10} \cdot \sqrt{19}$ $\approx 3{,}2 \cdot 4{,}4$ $\approx 14{,}1$	$\sqrt{10} \cdot \sqrt{19}$ $\approx 3{,}162\ldots \cdot 4{,}358\ldots$ $= 13{,}784\ldots$ $\approx 13{,}8$

a) Was stellst du fest? Welches Ergebnis ist genauer?
b) Berechne jeweils den auf eine Stelle nach dem Komma gerundeten Näherungswert auf zwei verschiedene Arten und vergleiche die Ergebnisse.
$\sqrt{46} \cdot \sqrt{84}$ $\qquad$ $\sqrt{95} \cdot \sqrt{73}$

5 a) Berechne den Wert des Terms
$$\sqrt{5} \cdot \sqrt{6} \cdot \sqrt{7} \cdot \sqrt{14}$$
mit dem Taschenrechner auf zwei verschiedene Arten.
1. Art: Bestimme für $\sqrt{5}$, $\sqrt{6}$, $\sqrt{7}$ und $\sqrt{14}$ auf eine Stelle nach dem Komma gerundete Näherungen. Berechne dann den Wert des Terms mithilfe dieser Näherungen.
2. Art: Berechne den Wert des Terms, ohne zu runden.
b) Bestimme die Differenz der beiden Werte. Um wie viel Prozent übertrifft der größere Wert den kleineren?

6 Berechne mit dem Taschenrechner.
a) $\sqrt{179} + \sqrt{21} \cdot \sqrt{5} + \sqrt{53} : \sqrt{3}$
$\sqrt{23} \cdot \sqrt{55} + \sqrt{53} \cdot \sqrt{7} - \sqrt{891}$
$\sqrt{251} - \sqrt{62} : \sqrt{29} + \sqrt{39} \cdot \sqrt{11}$

b) $\sqrt{45} : \sqrt{10} - \sqrt{85} \cdot \sqrt{12} - \sqrt{47}$
$\sqrt{106} + \sqrt{123} : \sqrt{34} + \sqrt{19} \cdot \sqrt{61}$
$\sqrt{63} \cdot \sqrt{51} - \sqrt{23} \cdot \sqrt{117} + \sqrt{421}$

Heron-Verfahren

Bevor es Taschenrechner gab, war es nicht so leicht, gute Näherungswerte für irrationale Quadratwurzeln zu bestimmen.
Die griechischen Mathematiker benutzten vor 2000 Jahren ein Verfahren, mit dem sie nur durch Anwenden der Addition und Division schnell gute Näherungswerte für Quadratwurzeln berechnen konnten.
Dieses Verfahren ist nach dem Mathematiker und Ingenieur Heron von Alexandrien (um 100 n. Chr.) benannt.

1 Im Beispiel siehst du, wie du mithilfe des Heron-Verfahrens einen Näherungswert für $\sqrt{15}$ berechnen kannst.
Nacheinander werden mehrere Rechtecke bestimmt, die alle den Flächeninhalt 15 cm² haben.
Dabei ist der Unterschied der Seitenlängen beim zweiten Rechteck kleiner als beim ersten, beim dritten noch kleiner als beim zweiten und so weiter, so dass die Gestalt der Rechtecke einem Quadrat immer ähnlicher wird.
Die Seitenlänge des letzten Rechtecks ist dann eine gute Näherung für $\sqrt{15}$.
a) Vergleiche das Ergebnis des Heron-Verfahrens mit dem Wert, den dein Taschenrechner für $\sqrt{15}$ angibt. Beurteile die Genauigkeit des Verfahrens.
b) Verbessere das Ergebnis, indem du den zweiten Schritt zwei Mal wiederholst. Runde die Werte, die dein Taschenrechner anzeigt, nicht.
Vergleiche mit dem Ergebnis, das du mit der Wurzeltaste des Taschenrechners erhältst. Was stellst du fest?
c) Berechne Näherungswerte für $\sqrt{24}$ ($\sqrt{56}$, $\sqrt{20}$, $\sqrt{90}$, $\sqrt{30}$) mithilfe des Heron-Verfahrens.

1. Wähle zwei natürliche Zahlen x_1 und y_1 als Seitenlängen für ein Rechteck mit dem Flächeninhalt A = 15 cm².

$x_1 = 3$

$y_1 = 5$

$x_1 = 3\,cm$; $y_1 = 5\,cm$

2. Bestimme zwei Zahlen x_2 und y_2 als Seitenlängen für ein zweites Rechteck mit A = 15 cm².
Wähle für x_2 das arithmetische Mittel von x_1 und y_1.
Berechne y_2 mithilfe des Flächeninhalts des Rechtecks.

$x_2 = \frac{3+5}{2} = 4$

$y_2 = \frac{15}{4} = 3{,}75$

$x_2 = 4\,cm$; $y_2 = 3{,}75\,cm$

3. Wiederhole den zweiten Schritt.
Wähle für x_3 das arithmetische Mittel von x_2 und y_2.
Berechne y_3 mithilfe des Flächeninhalts des Rechtecks.

$x_3 = \frac{4+3{,}75}{2} = 3{,}875$

$y_3 = \frac{15}{3{,}875} \approx 3{,}871$

$x_3 = 3{,}875\,cm$; $y_3 = 3{,}871\,cm$

4. Wähle das arithmetische Mittel von x_3 und y_3 als Näherung für $\sqrt{15}$.

$x_4 = \frac{3{,}875 + 3{,}871}{2} = 3{,}8743$

2 Leila und Max haben das Heron-Verfahren mithilfe eines Tabellenkalkulationsprogramms durchgeführt.

A	B	C	D	E
adratwurzelberechnung (Heron-Verfahren)				
urzel aus	20			
=	5			
hritt	x	y	Mittelwert	Quadrat des Mittelwertes
1	5	4	4,50	20,25
2	4,50	4,4444444444	4,4722222222	20,0007716049
3	4,4722222222	4,4720496894	4,4721359558	20,0000000074
4	4,4721359558	4,4721359542	4,4721359550	20,0000000000

A	B	C	D	E
uadratwurzelberechnung (Heron-Verfahren)				
urzel aus	20			
=	5			
hritt	x	y	Mittelwert	Quadrat des Mittelwertes
1	= B4	= B3 / B7	= (B7 + C7) / 2	= D7 * D7
2	= D7	= B3 / B8	= (B8 + C8) / 2	= D8 * D8
3	= D8	= B3 / B9	= (B9 + C9) / 2	= D9 * D9
4	= D9	= B3 / B10	= (B10 + C10) / 2	= D10 * D10

a) Beschreibe, wie Leila und Max vorgegangen sind.
b) Erstelle in einem Tabellenkalkulationsprogramm ein Rechenblatt zur Berechnung von $\sqrt{19}$ mit dem Heron-Verfahren.
c) Bestimme auf diese Weise Näherungswerte für weitere Quadratwurzeln.

3 Die Berechnung eines Näherungswertes für $\sqrt{a}$ mithilfe des Heron-Verfahrens kann in einer Formel zusammengefasst werden.
Dabei sind x_1 und $y_1 = \frac{a}{x_1}$ die Seitenlängen des ersten Rechtecks.

> Berechnung von x_2:
>
> $$x_2 = \frac{x_1 + y_1}{2} = \frac{x_1 + \frac{a}{x_1}}{2} = (x_1 + \tfrac{a}{x_1}) : 2$$
>
> Berechnung von $x_3, x_4, \dots$
>
> $$x_3 = (x_2 + \tfrac{a}{x_2}) : 2$$
>
> $$x_4 = (x_3 + \tfrac{a}{x_3}) : 2$$
>
> …

Erkläre die Bestimmung der Formeln für x_2, x_3 und x_4.
Gib die Formel zur Bestimmung von x_5 und x_6 an.

4 So kannst du unter Verwendung der Formel des Heron-Verfahrens mit einem Tabellenkalkulationsprogramm Näherungswerte für $\sqrt{a}$ bestimmen:

> 1. Gib den Radikanden a und die erste Näherung x_1 direkt ein.
> 2. Gib die Formel des Heron-Verfahrens in eine Zelle ein.
> 3. Übertrage die Formel mit der Maus in die Zellen darunter.

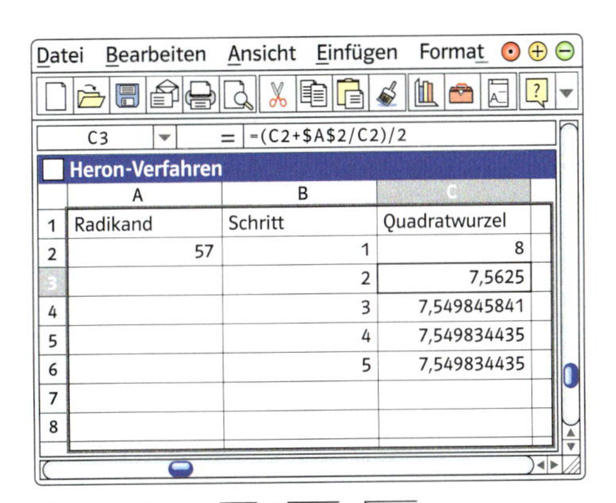
Datei Bearbeiten Ansicht Einfügen Format

C3 = =(C2+$A$2/C2)/2

Heron-Verfahren

	A	B	C
1	Radikand	Schritt	Quadratwurzel
2	57	1	8
3		2	7,5625
4		3	7,549845841
5		4	7,549834435
6		5	7,549834435
7			
8			

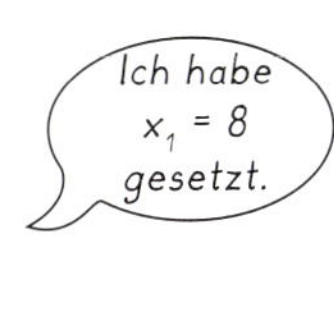

a) Berechne $\sqrt{73}$ ($\sqrt{387}$, $\sqrt{917}$)
b) Setze $x_1 = 1$. Was stellst du fest?
c) Berechne Näherungswerte für weitere Quadratwurzeln.

1 a) Setze in den Term $\sqrt{9-x}$ nacheinander für x die Zahlen 0, 1, 2, 3, …9 ein.
b) Warum kannst du für x die Zahl 10 nicht einsetzen? Gib weitere reelle Zahlen an, die du für x nicht einsetzen kannst.

Alle reellen Zahlen, die für die Variable eingesetzt werden können, so dass der Radikand positiv oder null ist, bilden die Definitionsmenge des Quadratwurzelterms.

Term: $\sqrt{x-3}$

Definitionsmenge: $D = \{x \in \mathbb{R} | x \geq 3\}$
(*lies:* Die Definitionsmenge ist die Menge aller reellen Zahlen, die größer oder gleich 3 sind.)

2 Ordne jedem Quadratwurzelterm die passende Definitionsmenge zu.

Ⓐ $\sqrt{x-8}$ ① $D = \{x \in \mathbb{R} | x \geq -1\}$
Ⓑ $\sqrt{8-x}$ ② $D = \{x \in \mathbb{R} | x \geq 8\}$
Ⓒ $\sqrt{1+x}$ ③ $D = \{x \in \mathbb{R} | x \geq 1\}$
Ⓓ $\sqrt{x+8}$ ④ $D = \{x \in \mathbb{R} | x \geq -8\}$
Ⓔ $\sqrt{x-1}$ ⑤ $D = \{x \in \mathbb{R} | x \leq 1\}$
Ⓕ $\sqrt{1-x}$ ⑥ $D = \{x \in \mathbb{R} | x \leq 8\}$

3 Gib die Definitionsmenge in der richtigen Schreibweise an.
a) $\sqrt{x-11}$, $\sqrt{x-13}$, $\sqrt{15-x}$
b) $\sqrt{x+20}$, $\sqrt{14+x}$, $\sqrt{10-x}$

4 Bestimme die Definitionsmenge.

Term: $\sqrt{2x+14}$

$2x + 14 \geq 0 \quad | -14$
$2x \geq -14 \quad | :2$
$x \geq -7$
$D = \{x \in \mathbb{R} | x \geq -7\}$

a) $\sqrt{2x+20}$, $\sqrt{4x-16}$, $\sqrt{30+5x}$
b) $\sqrt{15-3x}$, $\sqrt{9x-45}$, $\sqrt{8x+24}$

5 Fasse gleiche Quadratwurzeln zusammen. ($x \geq 0, y \geq 0, z \geq 0$)

$6\sqrt{x} + 4\sqrt{x} - 3\sqrt{x} - 2\sqrt{x} = 5\sqrt{x}$
$3\sqrt{x} + 7\sqrt{y} + 2\sqrt{x} - 4\sqrt{y} = 5\sqrt{x} + 3\sqrt{y}$

a) $8\sqrt{x} + 9\sqrt{x}$
$\sqrt{y} + 12\sqrt{y}$
$6\sqrt{z} + 5\sqrt{z}$

b) $11\sqrt{x} - 4\sqrt{x} - 2\sqrt{x}$
$15\sqrt{z} - 3\sqrt{z} - \sqrt{z}$
$10\sqrt{y} - 4\sqrt{y} + 8\sqrt{y}$

c) $18\sqrt{x} + 11\sqrt{y} - 2\sqrt{x} + 9\sqrt{x} - 4\sqrt{y}$
$2\sqrt{y} + 18\sqrt{z} + 12\sqrt{y} - 4\sqrt{y} - 6\sqrt{z}$
$\sqrt{x} + 9\sqrt{z} + 19\sqrt{x} - 14\sqrt{x} - 12\sqrt{z}$

6 Fasse zu einer Wurzel zusammen und vereinfache den Term. ($x \geq 0, y \geq 0$)

$\sqrt{2x} \cdot \sqrt{8x} = \sqrt{2x \cdot 8x} = \sqrt{16x^2} = 4x$

a) $\sqrt{2x} \cdot \sqrt{32x}$
$\sqrt{5y} \cdot \sqrt{45y}$
$\sqrt{2x} \cdot \sqrt{50x}$

b) $\sqrt{27y} \cdot \sqrt{3y}$
$\sqrt{6x} \cdot \sqrt{24x}$
$\sqrt{20y} \cdot \sqrt{5y}$

7 Ziehe die Wurzeln teilweise wie in den Beispielen. ($x \geq 0, y \geq 0$)

$\sqrt{x^3}$
$= \sqrt{x^2 \cdot x}$
$= \sqrt{x^2} \cdot \sqrt{x}$
$= x\sqrt{x}$

$\sqrt{18x^2y}$
$= \sqrt{2 \cdot 9 \cdot x^2 \cdot y}$
$= \sqrt{9x^2 \cdot 2 \cdot y}$
$= 3x\sqrt{2y}$

a) $\sqrt{y^3}$, $\sqrt{16x^3}$, $\sqrt{8y^3}$
b) $\sqrt{4x^3y^2}$, $\sqrt{2x^2y^2}$, $\sqrt{50x^2y}$
c) $\sqrt{25x^3y^3}$, $\sqrt{27x^3y^3}$, $\sqrt{x^5y^3}$

8 Gib zunächst für x und y jeweils eine reelle Zahl an, sodass der Radikand des Quadratwurzelterms nicht negativ ist. Gib dann für x und y jeweils eine reelle Zahl an, sodass der Radikand negativ ist.
a) $\sqrt{x+y}$ b) $\sqrt{x-y}$ c) $\sqrt{xy}$
d) $\sqrt{x:y}$ e) $\sqrt{-xy}$ f) $\sqrt{-x^2y}$

Gleichungen mit Wurzeln

1 a) Welche Zahl hat Pia sich gedacht?
b) Gib die zu dem Zahlenrätsel passende Gleichung an.

2 Gib die Lösung der Gleichung an.
a) $\sqrt{x+5} = 4$ b) $\sqrt{x-6} = 3$
c) $\sqrt{3x} = 6$ d) $\sqrt{2x+1} = 5$

So kannst du die Gleichung $7 + \sqrt{2x-6} = 9$ lösen:

1. Gib die Definitionsmenge an.
   $D = \{x \in \mathbb{R} \mid x \geq 3\}$
2. Forme so um, dass auf einer Seite der Gleichung nur die Wurzel steht.
   $7 + \sqrt{2x-6} = 9 \quad |-7$
   $\sqrt{2x-6} = 2$
3. Quadriere beide Seiten der Gleichung.
   $2x - 6 = 4$
4. Bestimme x.
   $2x - 6 = 4 \quad |+6$
   $2x = 10 \quad |:2$
   $x = 5$
5. Prüfe, ob das Ergebnis in der Definitionsmenge enthalten ist.
   $5 \in D$
6. Führe die Probe durch.
   $7 + \sqrt{2 \cdot 5 - 6} = 9$
   $7 + \sqrt{4} = 9$
   $7 + 2 = 9$
   $9 = 9$ wahr!
7. Gib die Lösungsmenge an.
   $L = \{5\}$

3 Erkläre die Umformung der Gleichung.

● **4** Löse die Gleichungen.
a) $2 + \sqrt{x-4} = 3$
b) $1 + \sqrt{5-x} = 4$
c) $5 + \sqrt{9-x} = 9$
d) $6 = 4 + \sqrt{4x-8}$
e) $2 - \sqrt{5x-5} = 2$
f) $22 = 14 + 2\sqrt{2x-6}$
g) $\sqrt{3x+1} - 5 = 2$
h) $3\sqrt{9x+13} + 9 = 15$
i) $26 = 5\sqrt{35-2x} + 11$

L 1, 3, 5, 11, 13, 16, −1, −4, −7

5 Im Beispiel wird die Gleichung $\sqrt{5x+1} = -4$ gelöst.
Begründe, dass die Probe bei Gleichungen mit Wurzeln unbedingt nötig ist.

$\sqrt{5x+1} = -4$ $D = \{x \in \mathbb{R} \mid x \geq -\frac{1}{5}\}$

Umformung:	Probe:
$\sqrt{5x+1} = -4$	$\sqrt{5 \cdot 3 + 1} = -4$
$5x + 1 = 16$	$\sqrt{16} = -4$
$5x = 15$	$4 = -4$
$x = 3$	falsch!
$3 \in D$	$L = \{\ \}$

● **6** Bestimme die Lösungsmenge.
a) $3\sqrt{4x+8} = -18$
b) $10 - 4\sqrt{9-x} = 2$
c) $12 - 3\sqrt{6x-5} = 15$
d) $37 = 1 - 12\sqrt{17-2x}$
e) $4 + 3\sqrt{3x+12} = 22$
f) $2x - 4\sqrt{12-3x} = 2x - 12$

L 1, 5, 8, { }, { }, { }

Vernetzen: Von den rationalen zu den reellen Zahlen

1 Alle Zahlen, die du als Bruch der Form $\frac{z}{n}$ ausdrücken kannst, heißen **rationale Zahlen.** Dabei ist n eine positive ganze Zahl und z eine beliebige ganze Zahl.

a) Rationale Zahlen kannst du als endliche oder periodische Dezimalzahlen schreiben. Dazu musst du den Zähler durch den Nenner dividieren.

9 : 4 = 2,25	5 : 6 = 0,833... = $0,8\overline{3}$
8	50
10	48
8	20
20	18
20	20
0	18 ...
$\frac{9}{4} = 2{,}25$	$\frac{5}{6} = 0{,}8\overline{3}$

Schreibe als Dezimalzahl:

$\frac{5}{2}$ $\frac{7}{4}$ $\frac{3}{8}$ $\frac{11}{20}$

$\frac{2}{3}$ $\frac{1}{6}$ $\frac{5}{9}$ $\frac{4}{11}$

b) Umgekehrt kannst du alle endlichen und periodischen Dezimalzahlen als Bruch in der Form $\frac{z}{n}$ schreiben.

$0{,}5 = \frac{1}{2}$	$0{,}1 = \frac{1}{10}$	$0{,}\overline{3} = \frac{1}{3}$
$0{,}25 = \frac{1}{4}$	$0{,}1\overline{6} = \frac{1}{6}$	$0{,}\overline{09} = \frac{1}{11}$

Schreibe als Bruch:

0,75 0,2 1,5 3,25

$0{,}\overline{6}$ $1{,}\overline{3}$ $1{,}1\overline{6}$ $0{,}\overline{18}$

2 Jeder rationalen Zahl entspricht genau ein Punkt auf der Zahlengeraden.
Um den Punkt zu bestimmen, der der Zahl $\frac{7}{5}$ entspricht, musst du das Intervall von 0 bis 1 in 5 gleiche Teile teilen und von 0 aus 7 dieser Teilstrecken nach rechts abtragen.

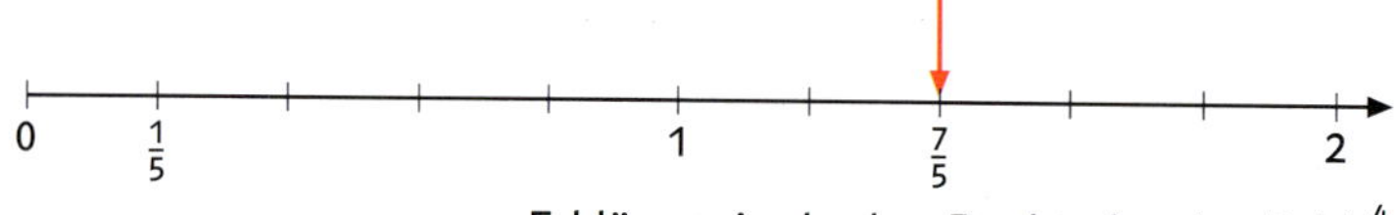

Erkläre, wie du den Punkt, der der Zahl $\frac{4}{7}$ ($\frac{3}{4}$, $-\frac{2}{5}$) entspricht, bestimmen kannst.

3 Auf der Zahlengeraden liegt die kleinere Zahl links von der größeren und die größere rechts von der kleineren.

a) Gib eine rationale Zahl an, die zwischen 0,5 und 0,7 (zwischen 5,6 und 5,8; zwischen 0,16 und 0,18) liegt.

b) Begründe, dass das arithmetische Mittel von 1,3 und 1,4 auf der Zahlengeraden zwischen 1,3 und 1,4 liegt.

c) Gib eine rationale Zahl zwischen 2,6 und 2,7 (zwischen 2,69 und 2,7; zwischen 2,699 und 2,7; zwischen 2,6999 und 2,7) an.

d) Bestimme fünf rationale Zahlen, die zwischen 5,11 und 5,12 (zwischen 5,115 und 5,116; zwischen 1,2223 und 1,2224) liegen.

e) Begründe: Zwischen zwei rationalen Zahlen liegen unendlich viele weitere rationale Zahlen.

Auf der Zahlengeraden liegen die rationalen Zahlen ganz dicht beieinander.

Alle Zahlen der Form $\frac{z}{n}$ heißen **rationale Zahlen.** Dabei ist n eine positive und z eine beliebige ganze Zahl.

Jede rationale Zahl kann als endliche oder periodische Dezimalzahl geschrieben werden. Umgekehrt stellt jede endliche oder periodische Dezimalzahl eine rationale Zahl dar.

Jeder rationalen Zahl entspricht genau ein Punkt auf der Zahlengeraden. Zwischen zwei rationalen Zahlen liegen auf der Zahlengeraden noch unendlich viele weitere rationale Zahlen.

4 Wir wollen zeigen, dass $\sqrt{2}$ keine rationale Zahl ist, d. h. dass $\sqrt{2}$ nicht als Bruch der Form $\frac{z}{n}$ mit natürlichen Zahlen z und n geschrieben werden kann. Dazu untersuchen wir zunächst die Primfaktoren von Quadratzahlen.

a) Jede natürliche Zahl ist entweder selbst eine Primzahl oder kann als Produkt von mehreren Primzahlen geschrieben werden.
Vergleiche die Primfaktorzerlegung einer natürlichen Zahl mit der ihrer Quadratzahl. Was stellst du fest?

Natürliche Zahl	Quadratzahl
$5 = 5$	$25 = 5 \cdot 5$
$6 = 2 \cdot 3$	$36 = 2 \cdot 3 \cdot 2 \cdot 3$
$9 = 3 \cdot 3$	$81 = 3 \cdot 3 \cdot 3 \cdot 3$
$30 = 2 \cdot 3 \cdot 5$	$900 = 2 \cdot 3 \cdot 5 \cdot 2 \cdot 3 \cdot 5$

Begründe, dass jede Quadratzahl eine gerade Anzahl von Primfaktoren hat.

b) Erkläre die einzelnen Schritte der Umformung.

Annahme: $\sqrt{2}$ ist ein Bruch.

Dann gilt:
$$\sqrt{2} = \frac{z}{n}$$
$$2 = \left(\frac{z}{n}\right)^2$$
$$2 = \frac{z^2}{n^2}$$
$$2 \cdot n^2 = z^2$$

c) Begründe:
1. Die Zahl z^2 hat eine gerade Anzahl von Primfaktoren.
2. Die Zahl $2 \cdot n^2$ hat eine ungerade Anzahl von Primfaktoren.

Die Umformung zeigt: Wenn $\sqrt{2}$ ein Bruch $\frac{z}{n}$ ist, dann stellen z^2 und $2 \cdot n^2$ dieselbe Zahl dar.
Diese Zahl kann in eine gerade Anzahl von Primfaktoren, aber auch in eine ungerade Anzahl von Primfaktoren zerlegt werden.
Das ist unmöglich, weil die Anzahl der Primfaktoren für jede Zahl eindeutig festgelegt ist.
Daher kann $\sqrt{2}$ kein Bruch sein.

$\sqrt{2}$ ist keine rationale Zahl.

5 Tim hat ein Quadrat auf Millimeterpapier gezeichnet und die Seitenlänge des Quadrats mit dem Zirkel auf der Zahlengeraden abgetragen.

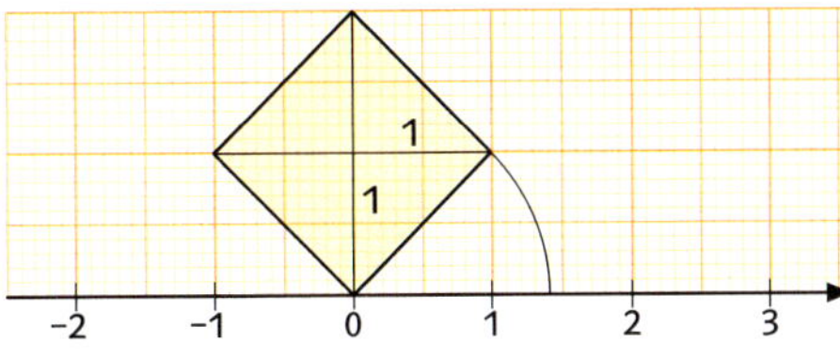

a) Gib die Seitenlänge des Quadrats an.
b) Begründe: Auf der Zahlengeraden gibt es Punkte, denen keine rationale Zahl entspricht.

Die rationalen Zahlen liegen auf der Zahlengeraden ganz dicht beieinander, …

trotzdem gibt es dazwischen noch unendlich viele irrationale Zahlen.

6 Welche irrationale Zahl ist auf der Zahlengeraden dargestellt?

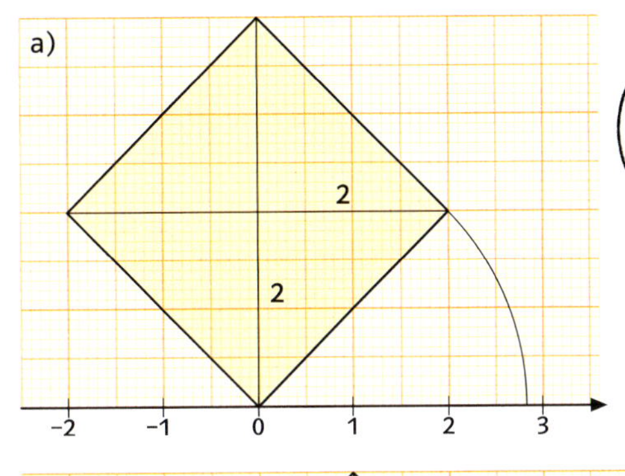

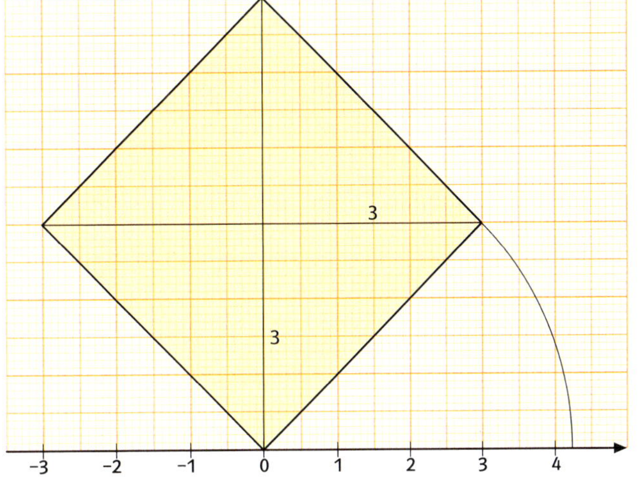

Nicht jedem Punkt auf der Zahlengeraden entspricht eine rationale Zahl. Es gibt noch unendlich viele andere Punkte.
Die Zahlen, die diesen Punkten entsprechen, heißen **irrationale Zahlen.**

7 Um jedem Punkt der Zahlengeraden eine Zahl zuzuordnen, reichen die rationalen Zahlen nicht aus.
Dazu ist eine größere Zahlenmenge notwendig: Die Menge $\mathbb{R}$ der reellen Zahlen. Sie besteht aus den rationalen und den irrationalen Zahlen.

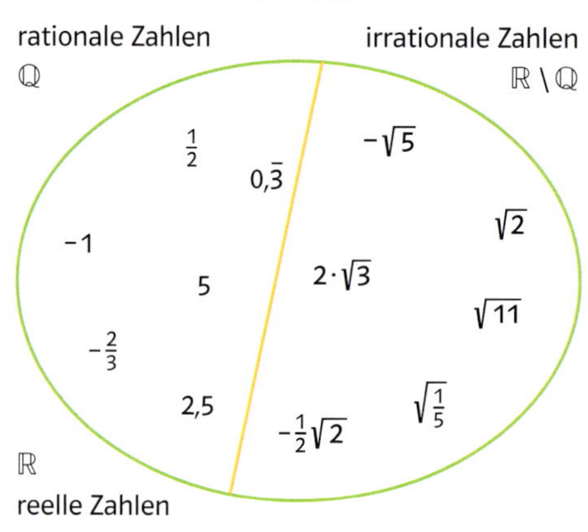

Gib weitere Beispiele für rationale und für irrationale Zahlen an.

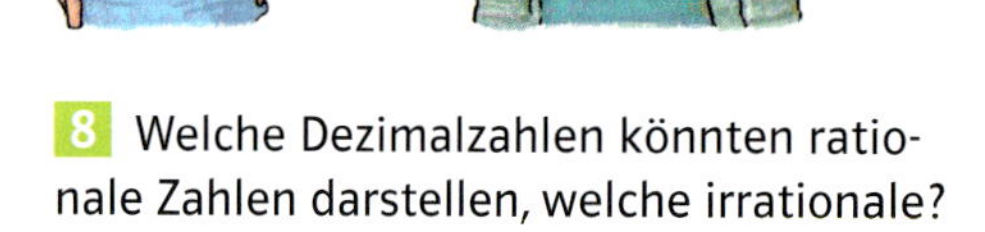

8 Welche Dezimalzahlen könnten rationale Zahlen darstellen, welche irrationale?
a) 0,27272727272727272...
b) 1,4142135623730950488...
c) 0,1538461538461538461...
d) 1,2682926829268292682 9...
e) 0,1001000100001000001...
f) 0,2040608010012014016...

> Die Menge der reellen Zahlen besteht aus den rationalen und den irrationalen Zahlen.
> Die reellen Zahlen entsprechen genau den Punkten der Zahlengeraden.

9 Irrationale Zahlen können ebenso wie rationale Zahlen auf der Zahlengeraden dargestellt werden. Deshalb kannst du die Grundrechenarten mit irrationalen Zahlen genauso ausführen wie mit rationalen Zahlen.
Erkläre mithilfe der Zeichnungen, wie du auf der Zahlengeraden den Punkt erhältst, der der Zahl $1 + \sqrt{3}$ ($\sqrt{2} + \sqrt{5}$, $\sqrt{11} - 1$, $2 \cdot \sqrt{3}$) entspricht.

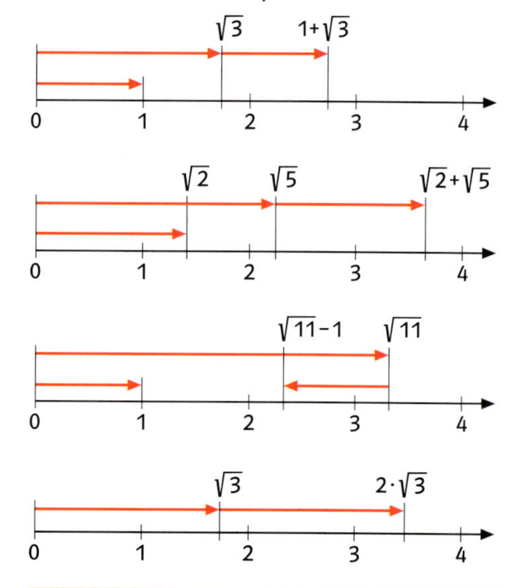

> Die Grundrechenarten können in $\mathbb{R}$ genauso ausgeführt werden wie in $\mathbb{Q}$. Daher gelten für die reellen Zahlen dieselben Rechengesetze wie für die rationalen Zahlen.
>
> Für alle $a, b, c \in \mathbb{R}$ gilt:
>
> Kommutativgesetz der Addition
> $$a + b = b + a$$
>
> Assoziativgesetz der Addition
> $$(a + b) + c = a + (b + c)$$
>
> Kommutativgesetz der Multiplikation
> $$a \cdot b = b \cdot a$$
>
> Assoziativgesetz der Multiplikation
> $$(a \cdot b) \cdot c = a \cdot (b \cdot c)$$
>
> Distibutivgesetz
> $$a \cdot (b + c) = a \cdot b + a \cdot c$$

10 Grundlage unseres Zahlensystems sind die natürlichen Zahlen.

$\mathbb{N} = \{0, 1, 2, 3, 4, \ldots\}$

Wir benutzen sie zum Zählen gleichartiger Dinge.
Wenn du natürliche Zahlen addierst oder multiplizierst, ist das Ergebnis wieder eine natürliche Zahl.
Aber beim Lösen von Gleichungen mit natürlichen Zahlen treten Schwierigkeiten auf.

① $5 + x = 12$ ② $7 + x = 18$ ③ $9 + x = 4$ ④ $11 + x = 2$

a) Welche Gleichungen sind lösbar und welche sind unlösbar, wenn für x nur natürliche Zahlen gewählt werden dürfen?

Die Gleichung $a + x = b$ ist in $\mathbb{N}$ nur dann lösbar, wenn a kleiner oder gleich b ist.

Um alle Gleichungen der Form $a + x = b$ lösen zu können, reichen die natürlichen Zahlen nicht aus.
Wir erweitern daher den Bereich der Zahlen zur Menge der ganzen Zahlen.

$\mathbb{Z} = \{\ldots -3, -2, -1, 0, 1, 2, 3, \ldots\}$

Aber auch im Bereich der ganzen Zahlen sind nicht alle Gleichungen lösbar.

① $5x = 30$ ② $-4x = 32$ ③ $11x = 7$ ④ $9x = 13$

b) Welche Gleichungen sind lösbar und welche sind unlösbar, wenn für x nur ganze Zahlen gewählt werden dürfen?

Die Gleichung $a \cdot x = b$ ist in $\mathbb{Z}$ nur dann lösbar, wenn b durch a teilbar ist.

Um alle Gleichungen der Form $a \cdot x = b$ lösen zu können, reichen auch die ganzen Zahlen nicht aus.
Also erweitern wir wieder den Bereich der Zahlen zur Menge der rationalen Zahlen.

$\mathbb{Q} = \{\frac{z}{n} | z, n \in \mathbb{Z}, n > 0\}$

Allerdings gibt es Gleichungen, die auch im Bereich der rationalen Zahlen nicht lösbar sind.

① $x^2 = 16$ ② $x^2 = 6{,}25$ ③ $x^2 = 2$ ④ $x^2 = 13$

c) Welche Gleichungen sind lösbar und welche sind unlösbar, wenn für x nur rationale Zahlen gewählt werden dürfen?

Die Gleichung $x^2 = a$ ist in $\mathbb{Q}$ nur dann lösbar, wenn a eine Quadratzahl oder der Quotient aus zwei Quadratzahlen ist.

Um alle Gleichungen der Form $x^2 = a$ $(a > 0)$ lösen zu können, reichen auch die rationalen Zahlen nicht aus.
Daher erweitern wir den Bereich der Zahlen noch einmal zur Menge der reellen Zahlen.
d) Begründe, dass es keine reelle Zahl gibt, die eine Lösung der Gleichung $x^2 = -1$ ist.
Gib ein weiteres Beispiel für eine Gleichung an, die im Bereich der reellen Zahlen nicht gelöst werden kann.

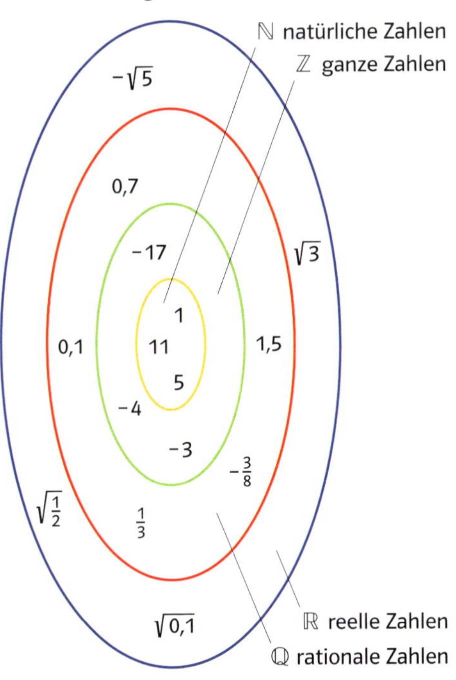

Lernkontrolle 1

1 Bestimme die Quadratwurzel.

a) $\sqrt{49}$ $\sqrt{196}$ b) $\sqrt{6400}$ $\sqrt{8100}$

c) $\sqrt{0{,}25}$ $\sqrt{3{,}24}$ d) $\sqrt{0{,}0036}$ $\sqrt{0{,}0144}$

e) $\sqrt{\frac{1}{4}}$ $\sqrt{\frac{9}{15}}$ f) $\sqrt{\frac{81}{121}}$ $\sqrt{6\frac{1}{4}}$

7 cm²

2 Warum kannst du die Seitenlänge des Quadrats nicht sofort angeben? Begründe, dass die Maßzahl für die Seitenlänge des Quadrats zwischen 2 und 3 liegt.

3 Gib die beiden aufeinander folgenden natürlichen Zahlen an, zwischen denen die Quadratwurzel liegt.

a) $\sqrt{39}$ b) $\sqrt{55}$ c) $\sqrt{151}$

4 Der Oberflächeninhalt eines Würfels beträgt 29 400 cm². Berechne die Kantenlänge.

5 Ein Rechteck ist 39,2 cm lang und 20 cm breit.
Berechne die Seitenlänge des Quadrats, das den gleichen Flächeninhalt wie das Rechteck hat.

6 Fasse zu einer Wurzel zusammen und berechne.

a) $\sqrt{2} \cdot \sqrt{18}$ $\sqrt{3} \cdot \sqrt{27}$ b) $\sqrt{72} : \sqrt{8}$ $\sqrt{147} : \sqrt{3}$

c) $\sqrt{1{,}5} \cdot \sqrt{6}$ $\sqrt{80} \cdot \sqrt{1{,}8}$ d) $\sqrt{275} : \sqrt{11}$ $\sqrt{567} : \sqrt{7}$

7 Fasse zusammen.

a) $7\sqrt{2} + 9\sqrt{7} + 8\sqrt{2} + 5\sqrt{7}$
b) $6\sqrt{5} - 9\sqrt{3} - 5\sqrt{3} + 8\sqrt{5}$
c) $5\sqrt{11} - 2\sqrt{6} + 7\sqrt{11} + \sqrt{6}$

8 Multipliziere die Klammern aus und berechne.

a) $(\sqrt{45} + \sqrt{125}) \cdot \sqrt{5}$
$(\sqrt{112} - \sqrt{28}) : \sqrt{7}$
$(\sqrt{48} + \sqrt{147}) \cdot \sqrt{3}$

b) $(\sqrt{200} - \sqrt{98}) \cdot \sqrt{2}$
$(\sqrt{275} + \sqrt{176}) : \sqrt{11}$
$(\sqrt{810} - \sqrt{490}) \cdot \sqrt{10}$

9 Ziehe die Quadratwurzel teilweise.

a) $\sqrt{75}$ $\sqrt{700}$ b) $\sqrt{80}$ $\sqrt{363}$

1 Berechne jeweils den Flächeninhalt der abgebildeten Figuren. Entnimm die dafür notwendigen Längen der Zeichnung.

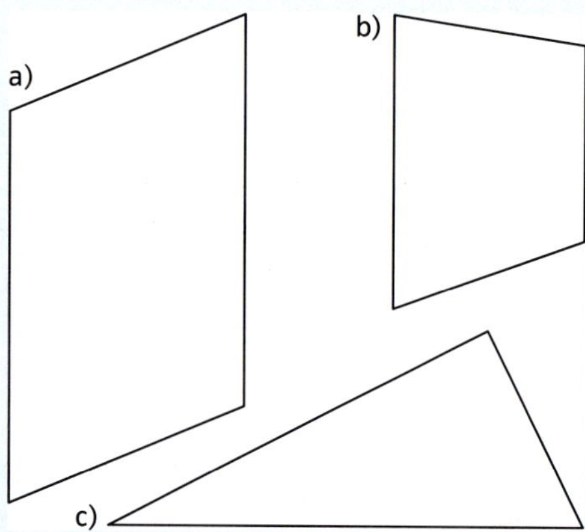

2 Zeichne das Parallelogramm mit den Eckpunkten A (0 | −3), B (6 | −3), C (8 | 5) und D (2 | 5) in ein Koordinatensystem (Einheit 1 cm) und berechne seinen Flächeninhalt.

3 Die Außenfläche des abgebildeten Giebels soll verputzt werden. Für einen Quadratmeter müssen 30 € bezahlt werden.

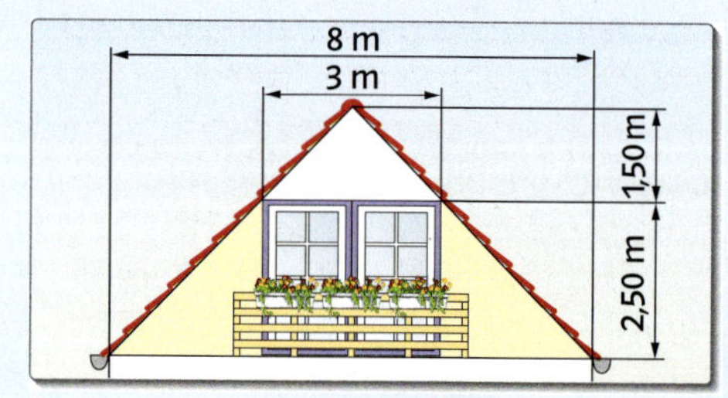

Lernkontrolle 2

1 Bestimme die Quadratwurzel.
a) $\sqrt{289}$ b) $\sqrt{729}$
c) $\sqrt{0{,}49}$ d) $\sqrt{6{,}25}$
e) $\sqrt{0{,}0064}$ f) $\sqrt{0{,}000121}$

2 In der Zeichnung sind die ersten drei Schritte einer Intervallschachtelung für $\sqrt{5}$ dargestellt.

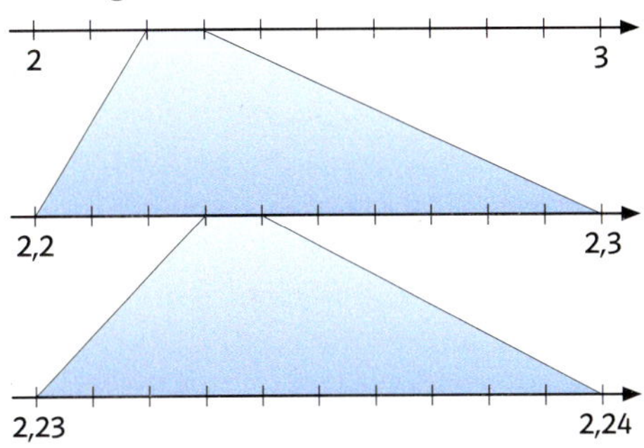

a) Begründe, dass $\sqrt{5}$ in allen drei Intervallen liegt.
b) Gib das vierte Intervall dieser Intervallschachtelung an.

3 Bestimme die natürliche Zahl, deren Quadratwurzel durch die angegebene Intervallschachtelung dargestellt wird.
a) [6; 7]
[6,4; 6,5]
[6,48; 6,49]
b) [8; 9]
[8,4; 8,5]
[8,42; 8,43]

4 Bestimme eine Näherung für $\sqrt{35}$, indem du zwei Schritte des Heron-Verfahrens durchführst.

5 Der Taschenrechner gibt für $\sqrt{17}$ den Wert 4.123105626 an.
Begründe, dass dieser Wert nicht genau gleich $\sqrt{17}$ sein kann.

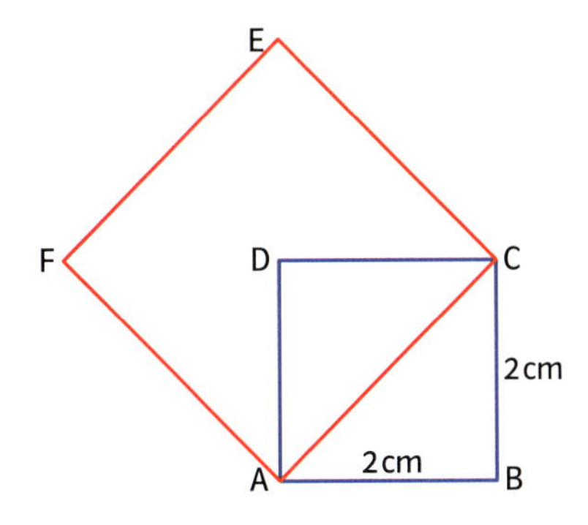

6 Bestimme den Flächeninhalt des Quadrats ACEF und gib die Seitenlänge dieses Quadrats an.

7 Welche Zahlen sind rational, welche sind irrational?

$\sqrt{9}$ $\sqrt{7}$ $\sqrt{2{,}25}$ $\sqrt{11}$
$\sqrt{0{,}4}$ $\sqrt{0{,}04}$ $\sqrt{1{,}21}$
$\sqrt{\frac{1}{4}}$ $\sqrt{\frac{1}{2}}$ $1 + \sqrt{2}$ $2 + \sqrt{1}$

8 Multipliziere die Klammern aus und berechne.
a) $\sqrt{7}\,(\sqrt{175} - \sqrt{28})$ b) $(\sqrt{162} + \sqrt{72})\,\sqrt{2}$

9 Entscheide, ob die Aussage wahr oder falsch ist.
a) Jede irrationale Zahl ist eine reelle Zahl.
b) Jede reelle Zahl ist eine irrationale Zahl.
c) Jede negative Zahl ist eine rationale Zahl.

10 Gib die Definitionsmenge des Terms an.
a) $\sqrt{x - 3}$ b) $\sqrt{2x + 8}$

11 Löse die Wurzelgleichung und mache die Probe.
$$8 + \sqrt{5x + 9} = 15$$

1 Eine Wiese wird durch einen Weg in zwei Teilflächen zerlegt. Berechne den Inhalt jeder der beiden Flächen.

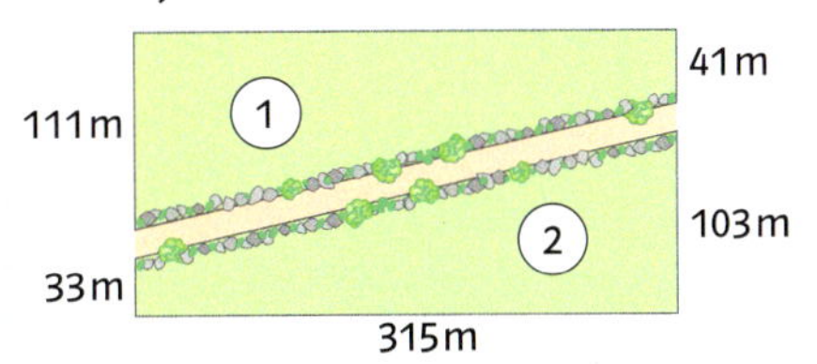

2 Ein Quadratmeter Blech hat eine Masse von 14 kg. Wie schwer ist das abgebildete Stück Blech?

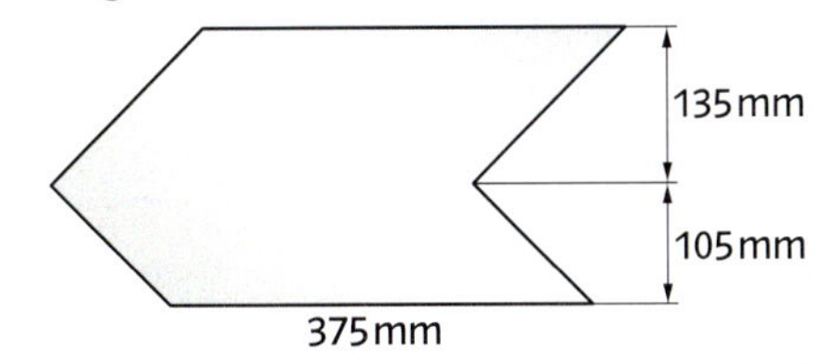

Mathematische Reise

Quadratzahlen

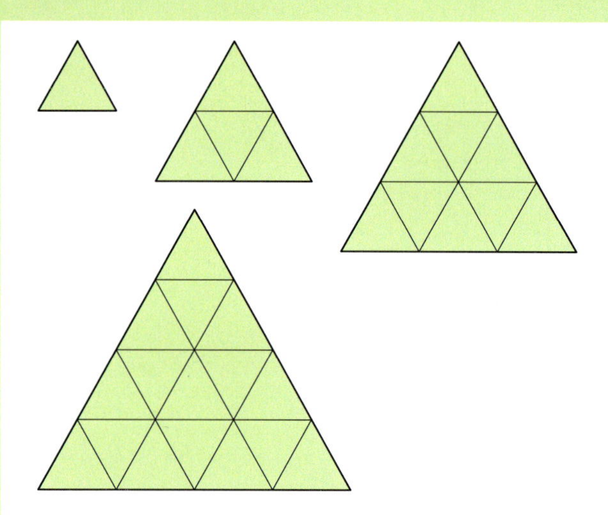

1 a) Bestimme bei jedem Dreieck die Anzahl der Teildreiecke. Aus wie vielen Teildreiecken bestehen die beiden nächst größeren Dreiecke?
b) Wie heißen die Zahlen, die in der Zahlenfolge vorkommen?
c) Jedes Teildreieck ist ein Zentimeter hoch. Aus wie vielen Teildreiecken besteht das Dreieck, das 8 cm (12 cm, 25 cm) hoch ist? Wie hoch ist das Dreieck, das aus 100 (400, 900) Teildreiecken besteht?

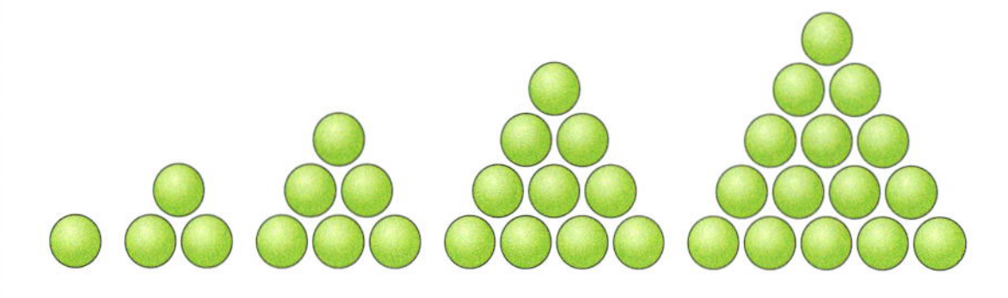

2 a) Bestimme bei jeder Figur die Anzahl der Punkte. Aus wie vielen Punkten bestehen die drei nächst größeren Figuren?
b) Addiere jeweils die Anzahl der Punkte von zwei aufeinander folgenden Figuren. Was stellst du fest?
c) Begründe mithilfe der Zeichnung: Die Summe der Punkte von zwei aufeinander folgenden Figuren ist immer eine Quadratzahl.

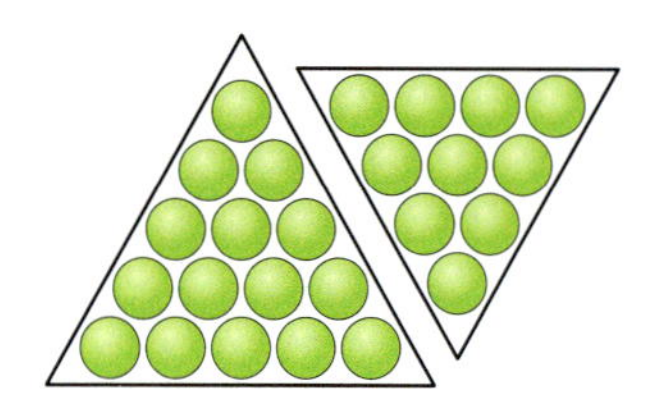

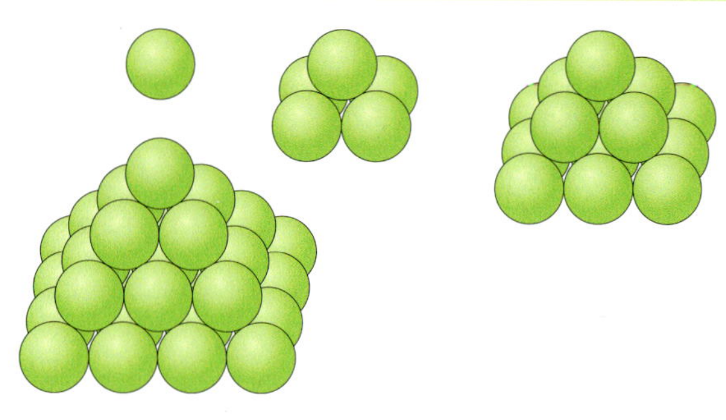

3 a) Aus wie vielen Kugeln ist jede der Pyramiden zusammengesetzt?
b) Bestimme jeweils die Differenz der Kugeln von zwei aufeinander folgenden Pyramiden. Was stellst du fest?
c) Gib für die beiden nächst größeren Pyramiden die Anzahl der Kugeln an, aus denen sie zusammengesetzt sind.

4 a) Erkläre mithilfe der Zeichnung, was Fabian und Saskia herausgefunden haben.

b) Vervollständige die Rechnung in deinem Heft und ergänze sie um fünf weitere Zeilen. Kannst du Fabians Behauptung bestätigen?

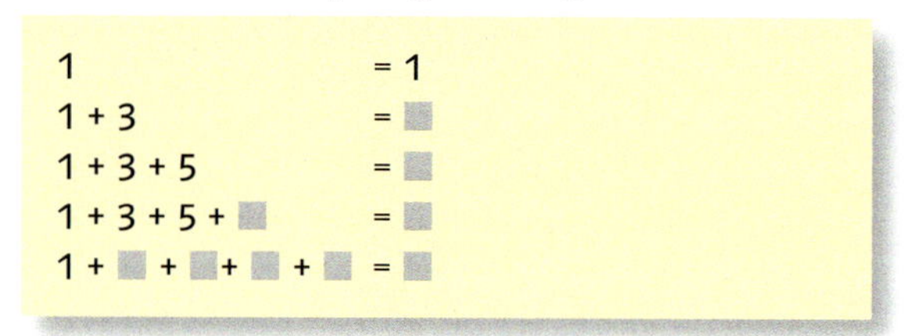
1 = 1
1 + 3 = ▇
1 + 3 + 5 = ▇
1 + 3 + 5 + ▇ = ▇
1 + ▇ + ▇ + ▇ + ▇ = ▇

c) Gib die Summe aller ungeraden Zahlen von 1 bis 99 (von 1 bis 399, von 101 bis 199) an.

1 4 9 16 25 36 49 64 81 100 121 144 169 196 225 256 289 324

5 a) Betrachte bei jeder Quadratzahl die letzte Ziffer. Welche Endziffern treten auf, welche nicht?
b) Beschreibe die Regelmäßigkeit, in der die einzelnen Endziffern in der Folge der Quadratzahlen auftreten.

Eine Zahlen- oder Buchstabenfolge, die vorwärts und rückwärts gelesen gleich ist, heißt ***Palindrom****.*

*In einem Gefängnis sind fünfzig Zellen, nummeriert von 1 bis 50.
Alle Zellen sind verschlossen.
In jeder Zelle sitzt ein Gefangener.
Einige Gefangene sollen freigelassen werden. Diese werden so bestimmt:
Der Wärter geht fünfzig Mal durch das ganze Gefängnis. Beim ersten Rundgang schließt er alle Zellen auf.
Beim zweiten Rundgang schließt er alle Zellen wieder zu, deren Nummern durch zwei teilbar sind.
Beim dritten Rundgang bleibt er nur an den Zellen stehen, deren Nummern durch drei teilbar sind. Er öffnet sie, wenn sie verschlossen waren und schließt sie, wenn sie offen waren.
Entsprechend geht er bei allen weiteren Rundgängen vor:
Beim vierten schließt er eine Tür auf oder zu, wenn ihre Nummer durch vier teilbar ist, beim fünften, wenn sie durch fünf teilbar ist, bis er schließlich beim fünfzigsten Rundgang seinen Schlüssel nur noch im Schloss der fünfzigsten Zelle einmal umdreht.
Die Gefangenen aus den Zellen, die nach fünfzig Rundgängen offen sind, werden freigelassen.*

6 a) Lies die Geschichte von der Freilassung der Gefangenen. Schätze, wie viele Gefangene freigelassen werden.
b) Fertige eine Skizze mit fünfzig Zellentüren an. Überlege für jede der Türen, bei welchem Rundgang sie geöffnet und bei welchem sie geschlossen wird. Wie viele Türen sind am Ende offen? Vergleiche das Ergebnis mit deiner Schätzung.
c) Notiere die Nummern der Zellen, die am Ende geöffnet sind. Was fällt dir auf? Warum sind gerade diese Zellen offen?

3 Lineare Gleichungs- und Ungleichungssysteme

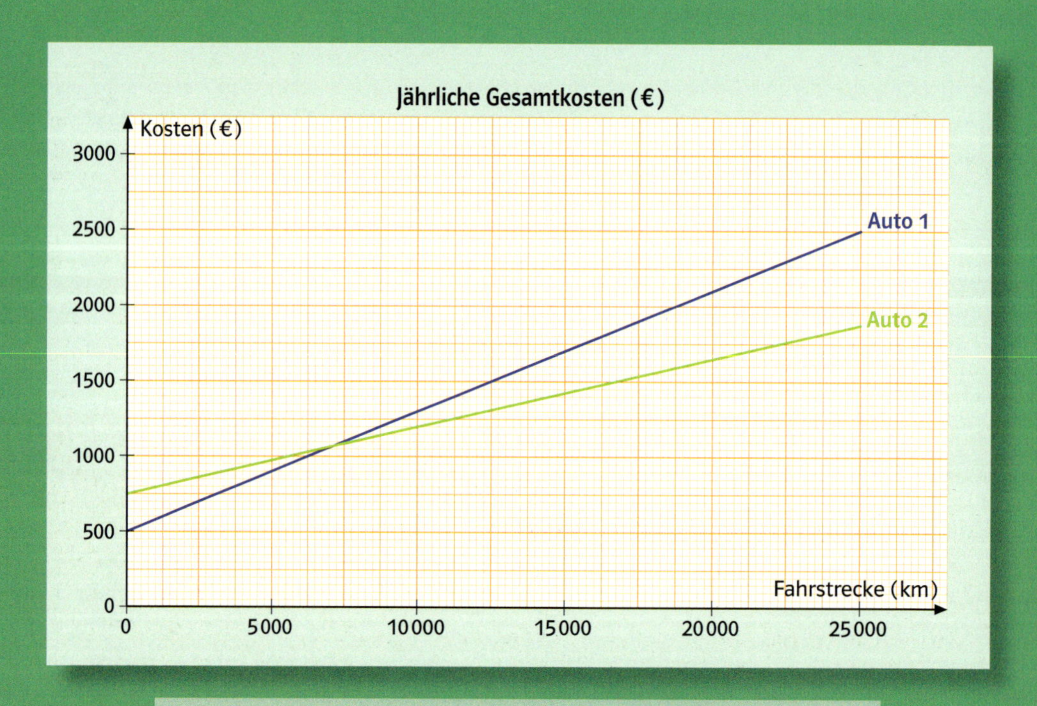

Welche Informationen kannst du dem Graphen entnehmen?

Die Energieversorgungsunternehmen bieten elektrische Energie zu unterschiedlichen Tarifen an. Die Gesamtkosten bestehen in der Regel aus festen Kosten und verbrauchsabhängigen Kosten.

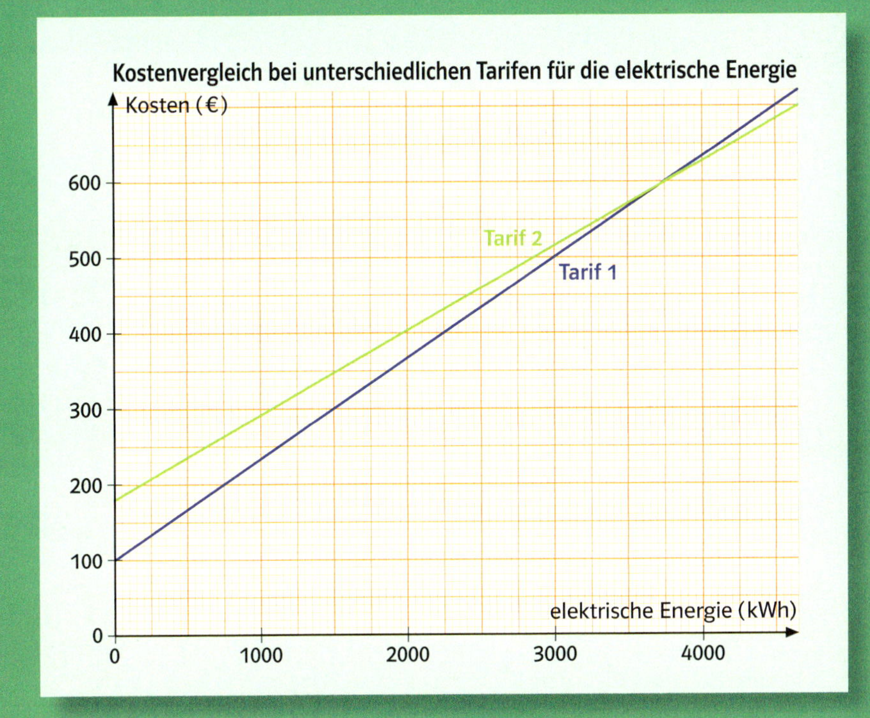

Der Zusammenhang zwischen dem jährlichen Energieverbrauch und den Gesamtkosten lässt sich häufig durch eine lineare Funktion beschreiben.
Was kannst mithilfe der zugehörigen Graphen feststellen?

Unterhaltung eines Pkws

1 Fabians Schwester Miriam hat ihre Ausbildung abgeschlossen und möchte sich jetzt ein neues Auto anschaffen. Sie überlegt zusammen mit Fabian, welcher Pkw für sie geeignet sein könnte. Die Anschaffungskosten für die beiden Autos, die Miriam ausgesucht hat, sind gleich.

Polo Diesel
Leistung: 55 kW (75 PS)
Hubraum: 1 598 cm^3
Emissionsklasse: Euro 5
Verbrauch: 4,2 *l* auf 100 km
CO_2-Emission: 109 g auf 100 km

Fabian gefällt der geringe Kraftstoffverbrauch des Dieselfahrzeugs besonders gut. Er hat für verschieden lange Strecken die Kosten für den Dieselkraftstoff berechnet.

Polo Diesel	
zurückgelegte Strecke (km)	Kosten (€)
100	4,41
2 000	88,20
4 000	176,40
6 000	264,60
8 000	352,80
10 000	441,00
12 000	529,20
14 000	617,40
16 000	705,60
18 000	793,80

Polo Benziner
Leistung: 63 kW (85 PS)
Hubraum: 1 390 cm^3
Emissionsklasse: Euro 5
Verbrauch: 5,9 *l* auf 100 km
CO_2-Emission: 139 g auf 100 km

a) Berechne die Kosten für den Dieselkraftstoff bei einer zurückgelegten Strecke von 15 000 km (20 000 km, 25 000 km, 30 000 km).

b) Lege auch für das Fahrzeug, das Benzin verbraucht, eine entsprechende Tabelle an und berechne die Kosten.

Polo Benziner	
zurückgelegte Strecke (km)	Kosten (€)
100	
2 000	
4 000	
6 000	

c) In den Tabellen werden jeder zurückgelegten Strecke die zugehörigen Kosten zugeordnet. Welche Art von Zuordnung liegt hier vor? Begründe.

Diesel:
1 Liter 1,05 €

Benzin:
1 Liter 1,35 €

Die neue Kfz-Steuer

So wird die Steuer ab dem 1. Juli 2009 berechnet:

1. CO_2-Freibetrag	2. CO_2-Ausstoß	3. Hubraum
2009 – 2011: bis 120 g pro km 2012 – 2013: bis 110 g pro km ab 2014: bis 95 g pro km	für jedes Gramm über dem jeweils geltenden Freibetrag werden 2 € fällig	für angefangene 100 cm³ Hubraum zusätzlich 2 € bei einem Benziner und 9,50 €* bei einem Diesel-Kfz

* Fahrzeuge mit geregeltem Dieselpartikelfilter werden bis zum 31.03.2011 mit 1,20 € je angefangene 100 cm³ Hubraum geringer besteuert als Fahrzeuge ohne Dieselpartikelfilter.

2 Mit der neuen Kfz-Steuer ist die Berechnung vom CO_2-Ausstoß und vom Hubraum abhängig.
Fabian hat sich im Internet über die Berechnung der Kfz-Steuer informiert. Er berechnet die Kfz-Steuer, die im Jahr 2010 für den Polo-Diesel zu zahlen ist.

Polo-Diesel (für das Jahr 2010):

CO_2-Ausstoß: 109 g pro km
unterhalb der Freibetragsgrenze

Dieselpartikelfilter:
9,50 € – 1,20 € = 8,30 €
je angefangene 100 cm³

1 598 cm³ Hubraum
also 16-mal angefangene 100 cm³ Hubraum

16 · 8,30 € = 132,80 €

Kfz-Steuer: 132,80 €

Polo Diesel: Feste jährliche Kosten

Kfz-Steuer:	132,80 €
Kfz-Versicherung:	631,20 €
	764,00 €

Die jährlichen Gesamtkosten hängen davon ab, wie viel Kilometer pro Jahr gefahren werden. Miriam hat die jährlichen Kosten für eine Fahrstrecke von 10 000 km (18 000 km) pro Jahr berechnet. Überprüfe ihre Rechnung.

Kosten für Dieselkraftstoff:
bei 10 000 km pro Jahr: 441,00 €
bei 18 000 km pro Jahr: 793,80 €

Jährliche Gesamtkosten:
bei 10 000 km: 764,00 € + 441,00 €
= 1 205,00 €

bei 18 000 km: 764,00 € + 793,80 €
= 1 557,80 €

a) Berechne auch die Kfz-Steuer für das Fahrzeug, das Normalbenzin verbraucht. Beachte, dass hier der CO_2-Ausstoß oberhalb der Freibetragsgrenze liegt.
b) Zusammen mit den Kosten für die Kfz-Versicherung ergeben sich für den Polo Diesel pro Jahr feste Kosten in einer Höhe von 764 €.
c) Die Kfz-Versicherung für das Fahrzeug, das Benzin verbraucht, kostet 467,00 €. Berechne die jährlichen Kosten für eine Fahrstrecke von 10 000 km (18 000 km).
d) Berechne die Kfz-Steuer für einen Pkw mit 1 768 cm³ Hubraum, der einen Dieselpartikelfilter hat und 156 g CO_2 ausstößt, für das Jahr 2010 (2012).

Diesel:
1 Liter 1,05 €

Benzin:
1 Liter 1,35 €

3 Miriam und Fabian möchten die Zuordnung „zurückgelegte Fahrstrecke → Gesamtkosten" genauer untersuchen. Dazu haben sie für den Polo Diesel die zugehörige Funktionsgleichung aufgestellt.

Feste jährliche Kosten (€):	764
Kosten für Dieselkraftstoff bei 1 km pro Jahr (€):	0,0441
Kosten für Dieselkraftstoff bei x km pro Jahr (€):	$0{,}0441 \cdot x$
Jährliche Gesamtkosten y bei x km pro Jahr (€):	$y = 0{,}0441 \cdot x + 764$

a) Begründe, warum die Funktionsgleichung für den Benziner wie folgt lautet:
$y = 0{,}07965 \cdot x + 533$

Jährliche Gesamtkosten (€)

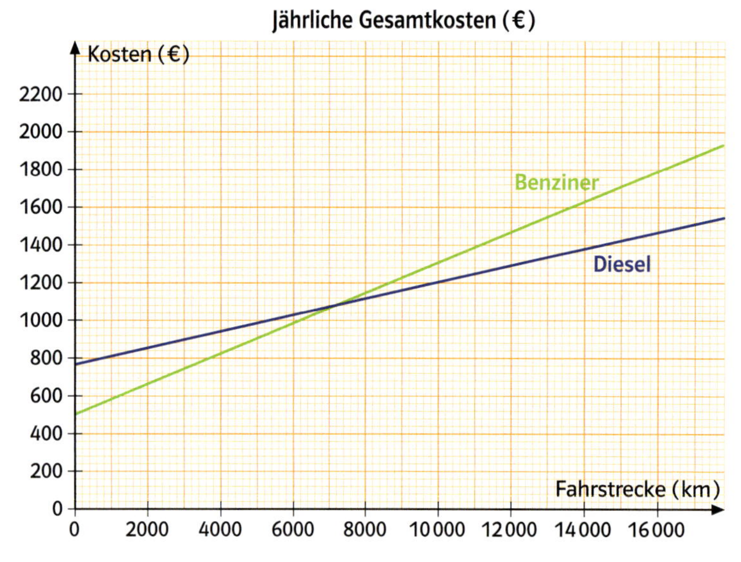

b) Wo kannst du die festen Kosten pro Jahr für jedes Fahrzeug ablesen? Wodurch wird die Steigung der Geraden jeweils bestimmt?
c) Welches der beiden Fahrzeuge ist bei einer jährlichen Fahrstrecke von 8 000 km günstiger? Begründe.
d) Bestimme ungefähr die Koordinaten des Schnittpunktes beider Geraden. Was gibt die x-Koordinate des Schnittpunktes an, was die y-Koordinate?

4 Miriam und Fabian möchten die jährlich zurückgelegte Strecke, ab der das Dieselfahrzeug günstiger ist, genau berechnen. Dazu bestimmen sie zunächst die x-Koordinate des Schnittpunktes beider Geraden mithilfe einer Rechnung.

$$y = 0{,}0441 \cdot x + 764$$
$$y = 0{,}07965 \cdot x + 533$$

$$0{,}07965 \cdot x + 533 = 0{,}0441 \cdot x + 764$$
$$0{,}07965 \cdot x = 0{,}0441 \cdot x + 231$$
$$0{,}03555 \cdot x = 231$$
$$x = 231 : 0{,}03555$$
$$x \approx 6\,498$$

Ab 6 498 km ist der Polo Diesel günstiger.

a) Erläutere ihre Vorgehensweise.
b) Setze den x-Wert in eine der beiden Gleichungen ein und berechne den zugehörigen y-Wert. Welche Bedeutung hat der berechnete y-Wert?

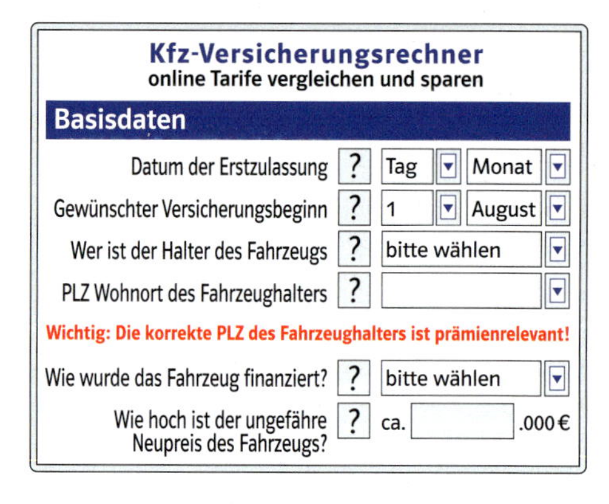

5 Die Kfz-Versicherung ist vom Wohnort und von vielen anderen Daten abhängig.
Informiert euch in Gruppen im Internet über die unterschiedlichen Bedingungen. Ermittelt zu ausgewählten Bedingungen die Versicherungskosten für die beiden bisher behandelten Fahrzeuge. Bestimmt auch die aktuelle Kfz-Steuer und die aktuellen Treibstoffkosten. Bearbeitet dann die Aufgaben 3 und 4 mit diesen neuen Daten.

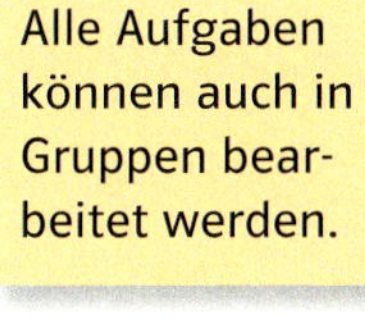

Smart	Diesel*	Benziner
Leistung	40 kW (55 PS)	45 kW (61 PS)
Hubraum	799 cm³	999 cm³
Verbrauch auf 100 km	3,4 *l*	4,4 *l*
CO_2-Emission	88 g/km	103 g/km
Versicherung	564 €	444 €

* mit Dieselpartikelfilter (DPF)

Opel Corsa	Diesel*	Benziner
Leistung	66 kW (90 PS)	59 kW (80 PS)
Hubraum	1 248 cm³	1 229 cm³
Verbrauch auf 100 km	4,9 *l*	5,7 *l*
CO_2-Emission	129 g/km	137 g/km
Versicherung	545 €	514 €

6 Vergleiche auch bei dem Smart-Diesel und dem Smart-Benziner die jährlichen Gesamtkosten.
Gehe dabei von den vorgegebenen Kraftstoffkosten aus.
a) Berechne die Kfz-Steuer für beide Fahrzeuge (für das Jahr 2010).
b) Berechne zunächst jeweils die Gesamtkosten bei einer jährlich zurückgelegten Strecke von 5 000 (10 000, 15 000) Kilometern.
c) Trage die berechneten Werte in ein Koordinatensystem ein (x-Achse: 1 cm ≙ 1 000 km; y-Achse: 1 cm ≙ 100 €).
Zeichne dann die Graphen der Zuordnung „zurückgelegte Strecke – jährliche Gesamtkosten" in das Koordinatensystem.
d) Bestimme die Koordinaten des Geradenschnittpunktes.
e) Begründe, warum die Funktionsgleichungen für die jährlichen Gesamtkosten wie folgt lauten: $y = 0{,}0594x + 464$ (Benziner) und $y = 0{,}0357x + 630{,}40$ (Diesel).
f) Berechne, ab welcher jährlich zurückgelegten Strecke der Smart-Diesel günstiger ist. Setze dazu die rechten Seiten beider Gleichungen gleich.

7 Vergleiche auch bei den in den Tabellen angegebenen Pkws die jährlichen Gesamtkosten.
a) Berechne jeweils die Gesamtkosten bei einer jährlich zurückgelegten Strecke von 5 000 (10 000, 15 000 km) Kilometern.
Bei der Berechnung der Gesamtkosten und ihrer graphischen Darstellung ist es vorteilhaft, ein Tabellenkalkulationsprogramm einzusetzen.
b) Bestimme die Funktionsgleichungen für die jährlichen Gesamtkosten. Ab welcher jährlich zurückgelegten Strecke ist das Dieselfahrzeug günstiger?

8 Vergleiche die jährlichen Gesamtkosten bei anderen Pkw-Typen. Verschaffe dir Informationen über die aktuellen Kfz-Steuerbeträge und die aktuellen Versicherungsbeiträge. Beachte dabei, dass die Versicherungsbeträge auch vom Versicherungsnehmer abhängen.
Bei unterschiedlichen Anschaffungskosten kannst du auch einen Teil der Anschaffungskosten (ein Achtel, ein Zehntel) zu den jährlichen festen Kosten addieren.

Fiat Bravo

Ford Fiesta

Skoda Fabia

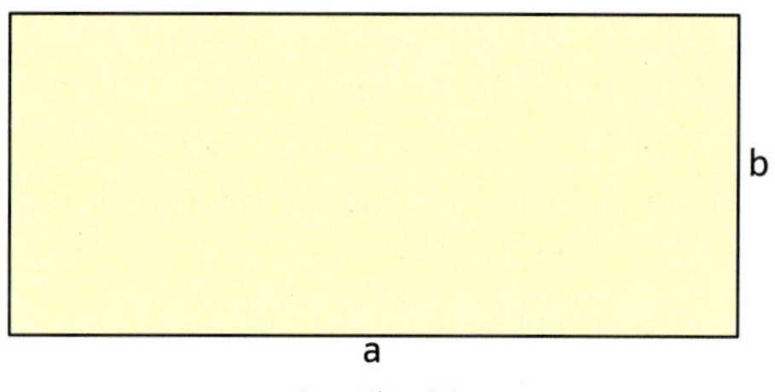

1 Der Umfang eines Rechtecks beträgt 20 cm.
a) Bestimme jeweils zu der angegebenen Länge a die zugehörige Breite b.

Länge a (cm)	6	6,5	7	7,5	8	8,5	9
Breite b (cm)	■	■	■	■	■	■	■

b) Wähle drei weitere Längen und bestimme jeweils die zugehörige Breite.
c) Wie viele unterschiedliche Rechtecke gibt es, die einen Umfang von 20 cm haben?

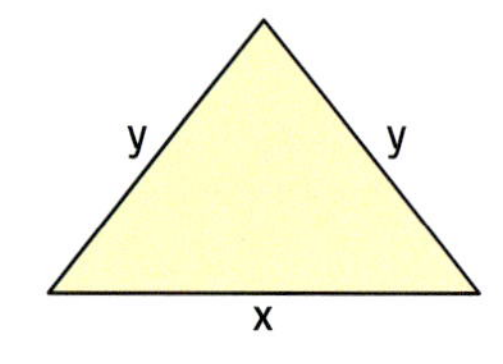

2 Der Umfang eines gleichschenkligen Dreiecks beträgt 40 cm. Diese Bedingung lässt sich auch als lineare Gleichung mit zwei Variablen schreiben:

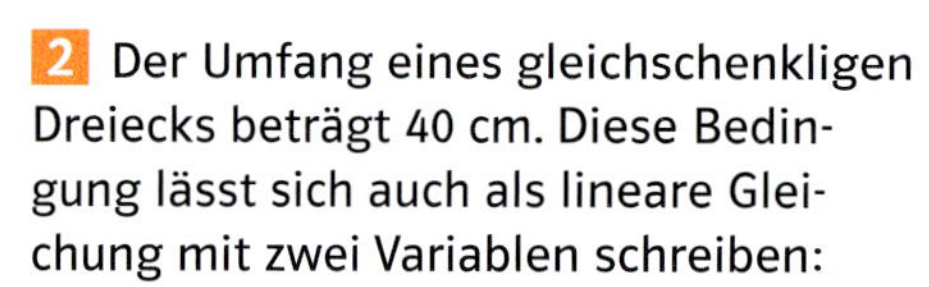

$$x + 2y = 40$$

Das Zahlenpaar (16 | 12) ist eine Lösung der Gleichung:

$$x + 2y = 40$$
$$16 + 2 \cdot 12 = 40 \text{ w}$$

a) Überprüfe durch Einsetzen, ob das Zahlenpaar (15 | 13) Lösung der Gleichung ist.
b) Gib vier weitere Zahlenpaare an, die Lösungen der Gleichung sind.

3 Die lineare Gleichung $2x - y = 10$ enthält zwei Variablen.
a) Überprüfe jeweils durch Einsetzen, ob die Zahlenpaare (8 | 6), (– 2 | – 14), (6,2 | 2,2), (1,8 | – 7,4), ($5\frac{1}{6}$ | $\frac{1}{3}$) Lösungen der Gleichung sind.
b) Gib fünf weitere Zahlenpaare an, die Lösungen der Gleichung sind.

46

Lineare Gleichungen mit zwei Variablen

$6x + 2y = 140$ $\qquad$ $a = 4b - 5$

$0{,}6y - 0{,}8 = 0{,}2x$ $\qquad$ $\frac{1}{2}u = \frac{1}{4}v + \frac{1}{8}$

Bei einer linearen Gleichung mit zwei Variablen kann jede der Variablen durch eine rationale Zahl ersetzt werden.

x-Wert	y-Wert	Einsetzen in $3x - 2y = 7$	
5	4	$3 \cdot 5 - 2 \cdot 4 = 7$	w
4	2,5	$3 \cdot 4 - 2 \cdot 2{,}5 = 7$	w
2	1	$3 \cdot 2 - 2 \cdot 1 = 7$	f

Die Lösungen der Gleichung sind Zahlenpaare.

L = {(5 | 4), (4 | 2,5), (1,5 | –1,25), ...}

Die Lösungsmenge L besteht aus unendlich vielen Zahlenpaaren.

4 Überprüfe durch Einsetzen, ob die Zahlenpaare Lösungen der Gleichung sind.

a) $3x + 2y = 120$ $\qquad$ (10 | 45), (60 | – 30)
b) $7x - 5y = 9$ $\qquad$ (1 | 2), (– 3 | – 6)
c) $0{,}5x + 3 = 2y$ $\qquad$ (12 | 5), (4,8 | 2,7)
d) $2a = 3b + 6$ $\qquad$ (– 1 | – 3), (3 | 0)
e) $\frac{1}{2}u - v = -2$ $\qquad$ (– 4 | 0), (– 1,2 | 1,4)
f) $\frac{1}{2}a - \frac{1}{4}b = 6$ $\qquad$ (14 | 2), (– $\frac{1}{2}$ | – 25)

5 Bei der linearen Gleichung $y = 3x + 2$ erhältst du zu jedem x-Wert den zugehörigen y-Wert, indem du den x-Wert in die Gleichung einsetzt und den y-Wert ausrechnest. Übertrage die Tabelle in dein Heft und vervollständige sie.

x	4	5	5,5	6,2	– 4	– 3,8	– 0,7
y	$3 \cdot 4 + 2$	■	■	■	■	■	■
(x | y)	(4 | 14)	■	■	■	■	■	■

6 Die lineare Gleichung $2y - 4x = 18$ ist durch Auflösen nach y in ihre Normalform $y = 2x + 9$ umgeformt worden. Mithilfe der Normalform kannst du dann schnell Lösungen finden.

Gleichung: $2y - 4x = 18 \quad | +4x$
$2y = 4x + 18 \quad | :2$

Normalform: $y = 2x + 9$

x-Wert $\boxed{4}$ eingesetzt: $y = 2 \cdot \boxed{4} + 9$
$y = 17$

Probe: $2 \cdot 17 - 4 \cdot 4 = 18$ w

Das Zahlenpaar (4 | 17) ist eine Lösung der Gleichung.

a) Berechne mithilfe der Normalform den zum x-Wert 2 (−4; 4,3; −6,3) gehörigen y-Wert und gib die Lösung an.
b) Mache die Probe. Setze dazu die Lösungen in die Ausgangsgleichung ein und zeige, dass sie diese in eine wahre Aussage überführen.

7 Forme die Gleichung in die Normalform um, indem du nach y auflöst. Berechne den zum x-Wert 3 (11; −2; 0,6) gehörigen y-Wert. Zeige durch Einsetzen, dass das zugehörige Zahlenpaar auch eine Lösung der Ausgangsgleichung ist.

a) $12x + 6y = 42$
b) $4y + 4x = -8$
c) $4y - 8x = 64$
d) $2y - 6x = -18$
e) $6x + 2y = 0$
f) $3y - 15x = 0$
g) $6 - y = 3x$
h) $12 - 4y = 36x$

8 Der Umfang eines Rechtecks beträgt 50 cm.
a) Schreibe die zugehörige lineare Gleichung auf. Benutze a für die Länge und b für die Breite des Rechtecks.
b) Forme die Gleichung in die Normalform um, indem du nach b auflöst.
c) Berechne mithilfe der Normalform die zu der Länge a = 7,5 cm (11,2 cm) gehörige Breite b und gib die Lösung an.

Eine lineare Gleichung mit zwei Variablen kann durch Äquivalenzumformungen in die **Normalform y = mx + n** umgeformt werden.

$4y + 6x = 20 \quad | -6x$
$4y = -6x + 20 \quad | :4$
$y = 1{,}5x + 5$

x-Wert $\boxed{7}$ eingesetzt:

$y = -1{,}5 \cdot \boxed{7} + 5$
$y = -5{,}5$

Das Zahlenpaar (7 | −5,5) ist eine Lösung der Gleichung $4y + 6x = 20$.

Lösungen der Normalform sind auch Lösungen der Ausgangsgleichung.

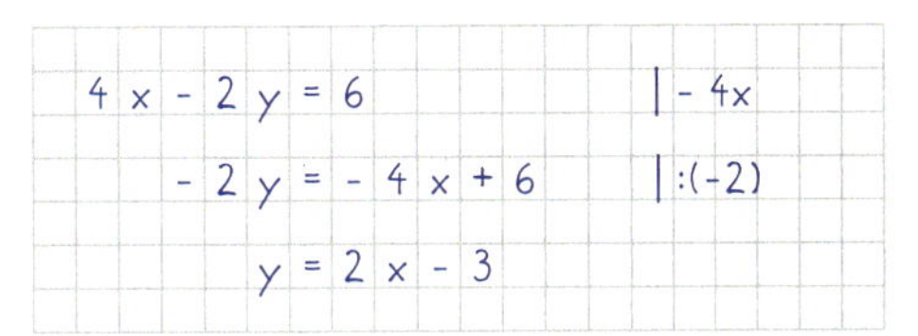

9 Forme um in die Normalform.

a) $12x - 6y = 24$
b) $6x - 4y = -12$
c) $7y + 21x = 84$
d) $-8x + 4y = 100$
e) $-18y - 54x = 90$
f) $3x - 1{,}5y = 6$
g) $10x - 2{,}5y = 5$
h) $3x + 0{,}5y = -4$

10 Löse nach y auf und bestimme den zum x-Wert gehörigen y-Wert. Mache die Probe.

a)

Ausgangsgleichung	x-Wert
$8x + 2y = 16$	5
$4y - 16x = 20$	13
$15x - 5y = 25$	−7
$12x - 3y = -51$	2,4

b)

Ausgangsgleichung	x-Wert
$9y - 36x = -81$	3,6
$75x + 15y = 105$	−2,6
$3y - 21 = 6x$	4,9
$11y + 66 = 121x$	$\frac{1}{2}$

Lineare Gleichungen – lineare Funktionen

11 Die lineare Gleichung $y = 0{,}5x + 2$ kann auch als Funktionsgleichung einer linearen Funktion aufgefasst werden. Der zugehörige Funktionsgraph ist eine Gerade.

Gleichung: $y = 0{,}5x + 2$
Steigung: $m = 0{,}5$
y-Achsenabschnitt: $n = 2$

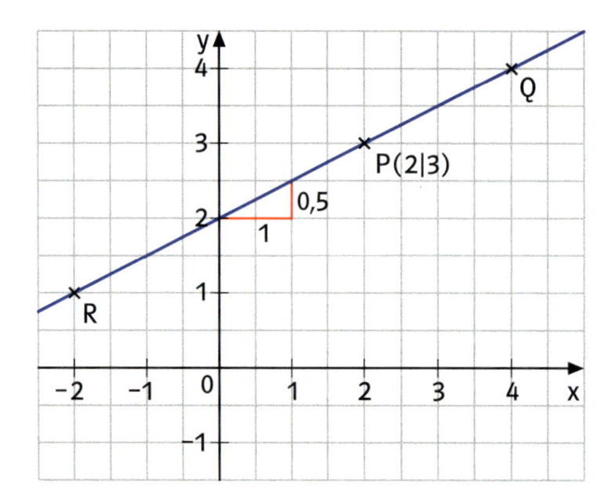

Der Punkt P(2 | 3) liegt auf dieser Geraden. Setzt du seine Koordinaten in die Gleichung ein, erhältst du eine wahre Aussage.

Punkt der Geraden: P(2|3)
Funktionsgleichung: $y = 0{,}5x + 2$
Setze ein:
$x = 2, y = 3$ $\quad 3 = 0{,}5 \cdot 2 + 2$
$\quad 3 = 3$ w

Bestimme mithilfe der Zeichnung die Koordinaten der Punkte Q und R. Setze ihre Koordinaten jeweils in die Funktionsgleichung ein und prüfe, ob du eine wahre Aussage erhältst.

12 Eine lineare Gleichung mit zwei Variablen hat die Normalform $y = -2x + 3$.
a) Zeichne den Graphen der linearen Funktion mit dieser Funktionsgleichung.
b) Berechne durch Einsetzen in die Normalform den zum x-Wert 3 (– 1; 1,5; – 0,5; – 1,5) gehörenden y-Wert. Trage das Zahlenpaar als Punkt in dein Koordinatensystem ein. Was stellst du fest?

13 Zeichne den zu der linearen Gleichung gehörigen Graphen. Bestimme mithilfe deiner Zeichnung die fehlenden Koordinaten der Punkte P(3 | y) und Q(– 1 | y). Überprüfe, ob die Koordinaten der Punkte P und Q auch Lösungen der Gleichung sind.

a) $y = 2x - 1$ b) $y = 1{,}5x - 3$
c) $y = x + 2$ d) $y = 2{,}5x - 4$
e) $y = -2x + 2$ f) $y = -1{,}5x + 1$
g) $y = -x - 2{,}5$ h) $y = -3x + 6{,}5$

Die Normalform einer linearen Gleichung mit zwei Variablen kann als Funktionsgleichung einer linearen Funktion aufgefasst werden.

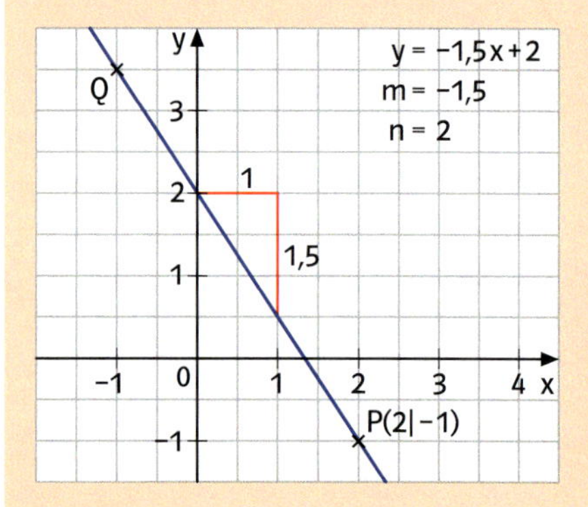

Funktionsgleichung: $y = -1{,}5x + 2$

Punkt der Geraden: P(2 | – 1)
Eingesetzt:
$x = 2, y = -1$ $\quad -1 = -1{,}5 \cdot 2 + 2$
$\quad -1 = -1$ w

x-Wert – 1 eingesetzt:
$y = -1{,}5 \cdot (-1) + 2$
$y = 3{,}5$

Lösung der Gleichung: (– 1 | 3,5)
Q(– 1 | 3,5) ist ein Punkt der Geraden.

Für den zu der linearen Gleichung gehörigen Funktionsgraphen gilt:
Die Koordinaten eines Punktes der Geraden sind eine Lösung der Gleichung.
Ein Zahlenpaar, das die Gleichung erfüllt, liegt als Punkt auf der Geraden.

Grafische Lösung linearer Gleichungssysteme

1 Ein Rechteck mit den Seitenlängen x und y erfüllt die in der Tabelle beschriebenen Bedingungen.

Text	Gleichung
Der Umfang eines Rechtecks beträgt 20 cm.	$2x + 2y = 20$
Die Seitenlänge y ist um 2 cm größer als die Seitenlänge x.	$y = x + 2$

a) Löse die erste Gleichung nach y auf und zeichne anschließend die beiden Graphen.
b) Lies die Koordinaten des Schnittpunktes ab und setze sie in beide Gleichungen ein. Was stellst du fest?

2 Die beiden linearen Gleichungen $y = 2x + 1$ und $y = -x + 7$ bilden zusammen ein lineares Gleichungssystem.

I $\quad y = 2x + 1$
II $\quad y = -x + 7$

Zeichne die beiden zugehörigen Geraden in ein Koordinatensystem und bestimme den Schnittpunkt S beider Geraden. Zeige durch Einsetzen, dass die Koordinaten des Schnittpunktes eine Lösung beider Gleichungen sind.

• **3** Bestimme grafisch die Lösung des Gleichungssystems, indem du die zugehörigen Geraden zeichnest und ihren Schnittpunkt bestimmst.
Mache die Probe, indem du die Koordinaten des Schnittpunktes in beide Gleichungen einsetzt.

a) $y = 2x - 1$
$y = -x + 5$

b) $y = x + 2$
$y = -3x + 6$

c) $y = 1,5x - 4$
$y = -x + 6$

d) $y = 3x - 1$
$y = 0,5x + 4$

e) $y = -0,5x - 0,5$
$y = -x + 2$

f) $y = 1,5x - 1$
$y = 2x - 3$

L (4 | 2) (2 | 5) (2 | 3) (1 | 3) (4 | 5) (5 | −3)

Zwei lineare Gleichungen mit zwei Variablen bilden ein **lineares Gleichungssystem.**

Lineares Gleichungssystem:
I $\quad y = x - 2,5$
II $\quad y = -0,5x + 2$

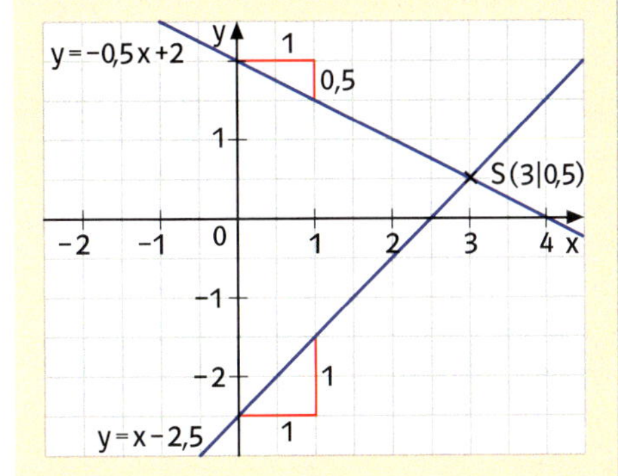

Schnittpunkt: S (3 | 0,5)
Einsetzen der Schnittpunktkoordinaten:

I $\quad 0,5 = 3 - 2,5$ $\quad$ w
II $\quad 0,5 = -0,5 \cdot 3 + 2$ $\quad$ w

Lösungsmenge: $L = \{(3 \mid 0,5)\}$

Für ein lineares Gleichungssystem aus zwei Gleichungen mit zwei Variablen gilt: Die Koordinaten des Schnittpunktes S der zugehörigen Geraden erfüllen beide Gleichungen. Sie sind die Lösung des linearen Gleichungssystems.

• **4** Bestimme grafisch die Lösung des Gleichungssystems. Forme dazu beide Gleichungen zunächst in ihre Normalformen um. Mache die Probe, indem du die Koordinaten des Schnittpunktes in beide Ausgangsgleichungen einsetzt.

46

a) $2x + 2y = 14$
$6x - 3y = 15$

b) $3x + 3y = 6$
$5y + 15x = -10$

c) $9 - 3y = 3x$
$2y - x = -9$

d) $4y - 2x = -3$
$2y - x = -9$

e) $4x + 4y = -8$
$x - 2y = -8$

f) $3x - 6y = 12$
$3x + 6y = 24$

L (4 | 3) (5 | −2) (−4 | 2) (−1,5 | −1,5) (6 | 1) (−2 | 4)

I $y = 0{,}5x - 1$

II $y = 0{,}5x + 1$

5 Die beiden linearen Gleichungen $y = 0{,}5x - 1$ und $y = 0{,}5x + 1$ bilden ein lineares Gleichungssystem.

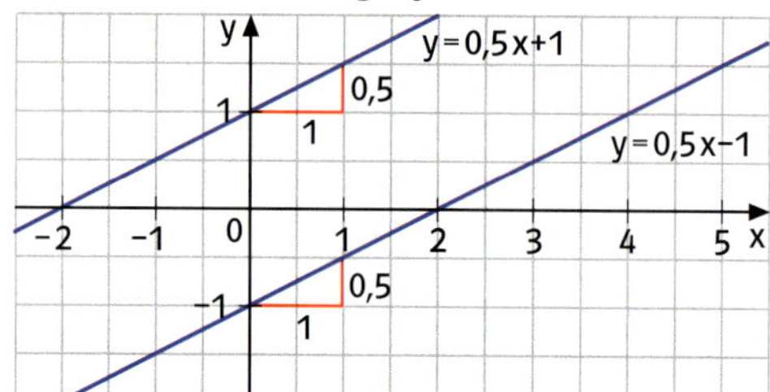

Bestimme grafisch die Lösungsmenge. Was stellst du fest? Begründe deine Antwort.

6 Die beiden linearen Gleichungen $4y - 8x = -16$ und $14x - 7y = 28$ bilden ein lineares Gleichungssystem.

a) Forme beide Gleichungen in ihre Normalformen um und bestimme grafisch die Lösungsmenge. Was stellst du fest? Begründe deine Antwort.

b) Gib drei Lösungen des Gleichungssystems an.

7 Forme beide Gleichungen des linearen Gleichungssystems in ihre Normalformen um. Entscheide anhand der Geradengleichungen, ob es keine Lösung oder unendlich viele Lösungen gibt.

a) $6x - 4y = -8$
$2y - 3x = -1$

b) $5x - 2y = 3$
$4y - 10x = -6$

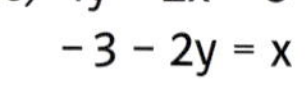

c) $4y + 2x = 8$
$-3 - 2y = x$

d) $5y - 10x = -20$
$12x - 6y = 24$

Lösungsmengen linearer Gleichungssysteme

Für die Lösungsmenge linearer Gleichungssysteme mit zwei Variablen gibt es drei Möglichkeiten:

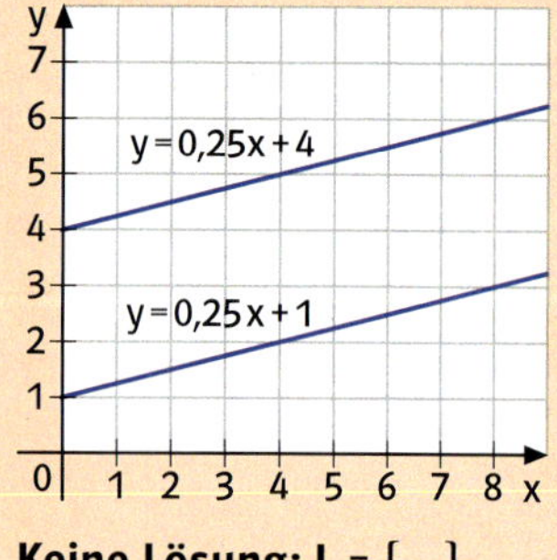

Keine Lösung: L = { }

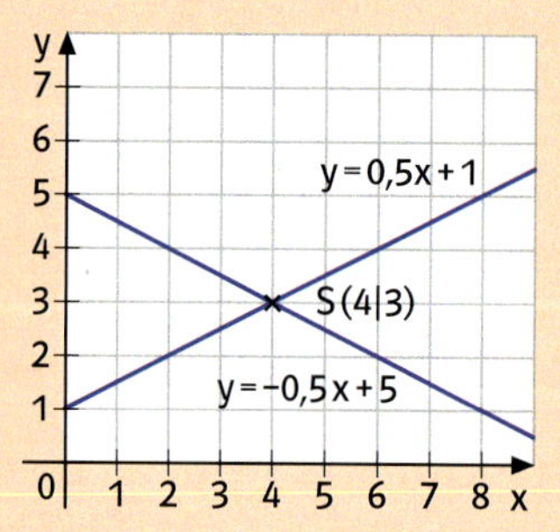

Eine Lösung: L = {(4 | 3)}

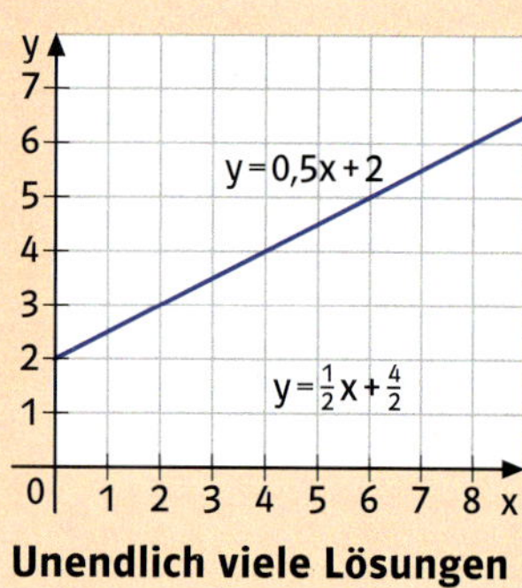

Unendlich viele Lösungen

Für unendlich viele Lösungen gilt: Die Koordinaten jedes Punktes der Geraden sind eine Lösung des Gleichungssystems.

• **8** Forme beide Gleichungen des linearen Gleichungssystems in ihre Normalformen um. Entscheide anhand der Geradengleichungen, wie viele Lösungen das Gleichungssystem hat. Gibt es eine Lösung, so bestimme diese grafisch.

a) $2y - 6x = -10$
$y + x = 7$

b) $3y + 6x = -12$
$2y - 10 = 2x$

c) $4y - 2x = 16$
$2y + x = 4$

d) $2y - 3x = 6$
$6y - 6 = 6x$

e) $4y + 10 = 6x$
$3x - 2y = 5$

f) $5y - 2x = 5$
$3y + 9 = 6x$

g) $2y + 2 = 2x$
$4 - 4y = 12x$

h) $3y + x = 6$
$2x + 6y = 18$

i) $3y - x = 6$
$2y + 4 = 6x$

k) $7y - 2x = 28$
$7y + 2x = 14$

L (3 | 4) (−2 | 3) (0,5 | −0,5) (−3 | 2) (2,5 | 2) (1,5 | 2,5) (−3,5 | 3) (−4 | −3)

Gleichsetzungsverfahren

1 Die zum linearen Gleichungssystem

I $y = -0{,}5x + 2{,}5$
II $y = 1{,}5x - 1{,}5$

gehörenden Geraden schneiden sich in S (2 | 1,5).

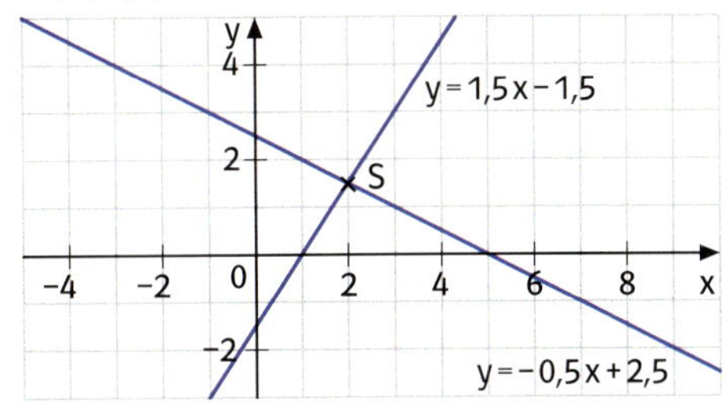

Die Koordinaten von S erfüllen beide Funktionsgleichungen.

Schnittpunkt S (2 | 1,5):

Einsetzen in I: $1{,}5 = -0{,}5 \cdot 2 + 2{,}5$ w
Einsetzen in II: $1{,}5 = 1{,}5 \cdot 2 - 1{,}5$ w

Da die linken Seiten beider Gleichungen gleich sind, gilt das auch für die rechten Seiten.

$$-0{,}5 \cdot 2 + 2{,}5 = 1{,}5 \cdot 2 - 1{,}5 \quad \text{w}$$

Allgemein gilt dann für die Koordinaten des Schnittpunktes S (x | y):

I $y = -0{,}5x + 2{,}5$
II $y = 1{,}5x - 1{,}5$

$$-0{,}5x + 2{,}5 = 1{,}5x - 1{,}5$$

a) Löse die Gleichung $-0{,}5x + 2{,}5 = 1{,}5x - 1{,}5$ nach x auf.
b) Bestimme den zugehörigen y-Wert. Was stellst du fest?

● **2** Bestimme rechnerisch die Lösung des Gleichungssystems. Setze dazu die rechten Seiten beider Gleichungen gleich.

a) $y = 0{,}5x + 5$
$y = 2{,}5x - 7$

b) $y = 3x - 15$
$y = -0{,}5x + 13$

c) $y = 1{,}5x - 20$
$y = -x + 5$

d) $y = -1{,}5x$
$y = -3x - 18$

L (10 | −5) (−12 | 18) (6 | 8) (8 | 9)

So kannst du die Lösung eines linearen Gleichungssystems durch eine Rechnung bestimmen:

I $4x + 2y = 10$
II $6x - 3y = 3$

1. Forme jede Gleichung in ihre Normalform um.

I $4x + 2y = 10$
I $2y = -4x + 10$
I $y = -2x + 5$

II $6x - 3y = 3$
II $-3y = -6x + 3$
II $y = 2x - 1$

2. Setze die rechten Seiten gleich und löse nach x auf.

$-2x + 5 = 2x - 1 \quad | -2x$
$-4x + 5 = -1 \quad | -5$
$-4x = -6 \quad | :(-4)$
$x = \boxed{1{,}5}$

3. Bestimme y, indem du den x-Wert in eine der beiden Normalformen einsetzt.

$y = 2 \cdot \boxed{1{,}5} - 1$
$y = 2$

4. Mache die Probe, indem du die Lösung in beide Ausgangsgleichungen einsetzt.

I $4x + 2y = 10$
I $4 \cdot 1{,}5 + 2 \cdot 2 = 10$
I $10 = 10$ w

II $6x - 3y = 3$
II $6 \cdot 1{,}5 - 3 \cdot 2 = 3$
II $3 = 3$ w

5. Gib die Lösungsmenge an.

$L = \{(1{,}5 \mid 2)\}$

● **3** Bestimme rechnerisch die Lösung des Gleichungssystems. Forme dazu jede Gleichung zunächst in ihre Normalform um. Mache die Probe, indem du die Lösung in die beiden Ausgangsgleichungen einsetzt.

a) $2y - 8x = 4$
$2y + 50 = 20x$

b) $6x + 3y = 6$
$4x - y = -47$

c) $2y + 3x = 2$
$8x - 34 = -2y$

d) $6y = -18x$
$7x = y - 53$

L (6,4 | −8,6) (−7,5 | 17) (4,5 | 20) (−5,3 | 15,9)

46

4 Im Beispiel werden die Gleichungen jeweils nach dem gleichen Vielfachen von y aufgelöst.

$$\begin{array}{ll} \text{I} & 3y - 5x = 4 \\ \text{II} & 3y + 2x = 11 \end{array}$$

$$\begin{array}{llcll} \text{I} & 3y - 5x = 4 & \quad & \text{II} & 3y + 2x = 11 \\ \text{I} & 3y = 5x + 4 & & \text{II} & 3y = -2x + 11 \end{array}$$

$$5x + 4 = -2x + 11$$

a) Warum darfst du die rechten Seiten beider Gleichungen gleichsetzen?
b) Bestimme die Lösungsmenge des Gleichungssystems.

5 Löse nach einem Vielfachen von y auf und wende das Gleichsetzungsverfahren an. Mache die Probe, indem du die Lösung in beide Ausgangsgleichungen einsetzt.

a) $3y - 5x = 11$; $3y + 1 = 11x$
b) $7y - 11x = 30$; $10x - 7y = -33$
c) $5x + 11y = 46$; $11y - 26 = -10x$
d) $4x - 6y = -72$; $6y + 5x = 18$

So kannst du die Gleichungen eines linearen Gleichungssystems nach gleichen Vielfachen von y auflösen:

$$\begin{array}{ll} \text{I} & 7x - 3y = -2 \\ \text{II} & 2y + 4x = 23 \end{array}$$

1. Löse beide Gleichungen nach Vielfachen von y auf.

$$\begin{array}{llcll} \text{I} & 7x - 3y = -2 & \quad & \text{II} & 2y + 4x = 23 \\ \text{I} & -3y = -7x - 2 & & \text{II} & 2y = -4x + 23 \end{array}$$

2. Multipliziere beide Gleichungen so, dass du das gleiche Vielfache von y erhältst.

$$\begin{array}{lllcll} \text{I} & -3y = -7x - 2 & \mid \cdot (-2) & \quad & \text{II} & 2y = -4x + 23 \quad \mid \cdot 3 \\ \text{I} & 6y = 14x + 4 & & & \text{II} & 6y = -12x + 69 \end{array}$$

6 Löse nach gleichen Vielfachen von y auf. Bestimme dann die Lösung mithilfe des Gleichsetzungsverfahrens.

a) $6x + 4y = 23$; $10x + 3y = -2$
b) $4y + 9x = 9$; $-11x - 6y = -26$
c) $5y + 7x = 65$; $5x - 3y = 122$
d) $9x - 6y = -69$; $8y - 4x = -60$

7 Die Beispiele zeigen, wie du beim Gleichsetzungsverfahren erkennen kannst, ob das Gleichungssystem keine oder unendlich viele Lösungen hat.

$$\begin{array}{ll} \text{I} & 6x + 4y = 12 \\ \text{II} & -2y = 3x - 4 \end{array}$$

$$\begin{array}{llcll} \text{I} & 6x + 4y = 12 & \quad & \text{II} & -2y = 3x - 4 \\ \text{I} & 4y = -6x + 12 & & \text{II} & 4y = -6x + 8 \end{array}$$

$$-6x + 12 = -6x + 8$$
$$12 = 8 \quad \text{f}$$

Keine Lösung
Es ergibt sich eine nicht erfüllbare Gleichung.

$$\begin{array}{ll} \text{I} & 2x + y = 4 \\ \text{II} & 3y = -6x + 12 \end{array}$$

$$\begin{array}{llcll} \text{I} & 2x + y = 4 & \quad & \text{II} & 3y = -6x + 12 \\ \text{I} & y = -2x + 4 & & \text{II} & y = -2x + 4 \end{array}$$

$$-2x + 4 = -2x + 4 \quad \text{w}$$

Unendlich viele Lösungen
Es ergibt sich eine allgemein gültige Gleichung. Jede Lösung einer der Gleichungen ist auch Lösung des Gleichungssystems.

Entscheide mithilfe des Gleichsetzungsverfahrens, wie viele Lösungen das Gleichungssystem hat. Existiert nur eine Lösung, so gib diese an.

a) $10 - 4x = 6y$; $4{,}5y - 7{,}5 = -3x$
b) $6x - 4{,}5y = 3{,}5$; $4 - 8x = -6y$
c) $5y + 14 = 9x$; $13x - 7y = 25$
d) $5y + 2 = 9x$; $4 - 13{,}5x = -7{,}5y$
e) $11x + 25 = 18y$; $12y - 4x = 104$
f) $8x - 9y = 12$; $6x - 9 = 6{,}75y$
g) $14x + 12y = 92$; $8y = 56 - 11x$
h) $9x - 15y = 34$; $50 - 15x = -25y$
i) $12{,}5x + 6y = 17$; $6{,}8 - 2{,}4y = 5x$
k) $26x - 78y = -42$; $63 + 39x = 117y$

Einsetzungsverfahren

1 Ein Rechteck mit den Seitenlängen x und y erfüllt die in der Tabelle beschriebenen Bedingungen.

Text	Gleichung
Der Umfang eines Rechtecks beträgt 69 cm.	I $2x + 2y = 69$
Die Seitenlänge y ist doppelt so groß wie die Seitenlänge x.	II $y = 2x$

Begründe, warum du in Gleichung I für $2y$ den Term $2 \cdot 2x$ einsetzen kannst. Ersetze 2y durch $2 \cdot 2x$ und löse nach x auf. Bestimme dann y und gib die Lösung des Gleichungssystems an.

So kannst du mithilfe des Einsetzungsverfahrens rechnerisch die Lösung eines linearen Gleichungssystems bestimmen:

$$\begin{aligned} &\text{I} \quad 7y + 3x = 48 \\ &\text{II} \quad 3y = 9x \end{aligned}$$

1. Löse die Gleichung II nach y auf.

$$\begin{aligned} &\text{II} \quad 3y = 9x \quad |:3 \\ &\text{II} \quad y = \boxed{3x} \end{aligned}$$

2. Setze anstelle von y den Term 3x in die Gleichung I ein und löse nach x auf.

$$\begin{aligned} &\text{I} \quad 7y + 3x = 48 \\ &\text{I} \quad 7 \cdot \boxed{3x} + 3x = 48 \\ &\quad 24x = 48 \\ &\quad x = 2 \end{aligned}$$

3. Bestimme y, indem du den x-Wert x = 2 in II einsetzt.

$$\begin{aligned} &\text{II} \quad y = 3x \\ &\quad y = 3 \cdot 2 = 6 \end{aligned}$$

4. Mache die Probe, indem du die Lösung in beide Ausgangsgleichungen einsetzt.

I $7 \cdot 6 + 3 \cdot 2 = 48$ II $3 \cdot 6 = 9 \cdot 2$

$48 = 48$ w $18 = 18$ w

5. Gib die Lösungsmenge an.

$$L = \{(2 \mid 6)\}$$

• **2** Bestimme mithilfe des Einsetzungsverfahrens die Lösungsmenge des Gleichungssystems.

a) $5y - 9x = 24$; $y = 3x$

b) $2y + 3x = 42$; $y = 9x$

c) $4x - 2y = 5$; $2y - 6x = 0$

d) $5x - 6y = 50$; $4y - 10x = 0$

e) $3y = -12x$; $10x + 7y = -36$

f) $2y - 77 = 4x$; $4y + 6x = 0$

g) $6y = 4x$; $9y - 7{,}5x = -9$

h) $8x - 19y = 2$; $7y = 3x$

L (−14 | −6) (6 | 4) (−11 | 16,5) (2 | −8) (4 | 12) (2 | 18) (−2,5 | −7,5) (−5 | −12,5)

• **3** Bestimme die Lösung mithilfe des Einsetzungsverfahrens. Löse dazu wie im Beispiel nach y auf.
Beachte, dass der Term, den du für y einsetzt, in Klammern stehen muss.

$$\begin{aligned} &\text{I} \quad 11x - 3y = 6 \\ &\text{II} \quad 2y - 6x = 4 \\ \hline &\text{II} \quad 2y - 6x = 4 \\ &\text{II} \quad 2y = 6x + 4 \\ &\text{II} \quad y = 3x + 2 \\ \hline &\text{Eingesetzt in I:} \quad 11x - 3y = 6 \\ &\quad 11x - 3 \cdot (3x + 2) = 6 \\ &\quad 11x - 9x - 6 = 6 \end{aligned}$$

a) $11x - 3y = 6$; $2y - 6x = 4$

b) $2y - 4x = 12$; $17x - 5y = -9$

c) $7x + 8y = 5$; $3y + 3x = 24$

d) $4y + 16x = 4$; $3y - 6x = 39$

e) $19x - 3y = 62$; $2y + 6x = -4$

f) $7x - 2y = 1$; $3y + 9x = 18$

g) $9x - 4y = 5$; $2y - 5x = 0$

h) $4x - 10y = 65$; $-y - 7x = 25$

L (−2 | 9) (59 | −51) (3 | 12) (6 | 20) (1 | 3) (2 | −18) (−2,5 | −7,5) (−5 | −12,5)

Additionsverfahren

1 Addierst du jeweils die linken Seiten und die rechten Seiten der Gleichungen eines linearen Gleichungssystems, erhältst du eine neue Gleichung.

$$\begin{array}{ll} \text{I} & 4x - 3y = 10 \\ \text{II} & 2x + 3y = 32 \end{array}$$

$$\begin{array}{lrl} \text{I} & 4x - 3y = & 10 \\ \text{II} & 2x + 3y = & 32 \quad \Big| + \\ \hline \text{III} & 4x - 3y + 2x + 3y = & 10 + 32 \\ \text{III} & 6x = & 42 \end{array}$$

a) Wodurch unterscheidet sich die Gleichung $6x = 42$ von den Ausgangsgleichungen?
b) Löse Gleichung III nach x auf. Setze den x-Wert in Gleichung I oder Gleichung II ein und bestimme den y-Wert.
c) Setze den x-Wert und den y-Wert in die Ausgangsgleichungen I und II ein. Was stellst du fest?

• **2** Bestimme die Lösungsmenge mithilfe des Additionsverfahrens.

a) $3x - 2y = 5$; $4x + 2y = 44$
b) $7x + 4y = 9$; $x - 4y = 79$
c) $3x + 2y = 5$; $7x + 4y = 21$
d) $5x - 3y = -21$; $2x - 9y = 54$
e) $3x - 5y = -82$; $4x + 3y = 84$
f) $11x + 4y = 81$; $x - 12y = -141$
g) $7x + 6y = 107$; $9x + 8y = 123$
h) $5x - 6y = -64$; $6x + 9y = 69$
i) $3x - 4y = 1$; $4x + 3y = 43$
k) $11x + 3y = 3$; $2x - 12y = -150$
l) $7x + 6y = -19$; $10x - 8y = 6$
m) $5x - 9y = -49$; $7x + 12y = 202$

L (−2 | 9) (59 | −51) (3 | 12) (6 | 20) (7 | 5) (−3 | 12) (−9 | −8) (11 | −14) (11 | −17) (−1 | −2) (7 | 8) (10 | 11)

So kannst du mithilfe des Additionsverfahrens rechnerisch die Lösung eines linearen Gleichungssystems bestimmen:

$$\begin{array}{ll} \text{I} & 12x - 28y = 52 \\ \text{II} & 4x + 2y = 40 \end{array}$$

1. Forme beide Gleichungen so um, dass bei anschließender Addition beider Gleichungen eine Variable herausfällt.

$$\begin{array}{lrl} \text{II} & 4x + 2y = 40 & \quad | \cdot (-3) \\ \text{II} & -12x - 6y = -120 & \end{array}$$

2. Addiere beide Gleichungen.

$$\begin{array}{lr} \text{I} & 12x - 28y = 52 \\ \text{II} & -12x - 6y = -120 \\ \hline \text{III} & -34y = -68 \end{array}$$

3. Löse nach der noch vorhandenen Variablen auf.

$$\begin{array}{lrl} \text{III} & -34y = -68 & \quad | : (-34) \\ & y = 2 & \end{array}$$

4. Setze den berechneten Wert in eine der Ausgangsgleichungen ein und bestimme die andere Variable.

y = 2 eingesetzt in II:

$$\begin{array}{lr} \text{II} & 4x + 2 \cdot 2 = 40 \\ & 4x = 36 \\ & x = 9 \end{array}$$

5. Mache die Probe, indem du die Lösung in beide Ausgangsgleichungen einsetzt.

$$\begin{array}{lr} \text{I} & 12x - 28y = 52 \\ \text{I} & 12 \cdot 9 - 28 \cdot 2 = 52 \\ & 52 = 52 \ \text{w} \end{array}$$

$$\begin{array}{lr} \text{II} & 4x + 2y = 40 \\ \text{II} & 4 \cdot 9 + 2 \cdot 2 = 40 \\ & 40 = 40 \ \text{w} \end{array}$$

6. Gib die Lösungsmenge an.

$$L = \{(9 \mid 2)\}$$

Arbeiten mit dem Computer: Lineare Gleichungssysteme lösen

1 Anja und Nico möchten lineare Gleichungssysteme mithilfe eines Tabellenkalkulationsprogrammes lösen. Als Lösungsverfahren entscheiden sie sich für das Additionsverfahren. Sie haben dazu ein lineares Gleichungssystem auf ein Tabellenblatt geschrieben.

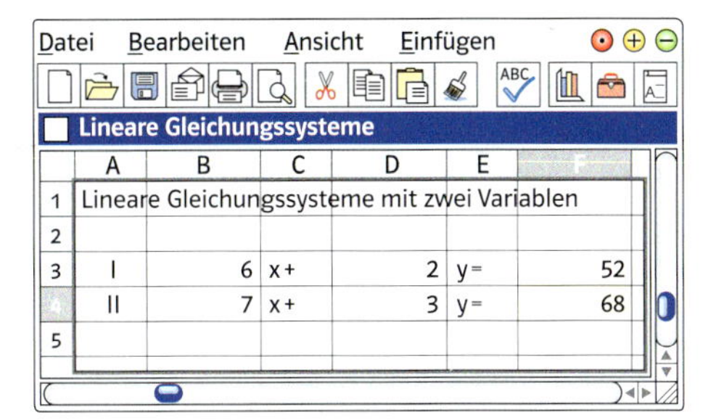

	A	B	C	D	E	F
1	Lineare Gleichungssysteme mit zwei Variablen					
2						
3	I	6	x+	2	y=	52
4	II	7	x+	3	y=	68
5						

Anhand des Beispiels möchten sie nun ein allgemeines Lösungsverfahren entwickeln. Wichtig sind dabei nur die Inhalte der Zellen B3, B4, D3, D4, F3 und F4. Bei den Umformungsschritten arbeiten Anja und Nico mit den Adressen der entsprechenden Zellen, nicht mit den Inhalten. In der ersten Abbildung unten sind die Formeln auf dem Tabellenblatt sichtbar gemacht worden, in der zweiten Abbildung die zugehörigen Zellinhalte.

	A	B	C	D	E	F
1	Lineare Gleichungssysteme mit zwei Variablen					
2						
3	I	6	x+	2	y=	52
4	II	7	x+	3	y=	68
5						
6	I	=B3*D4	x+	=D3*D4	y=	=F3*D4
7	II	=B4*-D3	x+	=D4*-D3	y=	=F4*-D3
8						
9						
10						

	A	B	C	D	E	F
1	Lineare Gleichungssysteme mit zwei Variablen					
2						
3	I	6	x+	2	y=	52
4	II	7	x+	3	y=	68
5						
6	I	18	x+	6	y=	156
7	II	-14	x+	-6	y=	-136
8						
9						
10						

a) Vergleiche die beiden Darstellungen und erläutere die Umformungsschritte.

	A	B	C	D	E	F
1	Lineare Gleichungssysteme mit zwei Variablen					
2						
3	I	6	x+	2	y=	52
4	II	7	x+	[illegible]	y=	68
5						
6	I	18	x+	6	y=	156
7	II	-14	x+	-6	y=	-136
8						
9	III	4	x		=	20
10			x		=	5

Bei der Addition der beiden neuen Gleichungen I und II fällt y heraus. In der Zelle B9 steht nun =**B6+B7**, in der Zelle F9 steht =**F6+F7**. Wenn Anja und Nico in die Zelle F10 =**F9/B9** eintragen, erhalten sie den gesuchten x-Wert.

	A	B	C	D	E	F
12	einsetzen in I					
13		30	+	2	y=	52
14				2	y=	22
15					y=	11
16						
17	Lösung:		x=	5	y=	11

In die Zelle B13 tragen sie =**B3*F10** ein, in D13 und D14 jeweils = **D3**, in F13 = **F3** und in die Zelle F14 =**F13-B13**. In der Zelle F15 steht dann mit dem Eintrag = **F14/D3** der gesuchte y-Wert.

b) Lege ein Tabellenblatt wie Anja und Nico an und bestimme auf dem Blatt die Lösung des linearen Gleichungssystems.

c) Bestimme mithilfe des angelegten Tabellenblatts die Lösungen der folgenden linearen Gleichungssysteme. Schreibe dazu in die Zellen B3, B4, D3, D4, F3 und F4 die entsprechenden Zahlen.

I $17x - 11y = 262$
II $-23x + 27y = -512$

I $-10{,}8x - 9{,}4y = -87$
II $13{,}2x + 6{,}2y = 27$

I $0{,}24x - 1{,}82y = 28{,}92$
II $-3{,}06x + 4{,}12y = -25{,}20$

d) Was geschieht, wenn das eingegebene lineare Gleichungssystem keine (unendlich viele) Lösungen hat?

Grundwissen: Lineare Gleichungssysteme

Zwei lineare Gleichungen mit zwei Variablen bilden ein **lineares Gleichungssystem.**

Grafisches Lösungsverfahren

Lineares Gleichungssystem:

I $3x - 3y = 4{,}5$
II $x + 2y = 3$

zugehörige Geraden:

I $y = x - 1{,}5$
II $y = -0{,}5x + 1{,}5$

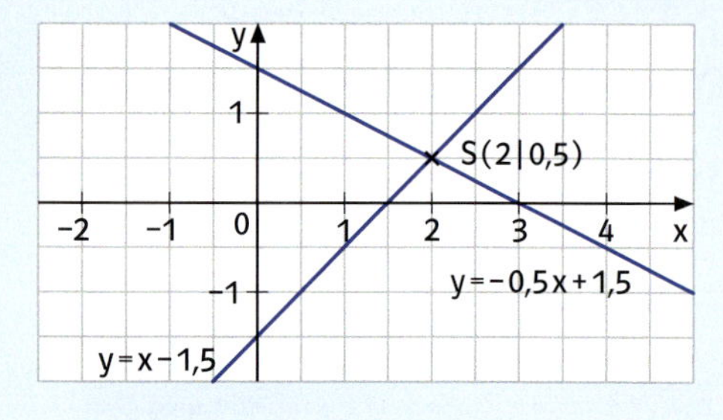

Lösungsmenge: $L = \{(2\,|\,0{,}5)\}$

Schnittpunkt: $S\,(2\,|\,0{,}5)$

Für ein lineares Gleichungssystem aus zwei Gleichungen mit zwei Variablen gilt: Die Koordinaten des Schnittpunktes S der zugehörigen Geraden erfüllen beide Gleichungen. Sie sind die Lösung des linearen Gleichungssystems.

Rechnerische Lösungsverfahren

Lineares Gleichungssystem:

I $3x - 3y = 4{,}5$
II $x + 2y = 3$

Gleichsetzungsverfahren:
Du löst beide Gleichungen nach gleichen Vielfachen einer Variablen auf und setzt dann die beiden anderen Seiten gleich.

I $y = x - 1{,}5$
II $y = -0{,}5x + 1{,}5$

$x - 1{,}5 = -0{,}5x + 1{,}5$

Du löst die Gleichung nach der Variablen auf.

$1{,}5x = 3$
$x = 2$

Du bestimmst den Wert für die zweite Variable, indem du den Wert für die erste Variable in eine der Ausgangsgleichungen einsetzt.

in I: $3 \cdot 2 - 3y = 4{,}5$
$-3y = -1{,}5$
$y = 0{,}5$

Du gibst die Lösungsmenge an.

$L = \{(2|0{,}5)\}$

Einsetzungsverfahren:
Du löst eine Gleichung nach einer Variablen auf und setzt den Term dafür in die andere Gleichung ein.

I $y = x - 1{,}5$
in II: $x + 2\,(x - 1{,}5) = 3$

Additionsverfahren:
Du multiplizierst eine oder beide Gleichungen so, dass bei ihrer anschließenden Addition eine Variable herausfällt.

I $6x - 6y = 9$
II $3x + 6y = 9$
III $9x = 18$

Lösungsmengen linearer Gleichungssysteme

Keine Lösung: Du erhältst eine nicht erfüllbare Gleichung.
Eine Lösung: Du kannst die Gleichung nach der Variablen auflösen und den Wert der Variablen bestimmen.
Unendlich viele Lösungen: Du erhältst eine allgemeingültige Gleichung. Jede Lösung einer der Gleichungen ist auch Lösung des Gleichungssystems.

Üben und Vertiefen

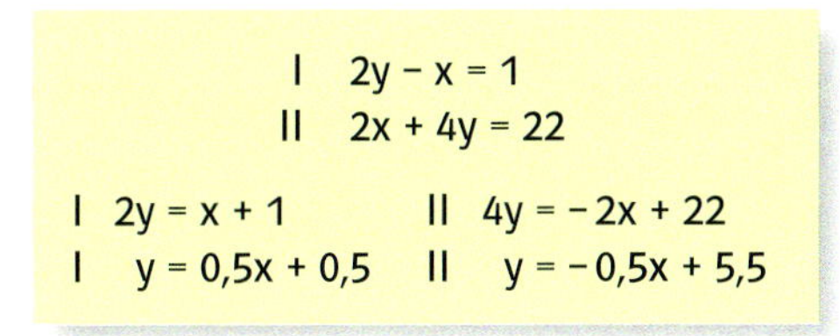

I $2y - x = 1$
II $2x + 4y = 22$

I $2y = x + 1$ II $4y = -2x + 22$
I $y = 0{,}5x + 0{,}5$ II $y = -0{,}5x + 5{,}5$

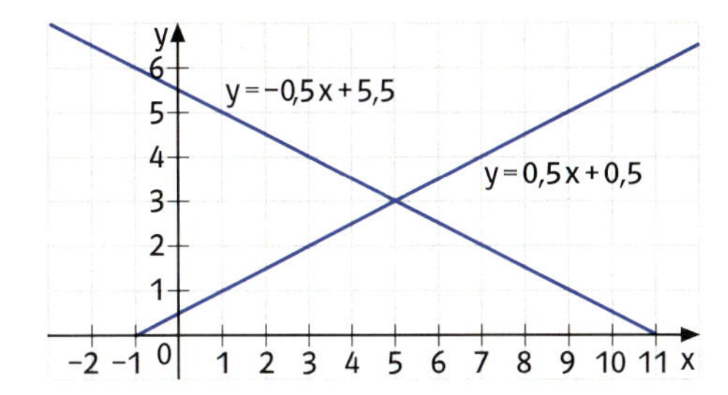

S(5 | 3)

in I:	in II:
$2 \cdot 3 - 5 = 1$	$2 \cdot 5 + 4 \cdot 3 = 22$
$1 = 1$ w	$22 = 22$ w

1 Forme beide Gleichungen des linearen Gleichungssystems in ihre Normalformen um.
Entscheide anhand der Geradengleichungen, wie viele Lösungen das Gleichungssystem hat. Gibt es eine Lösung, so bestimme diese grafisch.
Mache die Probe, indem du die Koordinaten des Schnittpunktes in beide Ausgangsgleichungen einsetzt.

a) $2y - 6x = -18$; $y + x = 7$
b) $3y + 6x = 3$; $2y - 10 = -8x$
c) $4y - 2x = -14$; $2y + x = -1$
d) $2y - 3x = 1$; $4y + 4 = 4x$
e) $4y + 14 = 6x$; $3x - 2y = 7$
f) $2y - 5x = -5$; $4y + 2 = 6x$
g) $2y + 1 = -4x$; $4 - 4y = -4x$
h) $4y + 8x = 6$; $4x + 2y = 11$
i) $3y - x = 2$; $2y + 7 = 4x$
k) $2y + 7x = 14$; $4y - 2x = -20$

L (4 | 3) (3 | −2) (−0,5 | 0,5) (2 | −3)
(2 | 2,5) (2,5 | 1,5) (3 | −3,5) (−3 | −4)

2 Löse nach einem Vielfachen von y auf und wende das Gleichsetzungsverfahren an. Mache die Probe, indem du die Lösung in beide Ausgangsgleichungen einsetzt.

a) $7x - 3y = 19$; $3y - 10x = -13$
b) $6x + 14y = 98$; $14y - 7 = 20x$
c) $4x + 6y = 32$; $22x + 13 = -6y$
d) $14y + 11x = -42$; $14y + 14 = -15x$

L (7 | −8,5) (−2 | −11) (3,5 | 5,5) (−2,5 | 7)

I $12x - 7y = 45$
II $16x + 7 = -13y$
I $12x - 7y = 45$ | $+7y$
$12x = 7y + 45$ | $\cdot 4$
$48x = 28y + 180$
II $16x + 7 = -13y$ | -7
$16x = 13y - 7$ | $\cdot 3$
$48x = 39y - 21$

3 Die Gleichungen eines linearen Gleichungssystems kannst du auch nach gleichen Vielfachen von x auflösen. Löse wie im Beispiel nach gleichen Vielfachen von x auf. Bestimme dann die Lösung mithilfe des Gleichsetzungsverfahrens.

a) $3x + 2y = 33$; $7y - 3x = 21$
b) $6x - 5y = 15$; $3x + 6 = 7y$
c) $5x + 50 = 3y$; $y - 50 = 10x$
d) $6x - 4y = 54$; $27 - 9x = 3y$
e) $7x - 8y = 43$; $14x = 18y + 81$
f) $12x + 2y = 30$; $7y + 18x = 117$
g) $11x + 2y = -34{,}5$; $6x + 57 = 4y$
h) $5y - 127 = 3x$; $2x + 2y = -18$
i) $7x + y = 73$; $-x - 3 = 3y$
k) $6x + 9y = -3$; $9x - 18y = 20$

L (11,1 | −4,7) (−21,5 | 12,5) (−0,5 | 18)
(5 | −6) (5 | 3) (−4,5 | 7,5) (9 | 2,5)
(−4 | 10) (7 | 6) ($\frac{2}{3}$ | $-\frac{7}{9}$)

So kannst du ein lineares Gleichungssystem, das Brüche enthält, in ein lineares Gleichungssystem ohne Brüche umformen:

$$\text{I} \quad \frac{1}{3}x - \frac{1}{4}y = \frac{1}{6}$$

$$\text{II} \quad \frac{1}{3}x + \frac{2}{5}y = 7\frac{1}{3}$$

Bestimme für jede Gleichung den Hauptnenner. Multipliziere jede Gleichung mit ihrem Hauptnenner und kürze anschließend.

$$\text{I} \quad \frac{1}{3}x - \frac{1}{4}y = \frac{1}{6} \quad | \cdot 12$$

$$\text{I} \quad \frac{1 \cdot 12}{3}x - \frac{1 \cdot 12}{4}y = \frac{1 \cdot 12}{6}$$

$$\text{I} \quad \frac{1 \cdot \cancel{12}^{4}}{\cancel{3}_{1}}x - \frac{1 \cdot \cancel{12}^{3}}{\cancel{4}_{1}}y = \frac{1 \cdot \cancel{12}^{2}}{\cancel{6}_{1}}$$

$$\text{I} \quad 4x - 3y = 2$$

$$\text{II} \quad \frac{1}{3}x + \frac{2}{5}y = 7\frac{1}{3} \quad | \cdot 15$$

$$\text{II} \quad \frac{1 \cdot 15}{3}x + \frac{2 \cdot 15}{5}y = 105\frac{1 \cdot 15}{3}$$

$$\text{II} \quad \frac{1 \cdot \cancel{15}^{5}}{\cancel{3}_{1}}x + \frac{2 \cdot \cancel{15}^{3}}{\cancel{5}_{1}}y = 105\frac{1 \cdot \cancel{15}^{5}}{\cancel{3}_{1}}$$

$$\text{II} \quad 5x + 6y = 110$$

• **4** Forme in ein lineares Gleichungssystem ohne Brüche um und bestimme die Lösungsmenge mithilfe des Gleichsetzungsverfahrens.

a) $\frac{2}{3}x - \frac{2}{5}y = \frac{4}{15}$
$\frac{1}{4}x + \frac{1}{3}y = 3$

b) $\frac{1}{3}x + \frac{1}{2}y = 4\frac{1}{6}$
$\frac{1}{6}y - \frac{1}{9}x = 3\frac{11}{18}$

c) $\frac{2}{3}x - \frac{1}{2}y = 8\frac{1}{2}$
$\frac{1}{2}x + \frac{1}{5}y = 1\frac{1}{5}$

d) $\frac{1}{3}x - \frac{1}{2}y = -1\frac{1}{3}$
$\frac{5}{8}y - \frac{3}{4}x = 5$

L (6 | −9) (−10 | −4) (4 | 6) (−10 | 15)

• **5** Bestimme die Lösungsmenge.

a) $\frac{1}{7}x - \frac{1}{3}y = 7\frac{2}{3}$
$\frac{2}{3}x + \frac{3}{4}y = 3\frac{1}{2}$

b) $\frac{1}{3}x - \frac{1}{2}y = 0$
$-\frac{3}{4}x + \frac{9}{10}y = 5\frac{2}{5}$

c) $\frac{2}{3}x + \frac{2}{9}y = -\frac{1}{5}$
$\frac{1}{6}y - \frac{1}{3}x = 2\frac{1}{10}$

d) $\frac{2}{3}x - \frac{2}{7}y = -\frac{2}{9}$
$\frac{2}{3}x + \frac{3}{5}y = 1\frac{38}{45}$

L (−36 | −24) (−3,6 | 5,4) (21 | −14) $(\frac{2}{3} | 2\frac{1}{3})$

• **6** Löse wie im Beispiel die Klammern auf und fasse gleichartige Terme zusammen. Bestimme dann die Lösungsmenge mithilfe des Gleichsetzungsverfahrens.

$$\text{I} \quad x - 2(6 - 4x) = 13 + 2y$$
$$\text{II} \quad 20 - [3x - 4(4x - 3y)] = 61 - 6y$$
$$\text{I} \quad x - 12 + 8x = 13 + 2y$$
$$\text{I} \quad 9x - 12 = 13 + 2y$$
$$\text{I} \quad 9x = 25 + 2y$$
$$\text{II} \quad 20 - [3x - 16x + 12y] = 61 - 6y$$
$$\text{II} \quad 20 - [-13x + 12y] = 61 - 6y$$
$$\text{II} \quad 20 + 13x - 12y = 61 - 6y$$
$$\text{II} \quad 13x - 12y = 41 - 6y$$
$$\text{II} \quad 13x - 6y = 41$$

a) $11(x + 3) - 6y = 3y + 33$
$6y - 9(2x + 3) = 60 - x$

b) $3(x + 12) - 5(y - 2) = 142 - 10y$
$15 - 2(x + 2y) = 5 - (9x + 7y)$

c) $4x - 4(5 - x) - 2y = 5(y - 6)$
$2y - 3(1 + x) - x = -2(y + 2 - x)$

d) $15 - [3x - 2(y - 3x)] = 8y$
$16x - [(5x + 3y) - 32] = 13 - 7y$

e) $2y - [2x - 2(6 + 4x)] = 5(3 - y)$
$3[6x - (7y + 5)] = 9x - 7(y + 2)$

L (4,7 | 6,8) (−9 | −11) (−13 | 27) $(\frac{1}{3} | \frac{1}{7})$ (−5,8 | 11,2)

Üben und Vertiefen

7 Bestimme die Lösung des Gleichungssystems. Wähle dazu ein geeignetes rechnerisches Lösungsverfahren.

a) $y = 3,5x + 8$
$y = 2x - 4$

b) $y = -0,5x$
$y = -2x - 36$

c) $7x - 6y = 53$
$40 + 2y = 4x$

d) $12x + 4y = -10,4$
$8x - 16y = 8$

e) $3x - 2y = -42$
$2x + 5y = 48$

f) $6x + 2y = -4$
$-7x - 3y = 16$

g) $4x - 3y = 3$
$-2x + 4y = -24$

h) $4x + 3y = 83$
$5x - 2y = 29$

i) $7y - 5x = -2$
$-6y + 15x = 216$

k) $-3x - 4y = 35$
$6x + 2y = 68$

l) $16x - 9y = 33$
$-15x + 27y = 99$

m) $3x + 35y = 282$
$5x + 7y = 162$

n) $y = 2x - 3$
$y = 1,5x + 4,5$

o) $3y + 9x = 25,8$
$11x + 8y = -17$

p) $y = -x + 18$
$y = -2,5x - 63$

q) $15x - 10y = 54$
$4x + 7y = -3$

r) $1x + 4y = -5$
$2x - 3y = 56$

s) $-2x - 3y = 48$
$7x + 5y = -3$

t) $9x - 6y = 30$
$-x + 7y = 98$

u) $11x - 9y = 27$
$x - 6y = -210$

v) $x + 7y = 51$
$4x - 17y = 24$

w) $3x + 45y = 150$
$7x - 15y = 110$

x) $8x - 14y = -76$
$16x + 7y = 422$

y) $-3x - 27y = -135$
$-21x - 9y = 189$

L (36 | 41) (14 | 16) (21 | −30) (19 | −6) (20 | 14) (19 | −23) (−54 | 72) (2,4 | −1,8) (6,6 | −11,2) (6 | 7) (24 | 6) (−8 | 20) (−24 | 12) (−6 | −9) (11 | 13) (13,4 | 6,8) (23 | 4) (20 | 2) (−11,7 | 6,3) (19,2 | 16,4) (−0,6 | −0,8) (−6 | 12) (5 | −17) (15 | 27)

8 Entscheide mithilfe eines geeigneten rechnerischen Lösungsverfahrens, wie viele Lösungen das Gleichungssystem hat. Existiert nur eine Lösung, gib diese an.

a) $24x + 17y = 30$
$-9x - 11y = 72$

b) $12x - 20y = 16$
$9x - 15y = 12$

c) $13x + 14y = -57$
$-19x - 21y = 100$

d) $16x - 24y = 26$
$-40x + 60y = 66$

e) $6x - 12y = 24$
$-9x + 18y = -36$

f) $-17x + 34y = -66$
$3x - 6y = 12$

g) $11x - 8 = 3y$
$y + 13x = 19$

h) $4x + 26 = y$
$21 - 11y = 6x$

i) $9x + 15y = -132$
$6x - 10y = 238$

k) $39x - 52y = 104$
$-9x + 12y = -24$

l) $x - 19 = y$
$-7x = 13y + 15$

m) $12x - 17 = -11y$
$-5y - 102 = -10x$

n) $24x + 12y = 18$
$-16x - 8y = -12$

o) $8x + 4y = 344$
$12x - 14y = 252$

L (−5,3 | 4,8) (12,5 | −16,3) (7,1 | −6,2) (11,6 | −7,4) (36,4 | 12,2) (21 | −30) (14 | −18) (29 | −31) (1,3 | 2,1)

9 Löse die Klammem auf und fasse gleichartige Terme zusammen. Entscheide dann mithilfe eines geeigneten Lösungsverfahrens, wie viele Lösungen das Gleichungssystem hat. Existiert nur eine Lösung, gib diese an.

a) $6(2x - 1) + 5y = -22 - (2x + 2y)$
$8y - 5(2x - 3) = 2(8 + 2y) - (18x + 11)$

b) $5x - 2(7 + 3x) - 2y = 3(-25 - 3y)$
$-2y + 9(2x - 4) - 13x = 5y - 5(2 + y - x)$

c) $3x - [3y - 4(3x - 9)] = -3(x + 9y + 2)$
$22 - [(4x - 6y) + 8] = 2(27 - 10x - 13y)$

d) $6y - 2[5x - (2y - 15)] = 4y - 6(2x - 2)$
$4[3y - (6x - 5)] = 76 - 7(3x - y)$

L (0 | 1,25) (−4,5 | 8,5) (−30 | −13)

Die Summe zweier Zahlen beträgt 69. Die Differenz der beiden Zahlen ist 13. Wie heißen die beiden Zahlen?

So kannst du das Zahlenrätsel mithilfe eines linearen Gleichungssystems lösen:

1. Lege fest, welche Zahl du mit x und welche Zahl du mit y bezeichnest.

x ist die größere Zahl
y ist die kleinere Zahl

2. Forme die Texte in Gleichungen um.

Text	Gleichung
Die Summe zweier Zahlen beträgt 69.	$x + y = 69$
Die Differenz der beiden Zahlen ist 13.	$x - y = 13$

3. Bestimme die Lösungsmenge mithilfe eines geeigneten Verfahrens.

$L = \{(41|28)\}$

4. Formuliere eine Antwort.

Die größere Zahl ist 41, die kleinere 28.

● **1** Löse das Zahlenrätsel.
a) Die Summe zweier Zahlen beträgt 35, ihre Differenz ist 17.
b) Die Summe zweier Zahlen beträgt 92. Das Doppelte der ersten Zahl und die Hälfte der zweiten Zahl ergeben zusammen 124.
c) Addiere zu einer Zahl 5, so erhältst du das Vierfache einer zweiten Zahl. Das Doppelte der ersten Zahl, vermindert um 6, ergibt auch das Vierfache der zweiten Zahl.
d) Das Doppelte einer Zahl ist um 7 größer als das Dreifache einer zweiten Zahl. Die Summe beider Zahlen ist um 2 kleiner als das Dreifache der zweiten Zahl.

L (20 | 11) (26 | 9) (11 | 4) (52 | 40)

● **2** Bestimme die Lösung des Zahlenrätsels.
a) Multiplizierst du eine Zahl mit 3 und addierst zu dem Produkt 4, so erhältst du das Doppelte einer zweiten Zahl, vermindert um 1. Das Doppelte der ersten Zahl ist der Nachfolger der zweiten Zahl.
b) Das Produkt aus einer Zahl und 2,5 ist um 8 größer als das Doppelte einer zweiten Zahl. Das Fünffache der zweiten Zahl ist um 2 kleiner als das Vierfache der ersten.
c) Die Summe zweier Zahlen ist 49, ihr Quotient ist 6.

L (8 | 6) (42 | 7) (7 | 13)

3 Wie viele Einzelzimmer und wie viele Doppelzimmer hat das Hotel?

4 Jonas hält auf seinem Bauernhof Hühner und Kaninchen. Es sind zusammen 37 Tiere mit insgesamt 106 Beinen. Wie viele Kaninchen und wie viele Hühner hat er?

Die Aufgaben auf dieser Seite kannst du als Gruppenpuzzle bearbeiten.

• **1** Wie groß sind die Winkel in einem gleichschenkligen Dreieck, wenn jeder Basiswinkel doppelt so groß ist wie der Winkel in der Spitze?

• **2** In einem rechtwinkligen Dreieck ist einer der spitzen Winkel um 8° größer als der andere spitze Winkel. Wie groß ist jeder Winkel?

• **3** Von den Winkeln eines Parallelogramms ist der eine um 60° größer als der andere. Berechne die Größen aller Winkel des Parallelogramms.

• **4** Der Umfang eines gleichschenkligen Dreiecks beträgt 29 cm. Jeder Schenkel ist um 4 cm länger als die Basis. Berechne die Seitenlängen.

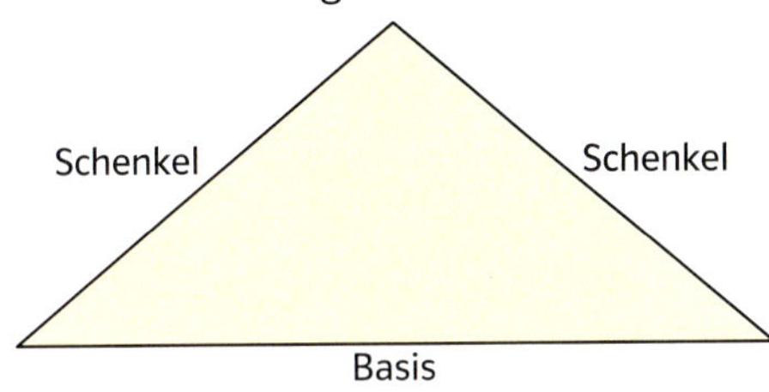

• **5** Der Umfang eines Parallelogramms beträgt 48 cm. Die Länge einer Seite ist um 6 cm größer als die Länge der anderen Seite. Wie lang sind die Seiten des Parallelogramms?

• **6** a) Aus einem Draht von 1,4 m Länge ist das Kantenmodell einer quadratischen Säule hergestellt worden. Die Höhe ist um 5 cm länger als die Grundseite. Bestimme die Kantenlängen.
b) Wie groß sind die Kantenlängen, wenn der Draht eine Länge von 1,2 m hat und die Höhe viermal so lang wie die Grundseite ist?

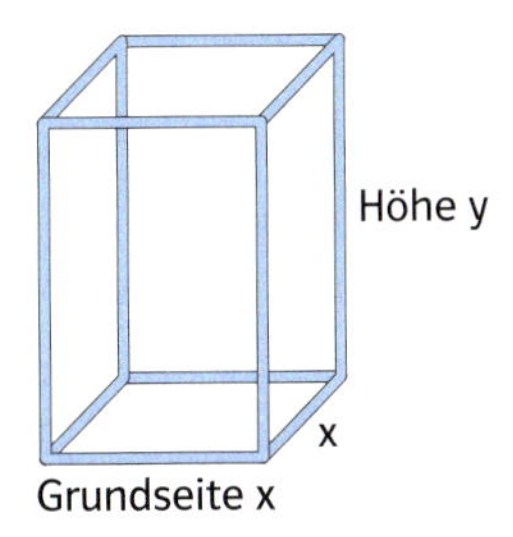

• **7** Ein Draht von 75 cm Länge soll zu einem gleichschenkligen Dreieck gebogen werden, bei dem die Länge der Grundseite halb so groß ist wie die Länge eines Schenkels. Wie lang müssen die Dreieckseiten sein?

• **8** Die Mittellinie eines Trapezes ist 12 cm lang. Die eine der parallelen Seiten ist um 2 cm länger als die andere. Berechne die Länge der parallelen Seiten.

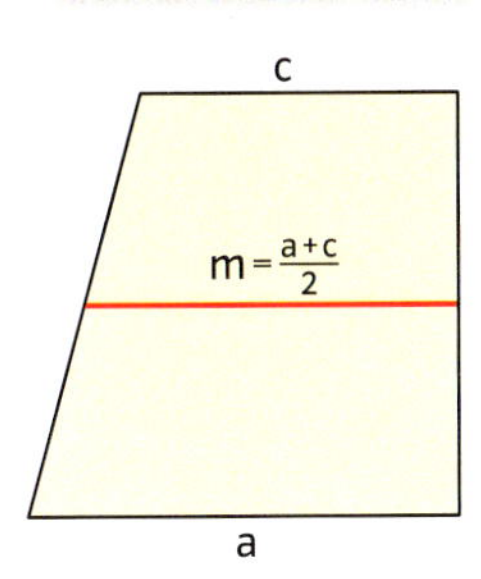

• **9** Verkürzt man die Grundstückslänge eines rechteckigen Grundstücks um 4 m, nimmt der Flächeninhalt um 80 m² ab. Verkürzt man die Grundstücksbreite um 2 m und vergrößert die Länge um 5 m, nimmt der Flächeninhalt um 30 m² zu. Bestimme die ursprüngliche Breite und Länge des Grundstücks.

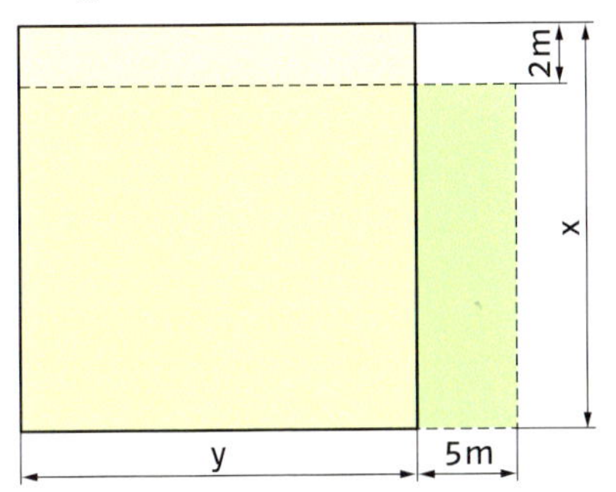

• **10** Vergrößert man in einem Rechteck die Länge der kleineren Seite um 3 cm und verkleinert die Länge der größeren Seite um 2 cm, so erhält man ein Quadrat, dessen Flächeninhalt um 14 cm² größer ist als die Fläche des Rechtecks. Bestimme die Seitenlängen des Rechtecks.

L (41 | 49) (9 | 15) (10 | 15) (11 | 13) (5 | 10) (36 | 72) (60 | 120) (7 | 11) (5 | 20) (15 | 30) (20 | 30)

Stellen sich Schülerinnen und Schüler dreier Klassen in Zweier- oder Vierer-Reihen auf, fehlt jeweils eine Person. Stellen sie sich in Dreier- oder Fünfer-Reihen auf, ist jede Reihe voll. Wie viele Schülerinnen und Schüler sind insgesamt in den drei Klassen?

Lineare Ungleichungen mit zwei Variablen

Ungleichung: $y < 2x + 1$

$(1 \mid 2)$:	$2 < 2 \cdot 1 + 1$	w
$(-1 \mid -3)$:	$-3 < 2 \cdot (-1) + 1$	w
$(2 \mid 4)$:	$4 < 2 \cdot 2 + 1$	w
$(3 \mid 7)$:	$7 < 2 \cdot 3 + 1$	f

Lösungen: $(1 \mid 2), (-1 \mid -3), \ldots$

1 a) Überprüfe wie im Beispiel durch Einsetzen, ob die folgenden Zahlenpaare Lösungen der linearen Ungleichung $\mathbf{y < 2x + 1}$ sind:
$(2 \mid 4), (-2 \mid -4), (1{,}5 \mid 4), (2{,}5 \mid 4), (-3 \mid -3), (-0{,}5 \mid -1), (-0{,}5 \mid 0)$.
b) Gib vier weitere Zahlenpaare an, die Lösungen der Ungleichung sind.
c) Wie viele Lösungen gibt es insgesamt?

2 a) Überprüfe, ob die Koordinaten der Punkte A $(2 \mid 2)$, B $(3 \mid 0{,}5)$, C $(1 \mid -1)$ und D $(-1{,}5 \mid 2)$ Lösungen der Ungleichung $\mathbf{y > -x + 2}$ sind.
b) Übertrage das Koordinatensystem in dein Heft und zeichne die Punkte A, B, C, und D ein. Zeichne auch die Gerade mit der Funktionsgleichung $y = -x + 2$ ein.

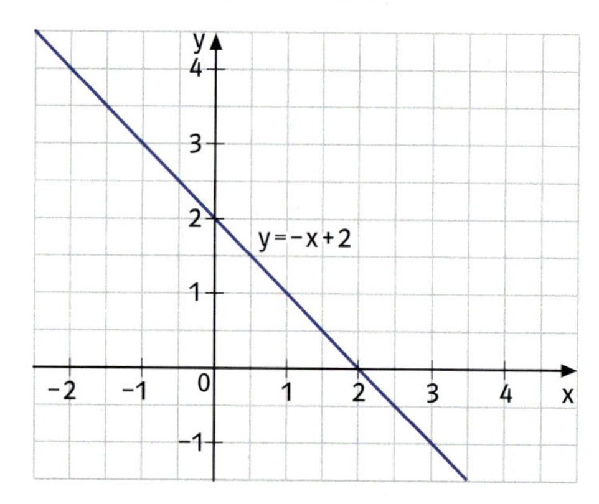

c) Gib vier weitere Punkte an, deren Koordinaten die Ungleichung erfüllen. Was fällt dir auf?
d) Die Gerade $y = -x + 2$ teilt die Ebene in zwei **Halbebenen.** Sie wird die zu der Ungleichung zugehörige **Randgerade** genannt. Färbe die Halbebene, in der alle Lösungen der Ungleichung liegen.

$y < x + 1$

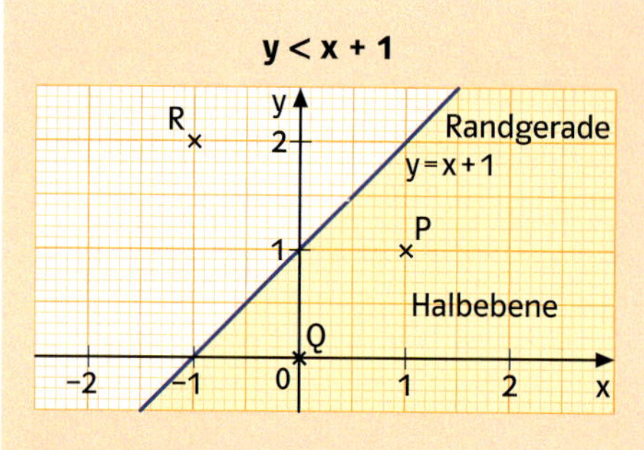

Punkt	Einsetzen in $y < x + 1$	
$P(1 \mid 1)$	$1 < 1 + 1$	w
$Q(0 \mid 0)$	$0 < 0 + 1$	w
$R(-1 \mid 2)$	$2 < -1 + 1$	f

$L = \{(1 \mid 1), (0 \mid 0), \ldots\}$

$y > x + 1$

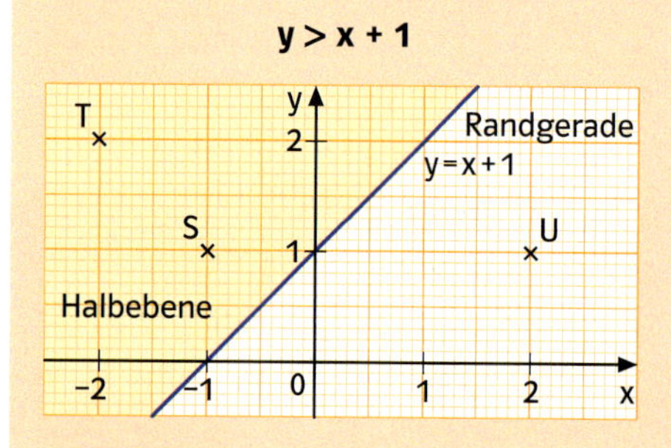

Punkt	Einsetzen in $y > x + 1$	
$S(-1 \mid 1)$	$1 > -1 + 1$	w
$T(-2 \mid 2)$	$2 > -2 + 1$	w
$U(2 \mid 1)$	$1 > 2 + 1$	f

$L = \{(-1 \mid 1), (-2 \mid 2), \ldots\}$

Alle Punkte, deren Koordinaten eine lineare Ungleichung erfüllen, bilden eine **Halbebene.** Die Lösungsmenge besteht aus unendlich vielen Zahlenpaaren.

3 Bestimme die Lösungen der linearen Ungleichung $y > 2x + 1$. Zeichne dazu die zugehörige Randgerade in ein Koordinatensystem. Wähle in jeder Halbebene einen Punkt und überprüfe, ob seine Koordinaten die Ungleichung erfüllen. Färbe die Halbebene, die die Lösungsmenge darstellt.

So kannst du zeichnerisch die Lösungsmenge der linearen Ungleichung mit zwei Variablen $\mathbf{y < -2x + 4}$ bestimmen:

1. Zeichne die Randgerade und markiere einen beliebigen Punkt P, der nicht auf der Geraden liegt, z. B. P(−2 | 3).

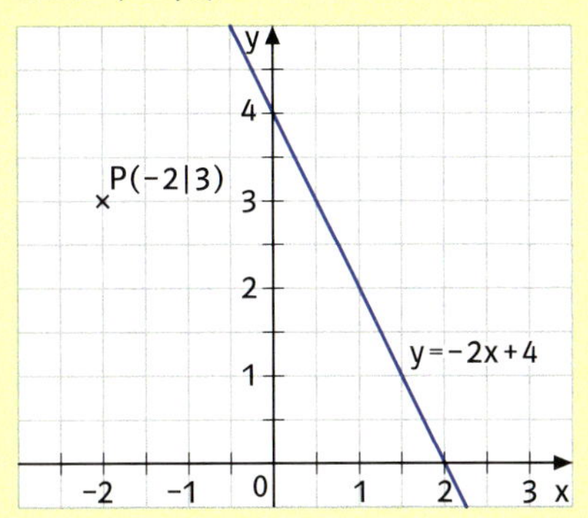

2. Setze die Koordinaten von P in die Ungleichung ein. Erhältst du eine wahre Aussage, so gehört der Punkt P zu der Halbebene, die die Lösungsmenge darstellt.

$\mathbf{y < -2x + 4}$

P(−2 | 3): $3 < -2 \cdot (-2) + 4$

$3 < 4 + 4$

$3 < 8$ w

3. Färbe die Halbebene, die die Lösungsmenge darstellt.

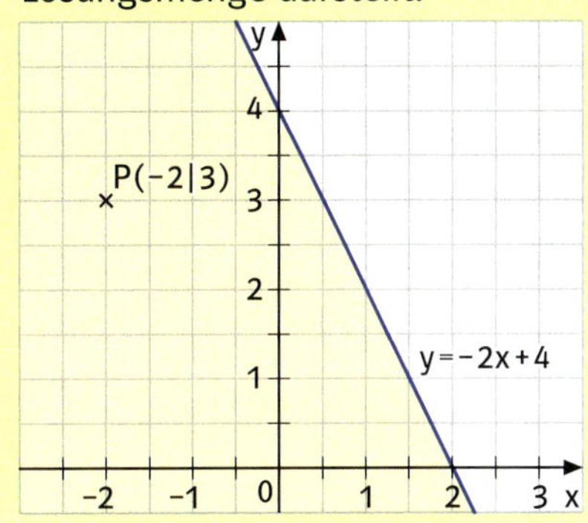

4 Bestimme zeichnerisch die Lösungsmenge.

a) $y < x + 5$ b) $y > -x - 3$
c) $y < 3x + 2$ d) $y > 6x - 3$
e) $y < -4x + 5$ f) $y > -3x + 1$

$12x - 6y < 24 \quad | -12x$

$-6y < -12x + 24 \quad | :(-6)$

$y > 2x - 4$

Bei Multiplikation mit einer negativen Zahl (Division durch eine negative Zahl) dreht sich das Ungleichheitszeichen um.

5 Bestimme zeichnerisch die Lösungsmenge der Ungleichung. Löse zunächst wie im Beispiel nach y auf.

a) $2y + 5 < 2x$ b) $4x + 2y < -9$
c) $6x > -6y + 12$ d) $x - 2y > -8$

6 Bei der Ungleichung $y \geq 2x - 1$ erfüllen auch die Koordinaten aller Punkte auf der Randgeraden die Ungleichung. Die Lösungsmenge besteht demnach aus den Punkten der Halbebene und den Punkten der Randgeraden (**abgeschlossene Halbebene**).

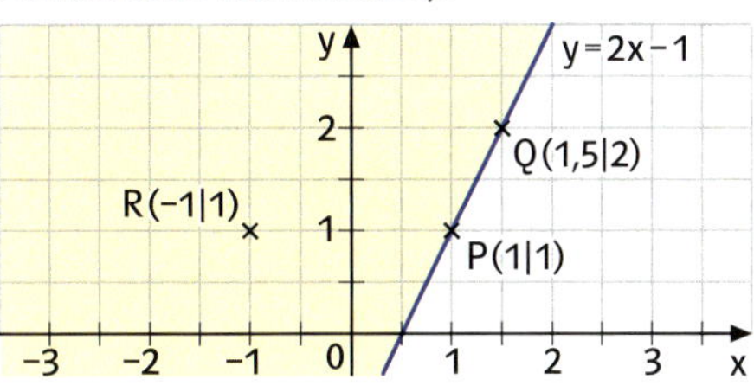

P(1 | 1):	$1 \geq 2 \cdot 1 - 1$	w
Q(1,5 | 2):	$2 \geq 2 \cdot 1{,}5 - 1$	w
R(−1 | 1):	$2 \geq 2 \cdot (-1) - 1$	w

Bestimme zeichnerisch die Lösungsmenge der Ungleichung.

a) $y \geq 3x + 2$ b) $y \leq 4x + 7$
c) $2y + 5x \leq 7$ d) $2x - 4y \geq 2x + 10$

7 Die lineare Ungleichung $x + 0 \cdot y \geq 2{,}5$ kann umgeformt werden in $x \geq 2{,}5$. Die Lösungsmenge wird durch die eingezeichnete abgeschlossene Halbebene dargestellt.

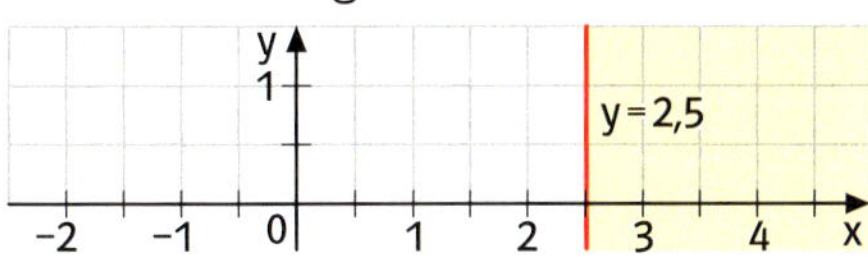

Bestimme zeichnerisch die Lösungsmenge der Ungleichung.

a) $x \geq 3$ b) $2x \geq 3$ c) $-4x \leq 2$
d) $y \geq 3{,}5$ e) $-3y \leq 9$ f) $7y \geq -14$

Lineare Ungleichungssysteme mit zwei Variablen

I $y + x \geq 0$
II $2y - 4x \geq -6$

1 Die beiden Ungleichungen $y + x \geq 0$ und $2y - 4x \geq -6$ bilden zusammen ein lineares Ungleichungssystem mit zwei Variablen.
a) Bestimme zeichnerisch die Lösungsmengen der einzelnen Ungleichungen.
b) Gib vier Zahlenpaare an, die Lösungen beider Ungleichungen sind. Wo liegen alle Punkte, deren Koordinaten beide Ungleichungen erfüllen?
c) Markiere im Koordinatensystem die Lösungsmenge des Ungleichungssystem farbig.

2 Bestimme zeichnerisch die Lösungsmenge des Ungleichungssystems. Gib drei Lösungen an.

a) $y \leq x + 1$
$y \leq -3x + 2$

b) $y \geq -x$
$y \geq 2x - 3$

c) $2x + 2y > 4$
$x - 2y < 3$

d) $-x - 2y \leq 5$
$-6x - 2y \geq 8$

Zwei lineare Ungleichungen mit zwei Variablen bilden ein **lineares Ungleichungssystem.**

I $y \leq x + 2$
II $y \leq -x + 1$

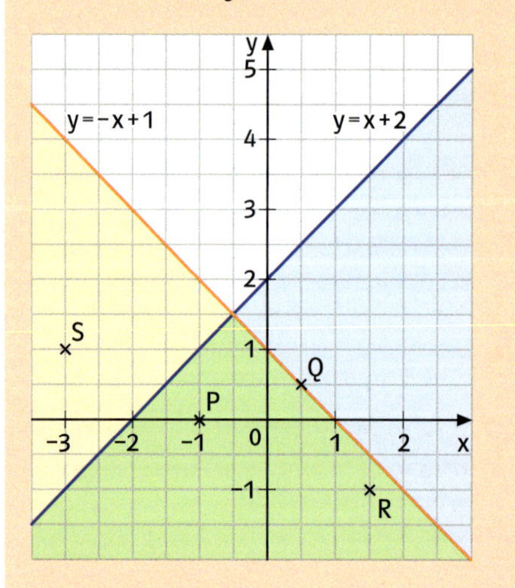

L = {(−1 | 0), (0,5 | 0,5), (1,5 | −1), ...}

Alle Punkte, die in den beiden Halbebenen liegen, bilden die Lösungsmenge des Ungleichungssystems.

3 Ein Teegeschäft verschickt Tee in Tüten zu 100 g oder 50 g. Für Verpackungsmaterial werden 300 g berechnet. Herr Heine will mindestens 10 Tüten bestellen. Dabei soll das zulässige Höchstgewicht für Päckchen (2 000 g) nicht überschritten werden. Herr Heine notiert und zeichnet.

Anzahl der Tüten zu 50 g: x
Anzahl der Tüten zu 100 g: y

I $50x + 100y + 300 \leq 2000$
II $x + y \geq 10$

I $y \leq -0{,}5x + 17$
II $y \geq -x + 10$

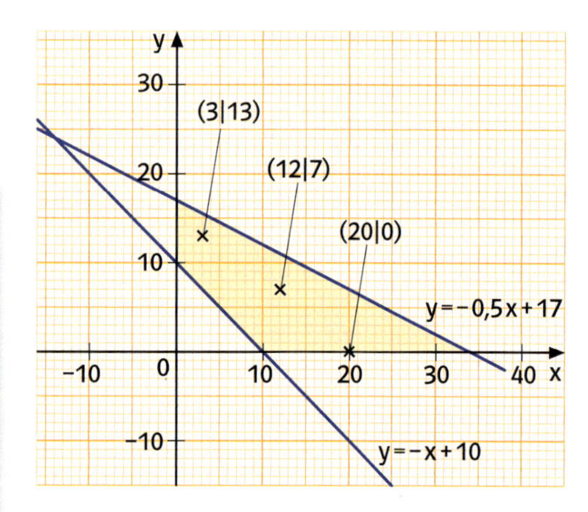

a) Erkläre, wie Herr Heine die farbig markierte Lösungsmenge erhält.
b) Herr Heine kann z. B. 3 Tüten zu 50 g und 13 Tüten zu 100 g bestellen oder 12 Tüten zu 50 g und 7 Tüten zu 100 g. Er könnte aber auch nur 20 Tüten zu 50 g bestellen. Gib drei weitere Möglichkeiten an.

4 Eine Konditorei versendet Pralinen in Schachteln zu 250 g und 500 g. Für Verpackungsmaterial werden 200 g berechnet. Dabei soll insgesamt ein Höchstgewicht von 5 000 g nicht überschritten werden. Frau Lange will mindestens so viele Schachteln zu 500 g wie zu 250 g bestellen. Stelle zeichnerisch dar, welche Möglichkeiten sie hat. Gib drei verschiedene Möglichkeiten an.

1 Ein Kfz-Vertragshändler kalkuliert seine nächsten Bestellungen. Vom Hersteller kann er höchstens 22 Modelle „Typ A" erhalten. Er will insgesamt höchstens 28 Autos bestellen.
Da die Modelle in unterschiedlichen Werken gefertigt werden, sind die Transportkosten und die Verkaufsgewinne unterschiedlich.
Für den Transport kann der Händler höchstens 8 000 Euro ausgeben.

Typ A: 80 € Transportkosten
400 € Gewinn

Typ B: 400 € Transportkosten
800 € Gewinn

Der Händler überlegt, bei welcher Bestellung er den größtmöglichen Gewinn erzielen kann.

Anzahl der Autos „Typ A": x
Anzahl der Autos „Typ B": y

$x \leq 22$
$x + y \leq 28$
$80x + 400y \leq 8000$

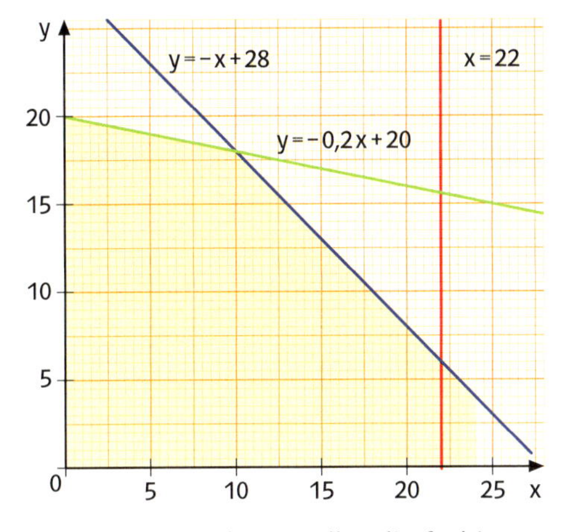

a) Erkläre, wie der Händler die farbig markierte Lösungsmenge erhält.
b) Berechne den Gewinn, wenn der Händler zehn Autos von „Typ A" und zwölf Autos von „Typ B" (20 von „Typ A" und 5 von „Typ B") verkauft.
c) Berechne den Gewinn für drei weitere Zahlenpaare aus der Lösungsmenge.

2 Der Kfz-Händler berechnet mit den Angaben aus Aufgabe 1 seinen Gewinn G (in €) für unterschiedliche Verkaufszahlen.

8 Autos „Typ A", 6 Autos „Typ B":
$G = 400 \cdot 8 + 800 \cdot 6 = 8\,000$

15 Autos „Typ A", 10 Autos „Typ B":
$G = 400 \cdot 15 + 800 \cdot 10 = 14\,000$

x Autos „Typ A", y Autos „Typ B":
$\mathbf{G = 400 \cdot x + 800 \cdot y}$

Typ A

Typ B

a) Die Gleichung $400x + 800y = 8\,000$ beschreibt die Gerade, auf der alle Paare (x | y) von Verkaufszahlen liegen, bei denen der Gewinn 8 000 Euro beträgt. Löse die Gleichung nach y auf. Gib drei weitere Paare an.
b) Gib die Funktionsgleichung der Geraden mit einem Gewinn von 12 000 Euro an. Begründe, warum diese Gerade parallel zur ersten Geraden liegt.

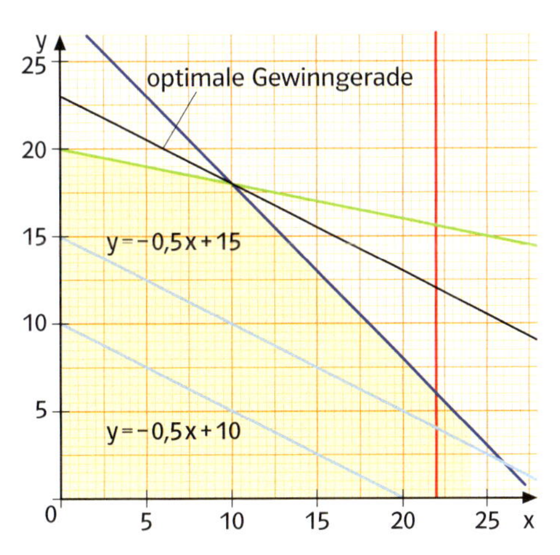

c) Alle Gewinngeraden sind parallel. Der Gewinn ist um so höher, je größer der y-Achsenabschnitt ist. Verschiebst du eine Gewinngerade so weit nach oben, dass sie mit der Lösungsmenge gerade noch einen Punkt gemeinsam hat, erhältst du die **optimale Gewinngerade.** Begründe, warum mit dieser Geraden der maximale Gewinn bestimmt werden kann.
d) Ermittle den maximalen Gewinn mit Hilfe der Zeichnung.

JUJITSU-LL 300
480 € Einkaufspreis
80 € Gewinn

XTRONIC-XL 500
600 € Einkaufspreis
160 € Gewinn

3 Ein Computer-Geschäft will für höchstens 24 000 € neue Ware einkaufen. Es sollen höchstens 28 PCs von XTRONIC gekauft werden.
a) Wie viele PCs muss das Geschäft von jedem Typ kaufen, wenn der Gewinn möglichst hoch sein soll?
Bestimme zunächst zeichnerisch die Lösungsmenge des Ungleichungssystems. Stelle eine Gewinngerade zu einem Gewinn von 3 200 € auf und zeichne ihren Graphen ein. Zeichne dann parallel dazu die optimale Gewinngerade.

Anzahl der PCs von JUJITSU: x
Anzahl der PCs von XTRONIC: y

Ungleichungssystem:

$$480x + 600y \leq 24\,000$$
$$y \leq 28$$

Gewinngleichung:

$$G = 80x + 160y$$

b) Wie hoch ist dann der Gewinn?

4 Eine Firma führt die Elektroinstallation für die Fertighäuser „Sylt" und „Bornholm" durch. In einem Monat können höchstens 20 Häuser „Bornholm" fertiggestellt werden. Für das Modell „Sylt" werden 160 Arbeitsstunden benötigt, für das Modell „Bornholm" 200 Arbeitsstunden. Insgesamt können in jedem Monat höchstens 7 200 Arbeitsstunden geleistet werden. Die Firma erhält für die Installation im Haus „Sylt" 8 000 € und für die im Haus „Bornholm" 12 000 €.
a) In wie vielen Häusern jedes Typs müssen im Monat jeweils Installationsarbeiten durchgeführt werden, damit die Firma möglichst hohe Einnahmen hat?
b) Wie hoch sind dann die Einnahmen der Firma?

5 In einer Fabrik für Laborgeräte können von zwei Geräten insgesamt bis zu 100 Stück täglich hergestellt werden. Für die Fertigung des ersten Gerätes werden zwei Arbeitsstunden benötigt, für die des zweiten Gerätes vier Arbeitsstunden. Insgesamt stehen 280 Arbeitsstunden zur Verfügung. Der Gewinn am ersten Gerät beträgt 16 Euro, der am zweiten Gerät 40 Euro.
a) Wie viele Geräte müssen jeweils hergestellt werden, damit der Gewinn möglichst hoch ist?
b) Berechne auch den größtmöglichen Gewinn.

6 Ein Obstbauer liefert mit seinem Lkw, der maximal 12 t laden kann, Äpfel und Birnen.

Bei der Lieferung soll die Menge der Äpfel mindestens doppelt so groß sein wie die Menge der Birnen. An einer Tonne Äpfel verdient der Obstbauer 100 Euro, an einer Tonne Birnen 125 Euro.
a) Wie viele Tonnen Äpfel und Birnen muss der Bauer jeweils liefern, damit der Gewinn maximal ist?
b) Wie groß ist der maximale Gewinn?

1 Ein neues Bürogebäude soll mit zwei verschiedenen Leuchtenmodellen ausgestattet werden.

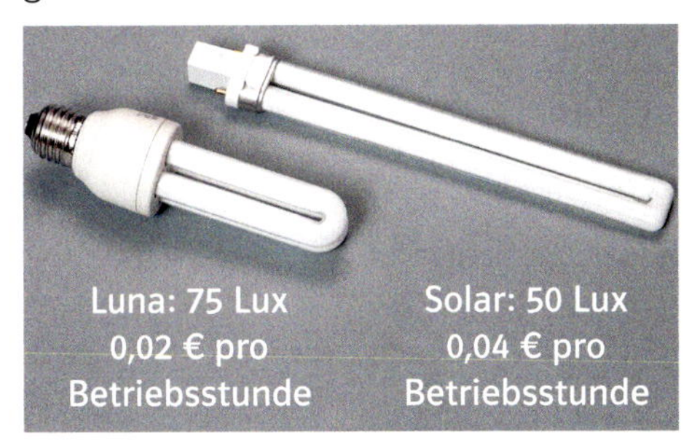

Insgesamt werden mindestens 60 Leuchten benötigt. Die Beleuchtungsstärke muss insgesamt mindestens 3 500 Lux betragen.
Es sollen mindestens 20 Leuchten des Modells „Solar" angeschafft werden. Die Betriebskosten für die Beleuchtung sollen möglichst klein sein.
Der für die Einrichtung zuständige Abteilungsleiter notiert und zeichnet.

Anzahl Leuchten Modell „Luna": x
Anzahl Leuchten Modell „Solar": y

Ungleichungssystem:

$$x + y \geq 60$$
$$75x + 50y \geq 3\,500$$
$$y \geq 20$$

Kostengleichung: $K = 0{,}02x + 0{,}04y$

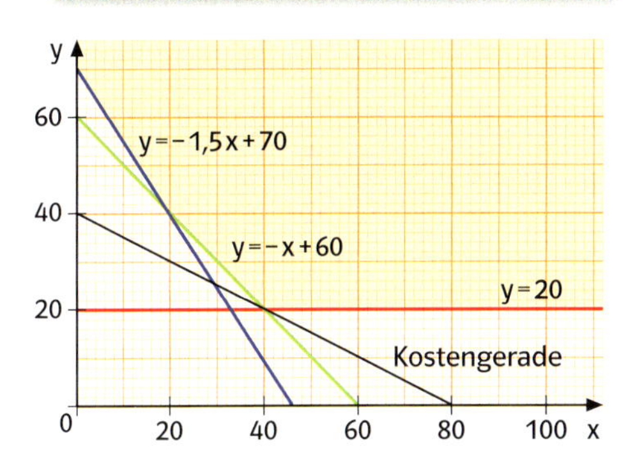

a) Erkläre die Überlegungen des Abteilungsleiters.
b) Wie viele Leuchten müssen von jedem Modell angeschafft werden, damit die Betriebskosten möglichst niedrig sind? Berechne die Betriebskosten.

2 Bei dem Neubau eines Bürohauses soll eine Bodenfläche von mindestens 7 000 m² mit PVC oder Teppichboden belegt werden.

Der Teppichboden kostet 40 € pro Quadratmeter, der PVC-Belag 25 € pro Quadratmeter. Die gesamten Anschaffungskosten sollen zwischen 250 000 und 300 000 € liegen. Für Teppichboden betragen die jährlichen Reinigungskosten 18 € pro Quadratmeter, für PVC 15 € pro Quadratmeter.
a) Wie viel Quadratmeter müssen von jedem Fußbodenbelag angeschafft werden, damit die Reinigungskosten möglichst gering sind?
b) Wie hoch sind dann jeweils die Anschaffungs- und die Reinigungskosten?

3 Aus den beiden Vitaminpräparaten „Vital" und „Aktiv" soll eine Mischung hergestellt werden, die insgesamt mindestens 1,2 g Vitamin B, 2,1 g Vitamin C und 0,2 g Vitamin E enthält.
a) Wie viel Gramm werden von jedem Präparat benötigt, wenn die Mischung möglichst preiswert sein soll?
b) Berechne auch die Gesamtmasse und den Preis.

	Vital	Aktiv
Preis pro Gramm	3,50 €	7,00 €
Vitamingehalt pro Gramm		
Vitamin B	0,1 g	0,4 g
Vitamin C	0,3 g	0,2 g
Vitamin E	0,1 g	–

Vernetzen: Kosten für elektrische Energie und Gas

Die auf den nächsten vier Seiten folgenden Aufgaben kannst du auch in Partner- oder Gruppenarbeit bearbeiten. Beachte die Hinweise zum Präsentieren unten auf dieser Seite.

1 Um Geld zu sparen, möchte Familie Schreiber in Zukunft die elektrische Energie von einem anderen Energieversorgungsunternehmen beziehen. Aus einer Reihe von Angeboten wurden die Angebote von NEON und Mainstream ausgewählt. Die angebotenen Preise enthalten bereits die Umsatz- und die Stromsteuer.

Die elektrische Energie wird in Kilowattstunden (kWh) angegeben.

Mainstream

Arbeitspreis: 14 Cent pro kWh
Grundpreis: 12,50 € pro Monat

NEON

Arbeitspreis: 16 Cent pro kWh
Grundpreis: 7,50 € pro Monat

a) Vergleiche die Angebote der beiden Energieversorgungsunternehmen miteinander. Kannst du entscheiden, welches dieser Angebote für Familie Schreiber günstiger ist?

b) Berechne für beide Angebote die Kosten bei einem Jahresverbrauch von 2 000 (3 000, 4 000) Kilowattstunden. Was fällt dir auf?

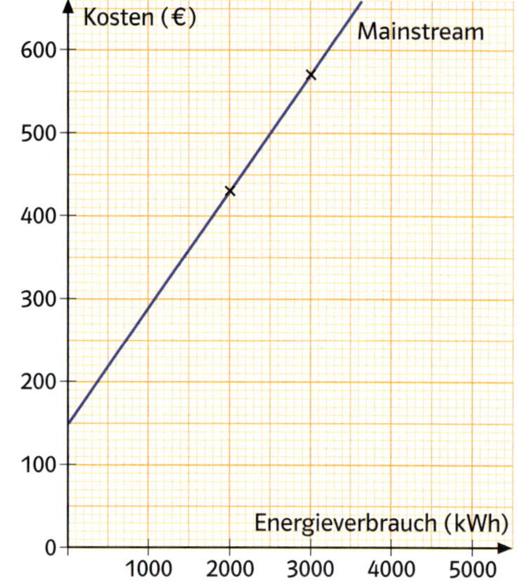

c) Svenja hat ein Koordinatensystem auf Millimeterpapier gezeichnet und dort zu den angegebenen Kilowattstunden die für Mainstream berechneten Kosten eingetragen.
Warum liegen alle eingezeichneten Punkte auf einer Geraden? Wo kannst du den jährlichen Grundpreis ablesen?
d) Übertrage das Koordinatensystem mit der Geraden in dein Heft. Trage auch die für NEON berechneten Kosten in das Koordinatensystem ein und zeichne durch die Punkte eine Gerade.
e) Wie kannst du anhand der Graphen feststellen, welches Angebot bei einem vorgegebenen Verbrauch das günstigere ist?

Methode Präsentieren

1. Beginne nicht sofort, sondern warte ab, bis Ruhe herrscht.
2. Versuche frei zu sprechen und schaue das Publikum an. Benutze einen Notizzettel als Merkhilfe.
3. Stelle wichtige Informationen besonders heraus. Benutze dazu Tafel, Folien, Plakate.
4. Warte am Ende, ob es noch Fragen oder Anmerkungen gibt.

2 Im Koordinatensystem siehst du die Geraden, die den Zusammenhang zwischen dem Energieverbrauch und den zugehörigen jährlichen Kosten für die Angebote Mainstream und NEON darstellen.

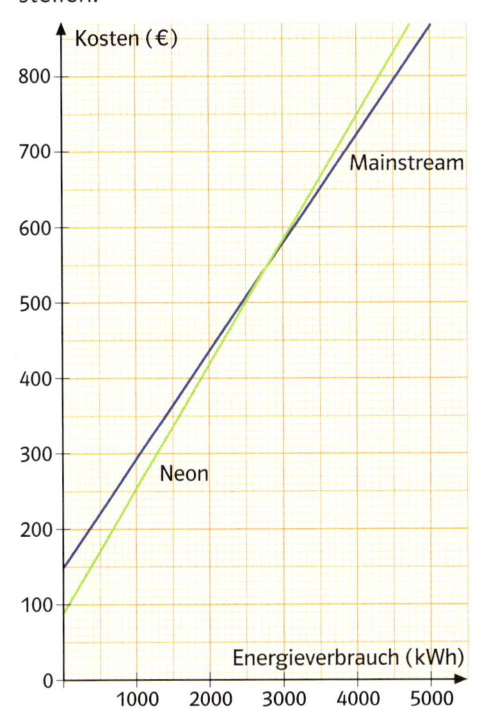

a) Die Gleichung, mit der man beim Angebot von „Mainstream" zu jedem Jahresverbrauch x in Kilowattstunden die Kosten y in Euro bestimmen kann, lautet:

$$y = 0{,}14x + 150.$$

Bestimme für das Angebot von NEON die entsprechende Gleichung. Überprüfe die bereits für 2 000 (3 000, 4 000) Kilowatt berechneten Kosten mithilfe beider Gleichungen.
b) Bestimme die x-Koordinaten des Schnittpunktes, indem du die rechten Seiten beider Gleichungen gleichsetzt. Berechne dann die y-Koordinate. Erläutere die Vorgehensweise.
Welche Bedeutung hat die x-Koordinate des Schnittpunktes, welche die y-Koordinate?
c) Ab welchem jährlichen Energieverbrauch ist das Angebot von NEON günstiger?

3 Vergleiche die beiden Angebote der Energieversorgungsunternehmen miteinander. Bestimme den Bereich, in dem das Angebot von RIVA günstiger ist.

a)

RIVA:	15 Cent pro kWh, 10 € pro Monat
EnSB:	13 Cent pro kWh, 15 € pro Monat

b)

RIVA:	16 Cent pro kWh, 10,50 € pro Monat
EnSB:	18 Cent pro kWh, 6,50 € pro Monat

4 a) Informiere dich über die aktuellen Preise für elektrische Energie in deiner Region. Wie groß ist der Jahresverbrauch an elektrischer Energie in deinem Haushalt?
b) Überlege bei unterschiedlichen Angeboten, welches das günstigere ist. Gibt es noch andere Gründe dafür, bestimmte Angebote anzunehmen?

5 Informiere dich über die aktuellen Preise für Gas in deiner Region. Überlege bei unterschiedlichen Angeboten, welches das günstigere ist.

1 In der Cafeteria bezahlt Herr Vogt für drei belegte Brötchen und zwei Tassen Kaffee zusammen 3,20 €. Frau Heuer werden für eine Tasse Kaffee und zwei belegte Brötchen 2,00 € berechnet. Bestimme jeweils den Preis für eine Tasse Kaffee und ein belegtes Brötchen.

2 Für die Urlaubsfahrt nach Amerika tauscht Herr Stanzel 500 US-Dollar und 800 kanadische Dollar ein. Die Bank berechnet ihm insgesamt 960,50 €. Seine Tochter Eva muss für 20 US-Dollar und 50 kanadische Dollar 51,11 € bezahlen. Berechne die Wechselkurse für 100 US-Dollar und 100 kanadische Dollar.

3 Silkes Mutter leiht sich für zwei Tage einen Wagen. Die Kosten für den Leihwagen setzen sich aus einer Grundgebühr pro Tag und den Kosten für jeden zurückgelegten Kilometer zusammen.

Leihgebühr pro Tag (in €):	x
Anzahl der Tage:	2
Kosten pro km (in €):	y
Anzahl der km:	170
Gesamtkosten (in €):	145,5
Gleichung I:	$2x + 170y = 145{,}5$

Für eine zurückgelegte Strecke von 170 km muss Silkes Mutter nach zwei Tagen insgesamt 145,50 € bezahlen. Svens Vater bezahlt für den gleichen Wagen nach sechs Tagen und 540 km Fahrstrecke 453 €.
Berechne die Grundgebühr pro Tag und die Kosten pro zurückgelegtem Kilometer.

4 Die Kosten für eine Taxifahrt setzen sich aus der Grundgebühr und den Kosten für jeden zurückgelegten Kilometer zusammen (ohne Wartezeit).
Für eine 16 km lange Fahrt mit dem Taxi (ohne Wartezeit) bezahlt Herr Schulte 19,60 €. Frau Schäfers bezahlt nach einer 12 km langen Taxifahrt (ohne Wartezeit) 15,20 €. Wie hoch sind die Grundgebühr und die Kosten für einen zurückgelegten Kilometer?

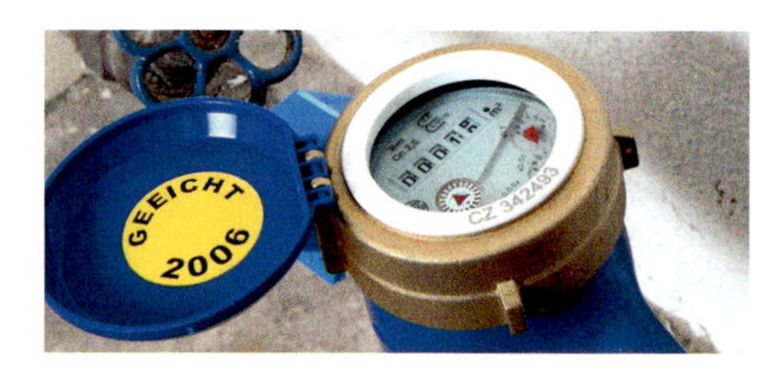

5 Für einen Jahresverbrauch von 125 m³ Frischwasser wird Familie Krüger einschließlich der Grundgebühr für den Zähler ein Nettopreis von 377,50 € berechnet. Familie Busse bezahlt für einen Jahresverbrauch von 140 m³ Frischwasser einen Nettopreis von 415,60 €. Berechne den Nettopreis für den Wasserzähler pro Jahr und den Nettopreis für 1 m³ Frischwasser.

6 Für einen Jahresverbrauch von 2 600 m³ Erdgas werden der Familie Kamp einschließlich Grundgebühr 1 582,88 € berechnet. Familie Plass bezahlt bei einem Verbrauch von 2 900 m³ Erdgas im Jahr beim gleichen Tarif 1752,38 €. Wie hoch sind der Preis für die Zählergebühr und der Preis für 1 m³ Erdgas?

L (26 | 0,55) (2 | 1,1) (60 | 2,54) (0,4 | 0,8) (79,3 | 70,5) (113,88 | 0,565)

Vernetzen: Aufgaben aus den Naturwissenschaften

• **1** Ein Holzwürfel mit einer Kantenlänge von 2 cm und ein Messingwürfel mit einer Kantenlänge von 3 cm haben zusammen eine Masse von 228,1 g. Wäre der kleinere Würfel aus Messing und der größere Würfel aus Holz, würde die Masse nur 79,9 g betragen. Bestimme die Dichte von Holz und Messing.

• **2** Ein Flugzeug braucht für eine 1 200 km lange Flugstrecke eine Zeit von zwei Stunden. Es fliegt dabei in Windrichtung. Fliegt es gegen den Wind, beträgt die Flugzeit 2,5 Stunden. Berechne die Eigengeschwindigkeit des Flugzeugs und die Windgeschwindigkeit.

Eigengeschwindigkeit (in $\frac{km}{h}$): v_1

Windgeschwindigkeit (in $\frac{km}{h}$): v_2

Geschwindigkeit mit dem Wind (in $\frac{km}{h}$): $v_1 + v_2$

$v = \frac{s}{t}$

$s = v \cdot t$

Gleichung I: $1200 = (v_1 + v_2) \cdot 2$

• **3** Ein Fluss hat eine Strömungsgeschwindigkeit von 4 $\frac{km}{h}$. Um von einer Anlegestelle zur nächsten talwärts gelegenen Anlegestelle zu kommen, braucht ein Boot eine Stunde weniger als auf dem Rückweg. Seine Eigengeschwindigkeit beträgt dabei 20 $\frac{km}{h}$. Berechne die Länge der Strecke und die Fahrtdauer auf dem Hinweg.

• **4** Ein Apotheker mischt 15 Liter hochprozentigen Alkohol mit 10 Liter Alkohol von niedrigem Prozentgehalt und erhält 25 Liter 70-prozentigen Alkohol. Eine Mischung aus 12 Liter des hochprozentigen Alkohols und 28 Liter des Alkohols mit niedrigerem Prozentgehalt ergibt dagegen 62,5-prozentigen Alkohol. Bestimme die beiden Prozentgehalte.

hoher Prozentsatz: x %

Volumen (l): 15

reiner Alkohol: $15 \cdot \frac{x}{100}$

niedriger Prozentsatz: y %

Volumen (l): 10

reiner Alkohol: $10 \cdot \frac{y}{100}$

I: $15 \cdot \frac{x}{100} + 10 \cdot \frac{y}{100} = 25 \cdot \frac{70}{100}$

• **5** Aus 96-prozentigem Alkohol und aus 36-prozentigem Alkohol sollen durch Mischen 30 Liter 45-prozentiger Alkohol hergestellt werden. Wie viel Liter 96-prozentiger Alkohol müssen dazu mit wie viel Liter 36-prozentigem Alkohol gemischt werden?

• **6** Messing ist eine Legierung aus Kupfer und Zink. Messing mit einem Kupfergehalt von 85 % soll zusammen mit Messing mit einem Kupfergehalt von 55 % eingeschmolzen werden, um 100 kg Messing mit einem Kupfergehalt von 72 % zu erzeugen.
Wie viel Kilogramm werden von den ursprünglichen Legierungen benötigt? Runde sinnvoll.

L (540 | 60) (80 | 55) (56,667 | 43,333) (0,5 | 8,3) (48 | 2) (4,5 | 25,5)

Lernkontrolle 1

1 Bestimme grafisch die Lösungsmenge des Gleichungssystems. Mache die Probe, indem du die Koordinaten des Schnittpunktes in beide Ausgangsgleichungen einsetzt.

a) $y = 0{,}5x + 3$
$y = -2{,}5x$

b) $2y = -2x + 3$
$4y + 6x = 14$

c) $2y + 4 = x$
$4y - 16 = 10x$

d) $3x = 4y + 6$
$x - 0{,}5y = -0{,}5$

2 Bestimme rechnerisch die Lösungsmenge des Gleichungssystems. Mache die Probe.

a) $2y - 4x = 30$
$4y - 68 = 6x$

b) $6x - 2y = 53$
$8y - 38 = 4x$

c) $3y + x = 14$
$6y - 97 = 4x$

d) $9x + 6y = -15$
$3y - 3x = 93$

3 Entscheide rechnerisch, wie viele Lösungen das Gleichungssystem hat. Existiert nur eine Lösung, so gib diese an.

a) $3y + 7x = -35$
$-26 - 6y = 10x$

b) $2y - 8x = -14$
$12x - 21 = 3y$

c) $3x + 9y = 42$
$14y + 2x = 80$

d) $4y - 6x = 16$
$6y - 22 = 9x$

4 Bestimme die Lösungsmenge des Zahlenrätsels.

a) Die Differenz zweier Zahlen ist um 15 kleiner als das Doppelte der ersten Zahl. Die Summe aus dem Achtfachen der ersten Zahl und dem Zehnfachen der zweiten Zahl ergibt 100.

b) Die Summe zweier Zahlen ist um 1 größer als das Doppelte der zweiten Zahl. Das Dreifache des Nachfolgers der ersten Zahl ist gleich dem Vierfachen des Vorgängers der zweiten Zahl.

5 Ein Draht von 180 cm Länge soll zu einem Rechteck gebogen werden. Dabei soll die größere Rechteckseite um 15 cm länger werden als die kleinere. Berechne die Länge beider Rechteckseiten.

6 Jonas kauft im Schulkiosk drei Joghurt und vier Brötchen für insgesamt 3,20 € ein. Nurcan muss für zwei Joghurt und zwei Brötchen zusammen 1,80 € bezahlen. Bestimme jeweils den Preis für einen Joghurt und ein Brötchen.

Wiederholung

1 Aus einer Urne mit 15 roten, 10 schwarzen und 25 grünen, sonst gleichartigen Kugeln wurde 200-mal jeweils eine Kugel gezogen. Die Farbe der gezogenen Kugel wurde notiert, dann wurde die Kugel wieder zurückgelegt.

Ergebnis	absolute Häufigkeit
rot	72
schwarz	36
grün	92

a) Berechne für jedes Ergebnis die relativen Häufigkeiten als Dezimalzahl und in Prozent.

b) Welche relativen Häufigkeiten erwartest du bei 1 000 Durchführungen des Zufallsexperiments?

2 Berechne bei den folgenden Zufallsexperimenten die Wahrscheinlichkeit für jedes Ergebnis. Gib die Wahrscheinlichkeit als Bruch und in Prozent an. Runde falls notwendig auf zwei Nachkommastellen.

a) Ein Würfel mit einer roten, zwei weißen und drei blauen Seitenflächen wird einmal geworfen.

b) Ein Glücksrad mit zwölf gleichgroßen Feldern, die die Zahlen von 1 bis 12 tragen, wird einmal gedreht.

c) Aus einer Urne mit drei roten, vier gelben, zwei grünen und einer weißen Kugel wird eine Kugel gezogen.

d) Aus einer Lostrommel mit 4900 Nieten und 100 Gewinnen wird ein Los gezogen.

Lernkontrolle 2

1 Bestimme rechnerisch die Lösungsmenge des Gleichungssystems. Mach die Probe.

a) $3x + 6y = 90$
$2y - 4x = 140$

b) $4x + 2y = 36$
$-8y = 6x - 20$

c) $3y - 2x = -7$
$15 + 4y = x$

d) $4y + 8x = -84$
$-50 - 6y = 7x$

2 Entscheide rechnerisch, wie viele Lösungen das Gleichungssystem hat. Existiert nur eine Lösung, so gib diese an.

a) $0{,}8 + 1{,}8y = 1{,}2x$
$1{,}8x - 2{,}7y = 1{,}3$

b) $2{,}8\,y - 4{,}8x = 164$
$1{,}8x + 2{,}1y = 20{,}4$

c) $\frac{1}{2}x - \frac{3}{4}y = \frac{1}{2}$
$\frac{1}{4}y - \frac{1}{6}x = -\frac{1}{6}$

d) $\frac{1}{2}x - \frac{2}{3} = y$
$\frac{2}{3}y + \frac{5}{6}x = \frac{1}{3}$

3 Der Umfang eines Parallelogramms beträgt 48 cm. Die Länge einer Seite ist um 3 cm größer als die Länge der anderen Seite. Wie lang sind die Seiten des Parallelogramms?

4 Verkürzt man bei einem rechteckigen Grundstück die Grundstückslänge um 5 m und vergrößert die Grundstücksbreite um 3 m, nimmt der Flächeninhalt um 7 m^2 ab. Verkürzt man die Grundstückslänge um 4 m und vergrößert die Grundstücksbreite um 5 m, nimmt der Flächeninhalt um 80 m^2 zu. Bestimme die ursprüngliche Breite und Länge des Grundstücks.

5 Für eine Geschäftsreise nach Südamerika tauscht Frau Schneider 1 500 Brasilianische Real (BRL) und 1 600 Argentinische Peso (ARS) für insgesamt 955,40 € ein. Ihr Geschäftspartner kauft 2000 BRL und 1 800 ARS für zusammen 1 189,20 €. Berechne jeweils die Wechselkurse für 100 Brasilianische Real und für 100 Argentinische Peso.

6 In einer Fabrik können pro Tag höchstens 50 Geräte vom Typ A und höchstens 70 Geräte vom Typ B produziert werden. Insgesamt können an einem Tag höchstens 80 Geräte hergestellt werden. An Gerät A verdient die Fabrik 30 €, an B 50 €. Für welche Tagesproduktion ist der Gewinn maximal? Gib auch den maximalen Gewinn an.

1 Für ein Zufallsexperiment stehen dir eine Urne und gleichartige weiße, schwarze, rote und blaue Kugeln zur Verfügung. Es soll eine Kugel aus der Urne gezogen werden. Die Wahrscheinlichkeit dafür, dass eine weiße Kugel gezogen wird, soll 0,2 betragen, die Wahrscheinlichkeit für eine schwarze Kugel 0,3 und für eine rote Kugel 0,4.
Wie viele Kugeln von jeder Farbe musst du in die Urne legen, wenn die Urne insgesamt 20 (50, 250) Kugeln enthalten soll?

2 In einer Urne befinden sich 45 gleichartige Kugeln, die die Zahlen von 1 bis 45 tragen. Eine Kugel wird gezogen, die gezogene Zahl wird notiert.
Gib die Ereignisse jeweils als Menge an und berechne ihre Wahrscheinlichkeit.
E_1: Die Zahl ist durch 3 teilbar.
E_2: Die Zahl ist durch 5 teilbar.
E_3: Die Zahl ist durch 37 teilbar.
E_4: Die Zahl ist kleiner als 50.
E_5: Die Zahl ist größer als 60.
E_6: Die Zahl ist durch 9 teilbar.
E_7: Die Zahl ist durch 3 und 5 teilbar.
E_8: Die Zahl ist nicht durch 9 teilbar.

Für den Bau der Pyramiden mussten im alten Ägypten quadratische Grundflächen eingemessen werden.

4 Die Satzgruppe des Pythagoras

Nach der jährlichen Überschwemmung des Nils wurden die zerstörten Felder in den Ebenen wieder neu vermessen.

Der Bau der Pyramiden und die Neuvermessung von Feldern machten es bereits vor über 4 000 Jahren in Ägypten notwendig, Streckenlängen zu berechnen und rechte Winkel zu erzeugen.

Sogenannte „Seilspanner" hatten im alten Ägypten die Aufgabe, für die Vermessung des Landes rechtwinklige Dreiecke abzustecken.

Sie benutzten dazu wahrscheinlich ein Seil, das durch elf Knoten in zwölf gleich lange Abschnitte eingeteilt wurde.
Die beiden Enden des Seiles wurden zusammengeknotet.

Überlege anhand der Abbildung, wie sich mithilfe dieses geschlossenen Knotenseils ein rechter Winkel herstellen lässt. Gib auch an, an welchen Stellen das Knotenseil fixiert werden muss.

Knotenseile

1 Die Abbildungen zeigen dir, wie eine Arbeitsgruppe ein geschlossenes Knotenseil mit zwölf Längeneinheiten (gleiche Knotenabstände) benutzt, um ein rechtwinkliges Dreieck zu erzeugen.
a) Beschreibe das Vorgehen der Gruppe.

Wohin mit der dritten Stange?

b) Aus wie vielen Längeneinheiten bestehen die einzelnen Seiten des aufgespannten Dreiecks?
Beschrifte mit den Ergebnissen ein rechtwinkliges Dreieck in deinem Heft.

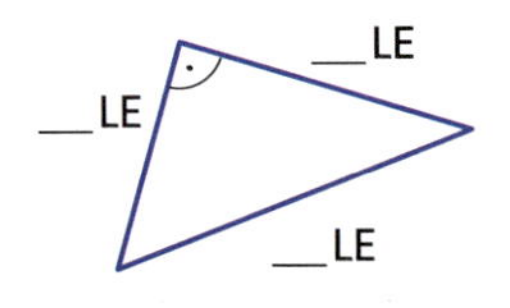

2 Fertigt in Gruppenarbeit zunächst ein Knotenseil mit 40 Längeneinheiten an.
Versucht anschließend, mit einem geschlossenen Knotenseil verschiedene rechtwinklige Dreiecke aufzuspannen.
Dabei müsst ihr nicht die gesamte Länge des Knotenseils benutzen.

Überprüft jeweils, ob das aufgespannte Dreieck einen rechten Winkel hat.

In einem rechtwinkligen Dreieck heißen die Schenkel des rechten Winkels Katheten.

Die dritte Seite heißt Hypotenuse. Sie liegt dem rechten Winkel gegenüber und ist die längste Seite.

Notiert die Ergebnisse eurer Versuche in einer Tabelle.

Kathete (LE)	Kathete (LE)	Hypotenuse (LE)
3	4	5
■	■	■
■	■	■
■	■	■
■	■	■

Der Satz des Pythagoras

1 Im Internet suchen die Schülerinnen und Schüler nach Informationen über „rechtwinklige Dreiecke". Sie finden die folgende Abbildung.

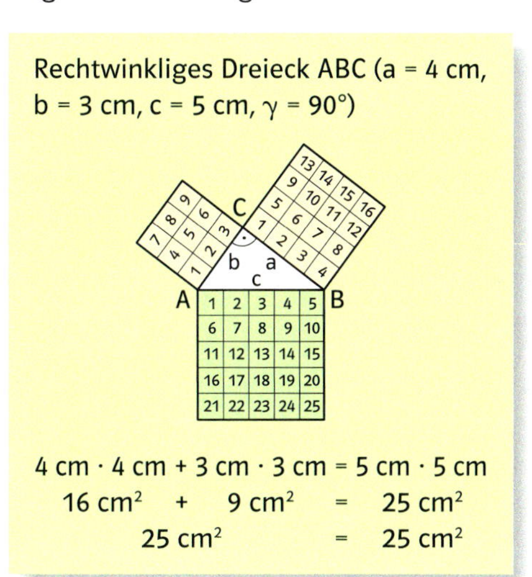

Rechtwinkliges Dreieck ABC ($a = 4$ cm, $b = 3$ cm, $c = 5$ cm, $\gamma = 90°$)

$4 \text{ cm} \cdot 4 \text{ cm} + 3 \text{ cm} \cdot 3 \text{ cm} = 5 \text{ cm} \cdot 5 \text{ cm}$

$16 \text{ cm}^2 + 9 \text{ cm}^2 = 25 \text{ cm}^2$

$25 \text{ cm}^2 = 25 \text{ cm}^2$

a) Welche Beziehung entdeckst du zwischen den Quadraten der Seitenlängen?
b) Überprüfe deine Vermutung an den abgebildeten Dreiecken.

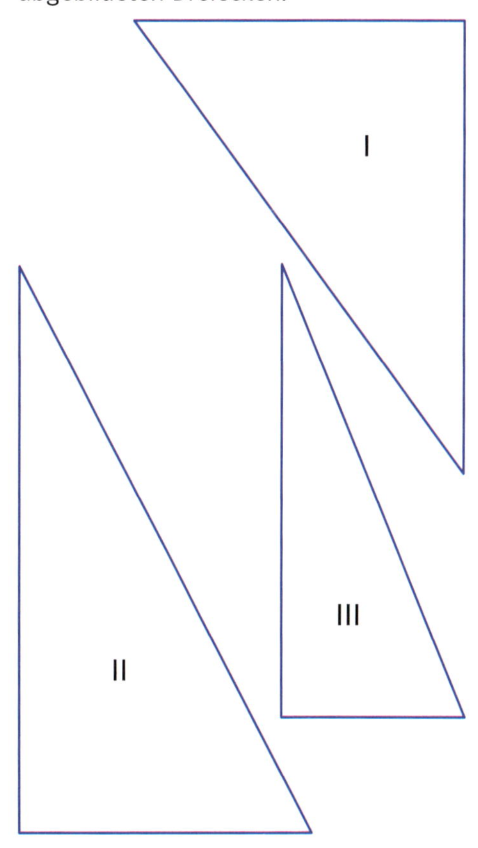

2 In der Tabelle findest du die Seitenlängen a, b und c eines Dreiecks ABC. Stelle durch eine Rechnung fest, ob es sich dabei um ein rechtwinkliges Dreieck handeln kann.
Überlege zunächst, welche Seite des Dreiecks die Hypotenuse sein könnte.

	a)	b)	c)	d)	e)
a	75 cm	24 cm	5,6 dm	6,8 cm	3,9 m
b	40 cm	40 cm	3,4 dm	6,0 cm	5,2 m
c	85 cm	32 cm	4,8 dm	3,2 cm	6,5 m

Satz des Pythagoras
In jedem rechtwinkligen Dreieck haben die beiden Kathetenquadrate zusammen den gleichen Flächeninhalt wie das Hypotenusenquadrat.

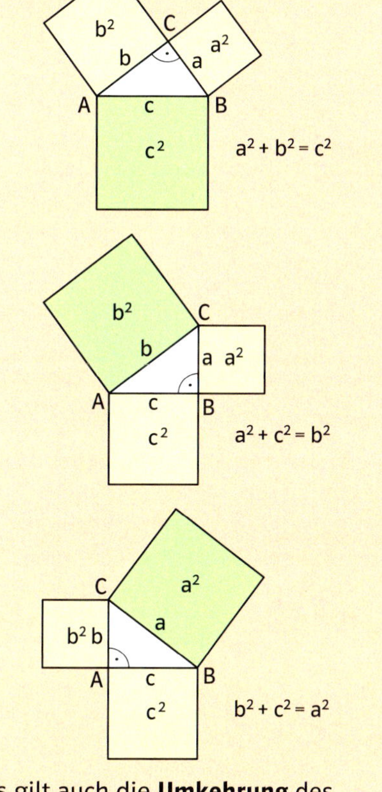

Es gilt auch die **Umkehrung** des Satzes des Pythagoras: Wenn für die Seiten a, b und c eines Dreiecks ABC die Gleichung $a^2 + b^2 = c^2$ gilt, dann ist das Dreieck ABC rechtwinklig mit c als Hypotenuse.

Berechnungen in rechtwinkligen Dreiecken

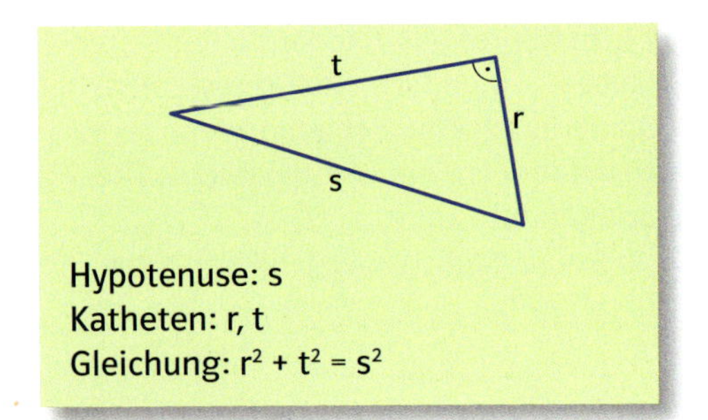

1 Bestimme in dem abgebildeten Dreieck zunächst die Lage des rechten Winkels. Formuliere anschließend für das Dreieck den Satz des Pythagoras als Gleichung.

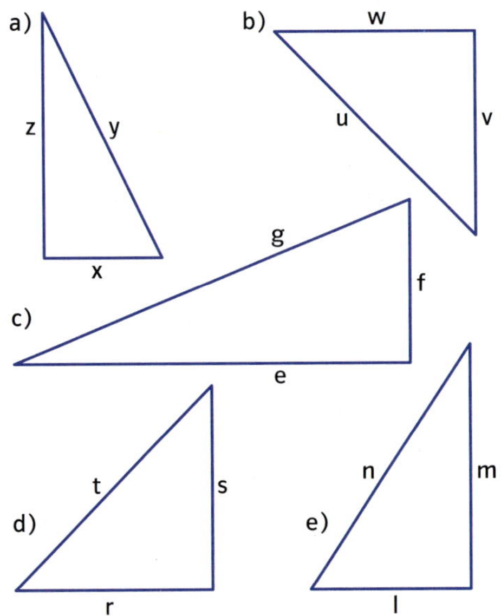

2 An einem Seil sind wie abgebildet drei Knoten geknüpft. Lässt sich mit dem Seil an diesen drei Stellen ein rechtwinkliges Dreieck aufspannen?

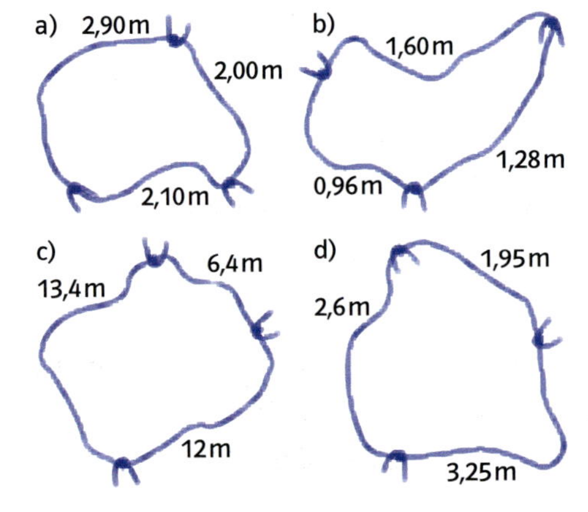

51

Sind in einem rechtwinkligen Dreieck zwei Seitenlängen gegeben, so kannst du mit dem Satz des Pythagoras die Länge der dritten Seite berechnen.

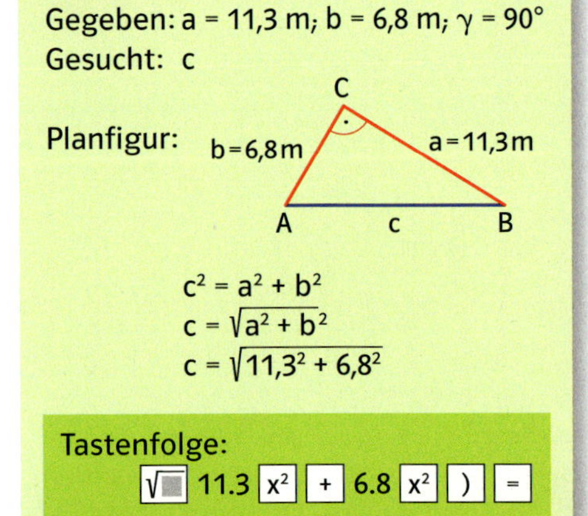

Gegeben: $a = 11{,}3$ m; $b = 6{,}8$ m; $\gamma = 90°$
Gesucht: c

Planfigur:

$$c^2 = a^2 + b^2$$
$$c = \sqrt{a^2 + b^2}$$
$$c = \sqrt{11{,}3^2 + 6{,}8^2}$$

Tastenfolge: √ 11.3 x² + 6.8 x²) =

Anzeige: 13.18825235

$$c \approx 13{,}2$$

Die Seite c ist ungefähr 13,2 m lang.

3 Berechne in dem abgebildeten Dreieck die Länge der Hypotenuse.

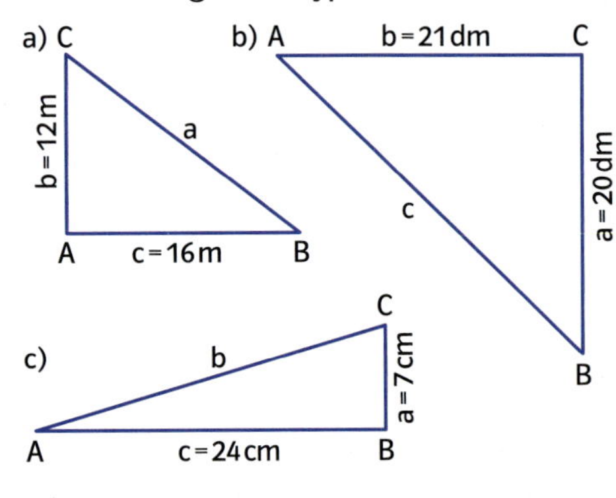

4 Berechne die fehlende Seitenlänge in dem Dreieck ABC. Fertige zunächst eine Planfigur an.

a) $a = 7{,}4$ cm $c = 5{,}5$ cm $\beta = 90°$
b) $b = 4{,}8$ cm $c = 2{,}5$ cm $\alpha = 90°$
c) $a = 3{,}5$ m $b = 12{,}0$ m $\gamma = 90°$
d) $a = 55$ cm $c = 132$ cm $\beta = 90°$

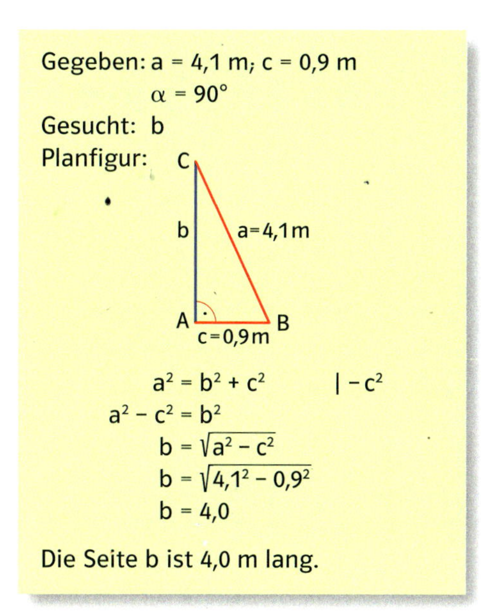

Gegeben: $a = 4{,}1$ m; $c = 0{,}9$ m

$\alpha = 90°$

Gesucht: b

Planfigur:

$$a^2 = b^2 + c^2 \quad | -c^2$$
$$a^2 - c^2 = b^2$$
$$b = \sqrt{a^2 - c^2}$$
$$b = \sqrt{4{,}1^2 - 0{,}9^2}$$
$$b = 4{,}0$$

Die Seite b ist 4,0 m lang.

5 Bestimme in dem Dreieck ABC die fehlende Seitenlänge. Überlege zunächst, welche Seite des Dreiecks die Hypotenuse ist.

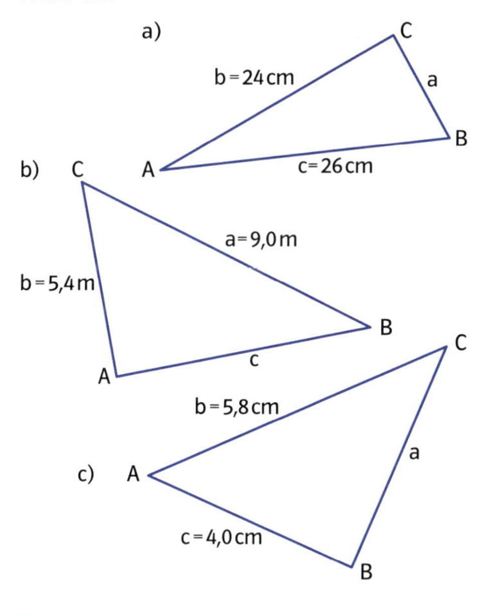

6 Berechne die fehlende Seitenlänge in dem Dreieck ABC. Fertige eine Planfigur an.

a)	b)	c)	d)
a = 2,1 dm	a = 135 m	b = 4,8 cm	b = 250 m
b = 7,5 dm	c = 108 m	c = 6,0 cm	c = 70 m
$\beta = 90°$	$\alpha = 90°$	$\gamma = 90°$	$\beta = 90°$

7 Berechne die fehlende Seitenlänge in dem Dreieck ABC. Bestimme zunächst die Lage des rechten Winkels.

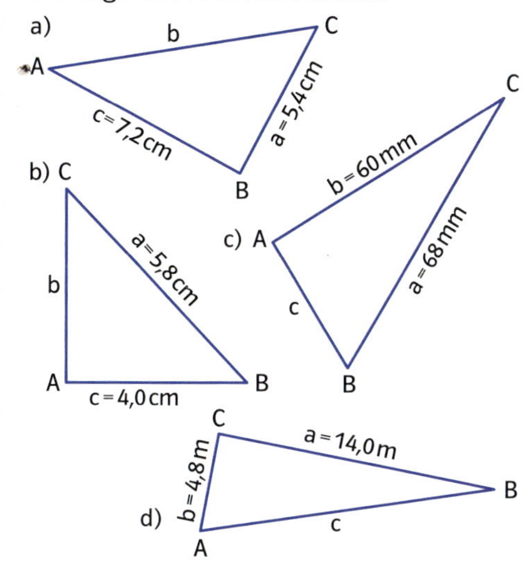

● **8** Berechne die fehlende Seitenlänge in dem Dreieck ABC. Fertige eine Planfigur an.

a)	b)	c)	d)
b = 10,4 m	a = 11,0 cm	a = 30 dm	a = 17 cm
c = 7,8 m	c = 26,4 cm	b = 34 dm	c = 8 cm
$\alpha = 90°$	$\beta = 90°$	$\beta = 90°$	$\alpha = 90°$

e)	f)	g)	h)
a = 105 m	a = 10,2 m	b = 24,4 m	b = 21 m
b = 273m	c = 9,0 m	c = 24,0 m	c = 29 m
$\beta = 90°$	$\alpha = 90°$	$\beta = 90°$	$\gamma = 90°$

L 16 252 4,8 13,0 20 4,4 15 28,6

9 Mit einem Maurerdreieck kannst du vor allem größere rechte Winkel überprüfen. Im Technikunterricht werden Latten für verschieden große Maurerdreiecke zugeschnitten.
Sind die Längen richtig berechnet?

Längen der Latten				
I	II	III	IV	V
105 cm	25 cm	100 cm	45 cm	150 cm
100 cm	60 cm	230 cm	200 cm	70 cm
145 cm	75 cm	260 cm	205 cm	170 cm

Problemlösen Sachaufgaben mithilfe des Satzes des Pythagoras lösen

Aufgabe:
Die Feuerwehr will mithilfe einer Drehleiter ein 20 m hoch gelegenes Fenster erreichen. Das Feuerwehrfahrzeug steht rechtwinklig zur Hauswand. Der Fußpunkt der Leiter liegt dabei 7,50 m entfernt von der Hauswand.
Wie weit muss die Leiter mindestens ausgefahren werden?

1. Stelle fest, welche Angaben und Informationen du brauchst, um die Aufgabe zu bearbeiten.

Höhe des Fensters: 20 m
Abstand der Leiter von der Hauswand: 7,50 m
Fußpunkt der Leiter über dem Erdboden: 2 m

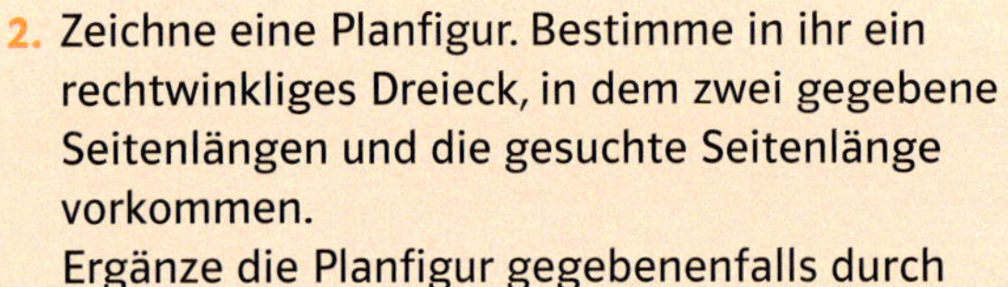

2. Zeichne eine Planfigur. Bestimme in ihr ein rechtwinkliges Dreieck, in dem zwei gegebene Seitenlängen und die gesuchte Seitenlänge vorkommen.
Ergänze die Planfigur gegebenenfalls durch geeignete Hilfslinien.

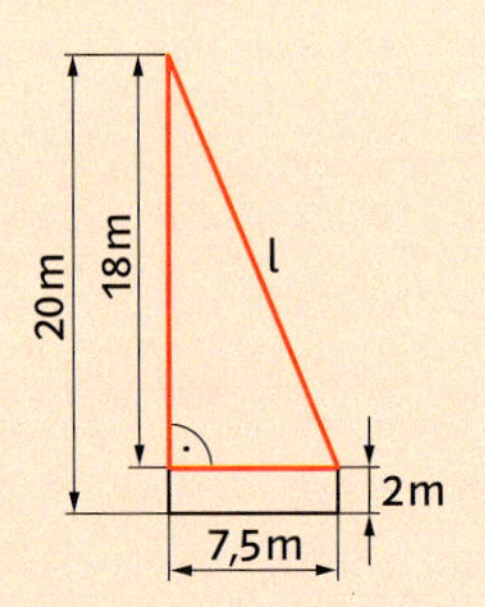

3. Formuliere für das Dreieck den Satz des Pythagoras als Gleichung.
Berechne die gesuchte Seitenlänge.

$$l^2 = 18^2 + 7{,}5^2$$
$$l = \sqrt{18^2 + 7{,}5^2}$$
$$l = 19{,}5$$

4. Formuliere eine Antwort.

Die Drehleiter muss mindestens 19,5 m ausgefahren werden.

1 Die Befestigung eines Fallrohres muss erneuert werden. Eine Leiter wird 2,0 m von der Wand entfernt aufgestellt. Welche Länge hat die Leiter, wenn sie in 4,8 m Höhe an der Wand anliegt?

2 Eine 5,50 m lange Leiter wird an einen Baum gelehnt. Der Fuß der Leiter steht dabei 1,80 m vor dem Baum. Wie hoch reicht die Leiter?

3 In 50 m Entfernung vom abgebildeten Busch hält Lea an einer 70 m langen straff gespannten Schnur einen Drachen.

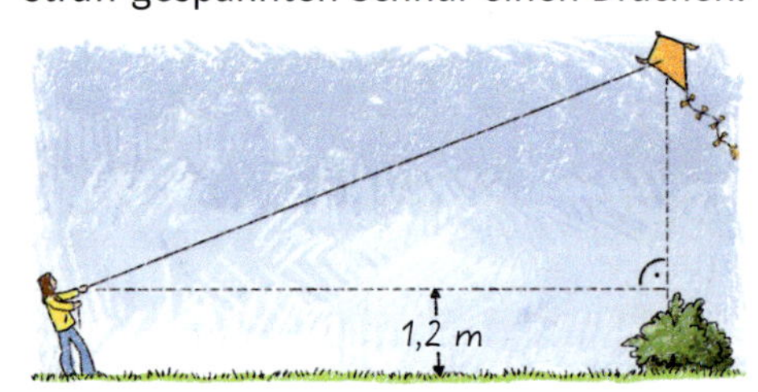

In welcher Höhe fliegt der Drachen?

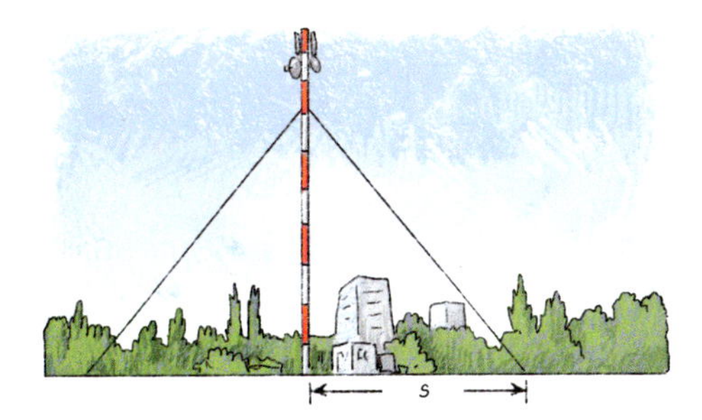

4 a) An einem Sendemast ist in 30 m Höhe ein 45 m langes Stahlseil befestigt. Wie viele Meter vom Fußpunkt des Mastes entfernt ist das Seil verankert?
b) Ein 190 m langes Seil ist 108 m von einem Mast entfernt am Boden verankert. In welcher Höhe ist das Seil am Mast befestigt?

5 Eine 12,50 m lange Leiter lehnt an einer Hauswand. Das untere Leiterende steht dabei 3,80 m von der Wand entfernt auf dem Erdboden. In welcher Höhe liegt die Leiter an der Wand an?

6 Ein starker Sturm hat eine Lärche in einer Höhe von 5,50 m so abgeknickt, dass ihre Spitze 12,50 m vom Stamm entfernt den Waldboden berührt.

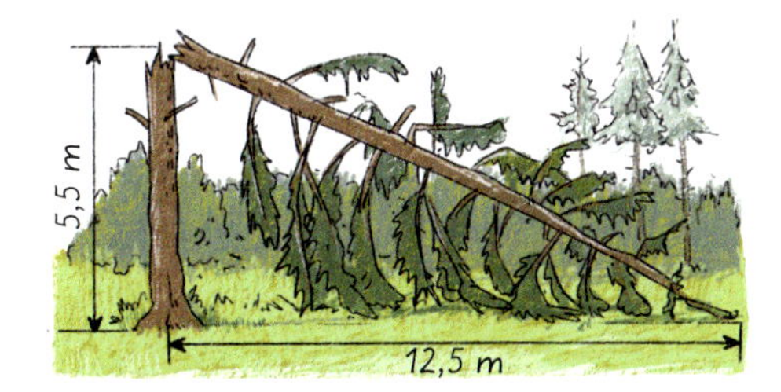

Welche Höhe hat der Baum?

7 Ein Fußgänger läuft in einem Park wie abgebildet über die Rasenfläche.

Um wie viel Meter verkürzt sich dadurch sein Weg?

8 Eine Drahtseilbahn verbindet die beiden Punkte A und B.
Die Entfernung der beiden Punkte beträgt auf der Karte 70 mm. Der Punkt A liegt auf der Höhenlinie 400, Punkt B auf der Höhenlinie 1 000.

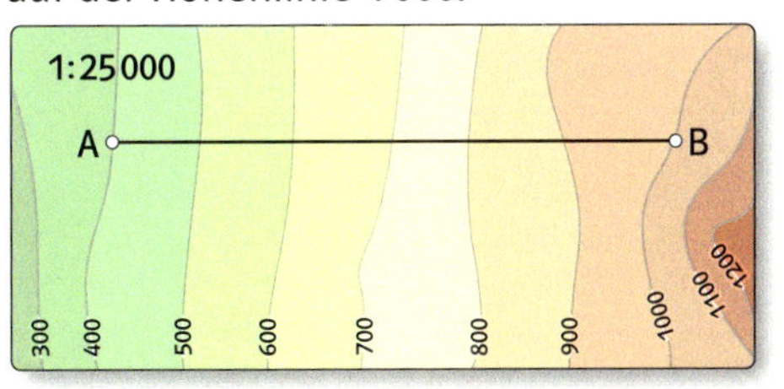

Wie lang muss das Halteseil zwischen den Punkten A und B mindestens sein?

9 Eine Zahnradbahn überwindet einen Höhenunterschied von 450 m. Auf einer Karte (Maßstab 1: 50 000) beträgt die Entfernung zwischen der Tal- und Bergstation 4 cm.
Berechne die wirkliche Streckenlänge.

10 a) Ein Ballonfahrer blickt aus 100 m Höhe auf die Erdoberfläche. Berechne mithilfe der Abbildung die Sichtweite s.
b) Ein Matrose sieht vom Ausguck im Mast in 10 km Entfernung ein Schlauchboot.

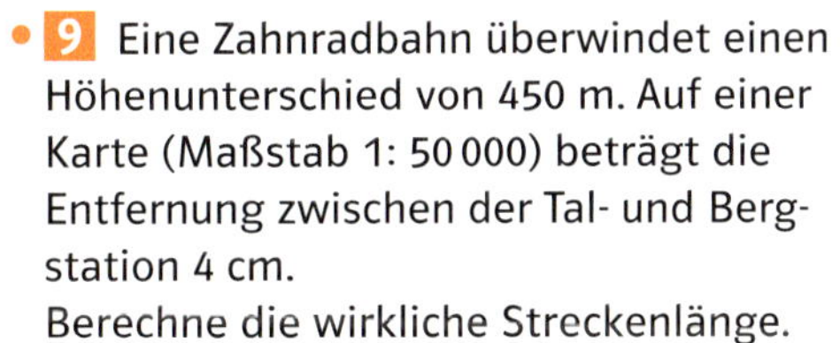

L zu 4 bis 10: 19,2 1 850 2 050 33,5 7,8 156,3 18 11,9 35,7

Pythagoras-Puzzle

1 Mit einem „Pythagoras-Puzzle" lässt sich der Satz des Pythagoras bestätigen. Wie du ein solches Puzzle anfertigen kannst, zeigt dir die folgende Anleitung.

1. Zeichne ein rechtwinkliges Dreieck. Konstruiere die Katethenquadrate und das Hypotenusenquadrat.

2. Bestimme den Mittelpunkt M des größeren Kathetenquadrates. Zeichne durch M die Parallele und die Senkrechte zur Hypotenuse.

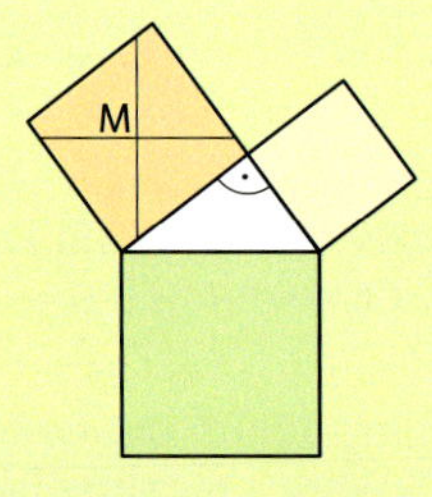

3. Nummeriere deine Zeichnung wie abgebildet. Schneide anschließend die Figuren 1, 2, 3, 4 und 5 aus.

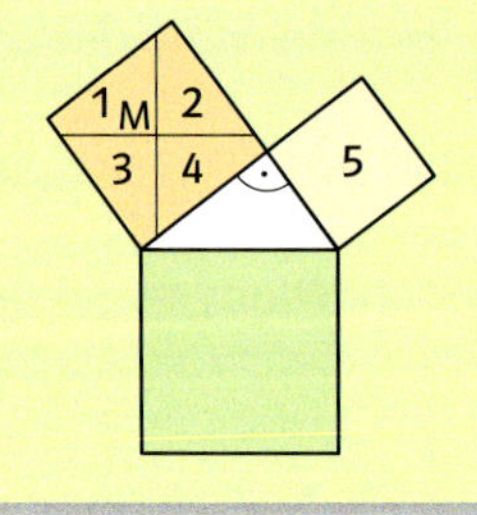

Versuche, das Hypotenusenquadrat mit den ausgeschnittenen Flächen auszulegen.

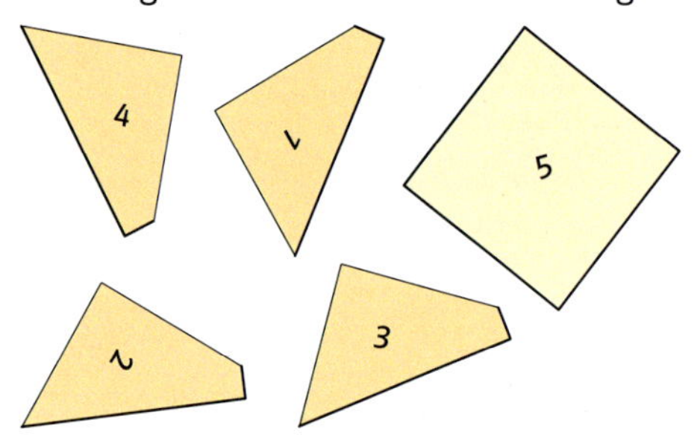

2 Mithilfe der folgenden Abbildungen kannst du ein weiteres Pythagoras-Puzzle herstellen.

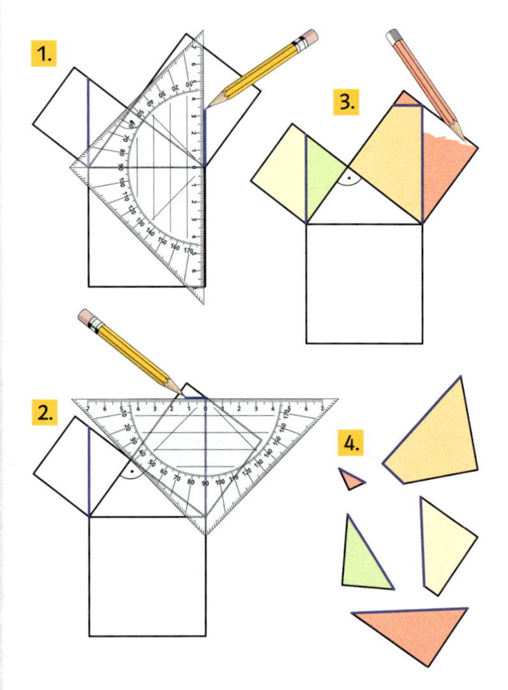

Versuche mit deinen farbigen Puzzleteilen, das Hypotenusenquadrat auszulegen.

Die Abbildung zeigt dir, wie du beginnen kannst.

Arbeiten mit dem Computer: Der Satz des Pythagoras

Mithilfe eines Geometrieprogramms kannst du den Satz des Pythagoras überprüfen. Bearbeite dazu die folgenden Aufgaben.

1 a) Erzeuge über einer Strecke $\overline{AB}$ einen Halbkreis*. Binde einen Punkt C in beliebiger Lage an den Halbkreis.
b) Verbinde die Punkte A, B und C wie abgebildet zu einem Dreieck und miss die Größe des Winkels ∢ ACB.
Verändere die Lage des Punktes C. Was stellst du fest?

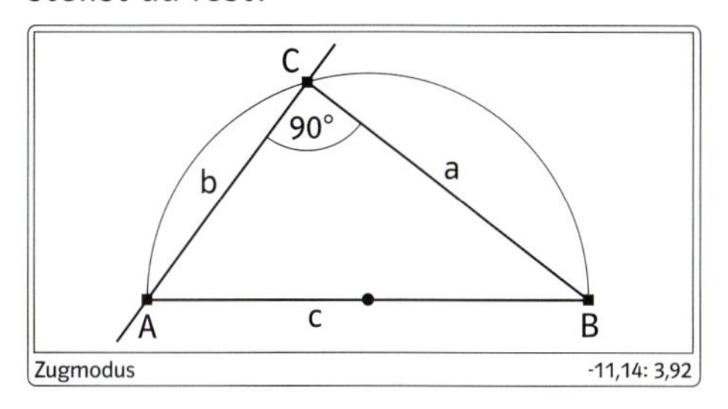

2 a) Zeichne zunächst ein Quadrat über der Hypotenuse c.
Mit dem Befehl „Objekt verbergen/anzeigen" kannst du Hilfslinien verstecken.

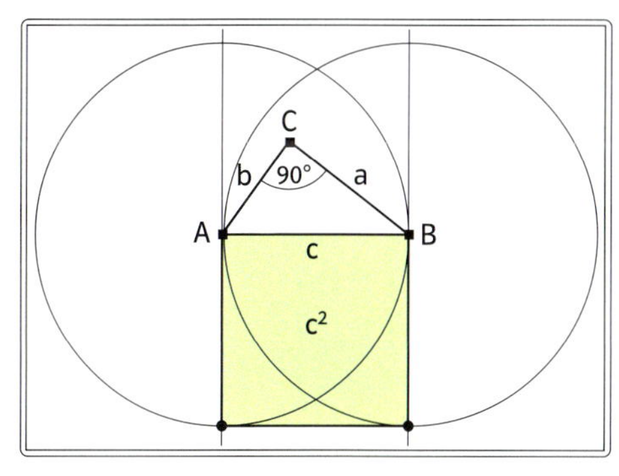

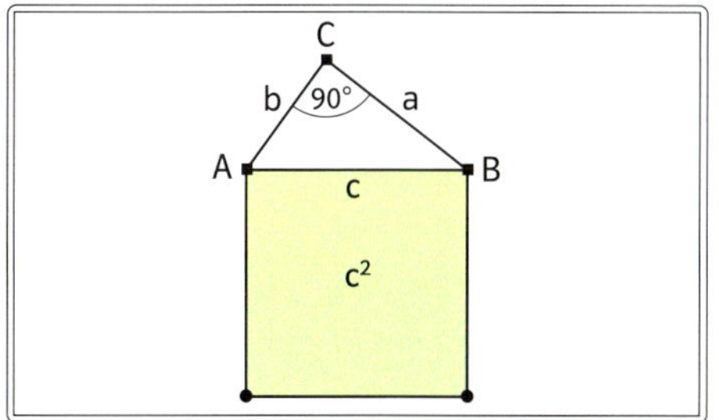

b) Erzeuge anschließend jeweils ein Quadrat über der Kathete a und über der Kathete b.

3

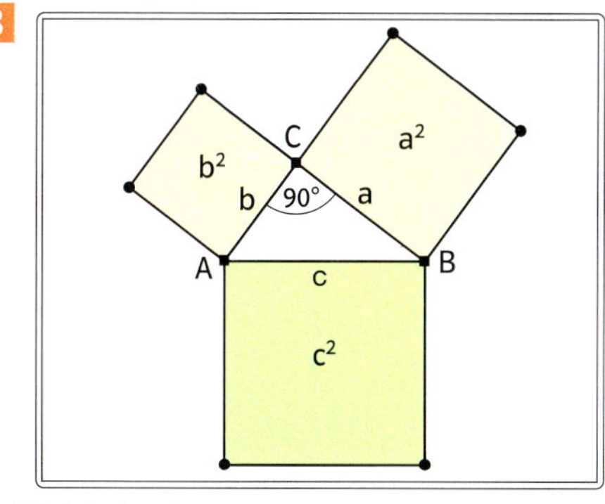

a) Wähle in der Leiste „Messen und Rechnen" den Befehl „Termobjekt erstellen" an.

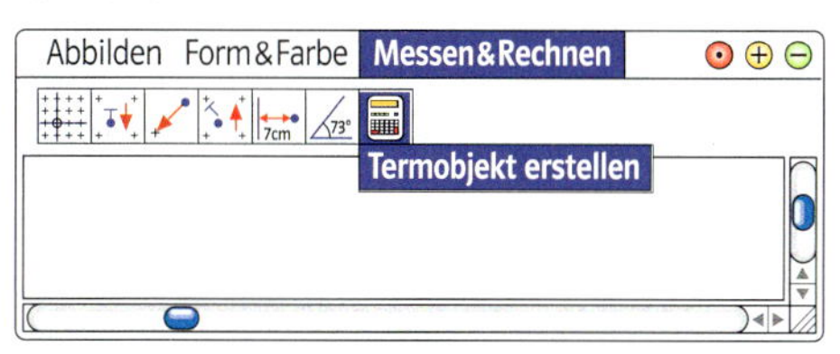

Es erscheint das Term-Eingabefenster. Du kannst jetzt einen Term eingeben. Hilfen zur Eingabe von Termen findest du im „Menü Hilfe" unter „Hilfe zum aktuellen Befehl."
Nach abgeschlossener Eingabe werden auf dem Bildschirm der eingegebene Term und sein jeweils aktueller Wert dargestellt.

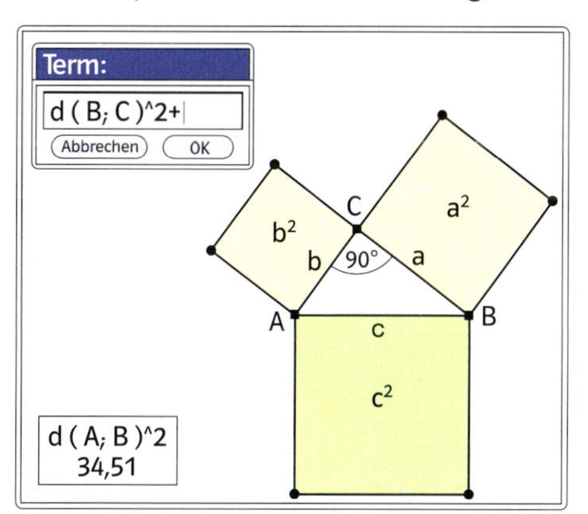

In der Abbildung siehst du das geöffnete Eingabefenster „Termobjekt erstellen". Die Eingabe ist noch nicht abgeschlossen.
Vervollständige die Eingabe so, dass du die Gültigkeit des Satzes des Pythagoras zeigen kannst.
b) Was geschieht, wenn du im Zugmodus die Lage einzelner Eckpunkte des Dreiecks änderst?

*Thaleskreis (genannt nach Thales von Milet, gr. Mathematiker, um 624 – 547 v. Chr.)

1 Im abgebildeten rechtwinkligen Dreieck ABC ($\gamma = 90°$) teilt die Höhe h_c die Hypotenuse c in die **Hypotenusenabschnitte q** und **p**.

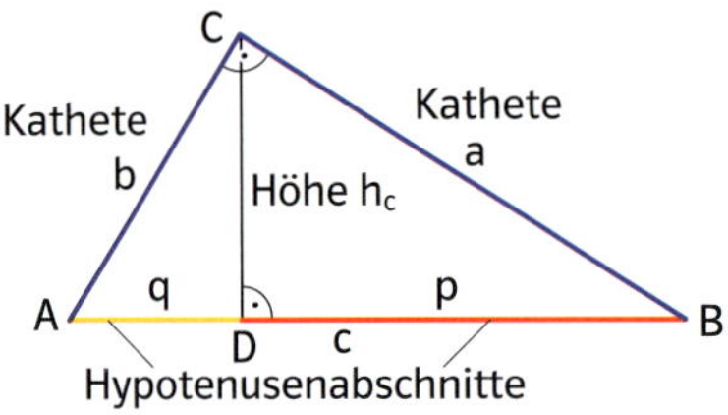

a) Konstruiere aus den gegebenen Seitenlängen ein rechtwinkliges Dreieck ABC ($\gamma = 90°$) und ergänze die Tabelle im Heft. Was stellst du fest?

	a	b	c	p	a^2	$c \cdot p$
I	6 cm	8 cm	■	■	■	■
II	3 cm	4 cm	■	■	■	■
III	7,5 cm	10 cm	■	■	■	■
IV	6 cm	4,5 cm	■	■	■	■

b) Zeichne mithilfe eines Geometrieprogramms wie abgebildet das Quadrat über der Kathete a sowie das Rechteck aus der Hypotenuse c und dem Hypotenusenabschnitt p.

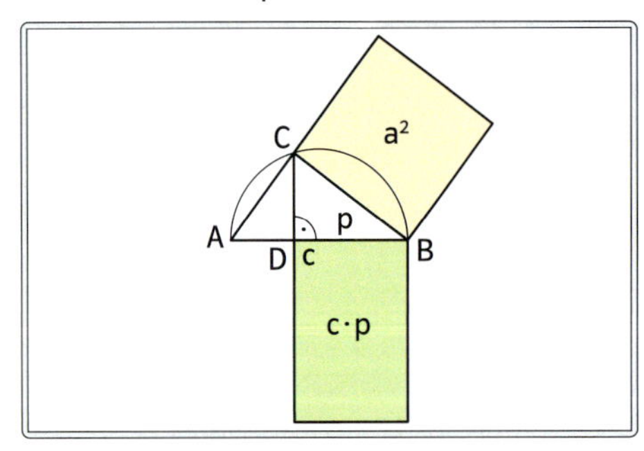

Bestimme anschließend den Flächeninhalt des Quadrats und des Rechtecks. Benutze dazu in der Leiste „Messen und Rechnen" den Befehl „Flächeninhalt messen".

c) Ändere die Größe des rechtwinkligen Dreiecks. Notiere deine Beobachtungen.

d) Untersuche ebenso den Zusammenhang zwischen dem Quadrat über der Kathete b und dem Rechteck aus der Hypotenuse c und dem Hypotenusenabschnitt q.

2 a) Konstruiere aus den gegebenen Seitenlängen a und b das rechtwinklige Dreieck ABC ($\gamma = 90°$). Zeichne die Höhe h_c ein. Ergänze die Tabelle im Heft. Was stellst du fest?

	I	II	III	IV
a	5,4 cm	9,0 cm	7,1 cm	10,8 cm
b	3,6 cm	4,5 cm	7,1 cm	7,2 cm
q	■	■	■	■
p	■	■	■	■
h_c	■	■	■	■
h_c^2	■	■	■	■
$p \cdot q$	■	■	■	■

b) Konstruiere mithilfe eines Geometrieprogramms zunächst ein rechtwinkliges Dreieck ABC ($\gamma = 90°$).
Zeichne anschließend wie abgebildet das Quadrat über der Höhe h_c und das Rechteck aus den beiden Hypotenusenabschnitten q und p.

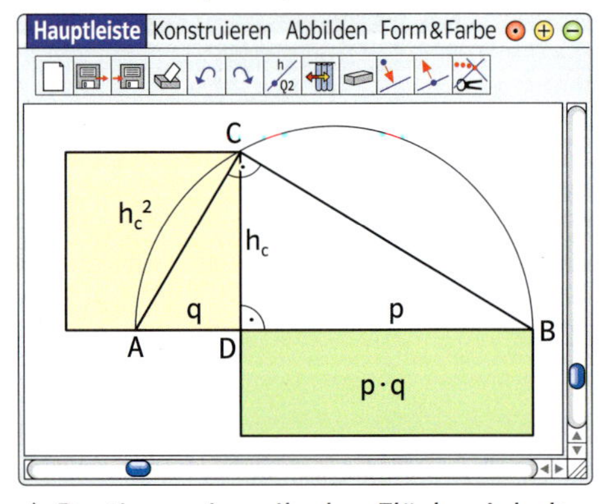

c) Bestimme jeweils den Flächeninhalt der Vierecke. Welchen mathematischen Zusammenhang vermutest du? Notiere deine Antwort.

Grundwissen: Die Satzgruppe des Pythagoras

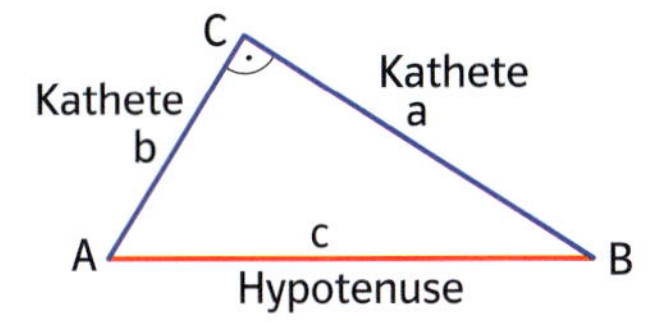

In jedem **rechtwinkligen Dreieck** heißen die Schenkel des rechten Winkels **Katheten.** Die dritte Seite heißt **Hypotenuse;** sie liegt dem rechten Winkel gegenüber und ist die längste Seite.

Satz des Pythagoras
In jedem rechtwinkligen Dreieck haben die beiden Kathetenquadrate zusammen den gleichen Flächeninhalt wie das Hypotenusenquadrat.

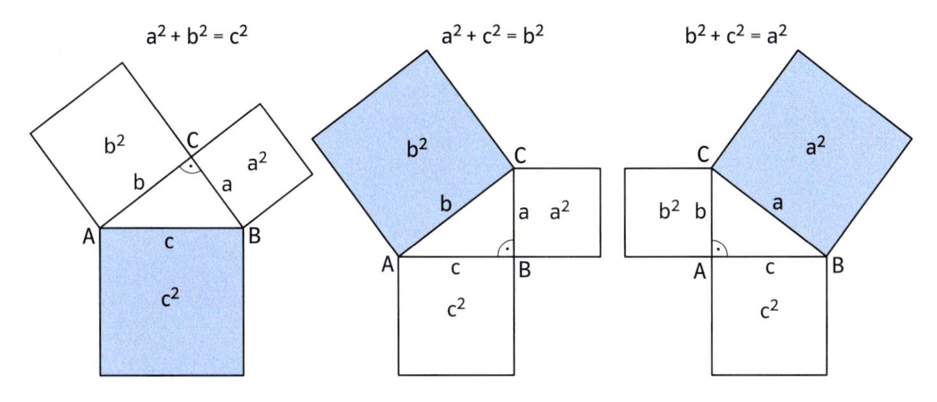

Umkehrung des Satzes des Pythagoras
Wenn für die Seiten a, b und c eines Dreiecks ABC die Gleichung $a^2 + b^2 = c^2$ gilt, dann ist das Dreieck ABC rechtwinklig mit c als Hypotenuse.

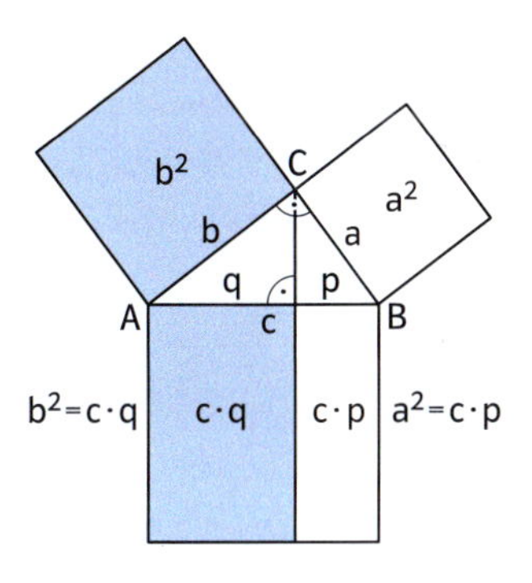

Kathetensatz
Im rechtwinkligen Dreieck ist der Flächeninhalt des Quadrats über einer Kathete gleich dem Flächeninhalt des Rechtecks aus der Hypotenuse und dem der Kathete anliegenden Hypotenusenabschnitt.

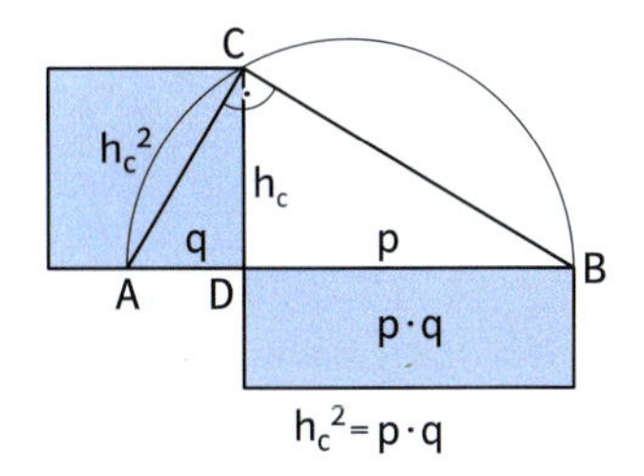

Höhensatz
Im rechtwinkligen Dreieck ist der Flächeninhalt des Quadrats über der Höhe gleich dem Flächeninhalt des Rechtecks aus den beien Hypotenusenabschnitten.

Üben und Vertiefen

1 Bestimme in dem abgebildeten Dreieck zunächst die Lage des rechten Winkels. Formuliere anschließend für das Dreieck den Satz des Pythagoras als Gleichung.

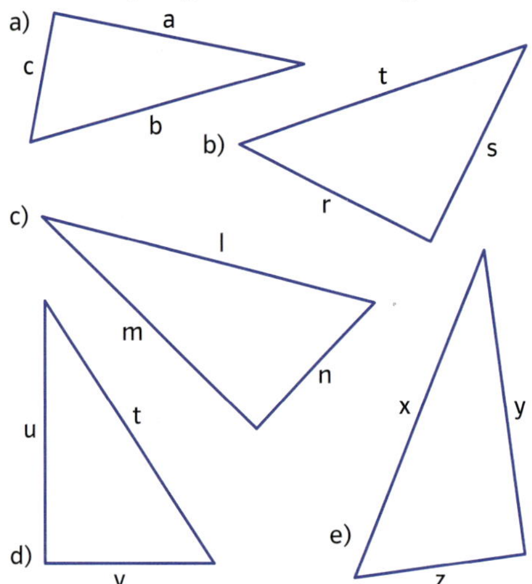

2 Berechne die fehlende Seitenlänge.

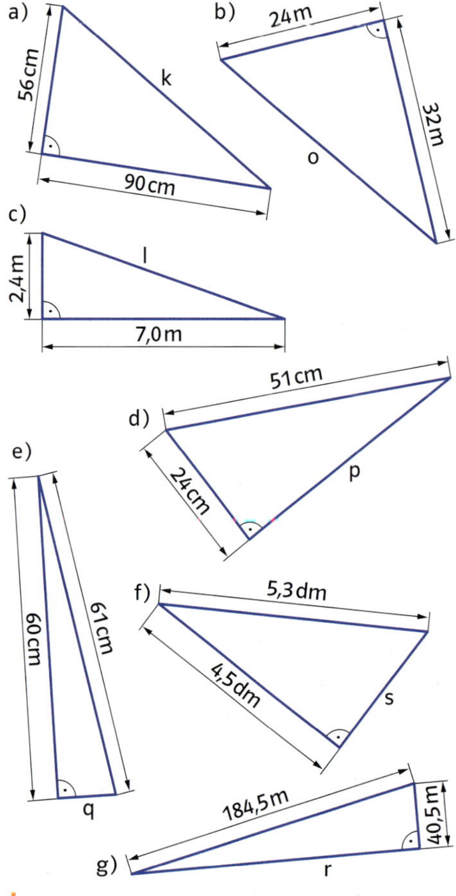

L 45 2,8 11 106 180 40 7,4

3 Berechne die fehlende Seitenlänge in dem Dreieck ABC.

a)	b)	c)	d)
b = 5,2 m	a = 5,5 cm	a = 15 dm	b = 42 cm
c = 3,9 m	c = 13,2 cm	b = 17 dm	c = 58 cm
α = 90°	β = 90°	β = 90°	γ = 90°

e)	f)	g)	h)
a = 8,5 cm	a = 35 m	a = 5,1 m	b = 6,1 m
c = 4,0 cm	b = 91 m	c = 4,5 m	c = 6,0 m
α = 90°	β = 90°	α = 90°	β = 90°

L 2,4 14,3 40 7,5 8 6,5 84 1,1

4 In der Tabelle findest du die Seitenlängen a, b und c eines Dreiecks ABC. Überprüfe, ob das Dreieck rechtwinklig ist.

	a)	b)	c)	d)
a	126 cm	190 m	0,45 m	15 dm
b	120 cm	180 m	2,00 m	17 dm
c	174 cm	75 m	2,05 m	7 dm

5

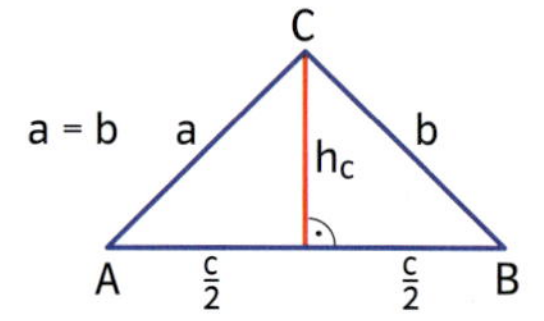

Berechne die fehlenden Größen in dem gleichschenkligen Dreieck ABC (a = b).

	a)	b)	c)	d)
a	■	■	8,7 dm	26,5 m
c	7,2 m	16,8 m	12,6 dm	■
h_c	2,7 m	13,5 m	■	22,5 m

L 15,9 6 4,5 28

6

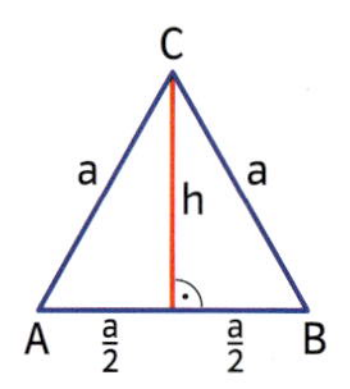

Berechne die fehlenden Größen (a, h, A) in dem gleichseitigen Dreieck ABC.

a) a = 16 cm b) h = 5,2 cm c) a = 6,6 cm

7 Berechne den Flächeninhalt des rechtwinkligen Dreiecks ABC.

a) a = 0,96 m c = 1,04 m γ = 90°
b) a = 4,1 dm b = 4,0 dm α = 90°
c) b = 143 m c = 132 m β = 90°

8 Berechne in der abgebildeten Figur die rot markierte Strecke.

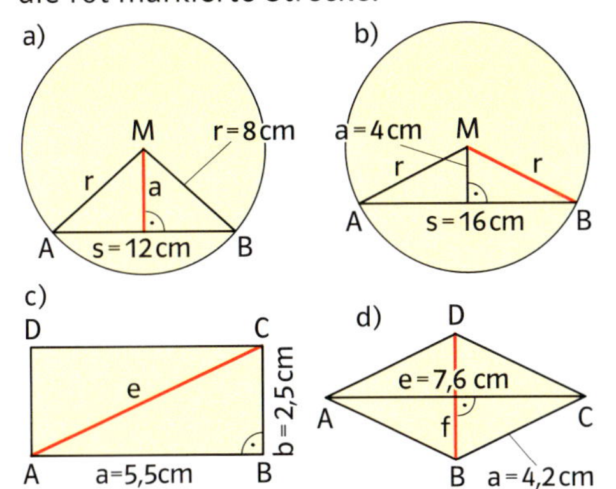

• **9** Berechne den Umfang und den Flächeninhalt des gleichschenkligen Trapezes ABCD (b = d).

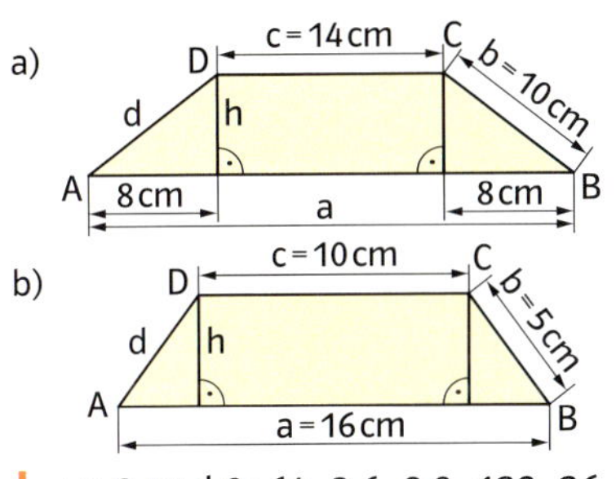

L zu 8 und 9: 64 3,6 8,9 132 36 5,3 52 6

• **10** a) Berechne jeweils den Flächeninhalt und den Umfang des Drachens.

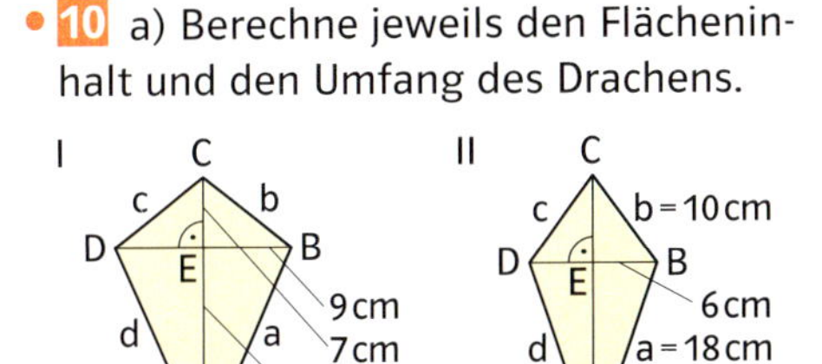

b) In einer Raute ABCD ist e = 18 cm und f = 12 cm. Berechne den Flächeninhalt und den Umfang der Raute.

L 108 66,6 52 150 243 43,2

• **11** In dem Beispiel wird gezeigt, dass für die Länge der Flächendiagonale e eines Quadrats mit der Seitenlänge a gilt:

$$\mathbf{e = a \cdot \sqrt{2}}$$

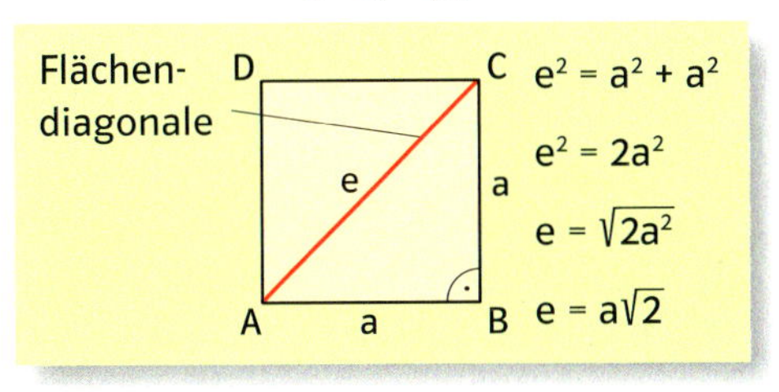

$e^2 = a^2 + a^2$

$e^2 = 2a^2$

$e = \sqrt{2a^2}$

$e = a\sqrt{2}$

Berechne die fehlenden Größen (a, e) in dem Quadrat ABCD.

a) a = 17,5 m b) a = 56,4 cm c) e = 18,5 dm

• **12**

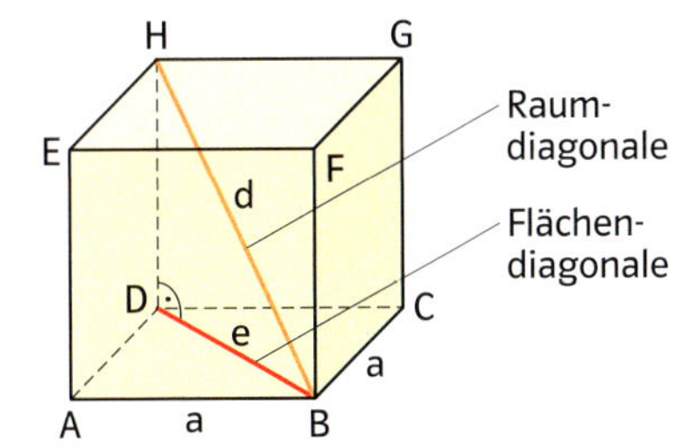

a) Zeige, dass für die Raumdiagonale d eines Würfels ABCD mit der Kantenlänge a gilt:

$$\mathbf{d = a \cdot \sqrt{3}}$$

b) Berechne die Raumdiagonale d eines Würfels mit der Kantenlänge a = 9 cm (13 cm, 24 m).

c) Die Raumdiagonale eines Würfels ist 41,6 cm (22,5 cm) lang. Berechne die Kantenlänge a des Würfels.

• **13**

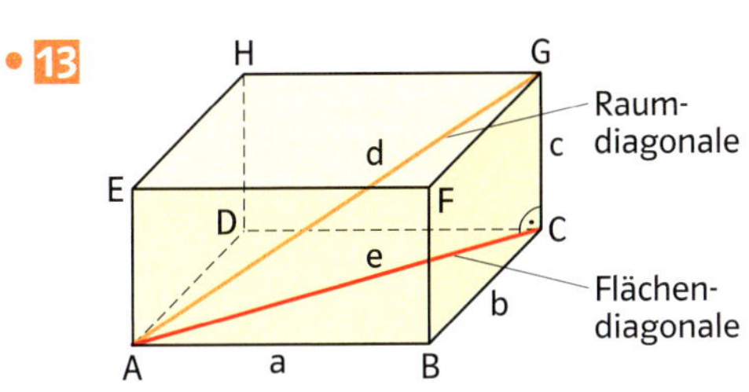

Berechne die fehlenden Größen (a, b, c, d) des Quaders ABCD.

a) a = 5 dm; b = 7 dm; c = 9 dm
b) b = 4 m; c = 3 m; d = 8 m
c) a = 6,4 cm; c = 12,5 cm; d = 23,8 cm
d) a = 1 dm; b = 10 cm; d = 10 dm

L von 11 bis 13: 9,9 13,1 24,8 12,4 13 22,5 79,8 6,2 41,6 19,2 24 15,6

51

So kannst du mithilfe der Satzgruppe des Pythagoras aus den Seitenlängen $a = 6$ cm und $c = 9$ cm die fehlenden Größen b, p, q und h_c in einem rechtwinkligen Dreieck ABC ($\gamma = 90°$) berechnen:

1. Fertige eine Planfigur an und kennzeichne die gegebenen Stücke.

   Gegebene Größen: $a = 6$ cm, $c = 9$ cm, $\gamma = 90°$

   Planfigur

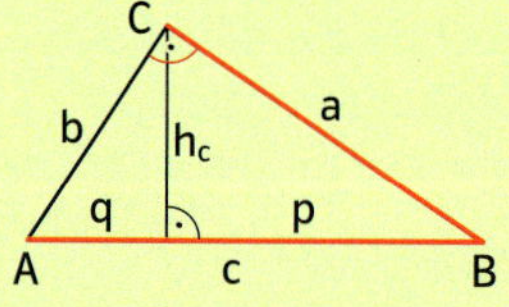

2. Berechne b nach dem Satz des Pythagoras.

$$a^2 + b^2 = c^2 \quad | -a^2$$
$$b^2 = c^2 - a^2$$
$$b = \sqrt{c^2 - a^2}$$
$$b = \sqrt{9^2 - 6^2} \approx 6{,}7$$
$$b \approx 6{,}7 \text{ cm}$$

3. Berechne q aus $q + p = c$.

$$q + p = c \quad | -p$$
$$q = c - p$$
$$q = 9 - 4 = 5$$
$$q = 5 \text{ cm}$$

4. Berechne p nach dem Kathetensatz.

$$a^2 = c \cdot p \quad | :c$$
$$\frac{a^2}{c} = p$$
$$p = \frac{6^2}{9} = 4$$
$$p = 4 \text{ cm}$$

5. Berechne h_c nach dem Höhensatz.

$$h_c^2 = p \cdot q$$
$$h_c = \sqrt{p \cdot q}$$
$$h_c = \sqrt{4 \cdot 5} \approx 4{,}5$$
$$h_c \approx 4{,}5 \text{ cm}$$

14 Die in dem Beispiel dargestellten Lösungsschritte zeigen dir eine Möglichkeit, die fehlenden Größen b, q, p und h_c zu berechnen.
Bearbeite diese Aufgabe, indem du die Sätze der Satzgruppe des Pythagoras in einer anderen Reihenfolge anwendest.

15 Berechne die fehlenden Größen a, b, c, p, q und h_c in einem rechtwinkligen Dreieck ABC ($\gamma = 90°$).

Wähle zunächst eine Gleichung aus, in der zwei Größen gegeben sind.

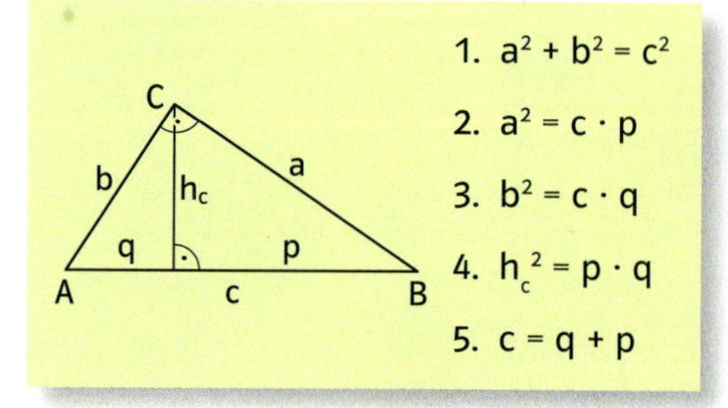

a) $a = 8$ cm, $c = 12$ cm
b) $a = 6$ m, $b = 11$ m
c) $a = 8{,}5$ cm, $p = 3{,}5$ cm
d) $c = 6{,}2$ m, $q = 1{,}2$ m
e) $q = 2{,}5$ cm, $h_c = 3{,}5$ cm
f) $p = 1{,}8$ m, $h_c = 2{,}6$ m
g) $a = 15$ cm, $p = 9$ cm
h) $p = 5$ cm, $q = 3$ cm

16 In den Abbildungen ist die Konstruktion einer Strecke der Länge $\sqrt{13}$ cm dargestellt.

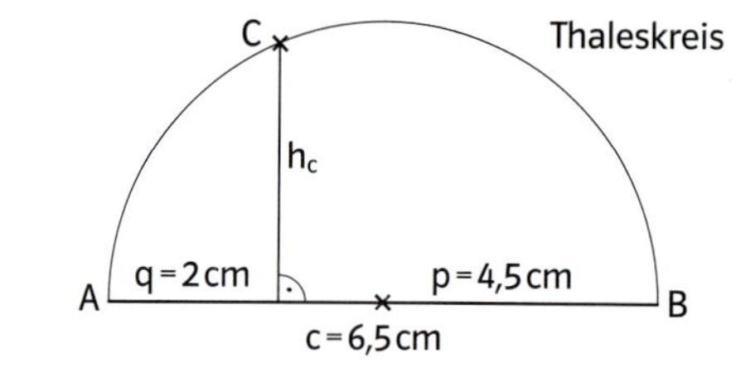

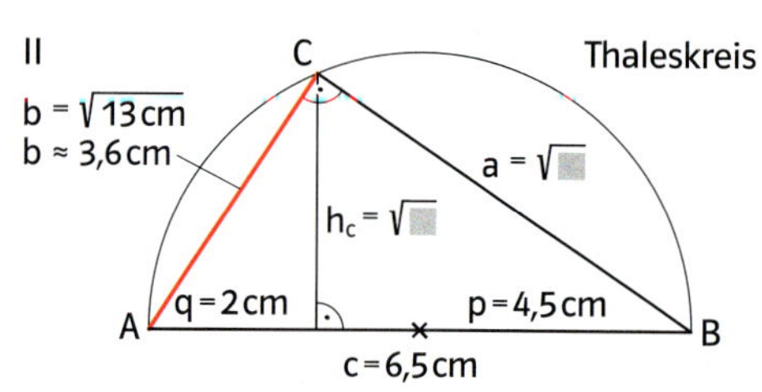

a) Beschreibe die Konstruktion und ergänze in der Abbildung II die Platzhalter. Diese Aufgabe kannst du auch in Partnerarbeit mit einem Geometrieprogramm lösen.
b) Konstruiere eine Strecke der Länge $\sqrt{11}$ cm ($\sqrt{15}$ cm, $\sqrt{18}$ cm, $\sqrt{20}$ cm).

1 Bestimme jeweils die längste Strecke, die sich auf den angegebenen Papierformaten zeichnen lässt.

Papierformat	Abmessung (mm)	Beispiel
DIN-A3	297 x 420	Zeichenblock
DIN-A4	210 x 297	großes Heft
DIN-A5	148 x 210	kleines Heft
DIN-A6	105 x 148	Postkarte

L 363,7 181,5 514,4 256,9

2

Hat Lisa recht?

3 a) Passt die abgebildete kreisförmige Tischplatte durch die geöffnete Hecktür?

b) Überprüfe durch eine Rechnung, ob sich eine runde Tischplatte mit d = 130 cm durch eine 92 cm hohe und 106 cm breite rechteckige Heckklappenöffnung eines Autos schieben lässt.

4 Welche Höhe darf der Schrank höchstens haben, damit er wie abgebildet durch Kippen aufgestellt werden kann?

5

Was meinst du? Begründe deine Antwort.

6 Aus einem Baumstamm soll ein Balken mit einer quadratischen (rechteckigen) Grundfläche gesägt werden. Welchen Durchmesser muss der Baumstamm mindestens haben?

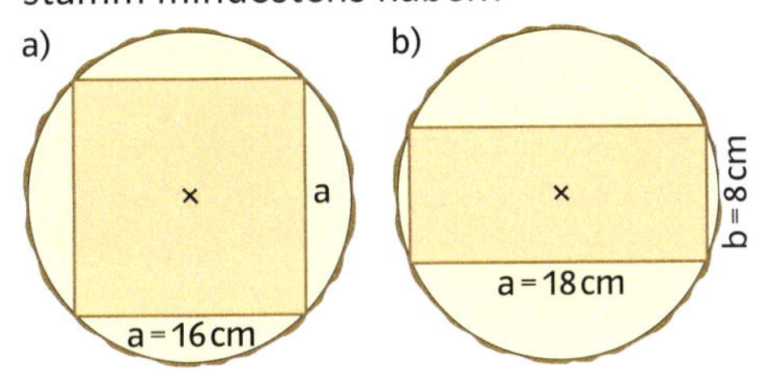

7 Bestimme jeweils die Längen l_1 und l_2 des abgebildeten Fensters. Berechne auch den Flächeninhalt der Glasscheiben.

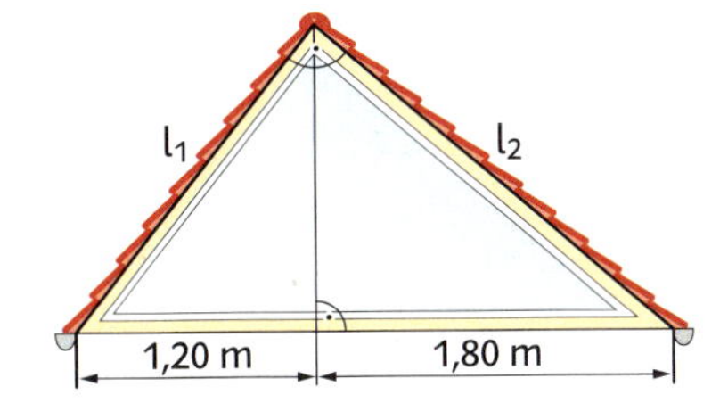

8

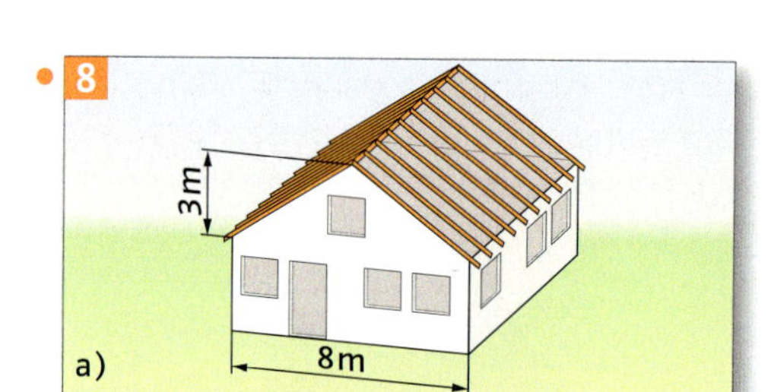

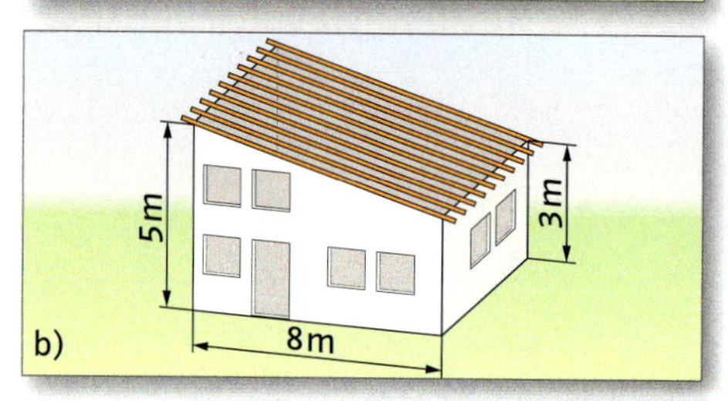

Berechne für das abgebildete Gebäude die Länge eines Dachsparrens. Ein Dachsparren soll 40 cm überstehen.

9 Die Fläche des Satteldaches soll mit Ziegeln eingedeckt werden.
Für einen Quadratmeter der Dachfläche werden 14 Ziegel benötigt.

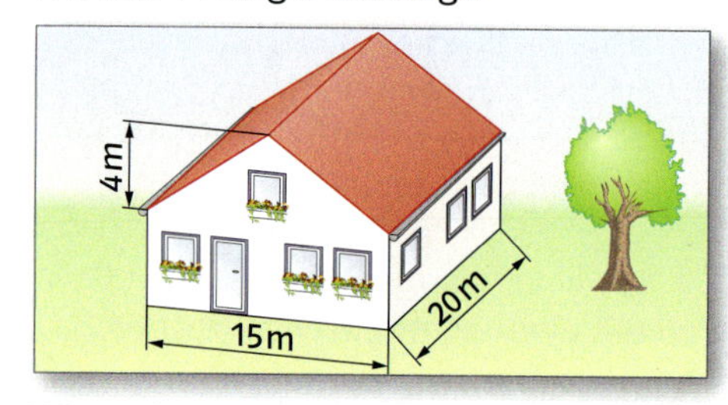

Wie viele Ziegel müssen für die gesamte Dachfläche mindestens eingekauft werden?

10 Das abgebildete Pultdach soll einen neuen Belag aus Zinkblech erhalten.
Der Dachdecker verlangt für das Eindecken 90 € pro Quadratmeter. Für Verschnitt müssen 10 % der Fläche hinzugerechnet werden.

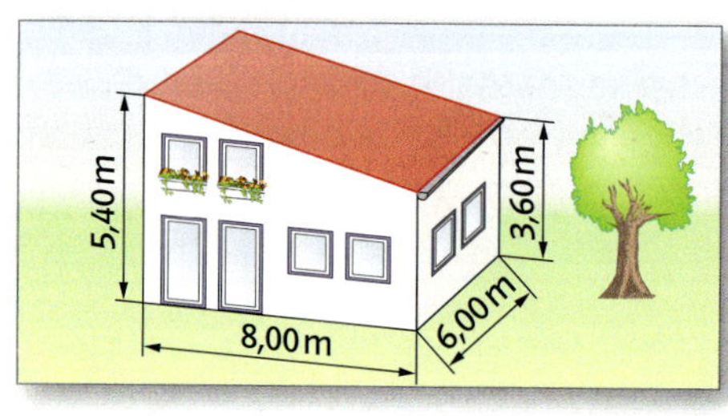

L von 8 bis 10: 5,4 4 760 8,65 4 329,6

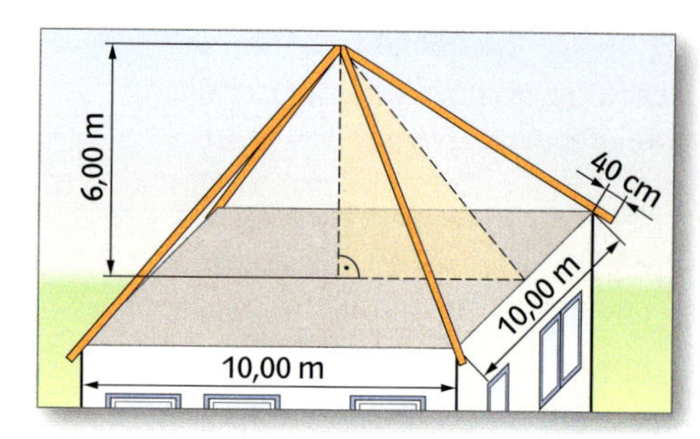

11 Berechne für das abgebildete Gebäude die Länge eines Dachsparrens. Der einzelne Dachsparren soll 40 cm überstehen.

12 Das abgebildete Zelt ist 2 m hoch.

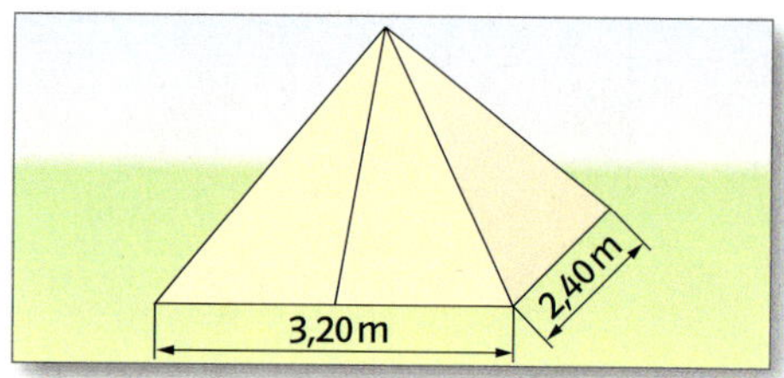

Wie viel Quadratmeter Zeltstoff wurden mindestens für die Herstellung der vier Seitenflächen verarbeitet?

13 Wo ist der 30 cm lange Zauberstab?

Kann Hermine die Wahrheit gesagt haben?

14

Wie lang muss der Strohhalm mindestens sein, damit er nicht in die Getränkepackung rutschen kann?

Vernetzen: Beweise

1 Die Seiten des abgebildeten Quadrats sind jeweils in die Abschnitte a und b eingeteilt.
a) Zeige mithilfe eines Kongruenzsatzes, dass die rechtwinkligen Dreiecke 1, 2, 3 und 4 zueinander kongruent sind. Begründe auch, dass das innere Viereck ein Quadrat ist.

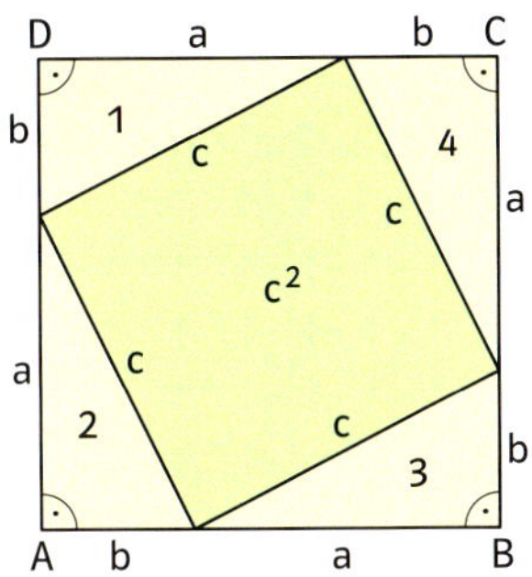

b) Für den **Satz des Pythagoras** gibt es viele verschiedene Beweise.
Erläutere die einzelnen Schritte des folgenden Beweises.

1. $(a+b)^2 - 4 \cdot \frac{a \cdot b}{2} = c^2$
2. $a^2 + 2ab + b^2 - 2ab = c^2$
3. $a^2 + b^2 = c^2$

Der Kathetensatz, der Höhensatz und der Satz des Pythagoras werden als **Flächensätze am rechtwinkligen Dreieck** oder als die **Satzgruppe des Pythagoras** bezeichnet.

2 a) Der **Satz des Pythagoras** lässt sich mithilfe des Kathetensatzes beweisen. Erläutere die einzelnen Schritte.

Im △ ABC gilt: $a^2 = c \cdot p$
$b^2 = c \cdot q$

Also gilt: $a^2 + b^2 = c \cdot p + c \cdot q$

Daraus folgt: $a^2 + b^2 = c \cdot (p + q)$

$a^2 + b^2 = c \cdot c$

$a^2 + b^2 = c^2$

b) Aus dem Satz des Pythagoras kannst du den **Höhensatz** herleiten.

1. $c^2 = (p+q)^2$ $\qquad c^2 = a^2 + b^2$
2. $c^2 = p^2 + 2p \cdot q + q^2$ $\qquad c^2 = h_c^2 + p^2 + h_c^2 + q^2$
3. $p^2 + 2p \cdot q + q^2 = h_c^2 + p^2 + h_c^2 + q^2$
   $2p \cdot q = 2h_c^2$
   $p \cdot q = h_c^2$

Mit dem Satz des Pythagoras kannst du auch den **Kathetensatz** beweisen.

1. $h_c^2 = a^2 - p^2$ $\qquad h_c^2 = b^2 - q^2$
2. $a^2 - p^2 = b^2 - q^2$
3. $a^2 - p^2 = b^2 - (c-p)^2$
   $a^2 - p^2 = b^2 - (c^2 - 2cp + p^2)$
   $a^2 - p^2 = b^2 - c^2 + 2cp - p^2 \quad |+p^2 \;|-b^2 \;|+c^2$
   $a^2 - b^2 + c^2 = 2cp$
4. $a^2 - b^2 + a^2 + b^2 = 2cp$
   $2a^2 = 2cp \quad |:2$
   $a^2 = cp$

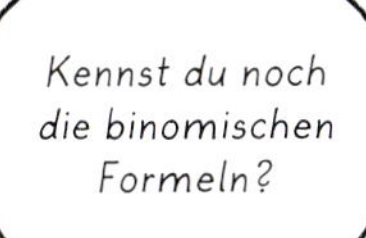

Zeige entsprechend, dass gilt: $b^2 = c \cdot q$.

3 Der **Höhensatz** lässt sich auch mithilfe des Satzes von Pythagoras und des Kathetensatzes beweisen.

1. $h_c^2 = b^2 - q^2$ $\qquad b^2 =$ ___
2. $h_c^2 = c \cdot q - q^2$

___

Ergänze den Beweis in deinem Heft.

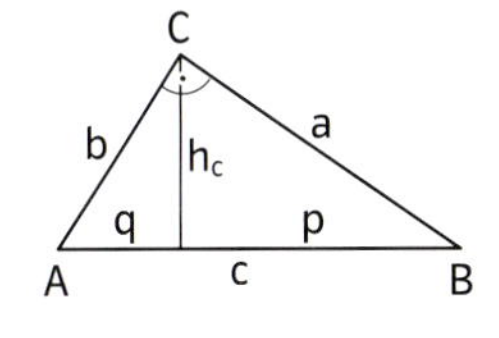

So kannst du mithilfe des **Höhensatzes** zu einem **Rechteck** ABCD mit a = 5 cm und b = 2 cm ein flächeninhaltsgleiches **Quadrat** konstruieren:

1. Zeichne das Rechteck ABCD mit a = 5 cm und b = 2 cm. Verlängere die Strecke $\overline{CD}$ über D hinaus und markiere 2 cm von D entfernt auf der Verlängerung einen Punkt E.

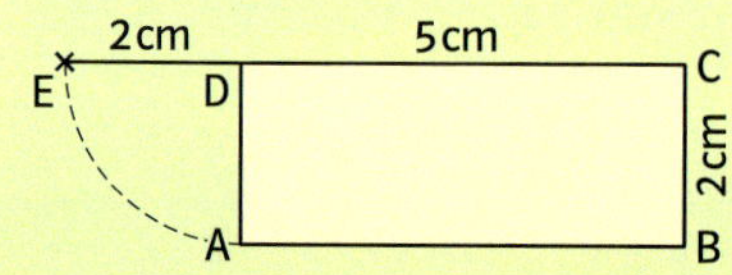

2. Konstruiere über $\overline{CE}$ den Thaleskreis. Konstruiere die Senkrechte in D und bezeichne ihren Schnittpunkt mit dem Thaleskreis mit F.

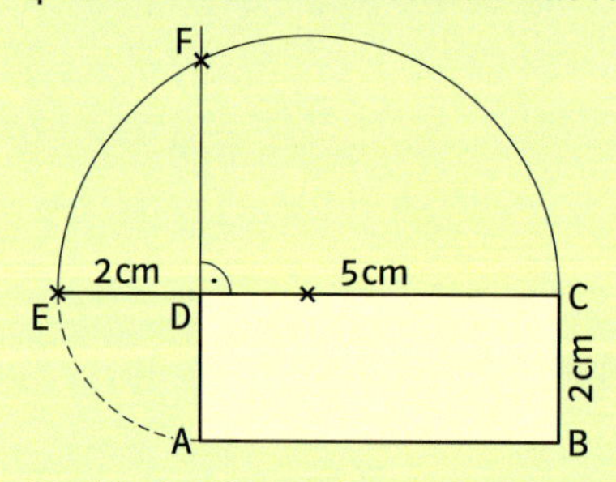

3. Verbinde die Punkte E, C und F zu einem rechtwinkligen Dreieck. Zeichne das Quadrat DFGH.

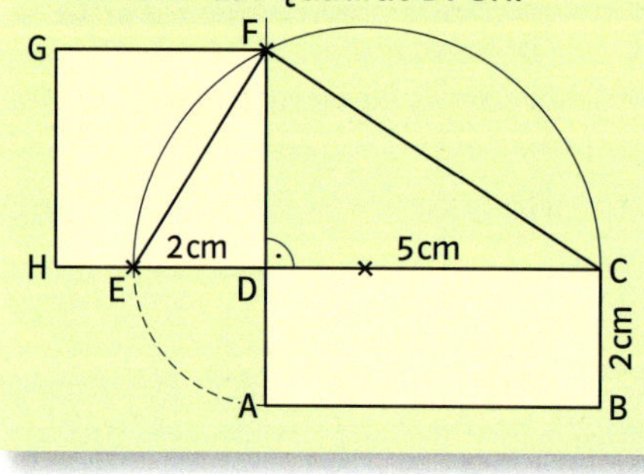

1 Konstruiere zu dem Rechteck ABCD mit den gegebenen Seitenlängen das flächeninhaltsgleiche Quadrat. Benutze dazu den Höhensatz.

	a)	b)	c)	d)
Seite a	5 cm	4,5 cm	6,3 cm	80 mm
Seite b	3 cm	3,5 cm	4,0 cm	30 mm

2 Die folgenden Abbildungen zeigen dir, wie zu dem **Rechteck** ABCD (a = 5 cm, b = 3,2 cm) mithilfe des **Kathetensatzes** das flächeninhaltsgleiche **Quadrat** DFGH konstruiert wird.

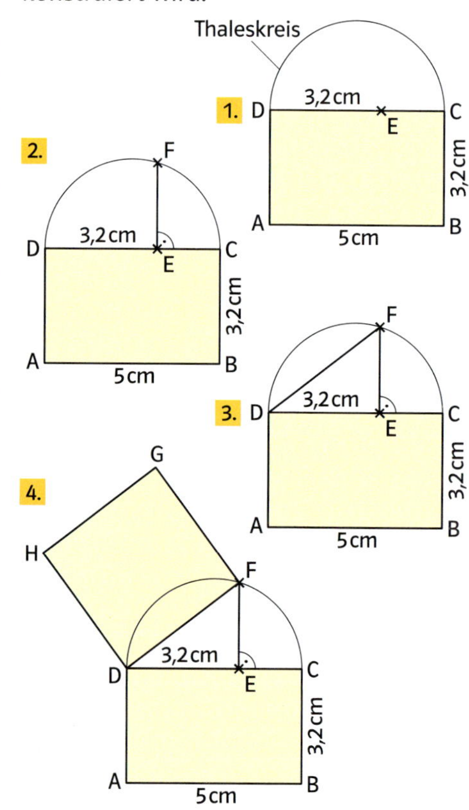

Beschreibe die Konstruktionsschritte.

3 Konstruiere zu dem Rechteck ABCD mit den gegebenen Seitenlängen das flächeninhaltsgleiche Quadrat. Benutze dazu den Kathetensatz.

	a)	b)	c)	d)
Seite a	9 cm	8 cm	6 cm	5,5 cm
Seite b	4 cm	2 cm	3 cm	2,5 cm

So kannst du mithilfe des **Kathetensatzes** zu dem **Quadrat** ABCD mit a = 3 cm das flächeninhaltsgleiche **Rechteck** mit einer Seitenlänge von 4,5 cm konstruieren:

1. Zeichne das Quadrat ABCD mit a = 3 cm und verlängere die Strecke $\overline{CD}$ über Punkt D hinaus. Zeichne um A den Kreis mit dem Radius r = 4,5 cm. Der Kreis schneidet die Verlängerung von $\overline{CD}$ in E.

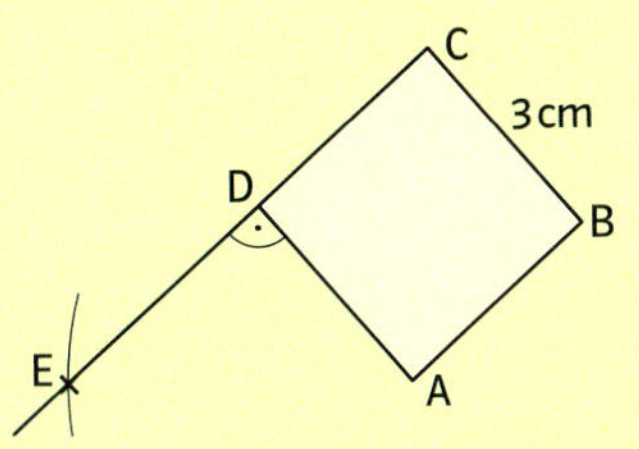

2. Verbinde E mit A. Du erhältst das rechtwinklige Dreieck EAD.

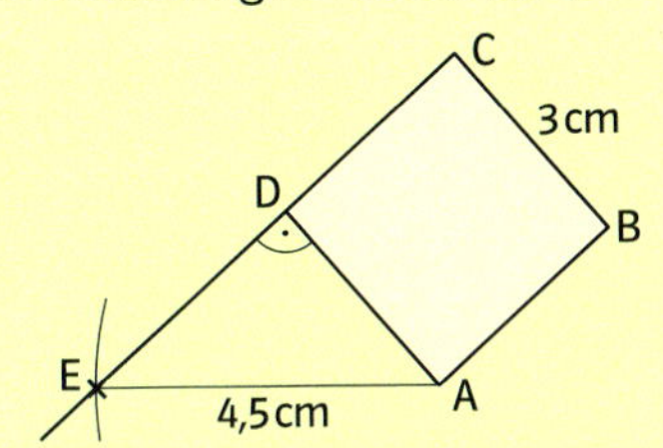

3. Fälle das Lot von D auf $\overline{EA}$. Der Fußpunkt des Lotes ist F.

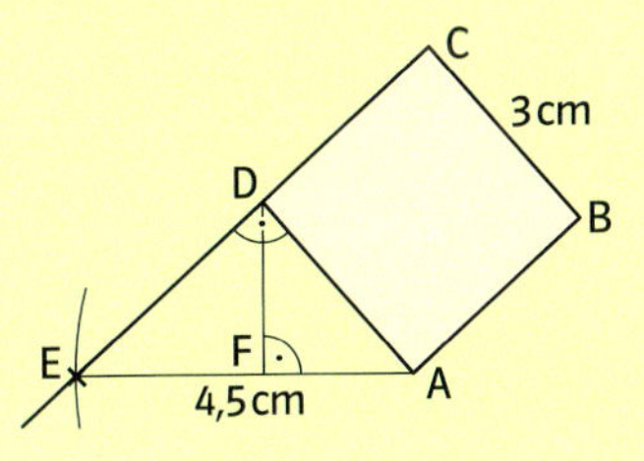

4. Zeichne das Rechteck AEGH mit $\overline{AE}$ und $\overline{AF}$ als Rechteckseiten.

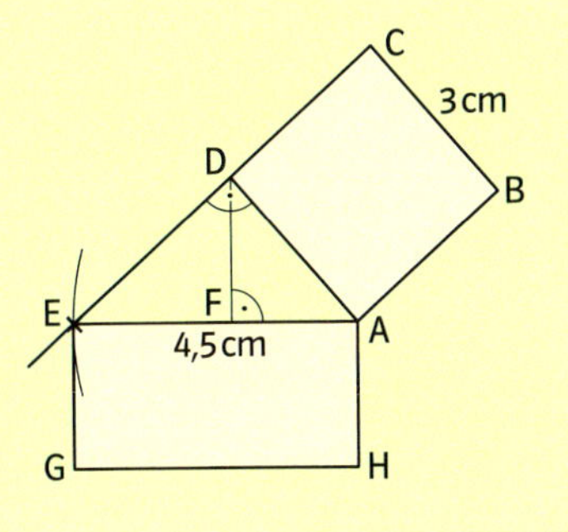

4 Konstruiere zu dem Quadrat das flächeninhaltsgleiche Rechteck. Benutze dazu den Kathetensatz.

	a)	b)	c)	d)
Quadratseite	4 cm	4 cm	4,6 cm	5,4 cm
Rechteckseite	8 cm	5 cm	9,2 cm	8,1 cm

5 In den Abbildungen erkennst du, wie zu dem **Quadrat** ABCD (a = 4 cm) mithilfe des **Höhensatzes** das flächeninhaltsgleiche **Rechteck** BGHE mit einer Seitenlänge von 5,2 cm konstruiert wird.

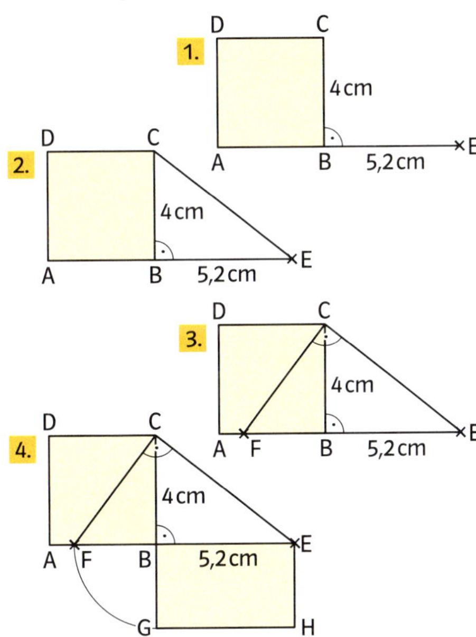

Beschreibe die Konstruktionsschritte.

6 Konstruiere zu dem Quadrat das flächeninhaltsgleiche Rechteck. Benutze dazu den Höhensatz.

	a)	b)	c)	d)
Quadratseite	3,6 cm	3,6 cm	2,8 cm	4,2 cm
Rechteckseite	4,8 cm	2,4 cm	1,4 cm	6,3 cm

Lernkontrolle 1

1 In der Tabelle findest du die Seitenlängen a, b und c des Dreiecks ABC. Überprüfe, ob das Dreieck rechtwinklig ist.

	a)	b)	c)	d)
a	315 cm	80 cm	2,25 m	48,0 m
b	300 cm	72 cm	10,00 m	54,4 m
c	435 cm	30 cm	10,25 m	25,6 m

2 Berechne die fehlende Seitenlänge in dem Dreieck ABC.

a) a = 8,2 cm   c = 1,8 cm $\alpha = 90°$

b) a = 6,3 m   b = 22,5 m $\beta = 90°$

3 Berechne für das abgebildete Gebäude die Länge eines Dachsparrens.

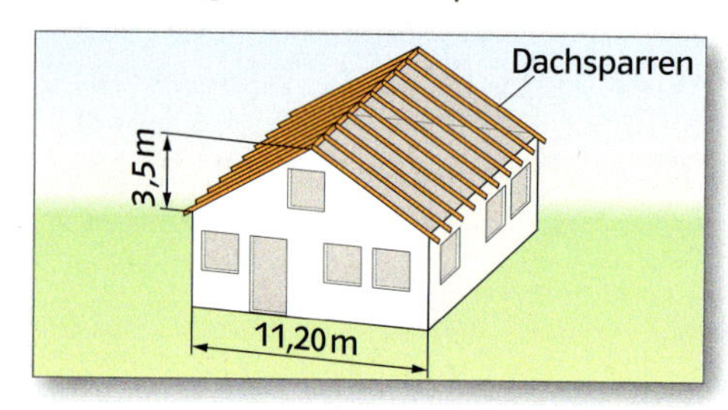

4 Berechne den Flächeninhalt des Dreiecks ABC mit b = 12,6 cm, c = 17,4 cm und $\gamma = 90°$.

5 In dem Rechteck ABCD ist a = 288 m. Die Länge der Diagonalen e beträgt 360 m. Berechne den Umfang u des Rechtecks.

6 Berechne den Umfang des abgebildeten gleichschenkligen Trapezes.

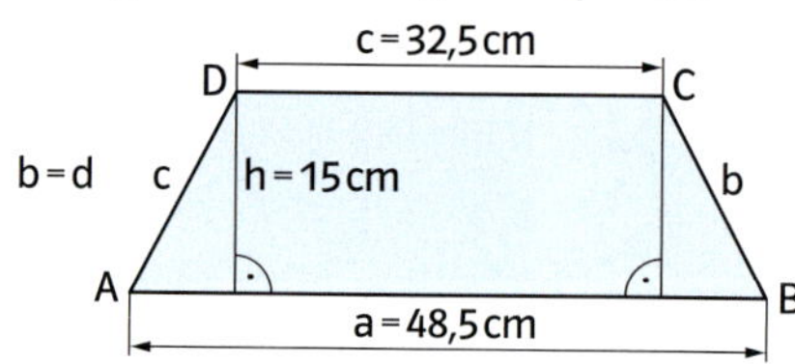

7 Die Seitenlänge a eines Würfels beträgt 24 cm. Berechne die Raumdiagonale d des Würfels.

8 Ein geradliniges Straßenstück ist 410 m lang. Auf der Karte (1 : 20 000) werden für diesen Abschnitt 2 cm gemessen. Um wie viele Meter steigt das Straßenstück an?

Wiederholung

1 a) Nenne fünf Zahlen zwischen −0,7 und −0,8.
b) Nenne alle negativen ganzen Zahlen, die größer als −20 und zweistellig sind.

2 Kleiner, größer oder gleich (<; >; =)?

a) $-\frac{2}{3}$ ■ $-\frac{4}{5}$ b) $-\frac{9}{6}$ ■ $-\frac{3}{2}$ c) $-\frac{7}{8}$ ■ $-\frac{3}{4}$

3 Ordne die Zahlen mithilfe des >-Zeichens.

a) −5; 7; −12; 98; −3; 42; 0; −7; 29; −32; 58; −53

b) 1,001; −0,101; 10,01; −11; 0,011; −10,01; −10,1

c) −7,83; 5,34; $-\frac{20}{3}$; −4,329; $\frac{32}{6}$; $-\frac{21}{4}$; $\frac{36}{7}$; $-\frac{51}{8}$; −5,184

4 Berechne.

a) Die Summe aus der Gegenzahl von −5 und den Betrag von −11.

b) Das Produkt aus dem Kehrwert von $\frac{4}{5}$ und der Gegenzahl von $-\frac{4}{5}$.

5 Zeichne ein Koordinatensystem (Einheit 1 cm) und trage die Figur so ein, dass der Punkt A im Ursprung liegt. Gib die Koordinaten der benannten Punkte an.

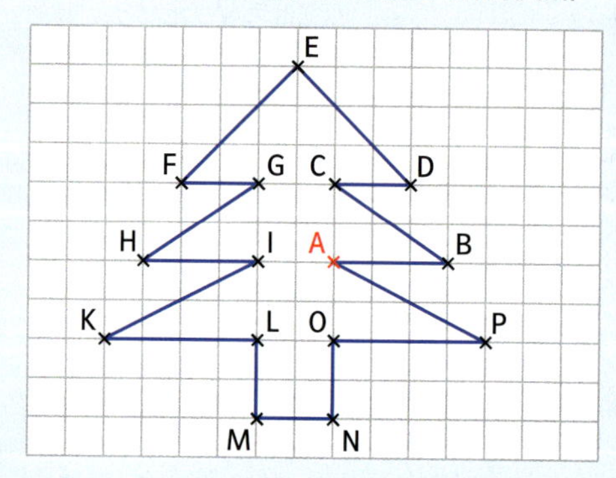

6 Zeichne die Punkte in ein Koordinatensystem (Einheit 1 cm) und verbinde sie in der angegebenen Reihenfolge.

Punkte	Reihenfolge
A(−1|−3); B(2|−5); C(5|−3); D(5|1); E(2|3); F(−1|1)	A, B, C, D, E, F, A

Lernkontrolle 2

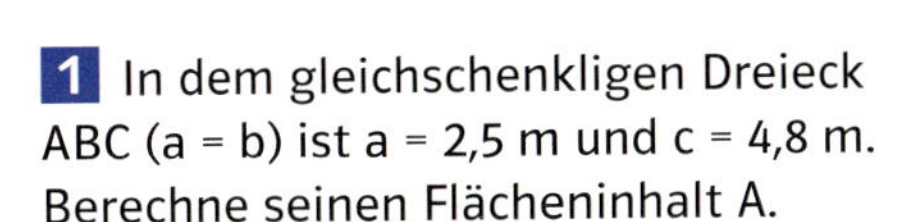

1 In dem gleichschenkligen Dreieck ABC (a = b) ist a = 2,5 m und c = 4,8 m. Berechne seinen Flächeninhalt A.

2 Die Fläche eines Satteldaches soll mit Ziegeln eingedeckt werden. Für 1 m² der Dachfläche werden 15 Ziegel benötigt.

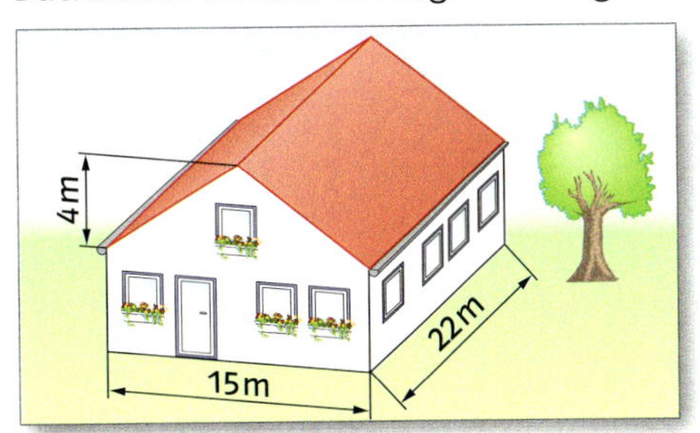

Wie viele Ziegel müssen für das gesamte Dach mindestens eingekauft werden?

3 Das Befestigungsseil für eine Straßenlampe ist 10,10 m lang. In welcher Höhe ist die Lampe am Halteseil befestigt?

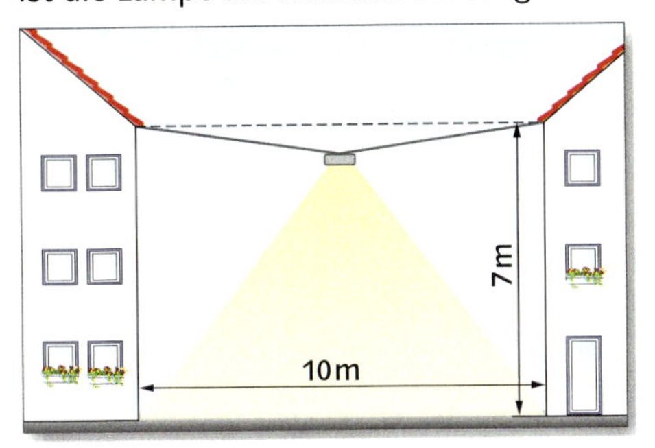

4 Ein Ballonfahrer blickt aus 80 m Höhe auf die Erdoberfläche (Radius der Erde: 6 370 km). Berechne seine Sichtweite s.

5 Das abgebildete Pultdach soll einen Belag aus Zinkblech erhalten. Der Dachdecker verlangt für das Eindecken 90 € pro Quadratmeter. Für Verschnitt rechnet er 12 % der Fläche hinzu.

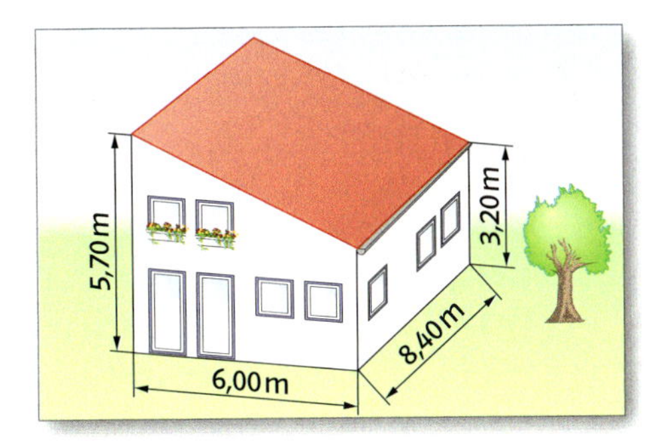

6 Eine Zahnradbahn überwindet einen Höhenunterschied von 600 m. Auf einer Karte (Maßstab 1 : 50 000) beträgt die Entfernung zwischen Tal- und Bergstation 3,5 cm. Berechne die wirkliche Streckenlänge.

7 Berechne die fehlenden Größen (a, b, c, p, q, h_c) in dem Dreieck ABC ($\gamma = 90°$).
a) a = 12 m; c = 18 m b) p = 7 m; q = 3 m

8 Konstruiere mithilfe des Kathetensatzes eine Strecke der Länge $\sqrt{14}$.

1 Berechne.

a) $-121 + 135$; $-51 + 78$; $-43 + 167$; $-133 + 97$

b) $145 - 155$; $-85 - 77$; $-98 - 42$; $47 - 78$

c) $4{,}5 - 6{,}7$; $3{,}8 + 7{,}4$; $2{,}3 - 4{,}8$; $6{,}7 - 9{,}9$

2 Berechne.

a) $29 - 35 - 40$; $-30 - 15 - 8$; $-50 + 25 - 30$; $-48 - 52 - 33$

b) $246 - 101 + 225 - 3$; $-31 - 33 + 74 - 14$; $-3{,}3 + 4{,}7 - 2{,}9 - 2{,}3$; $9{,}7 + 5{,}2 - 3{,}5 + 2{,}1$

3 Berechne.

a) $-5 \cdot 11$; $8 \cdot (-12)$; $-15 \cdot (-7)$; $13 \cdot (-3)$

b) $6 \cdot (-5) \cdot (-3)$; $-4 \cdot (-7) \cdot (-2)$; $-9 \cdot (-5) \cdot 8$; $-11 \cdot (-5) \cdot (-3)$

4 Berechne.

a) $21 : (-7)$; $-24 : (-3)$; $64 : (-4)$; $-54 : 9$

b) $-56 : (-8)$; $72 : (-12)$; $15 : (-6)$; $-18 : 5$

c) $-126 : (-6)$; $96 : (-12)$; $-136 : 8$; $360 : (-15)$

5 Berechne.

a) $1{,}5 \cdot (-3)$; $-2{,}8 \cdot (-5)$; $1{,}4 \cdot (-1{,}5)$; $-2{,}5 \cdot (-0{,}8)$

b) $-4{,}5 : 9$; $6{,}3 : 7$; $-3{,}3 : 11$; $-4{,}8 : (-16)$

c) $-6{,}3 : (-0{,}6)$; $0{,}9 : (-0{,}15)$; $-3{,}2 : 0{,}8$; $3{,}6 : (-0{,}03)$

6 Berechne.

a) $-9 \cdot (28 + 13)$; $(45 - 67) \cdot (-12)$; $2{,}6 \cdot (4{,}7 + 7{,}3)$; $(49 + 1{,}4) : (-0{,}7)$

b) $14 \cdot (-15) + 14 \cdot 2$; $-22 \cdot 2{,}5 - 4{,}5 \cdot (-22)$; $-4{,}6 \cdot (-7) + 4{,}6 \cdot (-7)$; $-63 \cdot 8 - 13 \cdot 8$

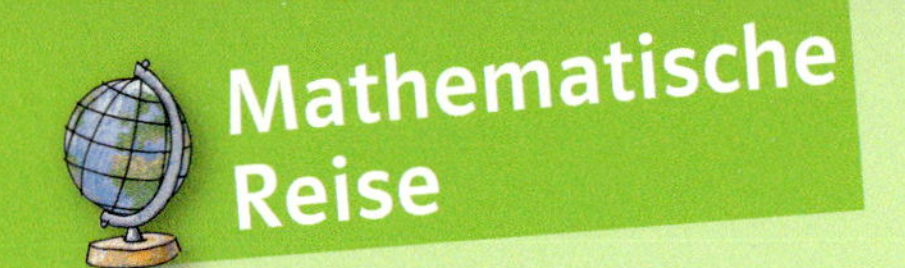

Pythagoreische Zahlentripel

1 Die Abbildung zeigt eine Tontafel* mit Schriftzeichen in Keilschrift, die zwischen 1800 und 1650 vor Christus im alten Babylon angefertigt wurde.

Der Altertumsforscher Otto Neugebauer fand 1945 heraus, dass es sich bei den Zeichen auf der Tontafel um so genannte pythagoreische Zahlentripel handelt.

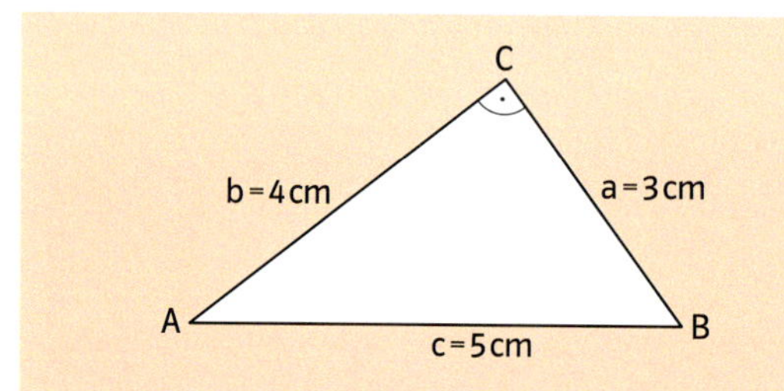

Ein Dreieck ABC mit den Seitenlängen a = 3 cm, b = 4 cm und c = 5 cm ist rechtwinklig.
Die positiven ganzen Zahlen 3, 4 und 5 erfüllen die Gleichung $a^2 + b^2 = c^2$. Die Zahlen 3, 4 und 5 bilden ein **pythagoreisches Zahlentripel.**

Welches Tripel in der Tabelle ist ein pythagoreisches Zahlentripel?

a)	b)	c)
(15, 8, 17)	(12, 16, 20)	(9, 40, 41)

d)	e)	f)
(12, 16, 24)	(11, 60, 61)	(16, 30, 34)

g)	h)	i)
(24, 10, 25)	(32, 24, 40)	(21, 20, 30)

k)	l)	m)
(45, 28, 53)	(27, 36, 44)	(7, 24, 25)

2 Notiere die einzelnen Zahlentripel, die durch die dargestellten Dreiecke veranschaulicht werden (1 Kästchenlänge ≙ 1 LE). Was stellst du fest?

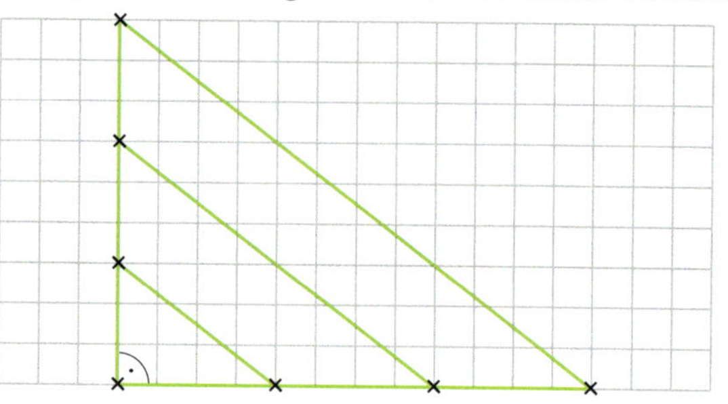

3 a) Aus den pythagoreischen Zahlentripeln (5, 12, 13) und (15, 8, 17) entwickelt Laura an der Tafel jeweils weitere Zahlentripel.

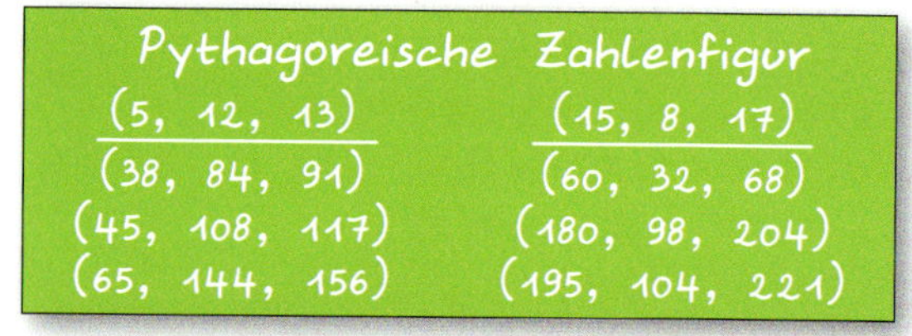

Überprüfe, ob sie richtig gerechnet hat. Beschreibe deinen Lösungsweg.
b) Bilde von dem pythagoreischen Zahlentripel (7, 24, 25) ausgehend drei weitere Zahlentripel. Erläutere deinen Lösungsweg.

4 Ein pythagoreisches Zahlentripel wird als **pythagoreisches Grundtripel** bezeichnet, wenn seine Zahlen teilerfremd sind.
Übertrage die Tabelle in dein Heft und ordne die folgenden Zahlentripel jeweils ihrem Grundtripel zu.

Grundtripel	abgeleitete Zahlentripel
(3, 4, 5)	(12, 16, 20), (39, 52, 65)
(5, 12, 13)	(35, 84, 91)
(15, 8, 17)	▒
(7, 24, 25)	▒

Zahlentripel:
~~(12, 16, 20)~~ ~~(35, 84, 91)~~ (45, 24, 51)
(100, 240, 260) ~~(39, 52, 65)~~ (84, 288, 300)
(60, 32, 68) (35, 120, 125) (75, 40, 85)
(48, 64, 80) (55, 132, 143) (21, 72, 75)
(105, 56, 119) (33, 44, 55) (40, 96, 104)

Pythagoreische Zahlentripel

Mit den Formeln $a = u^2 - v^2$, $b = 2uv$ und $c = u^2 + v^2$ kannst du ein pythagoreisches Zahlentripel (a, b, c) finden.

Wähle dazu für u und v jeweils eine beliebige natürliche Zahl. Dabei muss u größer als v sein.

5 a) Erläutere, dass für $a = u^2 - v^2$, $b = 2uv$ und $c = u^2 - v^2$ mit $u > v$ gilt: $a^2 + b^2 = c^2$.

$$\begin{aligned} &(u^2 - v^2)^2 && + (2uv)^2 \\ &= u^4 - 2u^2v^2 + v^4 && + 4u^2v^2 \\ &= u^4 + 2u^2v^2 + v^4 && \\ &= (u^2 + v^2)^2 && \end{aligned}$$

b) In dem Beispiel wird für u = 4 und für v = 3 ein pythagoreisches Zahlentripel berechnet.

$a = u^2 - v^2$	$b = 2uv$	$c = u^2 + v^2$
$a = 4^2 - 3^2$	$b = 2 \cdot 4 \cdot 3$	$c = 4^2 + 3^2$
$a = 7$	$b = 24$	$c = 25$

Probe: $a^2 + b^2 = c^2$
$7^2 + 24^2 = 25^2$
$625 = 625$

Die Zahlen 7, 24 und 25 bilden ein pythagoreisches Zahlentripel.

Vervollständige die Tabelle im Heft und ergänze sie um zehn weitere Zeilen. Beachte dabei, dass u größer als v sein muss.
Überprüfe durch eine Rechnung, ob die Zahlen a, b und c ein pythagoreisches Zahlentripel bilden.

u	v	$a = u^2 - v^2$	$b = 2uv$	$c = u^2 + v^2$
2	1	3	4	5
3	1	8	6	10
3	2	5	12	13
4	1			
4	2			
4	3			
5	1			
5	2			

6 a) Stelle fest, welche Zahlentripel in deiner Tabelle (Aufgabe 5) Grundtripel sind.
Lege dazu eine Tabelle an.

Grundtripel	Zahlenpaar (u, v)

Vergleiche die Zahlenpaare (u, v) miteinander. Welche gemeinsame Eigenschaft haben sie? Betrachte dazu die für u und v eingesetzten Zahlen.
b) Lässt sich aus den Zahlenpaaren (28, 11), (44, 40) und (67, 53) jeweils ein pythagoreisches Grundtripel bilden? Begründe deine Antwort.
c) Ergänze zu einem Zahlenpaar (u, v), aus dem du ein pythagoreisches Grundtripel bilden kannst.

I	II	III	IV
(11, v)	(126, v)	(u, 35)	(u, 6)

7 Mithilfe eines Tabellenkalkulationsprogramms kannst du schnell pythagoreische Zahlentripel berechnen.

C3 | f_x

Zahlentripel

	A	B	C	D	E	F
1	u	v	a		b	c
2			$u^2 - v^2$	2	*u *v	$u^2 + v^2$
3						
4	2	1	3		4	5
5	3	1	8		6	10
6	3	2	5		12	13
7	4	1	15		8	17
8	4	2	12		16	20

C3 | f_x

Zahlentripel

	A	B	C	D	E	F
1	u	v	a		b	c
2			$u^2 - v^2$	2	*u *v	$u^2 + v^2$
3						
4	2	1	=A4*A4-B4*B4		=$D$2*A4*B4	=A4*A4+B4*B4
5	3	1	=A5*A5-B5*B5		=$D$2*A5*B5	=A5*A5+B5*B5
6	3	2	=A6*A6-B6*B6		=$D$2*A6*B6	=A6*A6+B6*B6
7	4	1	=A7*A7-B7*B7		=$D$2*A7*B7	=A7*A7+B7*B7
8	4	2	=A8*A8-B8*B8		=$D$2*A8*B8	=A8*A8+B8*B8

Ein Dach erhält einen Belag aus Zinkblech.

5 Körper berechnen

Bei der Planung eines Hauses wird auch die Größe des umbauten Raumes ermittelt.

Die erlaubte Zuladung eines Kipplastwagens beträgt 11,5 t.

Formuliert zu jeder Abbildung eine Sachaufgabe, in der der Flächeninhalt des Mantels, der Oberflächeninhalt oder das Volumen des mathematischen Köpers berechnet werden muss.

Auf vielen Bauernhöfen findest du Silos.

In der Gondel eines großen Fesselballons finden bis zu 30 Passagiere Platz.

Volumen eines Zylinders

1 a) Viele Gegenstände in deiner Umwelt haben die Form eines Zylinders.

Nenne Beispiele für zylinderförmige Körper.

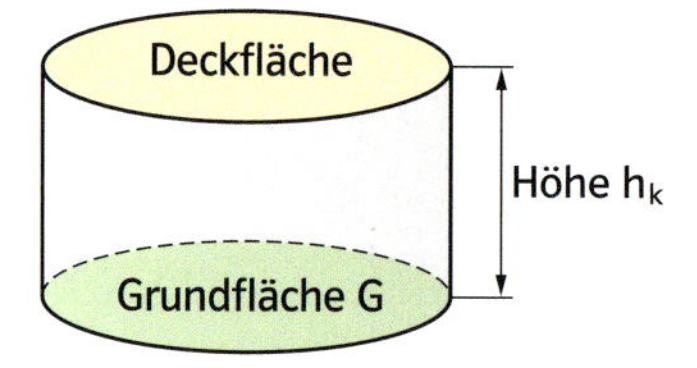

b) Beschreibe die Eigenschaften eines zylinderförmigen Körpers.

2 Für das **Volumen eines Prismas** gilt:
$$V = G \cdot h_k$$

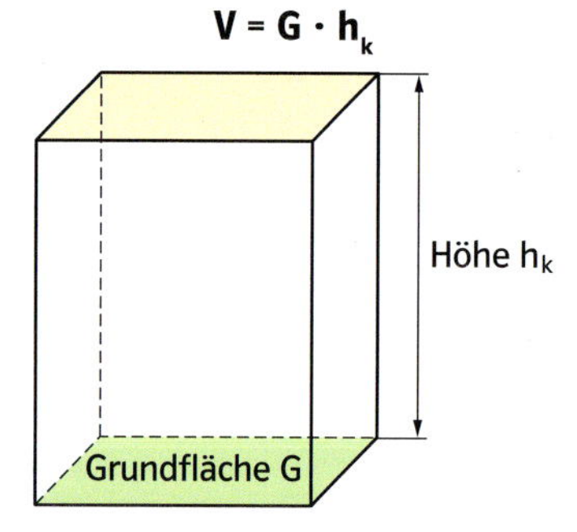

Begründe anhand der Abbildungen, dass die Formel $V = G \cdot h_k$ auch für das Volumen eines Zylinders gilt.

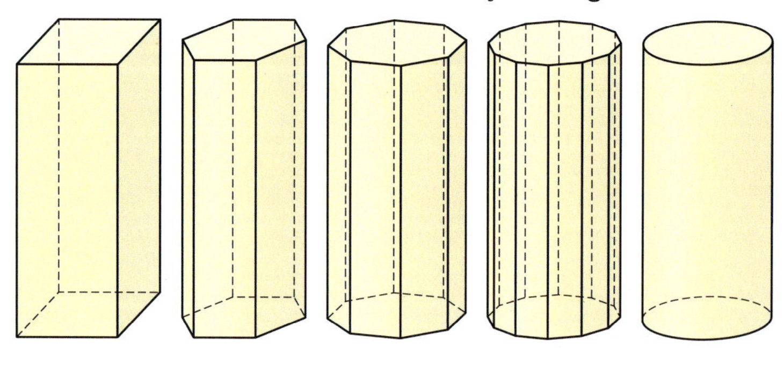

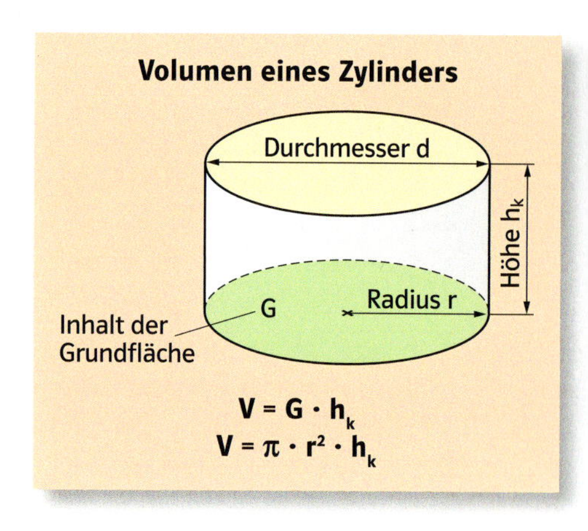

3 Berechne das Volumen des abgebildeten Zylinders.

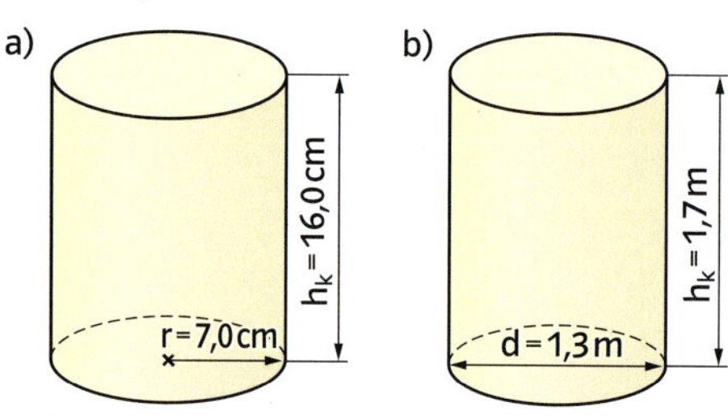

4 Berechne das Volumen des Zylinders mit den angegebenen Maßen. Achte auf die Einheiten.

	a)	b)	c)	d)
r	5 cm	▪	6,1 mm	▪
d	▪	12 cm	▪	6,4 cm
h_k	4 cm	2 cm	1 cm	1,2 m

5 Berechne das Volumen des abgebildeten Körpers.

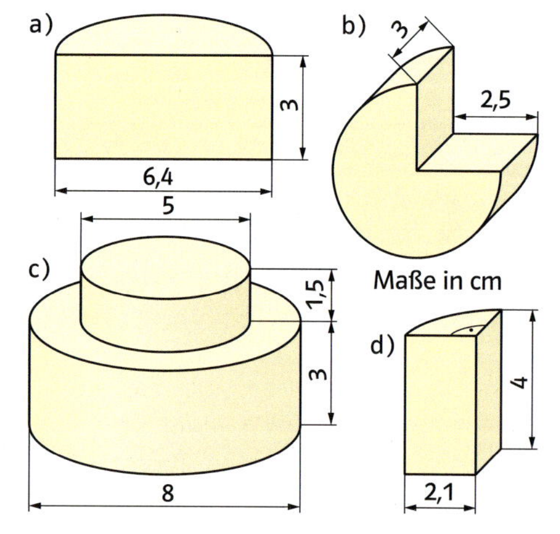

Oberflächeninhalt eines Zylinders

1 Um den Materialbedarf für die Herstellung einer zylinderförmigen Konservendose zu ermitteln, muss ihr Oberflächeninhalt berechnet werden.

Wie viele Quadratzentimeter Blech werden für die Herstellung der abgebildeten Konservendose mindestens benötigt?

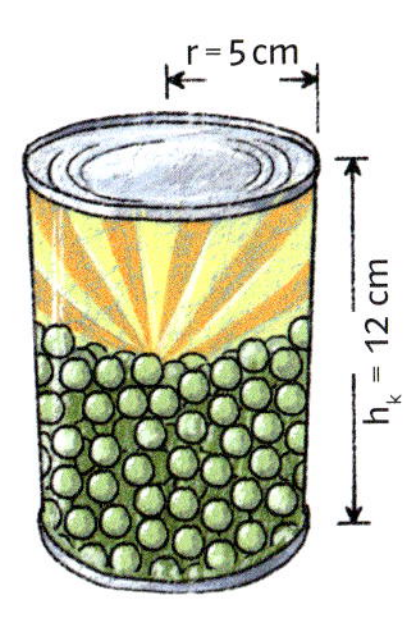

Diese Aufgabe könnt ihr auch als Ich-Du-Wir-Aufgabe bearbeiten.

2 Die Abbildung zeigt das Netz eines Zylinders.

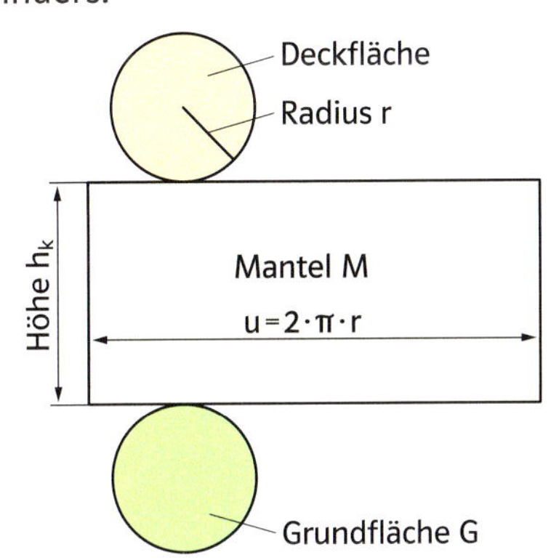

a) Beschreibe die Flächen, aus denen sich das Netz des Zylinders zusammensetzt.
b) Berechne mithilfe der Abbildung den Oberflächeninhalt des Zylinders mit $r = 18$ cm und $h_k = 24$ cm. Erläutere deinen Lösungsweg.

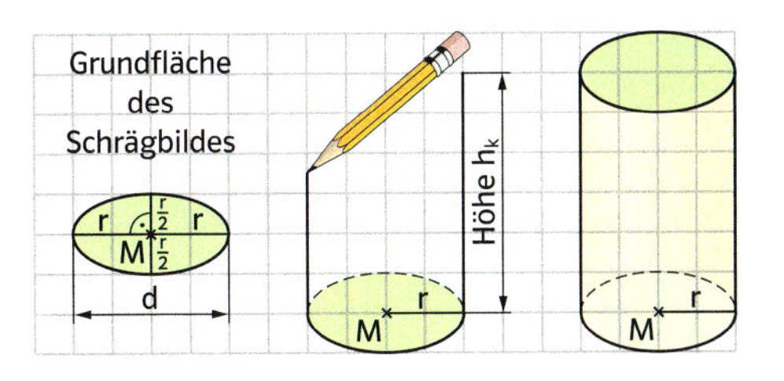

3 Zeichne zunächst das Schrägbild des Zylinders mit den angegebenen Maßen. Berechne anschließend den Flächeninhalt des Mantels und den Oberflächeninhalt des Zylinders.

	a)	b)	c)	d)
r	▒	▒	2,4 cm	18 mm
d	4 cm	3,4 cm	▒	▒
h_k	6 cm	5,6 cm	2,4 cm	45 mm

4 Berechne den Oberflächeninhalt des abgebildeten Zylinders.

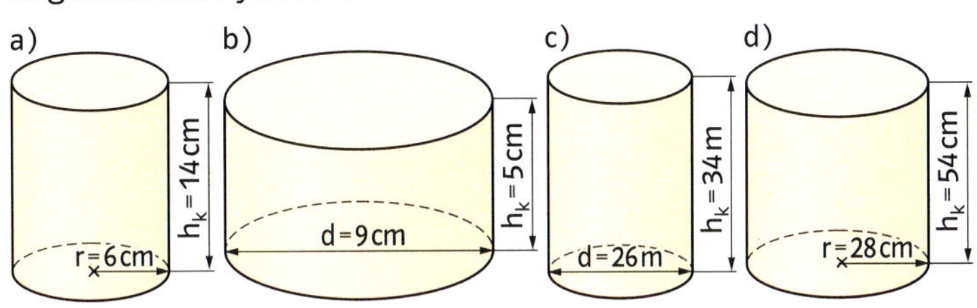

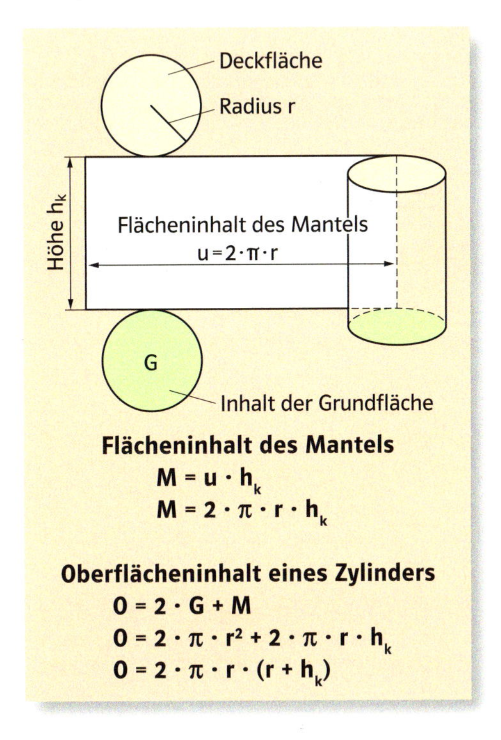

Flächeninhalt des Mantels

$M = u \cdot h_k$

$M = 2 \cdot \pi \cdot r \cdot h_k$

Oberflächeninhalt eines Zylinders

$O = 2 \cdot G + M$

$O = 2 \cdot \pi \cdot r^2 + 2 \cdot \pi \cdot r \cdot h_k$

$O = 2 \cdot \pi \cdot r \cdot (r + h_k)$

Volumen einer Pyramide

1 Beschreibe die Pyramide, die sich aus dem abgebildeten Netz falten lässt (Form der Grundfläche, Anzahl und Form der Seitenflächen).

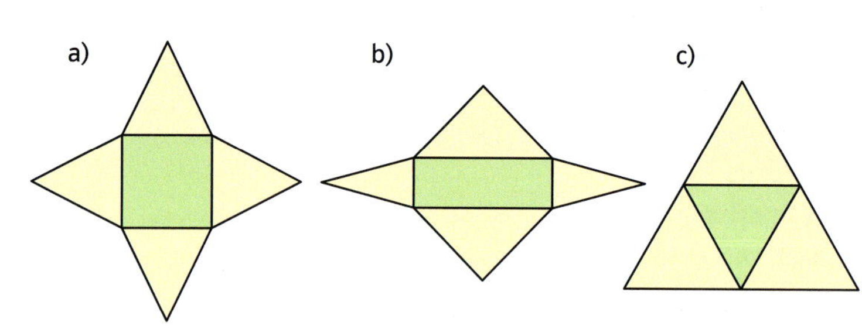

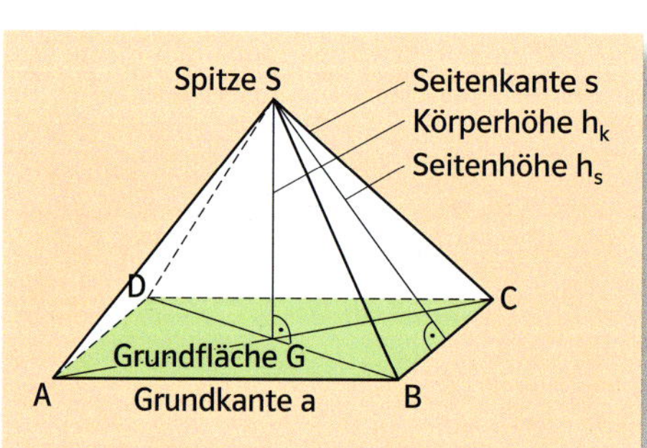

Die **Grundfläche** einer Pyramide ist ein **Vieleck**, ihre Seitenflächen sind Dreiecke.

2 Die Grundfläche und die Höhe des abgebildeten Prismas und der Pyramide sind jeweils gleich groß.
Um das Volumen der Pyramide zu bestimmen, füllt Emily die Pyramide zunächst mit Wasser. Anschließend gießt sie das Wasser in das Prisma. Diesen Vorgang kann sie genau zweimal wiederholen, bis das Prisma vollständig gefüllt ist.

Notiere eine Formel für das Volumen einer Pyramide.

3 In der Abbildung ist ein Würfel in sechs gleich große Pyramiden zerlegt.

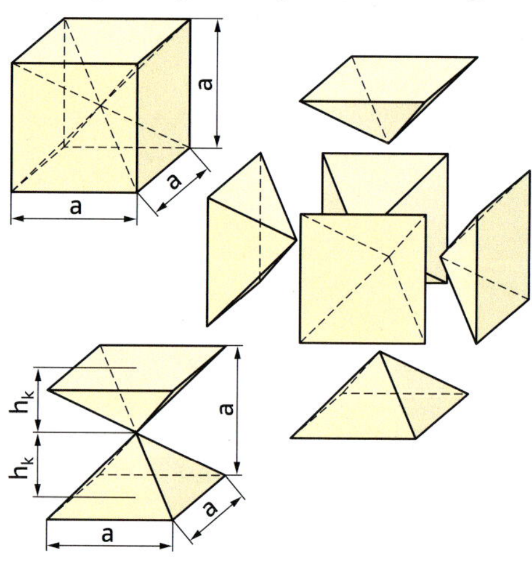

Erläutere anhand der Abbildung die einzelnen Schritte, die zur Volumenformel führen.

Volumen einer Pyramide:

1. $V = \frac{1}{6} \cdot a^3$
$V = \frac{1}{6} \cdot a^2 \cdot a$
$V = \frac{1}{6} \cdot G \cdot a$

2. $V = \frac{1}{6} \cdot G \cdot a$
$V = \frac{1}{6} \cdot G \cdot 2 \cdot h_k$
$V = \frac{1}{3} \cdot G \cdot h_k$

Volumen und Oberflächeninhalt einer Pyramide

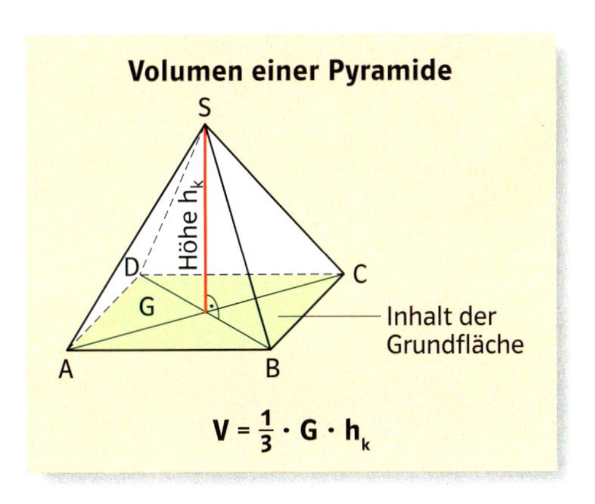

1 Die Grundfläche einer Pyramide ist ein Quadrat (quadratische Pyramide). Zeichne zunächst ein Schrägbild und berechne anschließend das Volumen der Pyramide.

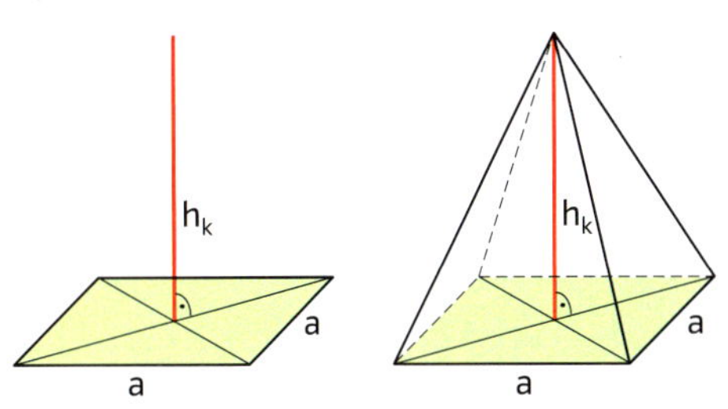

	a)	b)	c)	d)
a	4 cm	5 cm	3,8 cm	6,4 cm
h_k	3 cm	5 cm	4,6 cm	2,2 cm

2 Die abgebildete Pyramide hat als Grundfläche ein Rechteck.
Berechne das Volumen dieser rechteckigen Pyramide mit den angegebenen Maßen. Achte auf die Einheiten.

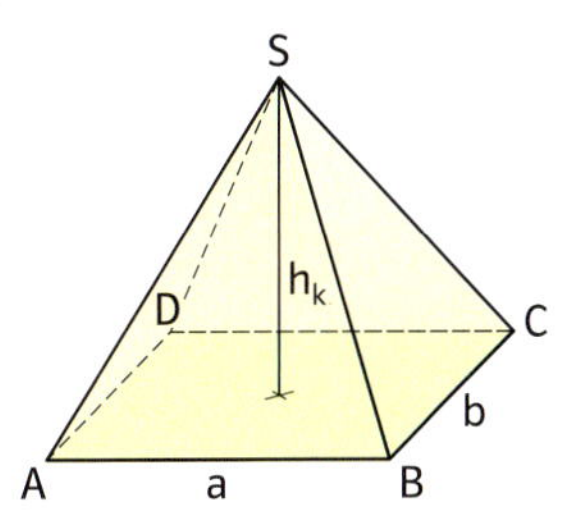

	a)	b)	c)	d)
a	10,8 cm	1,4 m	24 cm	130 cm
b	7,2 cm	1,9 m	12 dm	26 dm
h_k	9,9 cm	2,1 m	1 m	0,85 m

3 Berechne das Volumen der Pyramide.

52

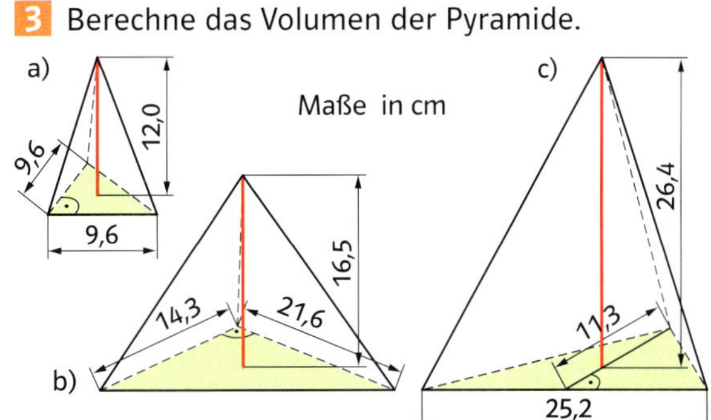

4 In der Abbildung siehst du das Netz einer Pyramide.
Bestimme den Oberflächeninhalt der Pyramide. Erläutere deinen Lösungsweg.

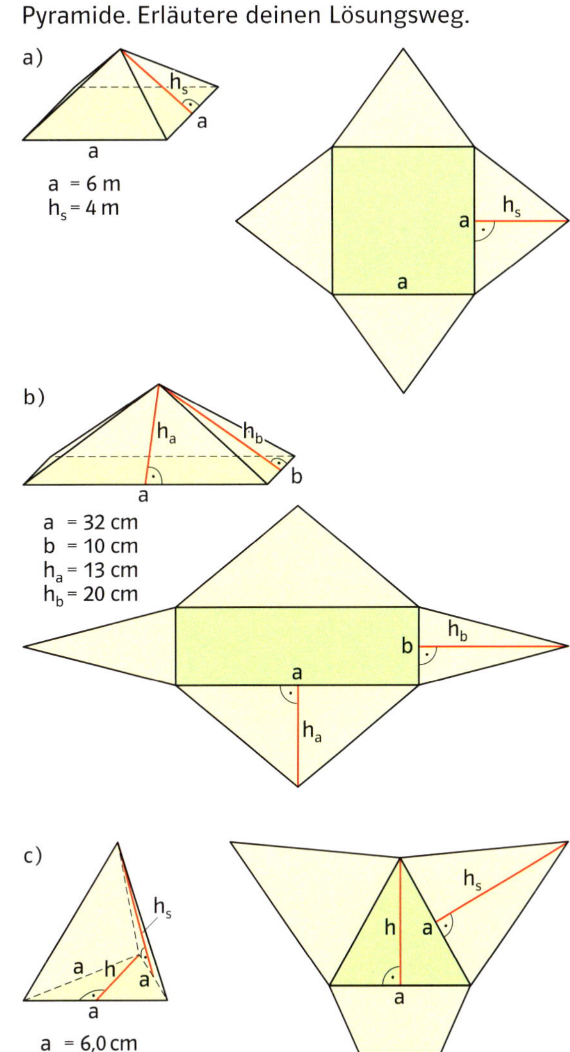

Volumen eines Kegels

Gerader Kreiskegel

1 In der Abbildung wird Sand zu einem Kegel aufgeschüttet.

Nenne Gegenstände in deiner Umwelt, die ebenfalls die Form eines Kegels haben.

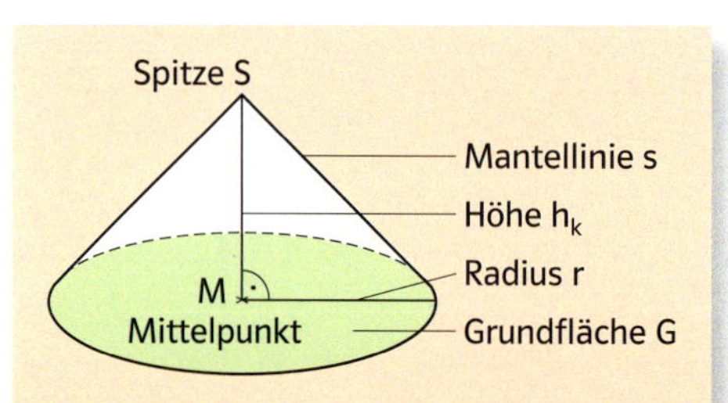

Die **Grundfläche** eines geraden Kreiskegels ist eine **Kreisfläche**.
Die Strecke, die die Spitze S mit einem Punkt des Grundkreises verbindet, heißt **Mantellinie s**.

2 Die Grundfläche und die Höhe der abgebildeten Körper sind jeweils gleich groß.

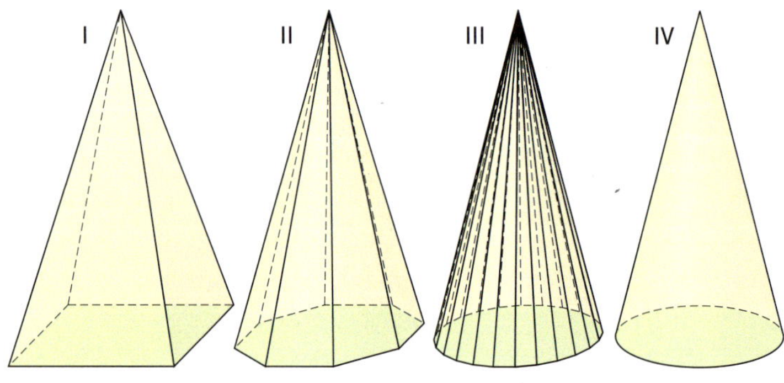

Beschreibe jeweils die Grundfläche der abgebildeten Körper. Erläutere, dass die Formel $V = \frac{1}{3} \cdot G \cdot h_k$ auch für das Volumen eines Kegels gilt.

53

• **3** Berechne das Volumen des Kegels.

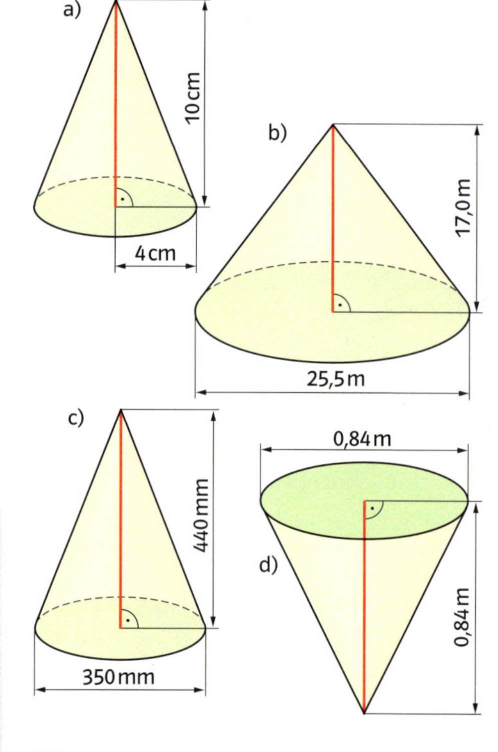

• **4** Berechne das Volumen des Kegels mit den angegebenen Größen.

a) r = 12,80 m h_k = 15,60 m
b) d = 5,6 dm h_k = 3,4 dm
c) r = 2,80 m h_k = 2,80 m
d) d = 7,80 m h_k = 15,60 m
e) r = 25,4 cm h_k = 62,8 cm

L zu 3 und 4: 0,155 22,99 2894 248,5 27,9 14111 167,6 42428,3 2676,5

Volumen eines Kegels

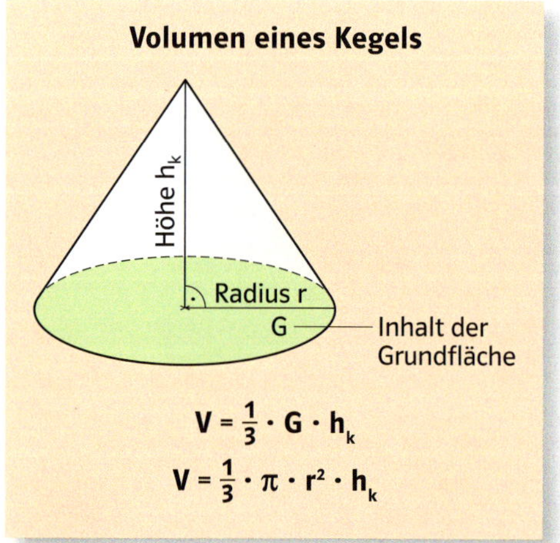

$$V = \frac{1}{3} \cdot G \cdot h_k$$

$$V = \frac{1}{3} \cdot \pi \cdot r^2 \cdot h_k$$

Oberflächeninhalt eines Kegels

1 Wird der **Mantel** eines Kegels längs einer Mantellinie ausgeschnitten und abgerollt, so entsteht ein **Kreisausschnitt**.

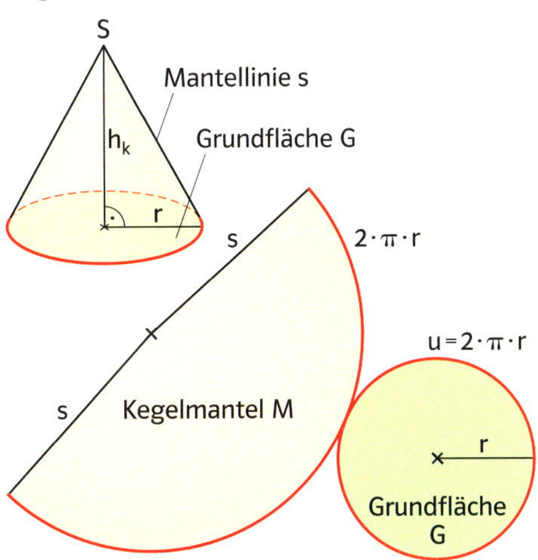

a) Beschreibe, wie in den Abbildungen der Mantel eines Kegels in einzelne Teile zerlegt und wie anschließend die Teile wieder zusammengesetzt werden.

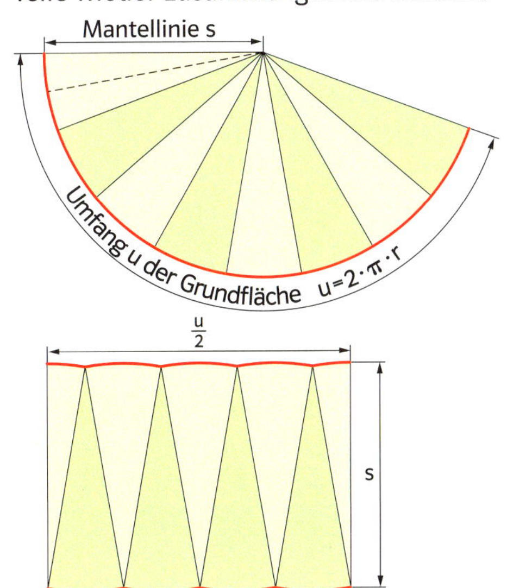

b) Der Mantel des Kegels wird in immer mehr Teile zerlegt und wie abgebildet zusammengesetzt. Welcher geometrischen Figur nähert sich die so zusammengesetzte Figur an?

c) Der Radius r eines Kegels beträgt 3,4 cm, seine Mantellinie s misst 7,6 cm. Berechne zunächst den Flächeninhalt des Mantels und anschließend den Oberflächeninhalt des Kegels. Beschreibe deinen Lösungsweg.

Flächeninhalt eines Kegelmantels
$M = \pi \cdot r \cdot s$

Oberflächeninhalt eines Kegels
$O = G + M$
$O = \pi \cdot r^2 + \pi \cdot r \cdot s$
$O = \pi \cdot r \cdot (r + s)$

2 Berechne den Flächeninhalt des Mantels und den Oberflächeninhalt des Kegels.

a)
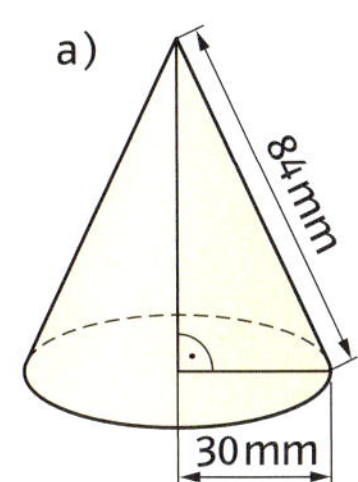

b)
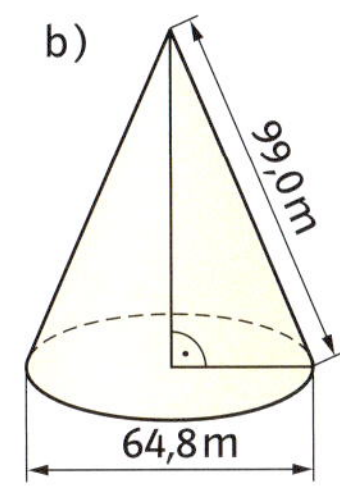

c)
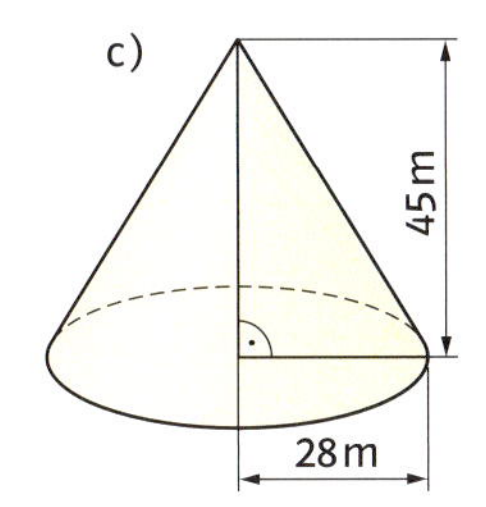

3 Berechne den Oberflächeninhalt des Kegels.

	a)	b)	c)	d)
r	53 cm	▒	1,4 dm	▒
d	▒	5,4 m	▒	0,36 m
s	28 cm	4,5 m	5,0 dm	0,30 m

53

4 Ein offener Kegel wird längs einer Mantellinie (s = 6 cm) aufgeschnitten. Die abgebildete Halbkreisfläche zeigt den Mantel des Kegels.

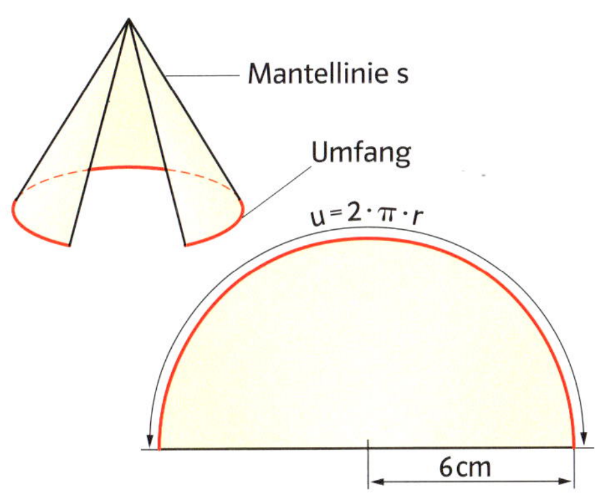

a) Bestimme den Umfang der Kegelgrundfläche. Berechne anschließend den Radius der Grundfläche.

b) Wie groß ist der Flächeninhalt des Mantels und der Oberflächeninhalt des Kegels?

Volumen einer Kugel

1 Viele Gegenstände in deiner Umwelt haben die Form einer Kugel.

Nenne weitere Beispiele für kugelförmige Körper.

Bei einer Kugel ist der Abstand vom Mittelpunkt zu einem beliebigen Punkt P der Oberfläche der **Kugelradius r.**

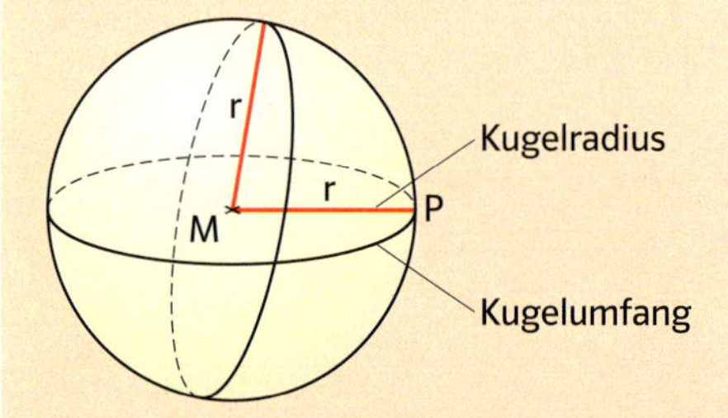

Die Kreise auf der Kugeloberfläche, deren Mittelpunkte jeweils mit dem Kugelmittelpunkt zusammenfallen, heißen **Großkreise.**
Als **Umfang einer Kugel** bezeichnet man den Umfang eines Großkreises.

2 Ein kugelförmiger Fesselballon hat einen Innendurchmesser von 22 m. Er fasst ungefähr 5 600 m³ Gas.

Nenne weitere Beispiele, in denen das Volumen einer Kugel berechnet werden muss.

3 Der Radius des abgebildeten Kegels, seine Höhe und der Radius der abgebildeten Halbkugel sind gleich groß.

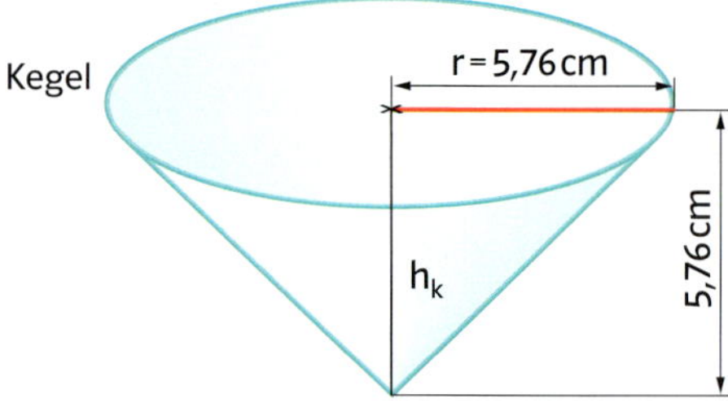

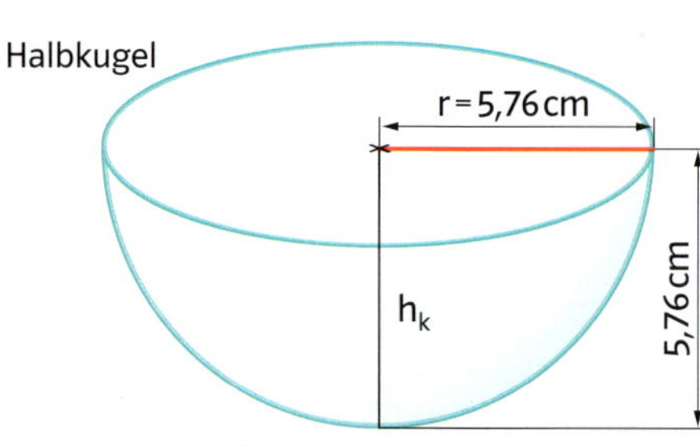

Der Kegel wird mit Wasser gefüllt. Durch Umgießen kannst du zeigen, dass der Inhalt des Kegels zweimal in die Halbkugel passt.
a) Erläutere die Schritte, die zu der Formel für das Volumen einer Halbkugel führen.

$V_{Halbkugel} = 2 \cdot \underbrace{\frac{1}{3} \cdot \pi \cdot r^2 \cdot h_k}_{Kegelvolumen}$

$V_{Halbkugel} = \frac{2}{3} \cdot \pi \cdot r^2 \cdot r$

$V_{Halbkugel} = \frac{2}{3} \cdot \pi \cdot r^3$

b) Berechne das Volumen der Kugel mit r = 5,76 cm. Beschreibe deinen Lösungsweg.

4 Berechne das Volumen der Kugel mit dem angegebenen Radius (Durchmesser).
a) r = 5,4 cm b) r = 3,8 dm c) r = 76 mm
d) d = 9,8 cm e) d = 1,2 m f) d = 0,80 m

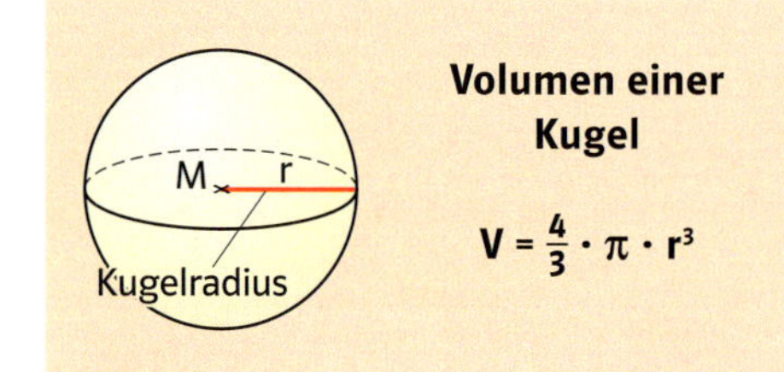

Volumen einer Kugel

$V = \frac{4}{3} \cdot \pi \cdot r^3$

Oberflächeninhalt einer Kugel

1 a) Eine Kugel lässt sich wie abgebildet in Körper zerlegen, die wie Pyramiden aussehen. Wodurch unterscheiden sich diese Zerlegungskörper von richtigen Pyramiden?
b) Wie groß sind die Grundflächen dieser Zerlegungskörper zusammen?

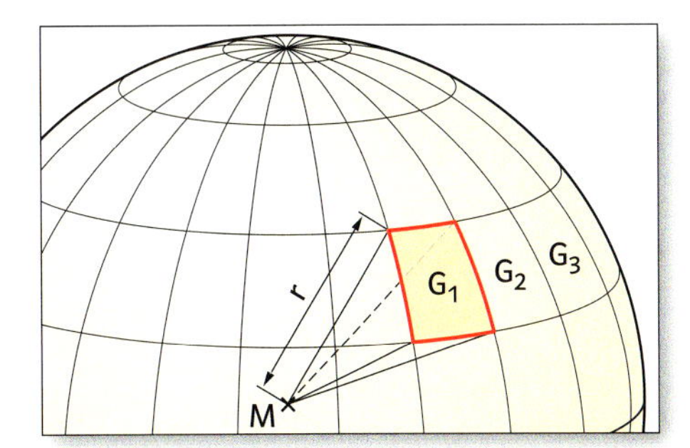

c) Lässt du in Gedanken die Grundfläche eines Zerlegungskörpers immer kleiner werden, so kannst du dir diesen Körper als eine Pyramide mit ebener Grundfläche vorstellen. Die Höhe h_k dieser Pyramide nähert sich dabei dem Radius r der Kugel. Erläutere, wie im Folgenden die Formel $O = 4\pi r^2$ für den Inhalt der Kugeloberfläche hergeleitet wird.

1.

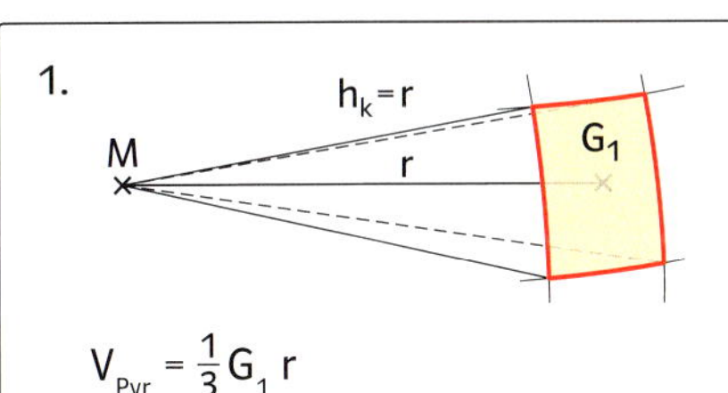

$V_{Pyr} = \frac{1}{3} G_1 r$

2.

$V = \frac{1}{3} G_1 r + \frac{1}{3} G_2 r + \frac{1}{3} G_3 r + \ldots$

$V = \frac{1}{3} r (G_1 + G_2 + G_3 + \ldots)$

3.

$V = \frac{1}{3} r (G_1 + G_2 + G_3 + \ldots)$

$V = \frac{1}{3} r \cdot O$

4.

$V = \frac{1}{3} r \cdot O$

$\frac{4}{3}\pi r^3 = \frac{1}{3} r \cdot O \qquad |:\left(\frac{1}{3} \cdot r\right)$

$4\pi r^2 = O$

$O = 4 \cdot \pi \cdot r^2$

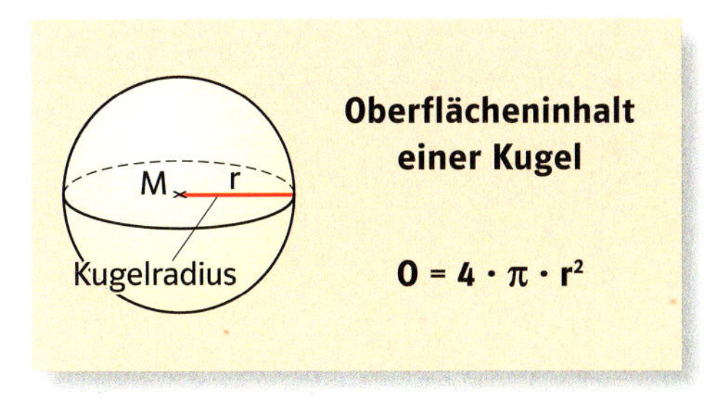

Oberflächeninhalt einer Kugel

$O = 4 \cdot \pi \cdot r^2$

2 Berechne den Oberflächeninhalt der Kugel mit dem angegebenen Radius (Durchmesser).
a) r = 25 cm b) r = 6,4 m c) r = 100 m
d) d = 46,4 cm e) d = 0,78 m f) d = 0,5 m

Gegeben: $O = 310\ m^2$
Gesucht: r

$O = 4 \cdot \pi \cdot r^2 \qquad |:(4 \cdot \pi)$

$\frac{O}{4 \cdot \pi} = r^2$

$r = \sqrt{\frac{O}{4 \cdot \pi}}$

$r = \sqrt{\frac{310}{4 \cdot \pi}}$

Tastenfolge:

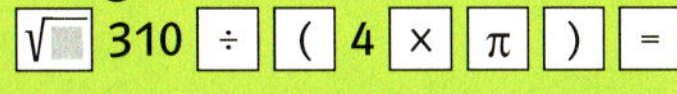

Anzeige: 4.966791336

$r \approx 5,0$

Der Radius ist ungefähr 5,0 m lang.

3 Berechne die fehlenden Größen der Kugel.

53

	a)	b)	c)	d)
r	14,8 cm	0,74 m	▒	▒
d	▒	▒	▒	▒
O	▒	▒	$78,54\ m^2$	$366,44\ m^2$

	e)	f)	g)	h)
r	▒	▒	▒	▒
d	3,24 m	▒	0,66 dm	▒
O	▒	$12,57\ cm^2$	▒	$80\,425\ km^2$

L 5 6,88 1 1,62 2752,54 0,33 80 1,37
10,8 2 160 2,5 5,4 32,98 1,48 29,6

Grundwissen: Zylinder, Pyramide, Kegel und Kugel

Zylinder

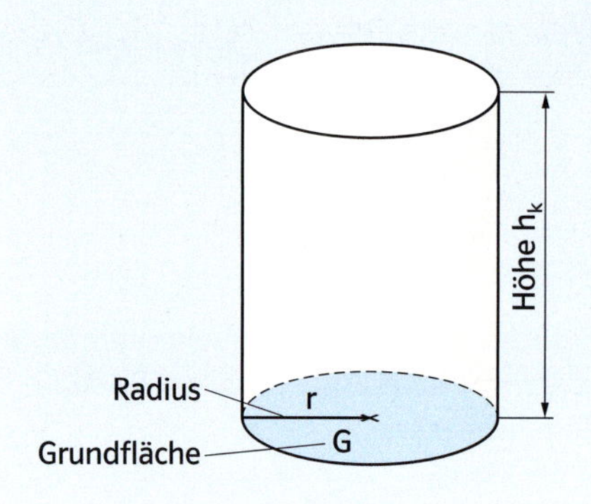

Volumen

$V = G \cdot h_k$

$V = \pi \cdot r^2 \cdot h_k$

Flächeninhalt des Mantels

$M = u \cdot h_k$

$M = 2 \cdot \pi \cdot r \cdot h_k$

Oberflächeninhalt

$O = 2 \cdot G + M$

$O = 2 \cdot \pi \cdot r^2 + 2 \cdot \pi \cdot r \cdot h_k$

$O = 2 \cdot \pi \cdot r \cdot (r + h_k)$

Pyramide

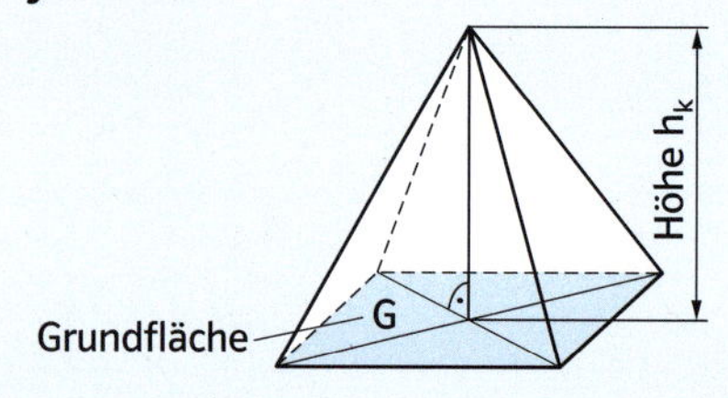

Volumen

$V = \frac{1}{3} \cdot G \cdot h_k$

Oberflächeninhalt

$O = G + M$

Kegel

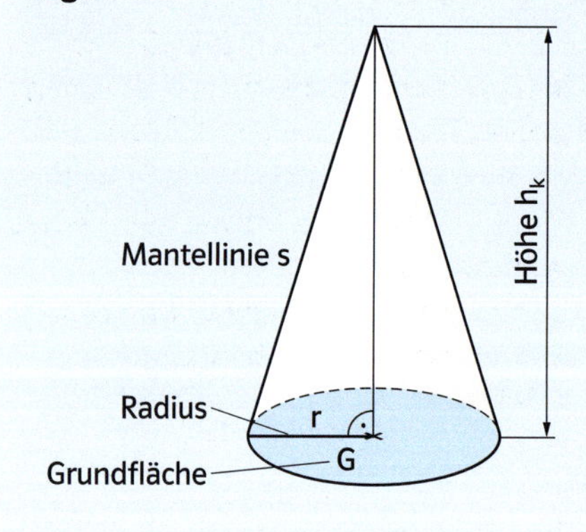

Volumen

$V = \frac{1}{3} \cdot G \cdot h_k$

$V = \frac{1}{3} \cdot \pi \cdot r^2 \cdot h_k$

Flächeninhalt des Mantels

$M = \pi \cdot r \cdot s$

Oberflächeninhalt

$O = G + M$

$O = \pi \cdot r^2 + \pi \cdot r \cdot s$

$O = \pi \cdot r \cdot (r + s)$

Kugel

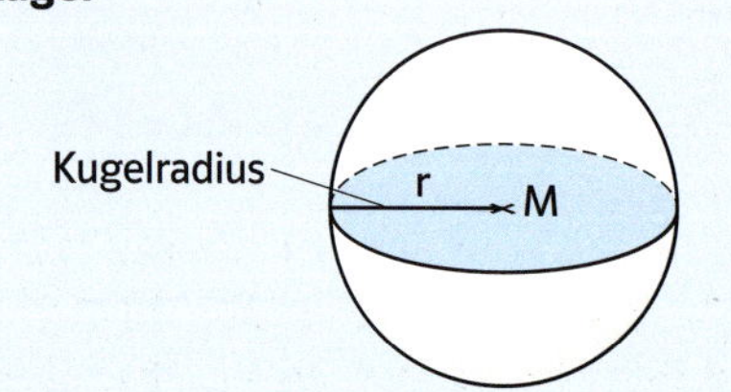

Volumen

$V = \frac{4}{3} \cdot \pi \cdot r^3$

Oberflächeninhalt

$O = 4 \cdot \pi \cdot r^2$

Üben und Vertiefen

1 Berechne das Volumen des Zylinders.

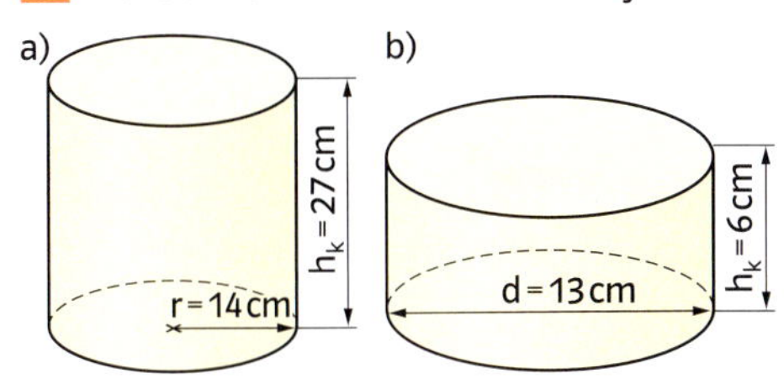

2 Bestimme das Volumen des Körpers.

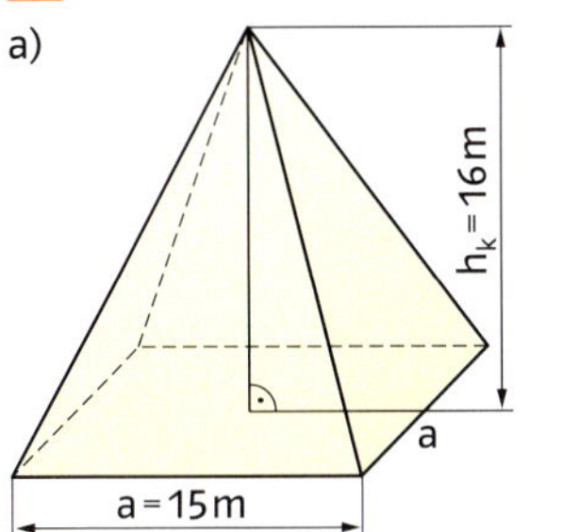

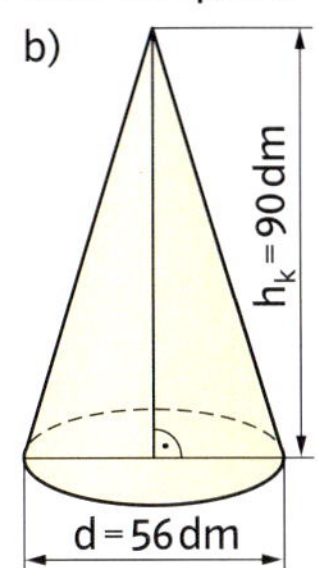

3 Berechne den Oberflächeninhalt der einzelnen Körper mit den angegebenen Maßen.

	a)	b)
Zylinder	r = 10,6 cm h_k = 21,2 cm	d = 4,28 m h_k = 2,32 m
quadratische Pyramide	a = 13,8 dm h_s = 21,2 dm	a = 8,40 m h_s = 13,70 m
Kegel	r = 57,6 dm s = 122,4 dm	d = 123,0 m s = 102,5 m

4 Ermittle den Oberflächeninhalt der rechteckigen Pyramide mit a = 8,7 m, b = 5,3 m, h_a = 4,6 m und h_b = 5,8 m (a = 24,5 m; b = 16,8 m; h_a = 15,5 m; h_b = 17,9 m).

5 Hat Ben das abgebildete Schrägbild eines Kegels richtig bemaßt? Begründe deine Antwort.

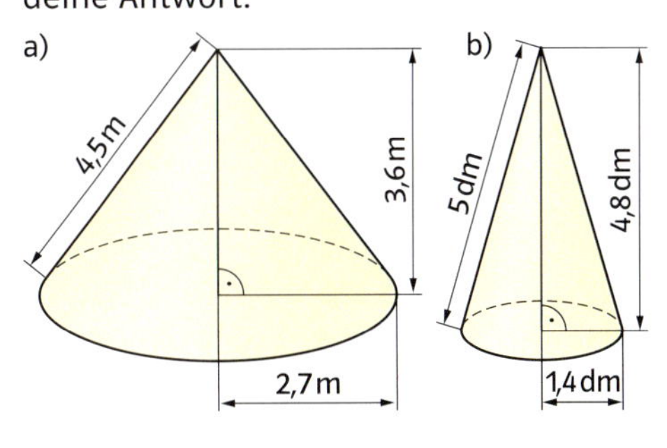

• **6** Berechne das Volumen und den Oberflächeninhalt des Kegels. Bestimme zunächst mithilfe des Satzes des Pythagoras die fehlende Größe r, h_k oder s.

52
53

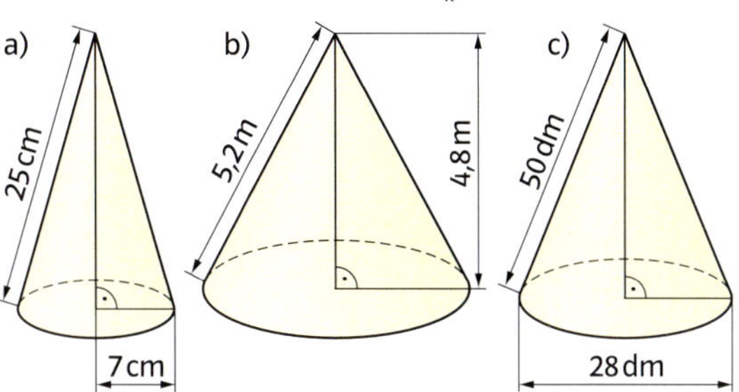

• **7** Bestimme das Volumen und den Oberflächeninhalt der abgebildeten Pyramide.

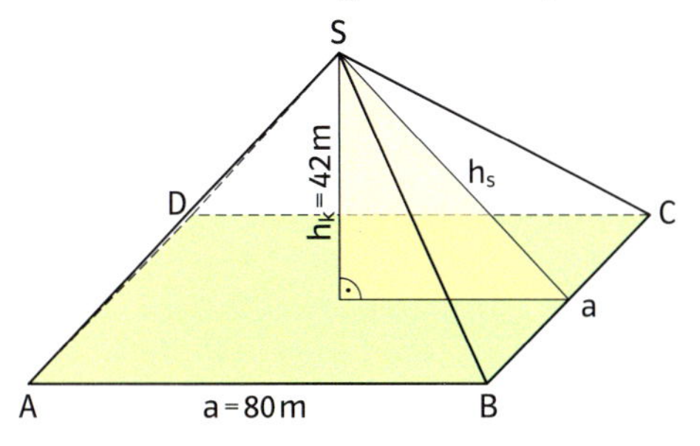

• **8** Die Kanten der Grundfläche einer rechteckigen Pyramide werden mit a = 26,8 m und b = 14,4 m gemessen. Die Körperhöhe h_k beträgt 13,7 m. Berechne das Volumen und den Oberflächeninhalt der Pyramide.

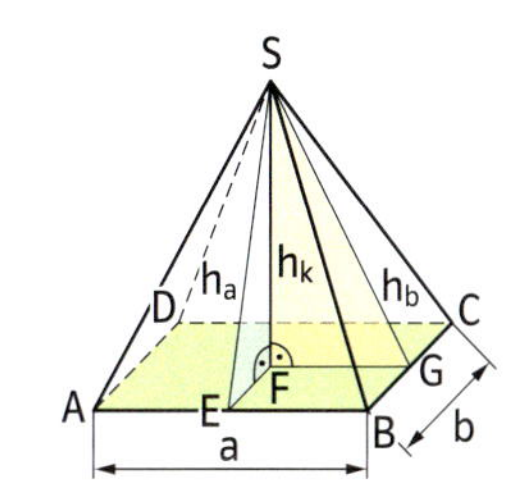

✚ **9** Das Bild zeigt die Abwicklung eines • Kegelmantels.
Bestimmt in Gruppenarbeit das Volumen und den Oberflächeninhalt des zugehörigen Kegels.

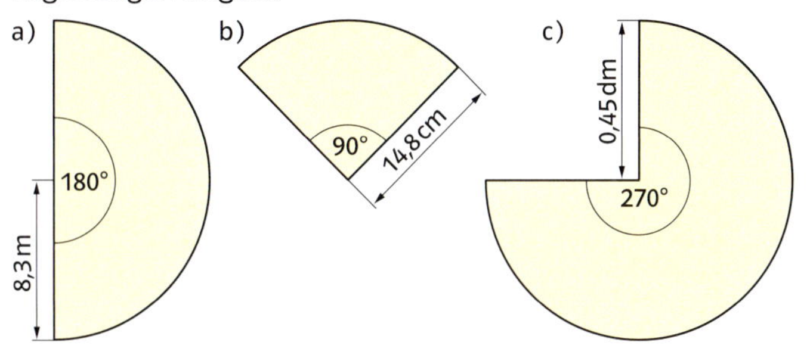

L zu 6 bis 9: 35 504 1 078 9 852 1 232
24 704 20 89 600 1 762 130 215
8 350 162 15 680 50 45 2 815 205 2

Üben und Vertiefen

10 In dem Beispiel wird aus dem Volumen $V = 532\ cm^3$ und der Höhe $h_k = 8$ cm eines Zylinders der Radius r der Grundfläche bestimmt.

1. $V = \pi \cdot r^2 \cdot h_k \quad | :(\pi \cdot h_k)$

$\frac{V}{\pi \cdot h_k} = r^2$

$r = \sqrt{\frac{V}{\pi \cdot r^2}}$

2. $r = \sqrt{\frac{532}{\pi \cdot 8}}$

Tastenfolge:
[√] 532 [÷] [(] [π] [×] 8 [)] [=]

Anzeige: 4.60082682

$r \approx 4{,}6$

Der Radius beträgt ungefähr 4,6 cm.

Das Volumen V eines Zylinders beträgt 16 964,6 cm^3. Die Höhe h_k des Zylinders wird mit 24 cm gemessen. Berechne den Radius r.

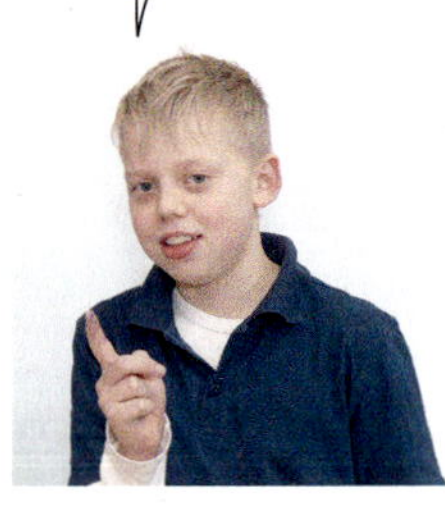

11 Berechne die fehlenden Größen r, d, h_k, V und O des Zylinders.
a) $V = 1\,379{,}19\ m^3$ $r = 7{,}60$ m
b) $G = 24{,}6\ dm^2$ $h_k = 13{,}5$ dm
c) $V = 3{,}80\ m^3$ $d = 1{,}10$ m

12 In dem Beispiel wird aus dem Volumen V und der Körperhöhe h_k einer quadratischen Pyramide die Länge der Grundkante a bestimmt.

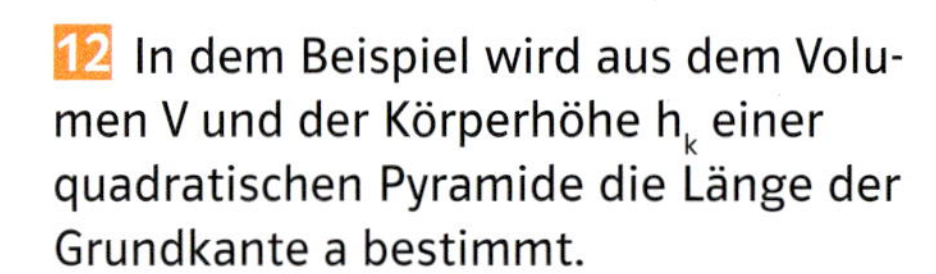

Gegeben: $V = 192\ cm^3$; $h_k = 9$ cm
Gesucht: a

$V = \frac{1}{3} \cdot G \cdot h_k$
$192 = \frac{1}{3} \cdot a^2 \cdot 9 \quad | \cdot 3$
$576 = a^2 \cdot 9 \quad | :9$
$64 = a^2$
$a = \sqrt{64}$
$a = 8$

Die Grundkante a ist 8 cm lang.

a) Bestimme die Länge a aus $V = 2\,400\ cm^3$ und $h_k = 8$ m.
b) Berechne h_k aus $V = 3\,072\ cm^3$ und a = 24 cm.

● **13** Wie hoch ist eine Pyramide mit rechteckiger Grundfläche (a = 24 cm; b = 18 cm) und dem Volumen $V = 3\,024\ cm^3$?

● **14** Berechne die fehlenden Größen (r, s, h_k, V, O) eines Kegels.

a)	b)	c)
$G = 1{,}33\ m^2$ $h_k = 1{,}04$ m	$M = 62{,}8\ m^2$ s = 5 m	$V = 21{,}11\ m^3$ r = 2,4 m

✚● **15** a) In einem Zylinder ist die Höhe h_k doppelt so groß wie der Radius r. Der Oberflächeninhalt O beträgt 1 444 cm^2. Bestimme r und h_k. Benutze dazu die Formel $O = 2 \cdot \pi \cdot r \cdot (r + h_k)$.
b) Die Höhe h_k ist in einem Zylinder halb so groß wie der Radius r. Der Oberflächeninhalt O beträgt 3 769,91 m^2. Berechne r und h_k.

L zu 13 bis 15: 3,84 4,2 131,1 20 49,76 0,65 0,46 4 10 50,3 3 1,23 17,5 3,5 8,75

✚ **16** Das Volumen eines Zylinders soll 785 cm^3 betragen. Der Oberflächeninhalt soll so klein wie möglich sein. Ermittele die Höhe h_k und den Durchmesser des Grundkreises. Was stellst du fest? Überprüfe deine Vermutung an weiteren Beispielen.

✚ **17** Das abgebildete rechtwinklige Dreieck ABC (β = 90°) rotiert um die Seite a.

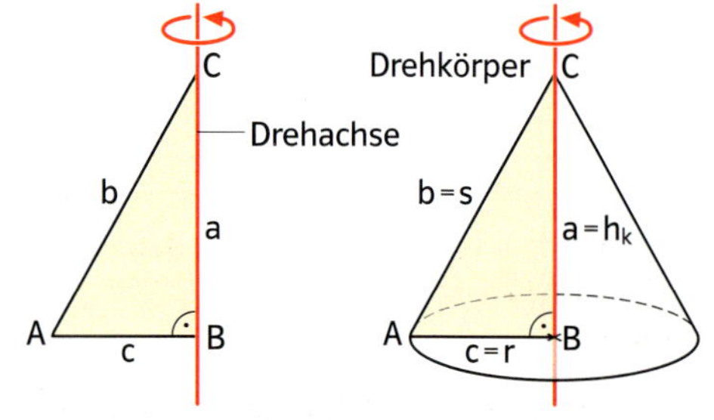

Berechne das Volumen und den Oberflächeninhalt des Drehkörpers.

Maße des Dreiecks ABC (β = 90°)		
a)	b)	c)
b = 127,4 m c = 49,0 m	a = 7,8 dm c = 10,4 dm	a = 2,4 m c = 4,5 m

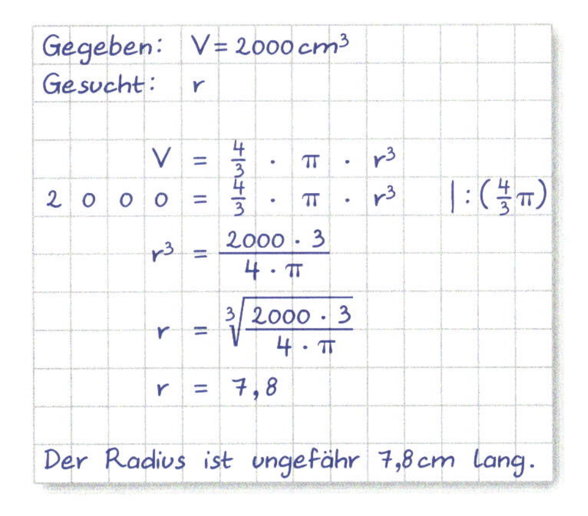

18 Berechne die fehlenden Größen r, d, u, V und O der Kugel.
a) r = 7,2 cm b) V = 1350 m³ c) d = 18,6 m
d) O = 950 m² e) u = 75,4 m f) V = 11 494 m³

L 88 651,4 1 086,9 1 809,6 9,3 8,7 14 14,4 13,72 3 369,3 54,7 7 238,2 2463 58,4 24 17,4 28 12 2 758,3 1 563,5 43,1 45,24 6,86 591,4

19 Berechne jeweils das Volumen und den Oberflächeninhalt der Körper. Was stellst du fest?

Würfel	(Würfel, Kante a)	a = 21,544 m
Zylinder	(Zylinder, h_k, r)	r = 11,675 m; h_k = 23,365 m
Kugel	(Kugel, r)	r = 13,365 m

20 Ein zylinderförmiges Gefäß (r = 6 cm) ist 15 cm hoch mit Wasser gefüllt. In das Gefäß wird eine Metallkugel (r = 5 cm) gelegt.

Um wie viel Zentimeter steigt das Wasser?

21 Die abgebildete Fläche rotiert um die Gerade g.
a) Welcher Rotationskörper entsteht?
b) Berechne das Volumen und den Oberflächeninhalt des Drehkörpers.

a) 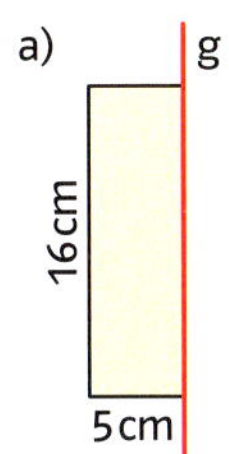

b) 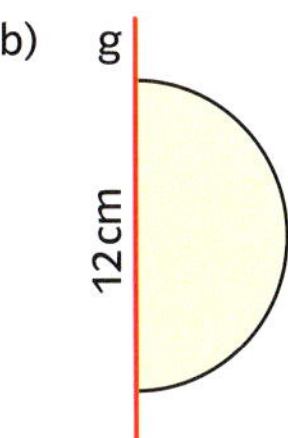

c) 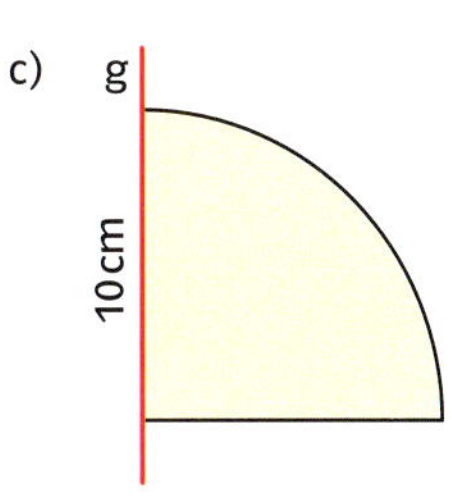

d) 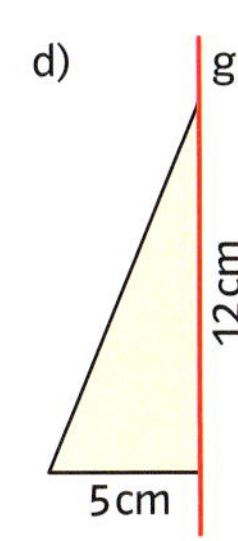

e) 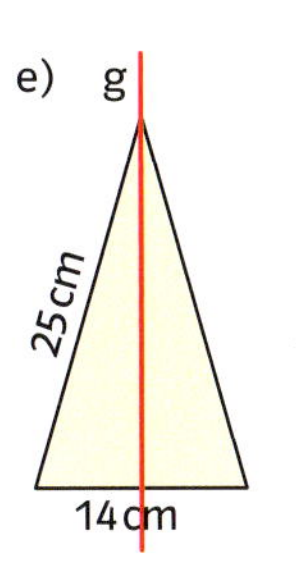

f) 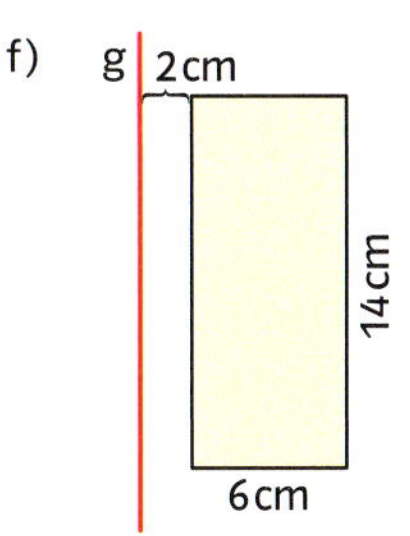

L 2 638,9 314,2 2 094,4 703,7 1 256,6 282,7 1 256,6 1 231,5 904,8 659,7 452,4 942,5

22 a) Berechne zunächst jeweils das Volumen der abgebildeten Körper. Vergleiche anschließend die Größe der einzelnen Volumen miteinander. Was stellst du fest? Erläutere deine Antwort.

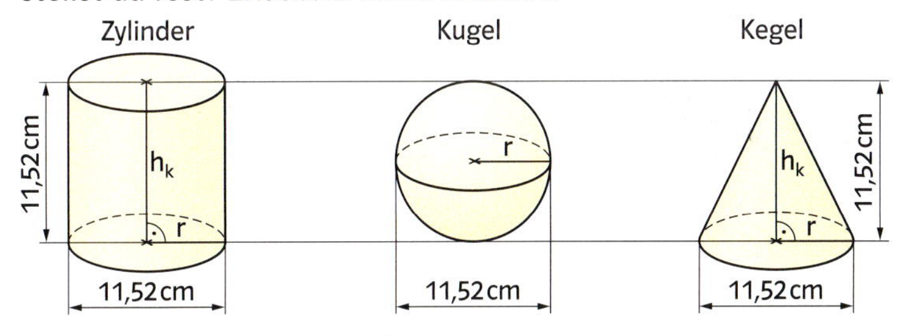

b)

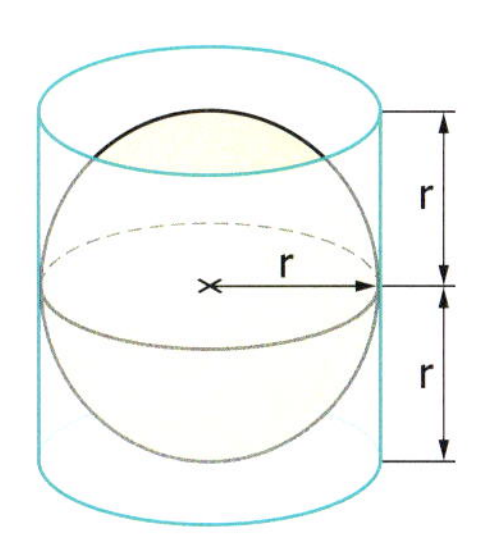

Leite aus dieser Aussage mithilfe der Abbildung die Formel für das Volumen der Kugel her.

1 Ein 9,22 m hohes zylinderförmiges Getreidesilo aus Stahlblech hat einen Durchmesser von 3,57 m.

a) Wie viele Quadratmeter Stahlblech sind für die Herstellung des Zylindermantels mindestens verarbeitet worden?
b) Das Silo ist zur Hälfte mit Weizen gefüllt. Wie groß ist die Masse des eingelagerten Getreides, wenn mit 700 kg je Kubikmeter Weizen gerechnet wird?

2 Der innere Durchmesser einer 11,8 cm hohen Konservendose beträgt 10 cm. Überprüfe durch eine Rechnung, ob die aufgedruckte Inhaltsangabe von 925 ml richtig angegeben ist.

3 Durch ein Gebirge soll ein 7,2 km langer zylinderfömiger Stollen mit einem Durchmesser von 6 m getrieben werden. Die Leistung der eingesetzten Tunnelbohrmaschine wird mit 30 m Vortrieb pro Tag angenommen. Formuliert dazu Aufgaben und bearbeitet sie.

Problemlösen: Aufgaben zu Sachtexten

1. Stelle fest, welche Angaben und Informationen du brauchst, um die Aufgabenstellung zu bearbeiten.
2. Suche die benötigten Angaben und Informationen in den Texten.
3. Überlege, welche Rechnungen oder Schätzungen du durchführen musst.
4. Führe die notwendigen Rechnungen und Schätzungen durch und formuliere ein Ergebnis.
5. Prüfe, ob dein Ergebnis sinnvoll ist.

4 Für den ausgebauten pyramidenförmigen Dachraum des abgebildeten Hauses mussten 25 920 € bezahlt werden.

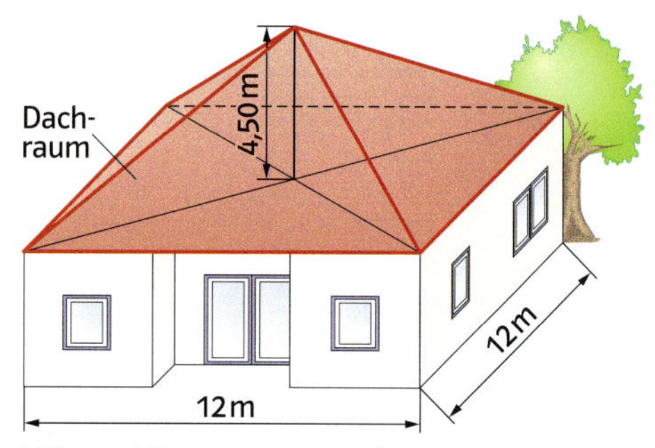

Wie viel Euro mussten für einen Kubikmeter bezahlt werden?

5 Die Grundfläche eines pyramidenförmigen Daches ist ein Quadrat. Der Umfang der Grundfläche beträgt 33,60 m. Die Seitenhöhe einer dreieckigen Dachfläche ist 9,60 m lang.
Das Dach soll einen Belag aus Kupferblech erhalten. Der Dachdecker rechnet für das Eindecken mit 270 € pro Quadratmeter.

6 In südlichen Ländern wird Salz durch das Verdunsten von Meerwasser gewonnen.

Der Durchmesser eines Salzkegels beträgt 5,40 m, seine Höhe 1,90 m. Bestimme die Masse des Kegels (Salz: $\rho = 2,16 \frac{g}{cm^3}$).

7 Ein Turm mit einem kegelförmigen Dach ist insgesamt 37 m hoch. Der Turm hat einen Umfang von 44 m. Die Höhe des Dachraumes beträgt 14 m. Das Dach soll einen Belag aus Zinkblech erhalten. Der Dachdecker verlangt für das Eindecken 90 € pro Quadratmeter. Für Verschnitt müssen 10 % hinzugerechnet werden.

8 Aus dem abgebildeten Kantholz soll ein Rundstab mit der größtmöglichen Querschnittsfläche gedrechselt werden.

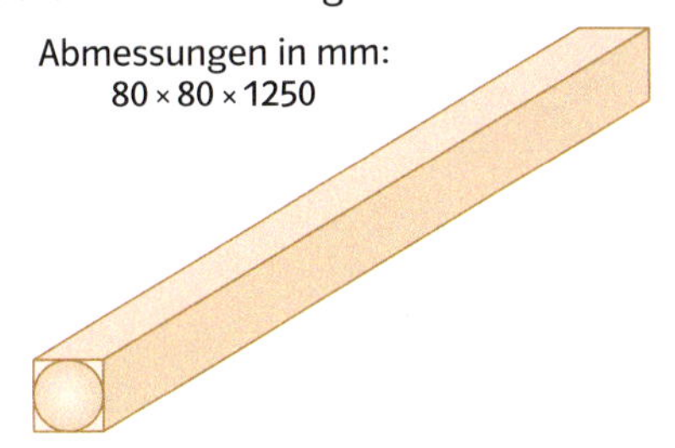

Wie viele Kubikzentimeter Holzabfall entstehen dabei? Gib diesen Abfall auch in Prozent an.

9 Ein neuer zylinderförmiger Silo soll ein Fassungsvermögen von 17 241 m³ erhalten. An seinem zukünftigen Standort steht eine 616 m² große Grundfläche zur Verfügung. Berechne den Durchmesser und die Höhe des Silos.

L zu 8 und 9: 28 21,5 28

10 Die Cheops-Pyramide ist die größte aller ägyptischen Pyramiden.

a) Die quadratische Grundfläche der Pyramide ist ungefähr 5,3 ha groß. Überprüfe diese Angabe durch eine Rechnung.
b) Bestimme die Masse der Pyramide in Tonnen. Die Dichte der verwendeten Steine beträgt $2{,}7\,\frac{g}{cm^3}$. Bewerte dein Ergebnis.

11 Ein Sandkegel ist 2,80 m hoch. Sein Umfang beträgt 37,70 m.
Wie oft muss ein Lastwagen (Erlaubte Zuladung: 9 t) fahren, um den Sandkegel vollständig abzutragen (Sand: $\rho = 1{,}6\,\frac{g}{cm^3}$)?

12 Frau Hasse lässt ihr Haus neu eindecken. Für einen Quadratmeter der Dachfläche werden 15 Dachpfannen benötigt.

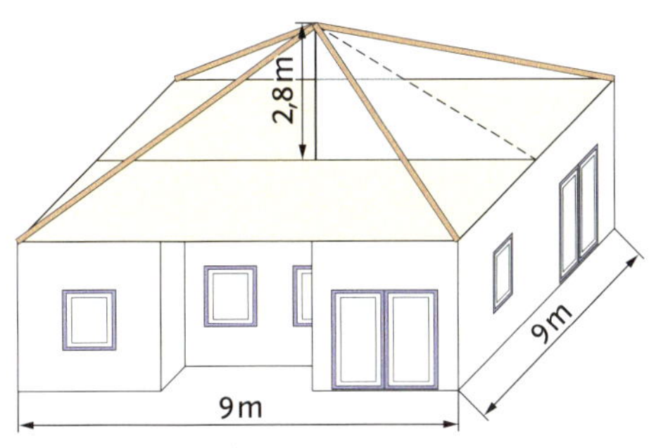

Wie viele Dachpfannen müssen mindestens angeliefert werden?

13 Der Umfang eines aufgeschütteten kegelförmigen Kieshaufens wird mit 47 m gemessen. Sein Volumen beträgt 177 m³. Welche Höhe hat der Kieshaufen?

14 Das Atomium in Brüssel wurde anlässlich der Weltausstellung 1958 gebaut. Jede Kugel hat einen Durchmesser von 18 m.

Bestimme das Volumen und den Oberflächeninhalt einer Kugel.

15 **Der blaue Planet**

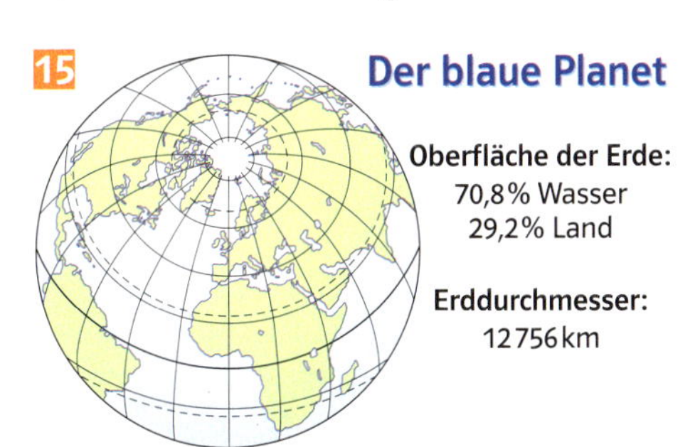

Wie viele Quadratkilometer (km²) der Erde werden von Wasserflächen bedeckt, wie viele Quadratkilometer sind Festland?

16 Aus dem abgebildeten Würfel soll eine möglichst große Kugel gedrechselt werden.

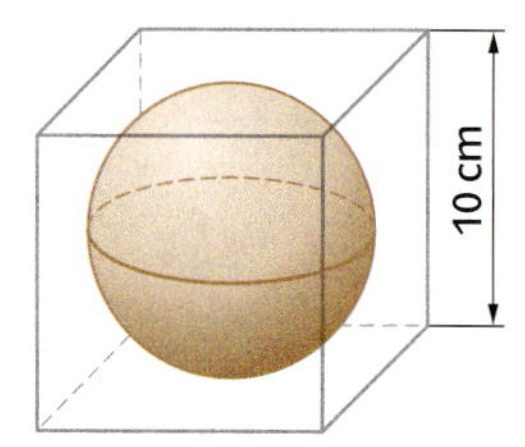

17 a) Der Durchmesser eines kugelförmigen Fesselballons beträgt 23 m. Er wird mit Helium gefüllt. Wie viele Kubikmeter Helium werden benötigt?
b) Ein Liter Helium wiegt 0,1785 g. Berechne das Gewicht des Gases.

18 In der Leichtathletik müssen Frauen das Kugelstoßen mit einer 4 kg schweren Stahlkugel, Männer mit einer 7,256 kg schweren Stahlkugel durchführen (Stahl: $\rho = 7{,}9\,\frac{g}{cm^3}$).

Sarah misst bei einer Wettkampfkugel für Frauen einen Umfang von 31,4 cm, bei einer Kugel für Männer 37,7 cm. Hat sie richtig gemessen?

• **19** a) 1 000 kugelförmige Bleikörner mit einem Durchmesser von jeweils 2 mm sollen zu einer Kugel verschmolzen werden. Berechne den Durchmesser dieser neuen Kugel.
b) Aus einem Kilogramm Blei sollen Kugeln mit einem Durchmesser von 0,5 cm hergestellt werden (Blei: $\rho = 11{,}3\,\frac{g}{cm^3}$). Berechne die Anzahl der Kugeln.
c) Aus fünf Messingwürfeln von 10 cm, (15 cm, 20 cm, 25 cm, 30 cm) Kantenlänge soll eine einzige Kugel gegossen werden. Berechne den Durchmesser dieser Kugel.

• **20** Das abgebildete Betonrohr hat die Form eines **Hohlzylinders.**

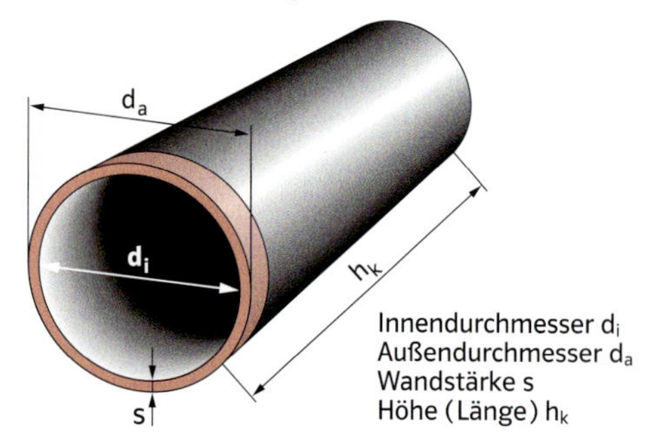

Ein 5 m langes Betonrohr hat außen einen Umfang von 16,84 m. Der Innendurchmesser d_i des Rohres beträgt 4 400 mm. Bestimme die Masse des Rohres in Tonnen (Beton: $\rho = 2{,}7\,\frac{t}{m^3}$).

• **21** Ein Stahlrohr mit einem Außendurchmesser d_a von 508 mm und einer Wandstärke s von 11 mm ist 6 000 mm lang.
a) Berechne die Masse des Rohres in Kilogramm (Stahl: $\rho = 7{,}85\,\frac{t}{m^3}$).
b) Das Rohr soll außen mit einer Kunststoffumhüllung versehen werden. Wie groß ist die Fläche, die beschichtet werden muss?

• **22** Der kugelförmige Gasbehälter hat einen inneren Durchmesser von 47,3 m. Er wurde aus 30 mm dickem Stahlblech erstellt.

Bestimme das Volumen und den Oberflächeninhalt des Behälters.

L zu 19 bis 22: 55 409,2 20 42,4 63,6 1 352 7 046,5 9,6 53 21,2 808,9 31,8 99,3

23 In der Abbildung siehst du ein Werkstück aus Stahl ($\rho = 7{,}85\,\frac{g}{cm^3}$).

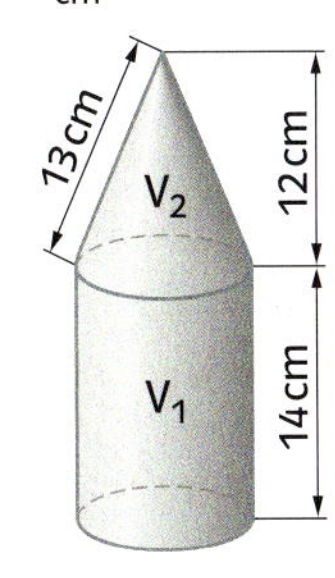

a) Beschreibe die einzelnen Körper, aus denen sich das Werkstück zusammensetzt.
b) Erläutere, wie im Beispiel die Masse dieses Körpers berechnet wird.

1.
$13^2 = 12^2 + r^2$
$r^2 = 13^2 - 12^2$
$r = \sqrt{13^2 - 12^2}$
$r = 5$
Der Radius r ist 5 cm lang.

2.
$V = V_1 + V_2$
$V = \pi \cdot 5^2 \cdot 14 + \frac{1}{3} \cdot \pi \cdot 5^2 \cdot 12$
$V \approx 1414$
Das Volumen beträgt ungefähr $1414\,cm^3$.

3.
$m = \rho \cdot V$
$m = 7{,}85 \cdot 1414$
$m \approx 11\,100$
Die Masse beträgt ungefähr 11 100 g.

24 Berechne die Masse des zusammengesetzten Körpers in Gramm.

a) Zink: $\rho = 7{,}1\,\frac{g}{cm^3}$ b) Blei: $\rho = 11{,}3\,\frac{g}{cm^3}$

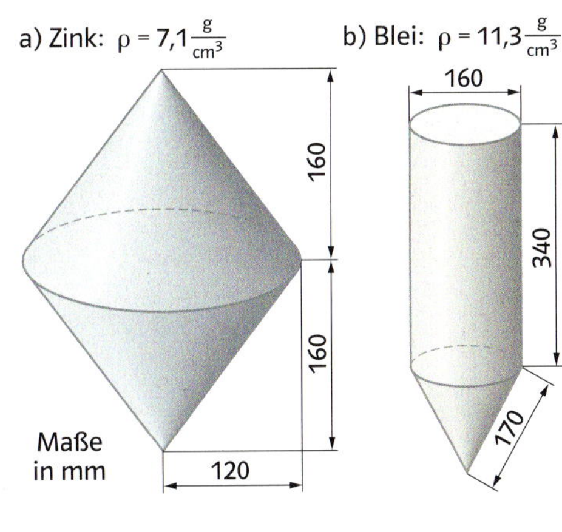

25 Berechne die Masse des Körpers in Gramm.

a) Aluminium: $\rho = 2{,}7\,\frac{g}{cm^3}$

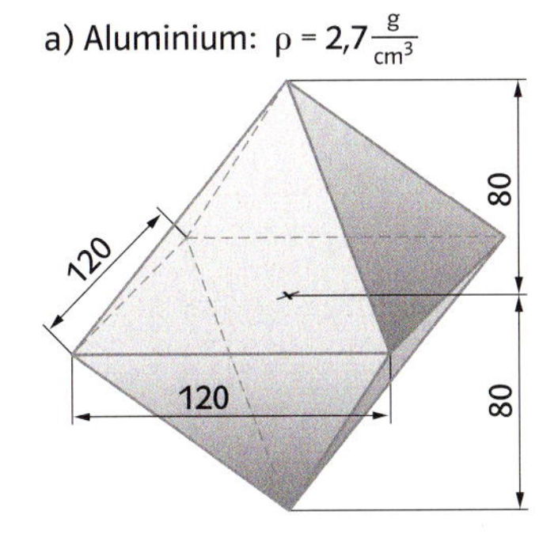

b) Eisen: $\rho = 7{,}8\,\frac{g}{cm^3}$

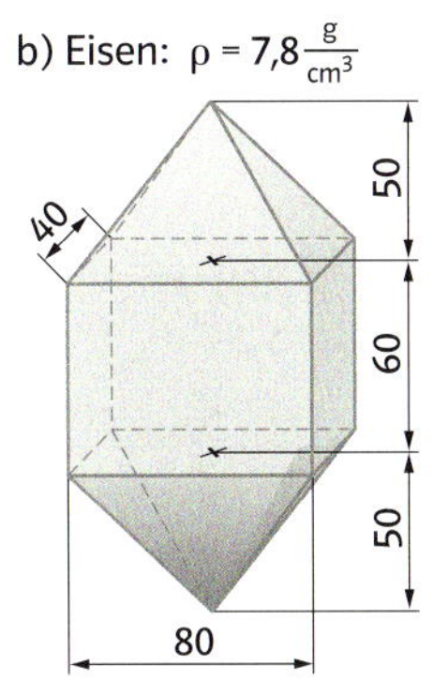

Maße in mm

c) Kupfer: $\rho = 8{,}9\,\frac{g}{cm^3}$

d) Messing: $\rho = 8{,}3\,\frac{g}{cm^3}$

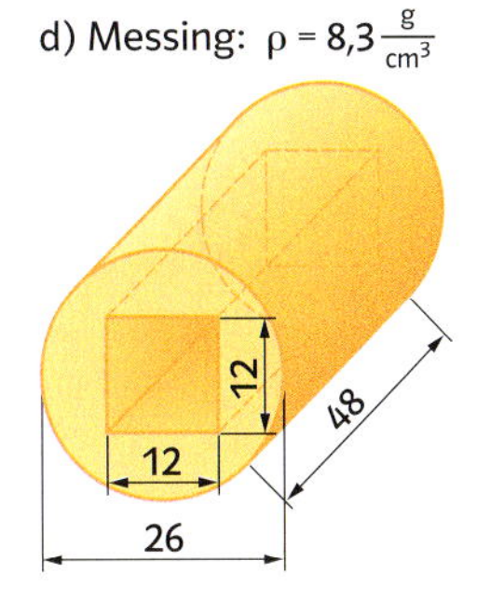

26 Wie viele Quadratzentimeter Blech werden für die Herstellung des Behälters – einschließlich des kreisförmigen Deckels – benötigt? Für Falze und Überlappung werden 6 % hinzugerechnet.

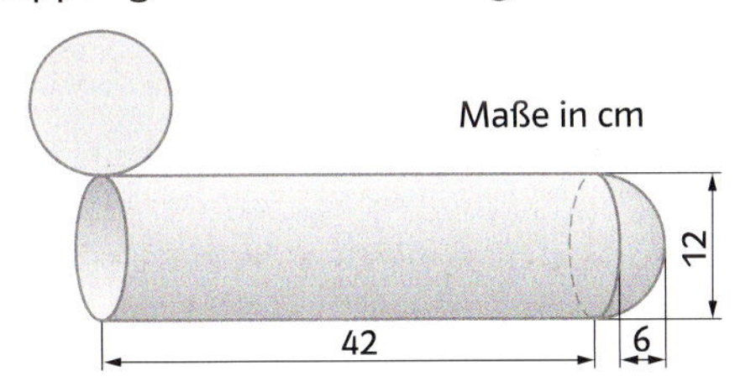

27 Zwei Drittel des Behälters sind mit Wasser gefüllt.

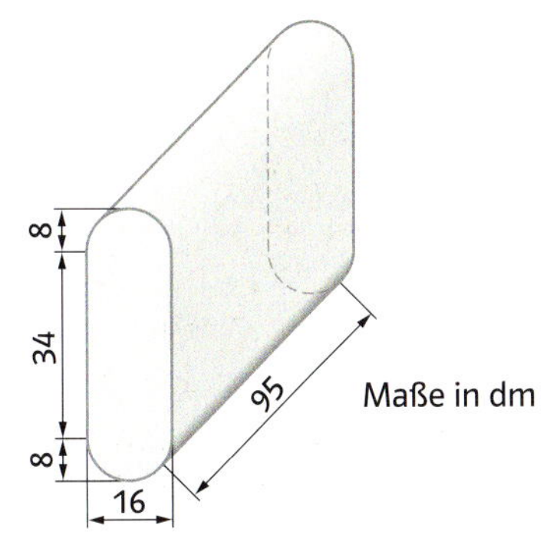

Vernetzen: Ansichten

1 a) Schrägbilder vermitteln dir eine anschauliche Vorstellung eines Körpers.

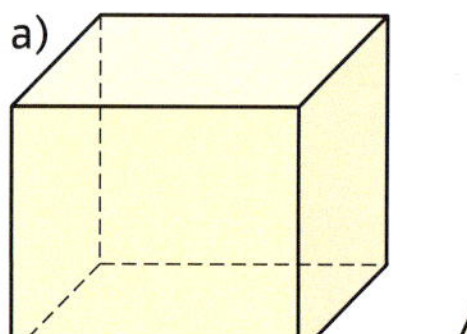

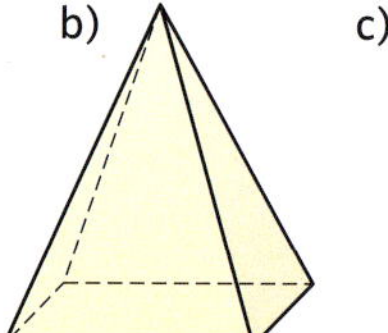

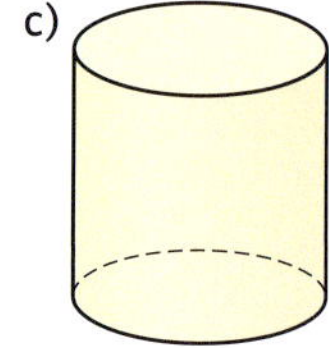

Welche Kanten (Linien) werden im Schrägbild in wahrer Länge abgebildet?

b) In vielen Berufen werden Zeichnungen benötigt, die eindeutige Angaben über die Form, die Größe und die Abmessungen eines Körpers enthalten. Die folgenden Abbildungen zeigen, wie die **Vorderansicht,** die **Draufsicht** und die **Seitenansicht** eines Quaders gewonnen werden.

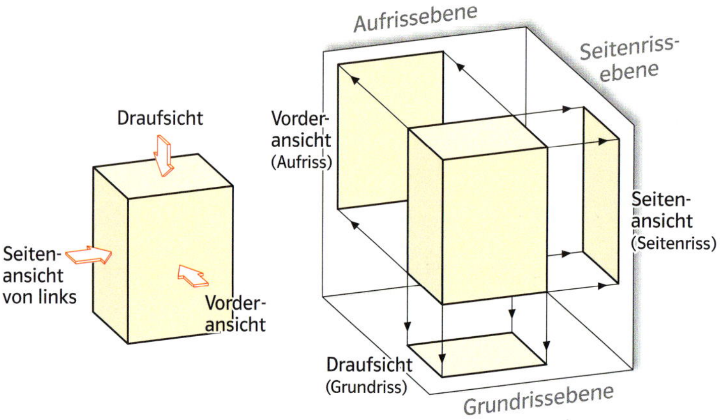

Klappst du in Gedanken die Zeichenebenen in eine Ebene, so kannst du wie abgebildet das Dreitafelbild des Körpers zeichnen.

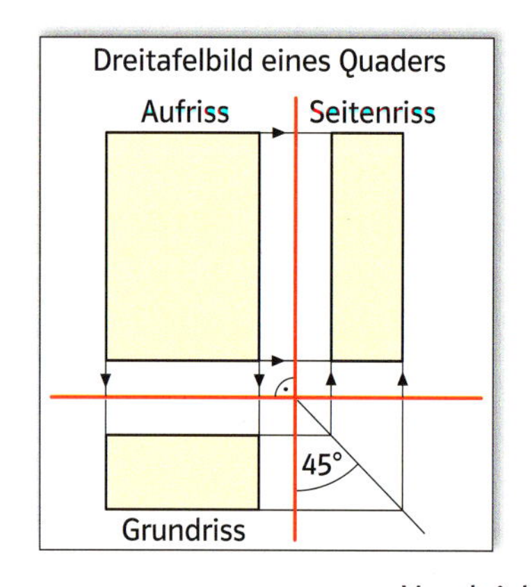

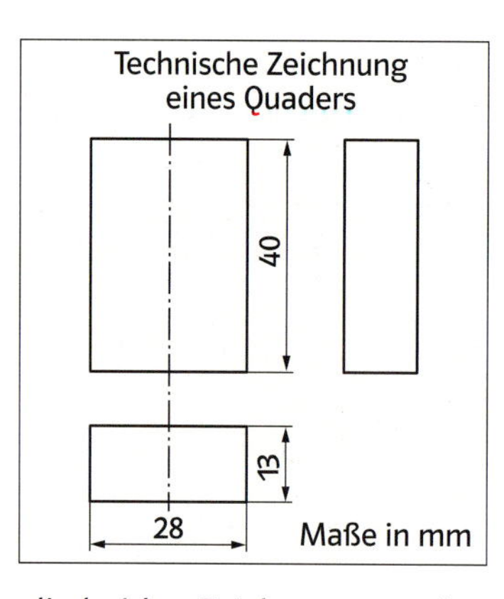

Vergleiche die beiden Zeichnungen miteinander. Was fällt dir auf?

2 In der abgebildeten technischen Zeichnung wird ein Werkstück dargestellt.

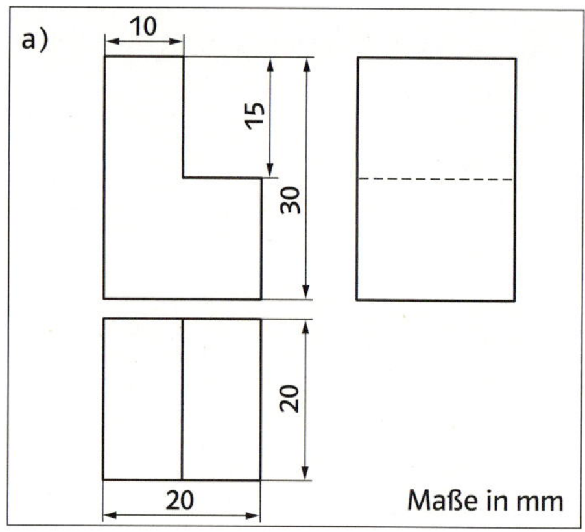

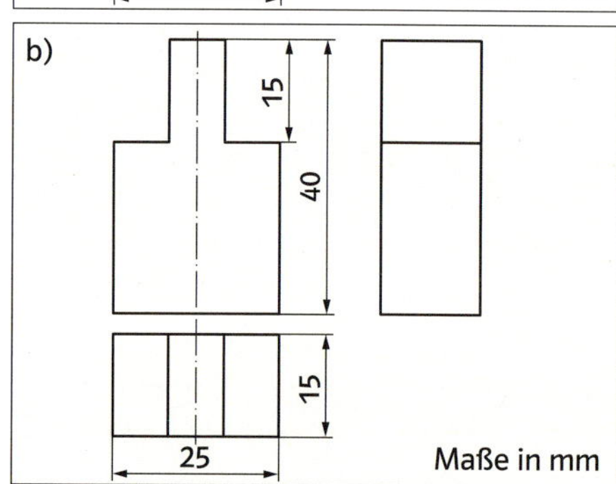

Berechne das Volumen des Körpers.

3 Musst du von einem Körper alle drei Ansichten abbilden, um seine Form eindeutig darzustellen? Erläutere deine Antwort anhand der Abbildungen.

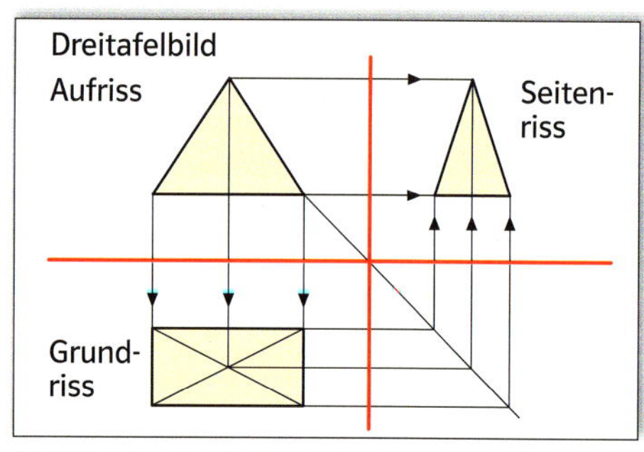

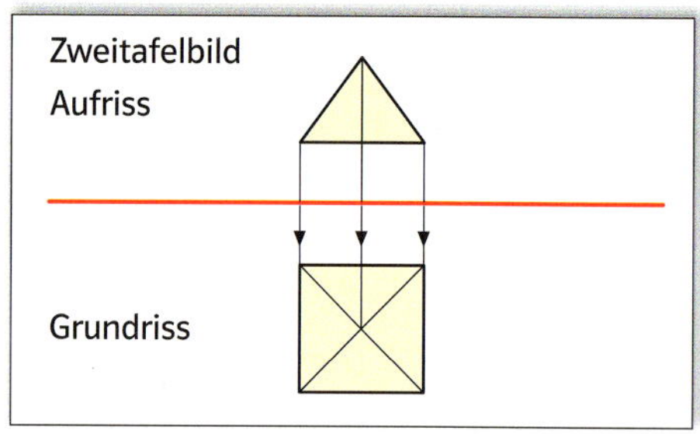

4 Zeichne ein Zweitafel- oder Dreitafelbild des Körpers.
Überlege zunächst, wie viele Ansichten für eine eindeutige Darstellung der Körperform notwendig sind.

a)

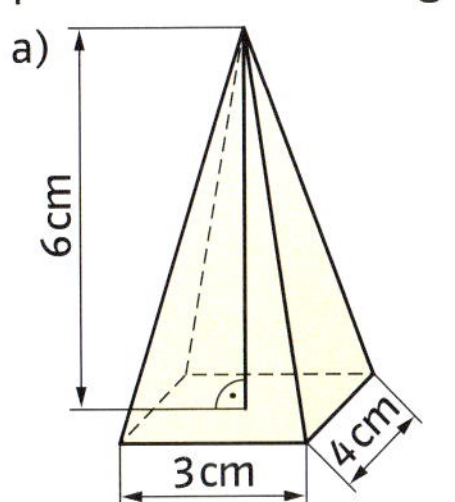

b)

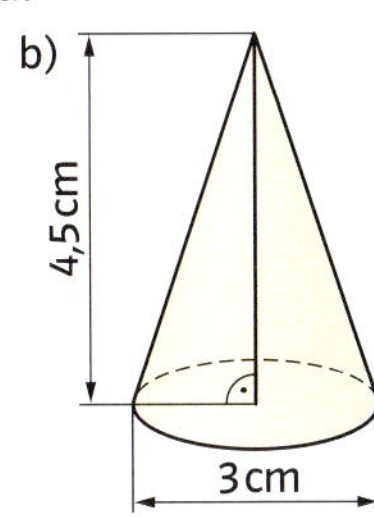

5 Die Abbildung zeigt das Dreitafelbild eines liegenden Prismas. Berechne das Volumen des Prismas. Notwendige Maße entnimm der Abbildung. Beachte den angegebenen Maßstab.

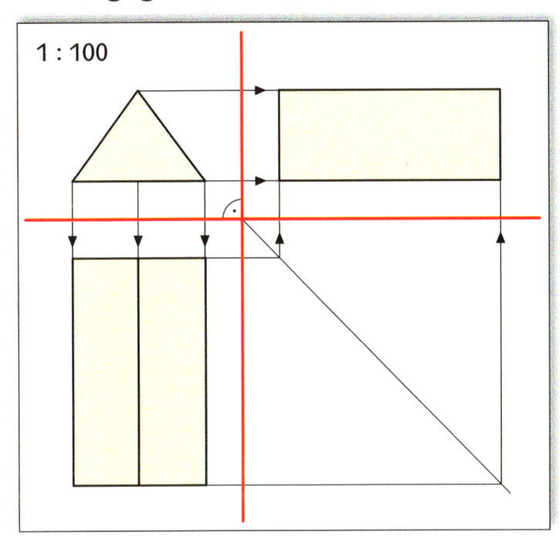

6 Berechne das Volumen der im Zweitafelbild dargestellten Pyramide. Beachte den angegebenen Maßstab.

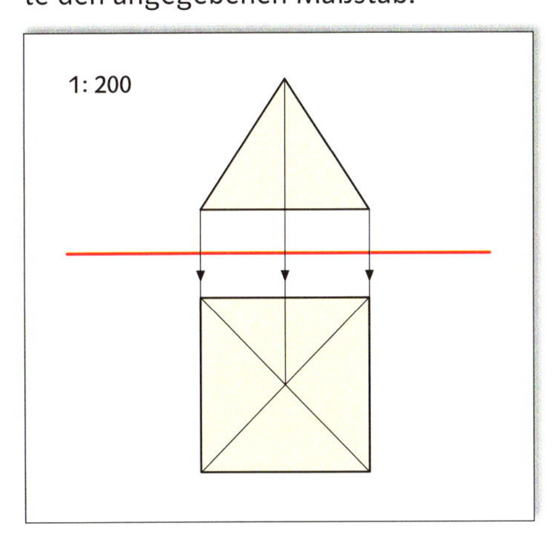

7 Die Abbildung zeigt das Dreitafelbild eines zusammengesetzten Körpers. Berechne sein Volumen.

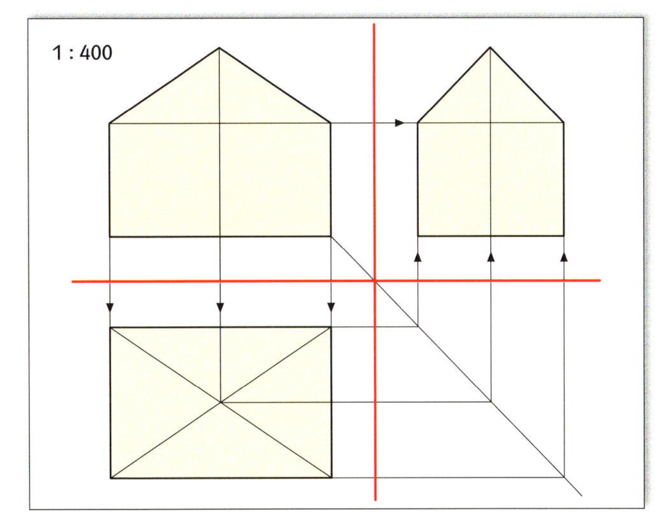

8 a) Welcher geometrische Körper ist in der Abbildung dargestellt?
b) Berechne das Volumen und den Oberflächeninhalt des Körpers.

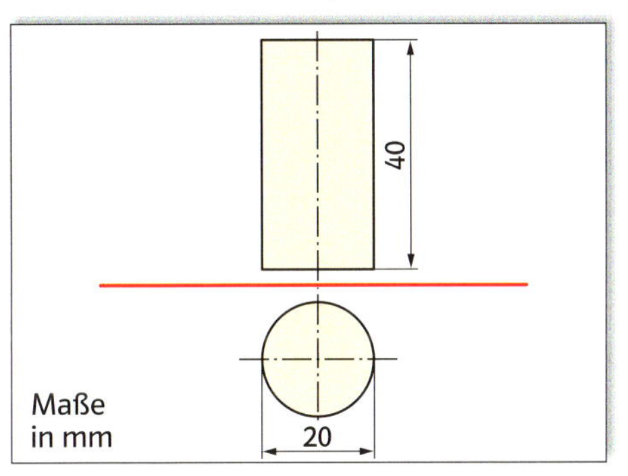

9 Von zwei Werkstücken sind jeweils die Draufsicht und die Vorderansicht abgebildet. Berechne jeweils das Volumen des Werkstücks.

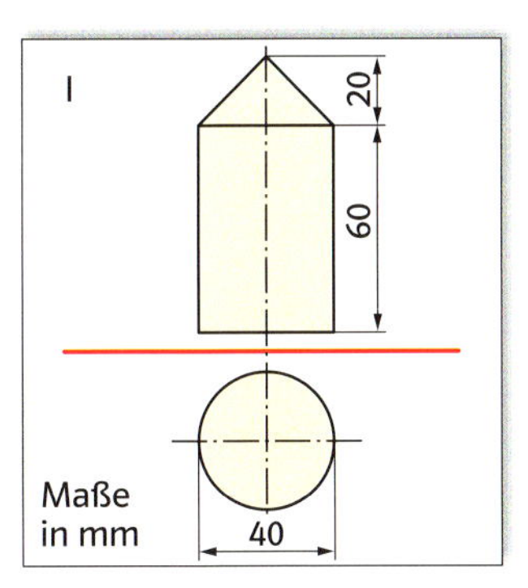

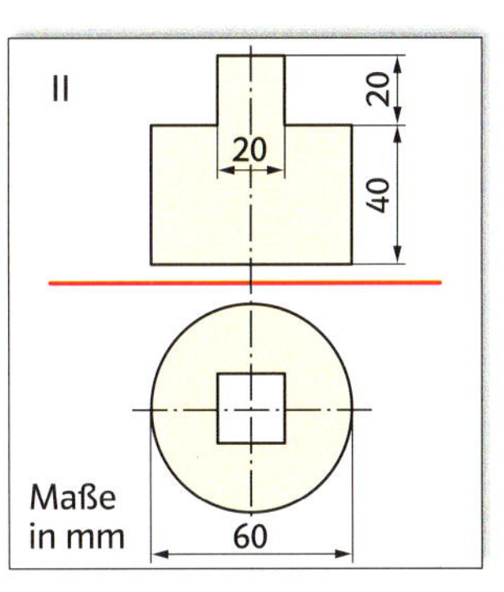

Vernetzen: Der Satz des Cavalieri

1 Das abgebildete Prisma ist in Scheiben zerlegt. Werden die einzelnen Scheiben parallel zur Grundfläche verschoben, so entsteht ein **Stufenkörper.**

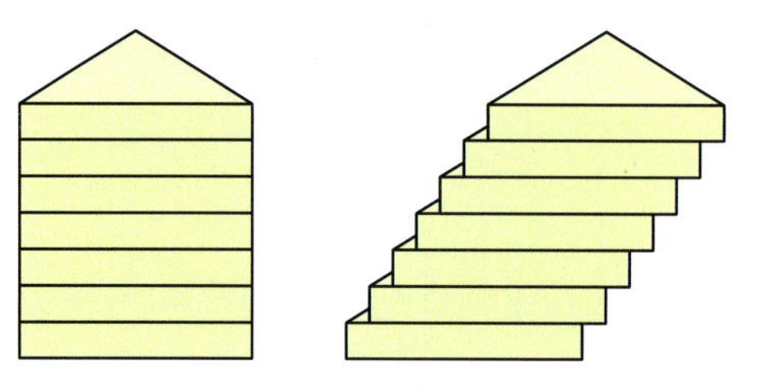

Vergleiche das Volumen des Stufenkörpers mit dem Volumen des Prismas.

2 Was kannst du über das Volumen der folgenden Stufenkörper aussagen?

3 Die Grundfläche und die Körperhöhe der abgebildeten Körper sind gleich groß. Vergleiche das Volumen der Körper miteinander.

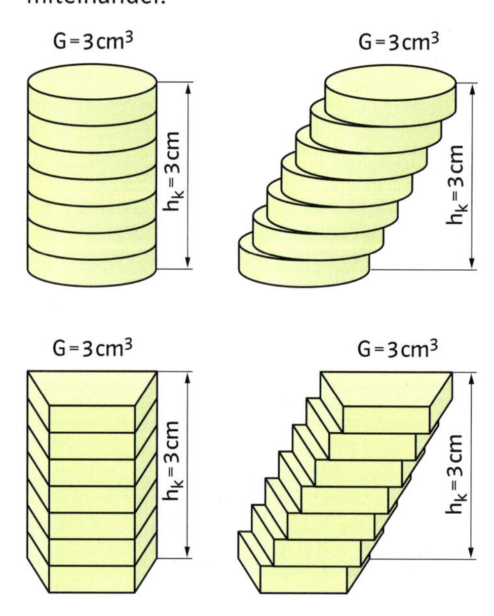

Wie verändert sich jeweils das Volumen, wenn die einzelnen Körper in dünnere Scheiben zerlegt werden?

4 Die abgebildeten Körper haben gleich große Grundflächen und stimmen in ihren Körperhöhen überein. Für jeden Schnitt parallel zur Grundfläche entstehen in gleicher Höhe gleich große Schnittflächen.

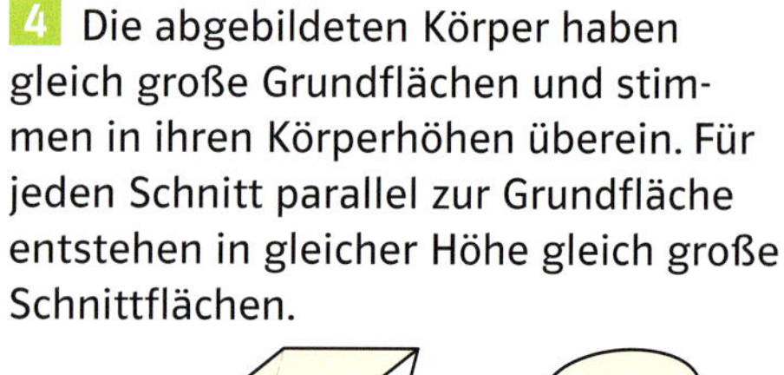

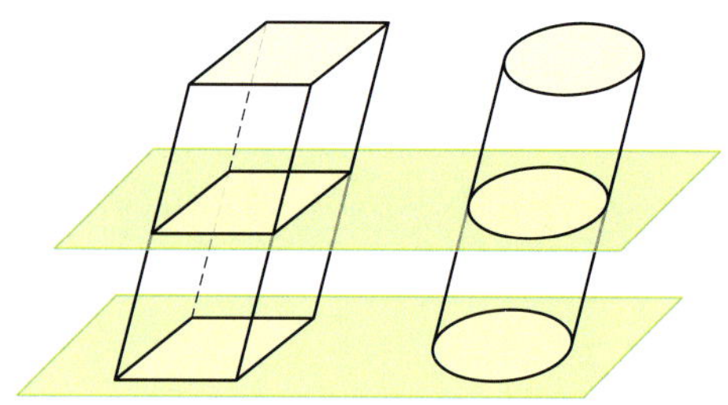

Welche Vermutung kannst du über das Volumen der beiden Körper formulieren?

Der Satz des Cavalieri*
(Cavalierisches Prinzip)

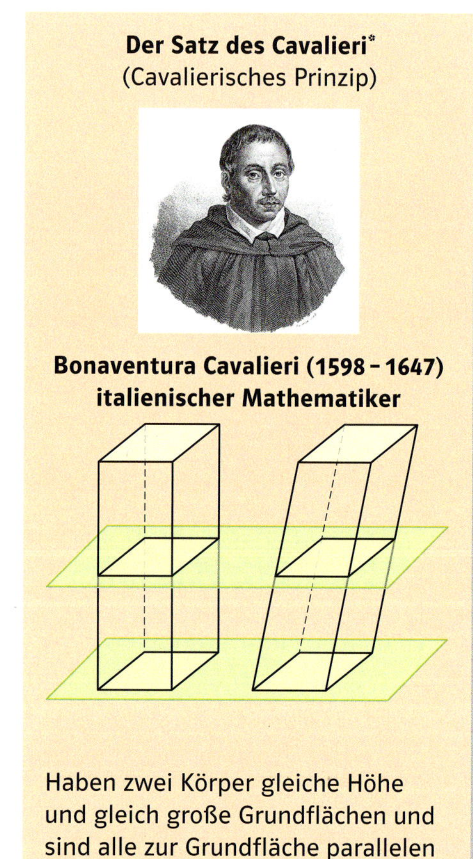

Bonaventura Cavalieri (1598 – 1647) italienischer Mathematiker

Haben zwei Körper gleiche Höhe und gleich große Grundflächen und sind alle zur Grundfläche parallelen Schnittflächen in gleicher Höhe inhaltsgleich, so haben die beiden Körper das gleiche Volumen.

* Der von ihm gefundene Satz ist nicht mit einfachen Mitteln zu beweisen.

5 In den abgebildeten Pyramiden sind die Grundflächen G_1 und G_2 gleich groß. Um das Cavalierische Prinzip anwenden zu können, wird wie abgebildet jeweils ein ebener Schnitt parallel zur Grundfläche in gleicher Höhe durch die Pyramide gelegt.

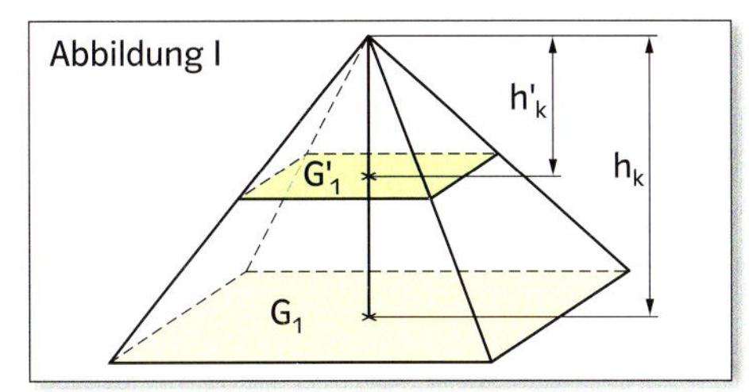

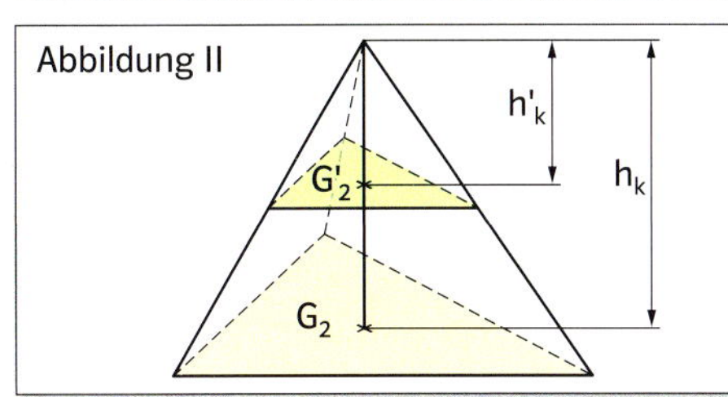

Mithilfe der Eigenschaften der zentrischen Streckung kannst du zeigen, dass die Schnittflächen G_1' und G_2' gleich groß sind.

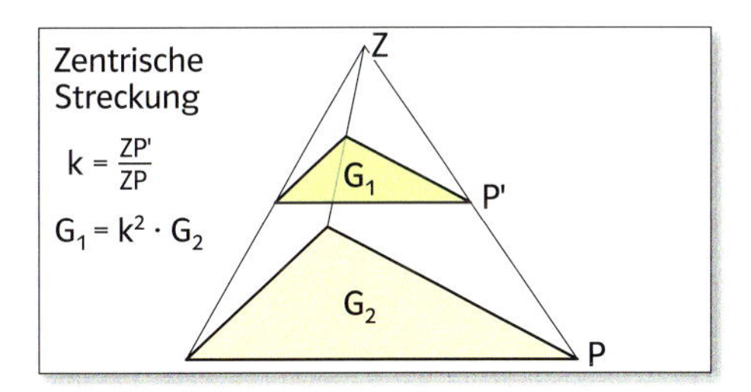

a) Erläutere anhand der Abbildungen I und II die folgenden Schritte:

1. $k = \frac{h_k'}{h_k}$
2. $G_1' = k^2 \cdot G_1$ $G_2' = k^2 \cdot G_2$
3. $\frac{G_1'}{G_2'} = \frac{k^2 \cdot G_1}{k^2 \cdot G_2} = 1$
4. $G_1' = G_2'$

b) Begründe den Satz: Pyramiden mit gleicher Grundfläche und gleicher Höhe haben das gleiche Volumen.

6 Ein dreiseitiges Prisma lässt sich wie abgebildet durch zwei Schnitte in drei Pyramiden zerlegen.

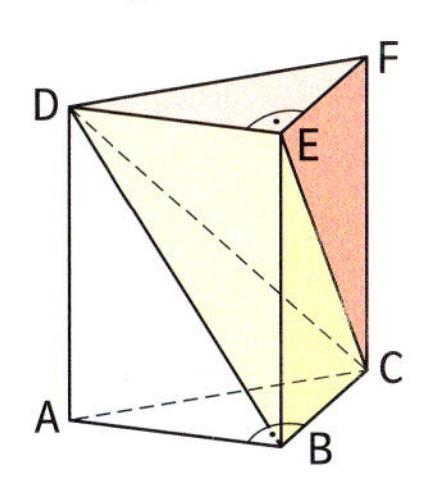

a) Erläutere, wie im Folgenden gezeigt wird, dass die Pyramiden ABDC, BEDC und CFED volumengleich sind.

1. Pyramide ABCD und Pyramide BEDC

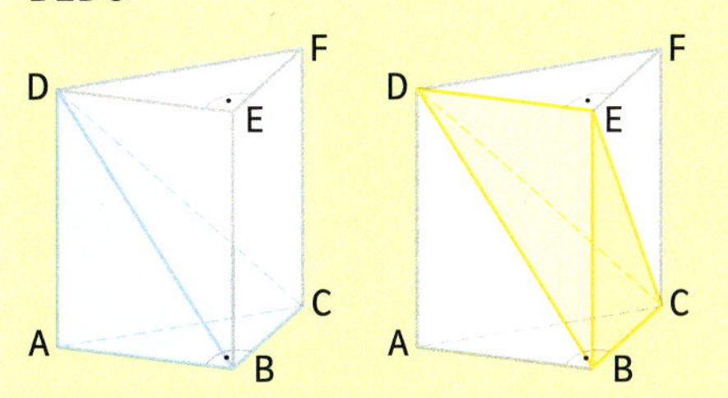

Gleiche Grundflächen: $\Delta ABD = \Delta BED$
Gleiche Höhen: $\overline{BC} = \overline{BC}$

Nach dem Cavalierischen Prinzip gilt: Die Pyramiden ABDC und BEDC haben das gleiche Volumen.

2.

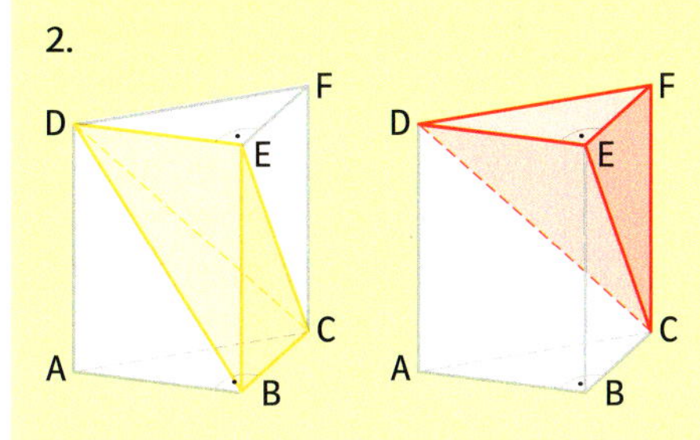

Gleiche Grundflächen: $\Delta BCE = \Delta CFE$
Gleiche Höhen: $\overline{ED} = \overline{ED}$

Nach dem Cavalierischen Prinzip gilt: Die Pyramiden BCED und CFED haben das gleiche Volumen.

b) Begründe, dass für das Volumen einer Pyramide folgt:

$$V_{Pyramide} = \frac{1}{3} V_{Prisma} = \frac{1}{3} G \cdot h_k$$

Lernkontrolle 1

1 Berechne das Volumen und den Oberflächeninhalt des Zylinders mit $r = 7{,}5$ m und $h_k = 16{,}8$ m.

2 Bestimme das Volumen und den Oberflächeninhalt der quadratischen Pyramide mit $a = 19{,}2$ m, $h_k = 2{,}8$ m und $h_s = 10{,}0$ m.

3 Berechne das Volumen und den Oberflächeninhalt des abgebildeten Kegels.

a)

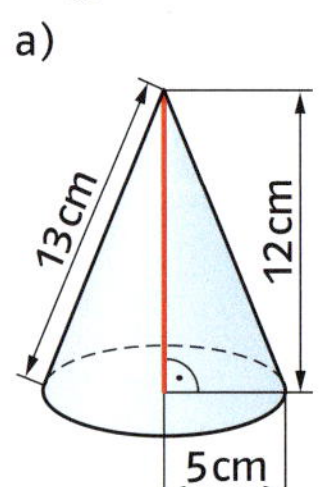

b)

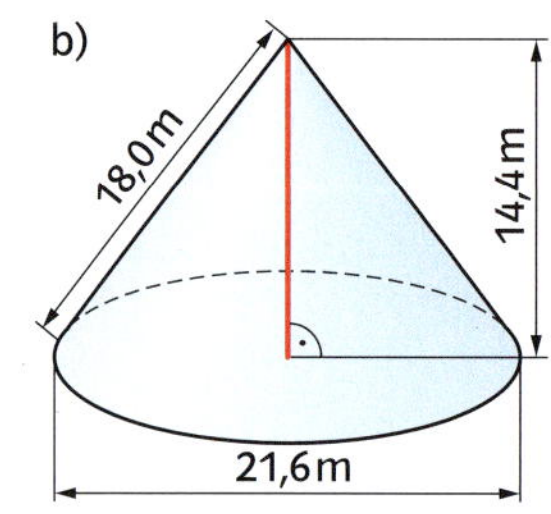

4 Berechne das Volumen und den Oberflächeninhalt der Kugel mit $r = 2{,}5$ cm.

5 Der Umfang eines 2,30 m hohen kegelförmig aufgeschütteten Kieshaufens wird mit 9,40 m gemessen. Berechne sein Volumen.

6 Eine Konservendose hat die in der Abbildung angegebenen Maße.

Wie groß ist ihr Fassungsvermögen? Gib dein Ergebnis in Millilitern an.

7 Ein Pyramidendach mit einem Quadrat als Grundfläche soll einen Belag aus Kupferblech erhalten.
Die Grundkante ist 4,60 m, die Seitenhöhe einer Dachfläche 5,40 m lang.
Der Dachdecker verlangt für das Eindecken 250 € pro Quadratmeter.

8 Der Durchmesser eines kugelförmigen Fesselballons beträgt 18 m. Er wird mit Helium gefüllt. Ein Liter Helium wiegt 0,1785 g. Berechne die Masse des Gases.

Wiederholung

1 Multipliziere aus und fasse zusammen.
a) $4(x + 16) + 5(9 + x) + 3(4 + 2x)$
b) $12(2a + b) - 4(4a - b) - 2(a + 3b)$
c) $10(2x + 4) - 6(3x + 2) - 4(x + 8)$

2 Verwandle in ein Produkt, indem du ausklammerst.
a) $13r + 13p$; $21x - 21y$; $1{,}2a - 1{,}2b$
b) $4x + 12y + 16z$; $6a + 9b - 12c$; $15x + 20y - 25z$

3 Multipliziere aus und fasse zusammen.
a) $(x - 2)(x + 5)$; $(4 - a)(a + 8)$; $(14 - w)(w + 5)$
b) $(6a + 4)(4a - 10)$; $(10c - 5d)(2c - 7d)$; $(9x + 18)(6 + 7x)$

4 Multipliziere die Klammern aus und fasse zusammen.
a) $(4a - 10b - 6c)(8a - 5b - c)$
b) $(4x - 6y + 10z)(2y - 3z + x)$
c) $(11r + 3p - 5q)(r - 2p - 6q)$

5 Wende die binomischen Formeln an.
a) $(m + n)^2$; $(a - c)^2$; $(a + 6)^2$
b) $(4 + r)^2$; $(o + p)^2$; $(v - 14)^2$
c) $(y - 9)(y + 9)$; $(7 + x)(7 - x)$; $(a - 5)(a + 5)$

6 Ergänze die fehlenden Summanden.
a) $a^2 - 16ab + 64b^2 = (\square - \square)^2$
b) $v^2 + 12vz + 36z^2 = (\square + \square)^2$
c) $4c^2 - 16cx + 16x^2 = (\square - \square)^2$

7 Ergänze den fehlenden Summanden, so dass du eine binomische Formel anwenden kannst.
a) $z^2 - 10z + \square$; $m^2 + 24m + \square$; $b^2 - 20b + \square$
b) $4a^2 - 16a + \square$; $9v^2 + 42v + \square$; $169 - 26m + \square$

8 Multipliziere aus und fasse zusammen.
a) $10(x + 4) - 4(3x + 5) - 2(x + 11)$
b) $(7p - 12q)(7p + 12q) - (49p^2 - 44q^2)$
c) $(-r - 11s)(-r + 11s) - (21s^2 - r^2)$

Lernkontrolle 2

1 Wie viele Kilogramm Kupfer (Kupfer: $\rho = 8{,}9\,\frac{g}{cm^3}$) sind notwendig, um einen 1 000 m langen zylinderförmigen Draht herzustellen? Der Draht soll einen Durchmesser von 1 mm haben.

2 Ein 12,70 m hoher zylinderförmiger Wasservorratsbehälter verfügt über ein Volumen von 400 m³. Berechne den Innendurchmesser des Behälters.

3 Berechne das Volumen und den Oberflächeninhalt der abgebildeten quadratischen Pyramide.

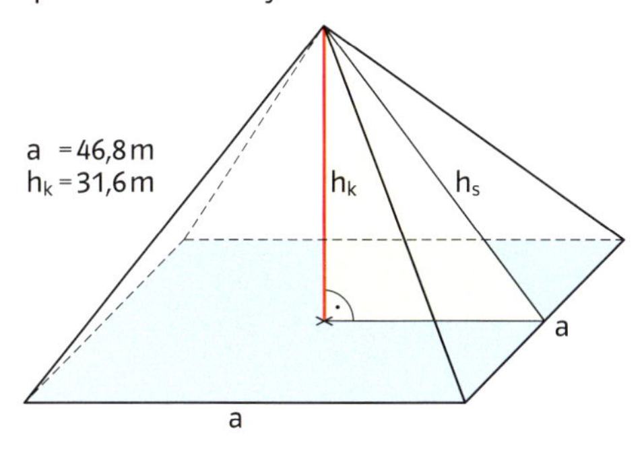

4 Aus einem Holzwürfel (a = 22 cm) soll eine möglichst große Kugel gedrechselt werden. Wie viele Kubikzentimeter Holzabfall entstehen dabei? Gib diese Abfallmenge auch in Prozent an.

5 Berechne das Volumen und den Oberflächeninhalt des abgebildeten Kegels.

a)

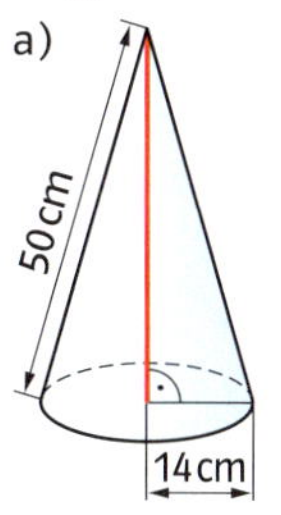

b)

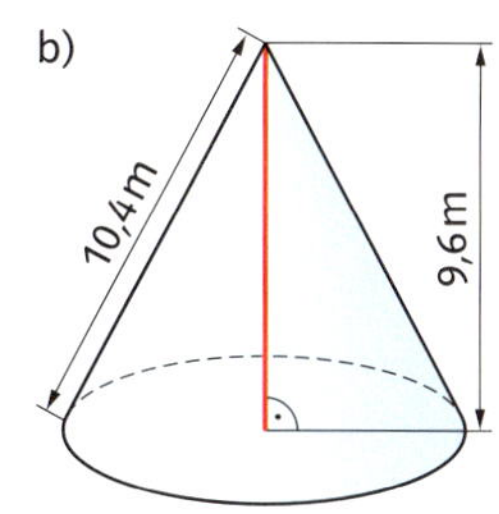

6 Eine Kugel hat den Oberflächeninhalt O = 314,16 cm². Berechne ihr Volumen.

7 Aus einem Bleizylinder mit einer Höhe von 40 cm und einem Radius von 2 cm werden Kugeln mit einem Radius von 0,6 cm gegossen. Wie viele Kugeln entstehen?

8 Berechne die Masse des zusammengesetzten Körpers in Gramm.

Zink: $\rho = 7{,}1\,\frac{g}{cm^3}$

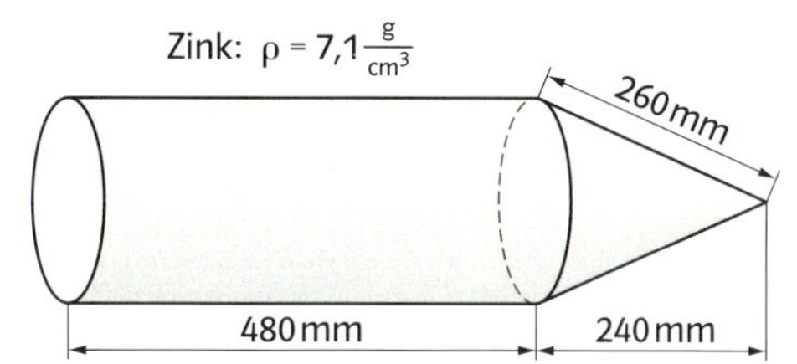

1 Löse jeweils die Gleichung.

a) $6x + 34 = 70$
$16x - 22 = 90$
$7x + 22 = 85$

b) $10x - 56 = 74$
$6x + 32 = 80$
$6x + 174 = 270$

2 Bestimme x.

a) $6x + 16 + 12x - 6 = 64$
b) $10x - 4 + 6x + 22 = 130$
c) $3x + 27 + 6x - 30 = 42$

3 Löse jeweils die Gleichung.

a) $10(x - 1) + 2x = 26$
$2(x - 2) + 6 = 18$

b) $6(x - 5) + 38 = 44$
$21(x + 4) - 42 = 0$

4 Bestimme x.

a) $50 + 2(x - 5) = -3(x - 5)$
b) $-40 - 3(x - 7) = -4(x + 3)$
c) $-8 + 2(x + 15) = 3(x + 11)$

5 Löse die Gleichung.

a) $(x - 1)^2 = (x + 5)(x - 5)$
b) $(x - 12)(x + 12) = (x - 6)^2$
c) $(x + 24)(x - 24) = (x - 16)^2$

6 Beim Verteilen eines Lottogewinns von 20 800 € erhält Frau Schulte 1 600 € mehr als Frau Darms. Frau Hasse erhält doppelt so viel wie Frau Darms. Wie viel Euro bekommt jede von ihnen?

7 Bei einem Rechteck mit dem Umfang 370 m ist eine Seite 75 m länger als die andere. Bestimme die Längen der Seiten.

8 In einem Dreieck ist der Winkel α um 25° größer als der Winkel β. Der Winkel γ ist um 34° kleiner als β.
Wie groß sind α, β und γ?

6 *Große und kleine Zahlen*

Zehnerpotenzen

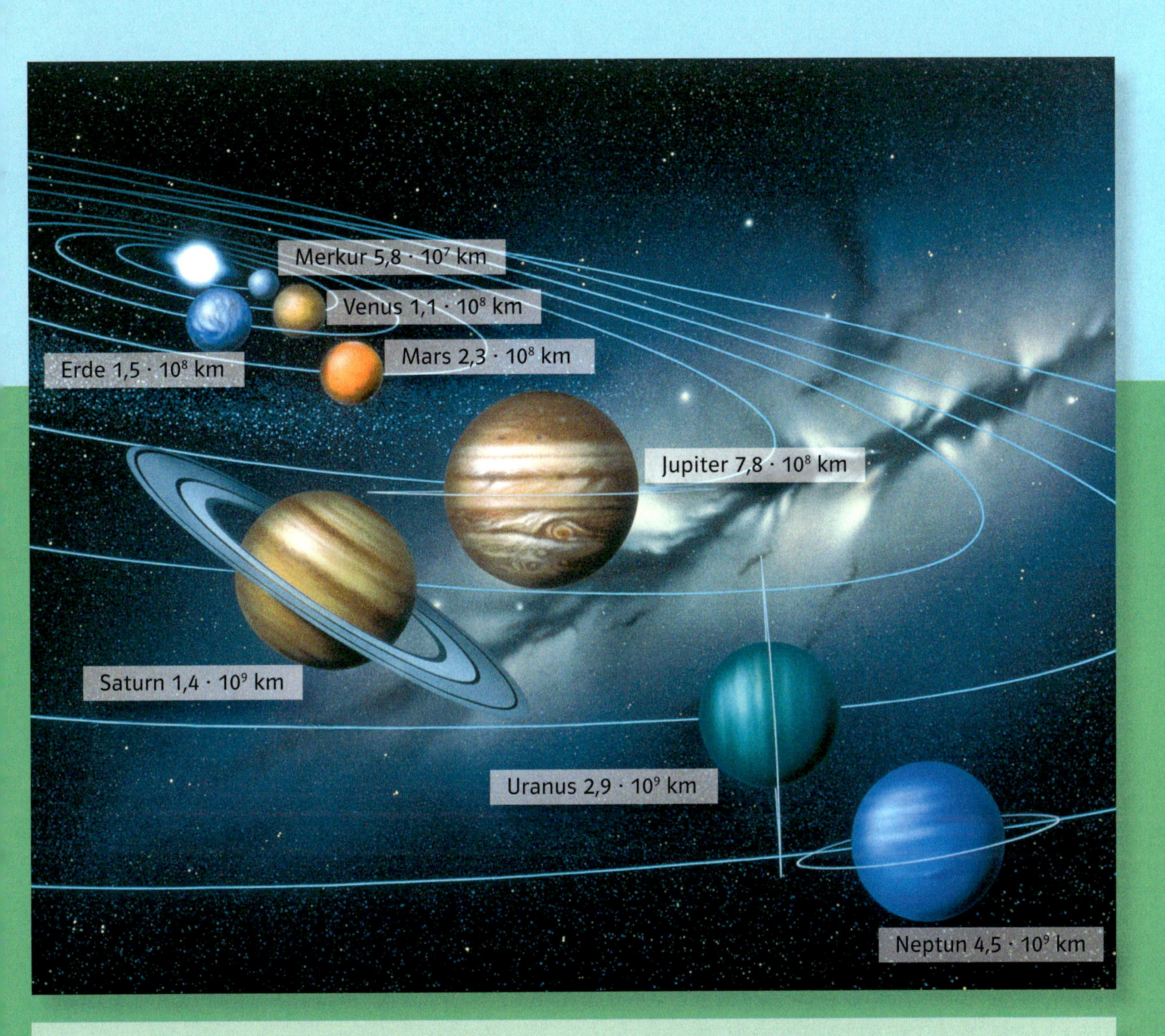

Begründe, warum große Zahlen mithilfe von Zehnerpotenzen geschrieben werden.

Der Kosmos

Planet	Symbol	Anzahl der Monde	mittlere Entfernung von der Sonne (km)	Masse (kg)	Durchmesser (m)	mittlere Bahngeschwindigkeit (m/s)
Merkur	☿	–	$5{,}8 \cdot 10^7$	$3{,}3 \cdot 10^{23}$	4 900 000	$4{,}78 \cdot 10^4$
Venus	♀	–	$1{,}1 \cdot 10^8$	$4{,}9 \cdot 10^{24}$	12 000 000	$3{,}503 \cdot 10^4$
Erde	♁	1	$1{,}5 \cdot 10^8$	$6 \cdot 10^{24}$	13 000 000	$2{,}979 \cdot 10^4$
Mars	♂	2	$2{,}3 \cdot 10^8$	$6{,}4 \cdot 10^{23}$	6 800 000	$2{,}413 \cdot 10^4$
Jupiter	♃	63	$7{,}8 \cdot 10^8$	$1{,}9 \cdot 10^{27}$	140 000 000	$1{,}306 \cdot 10^4$
Saturn	♄	61	$1{,}4 \cdot 10^9$	$5{,}7 \cdot 10^{26}$	120 000 000	$9{,}64 \cdot 10^3$
Uranus	⛢	27	$2{,}9 \cdot 10^9$	$8{,}7 \cdot 10^{25}$	51 000 000	$6{,}81 \cdot 10^3$
Neptun	♆	13	$4{,}5 \cdot 10^9$	10^{26}	50 000 000	$5{,}43 \cdot 10^3$

1 In der Tabelle findest du einige Daten zu den Planeten unseres Sonnensystems. Welcher Planet hat die größte (kleinste) Masse?
Welcher Planet bewegt sich am schnellsten (langsamsten)?
Welche Planeten haben viele Monde, welche gar keine?

2 Gib die Entfernungen der anderen Planeten von der Sonne wie im Beispiel an.

Entfernung der Erde von der Sonne:

$1{,}5 \cdot 10^8$ km
$= 1{,}5 \cdot 10 \cdot 10 \cdot 10 \cdot 10 \cdot 10 \cdot 10 \cdot 10 \cdot 10$ km
$= 1{,}5 \cdot 100\,000\,000$ km
$= 150\,000\,000$ km

lies: hundertfünfzig Millionen Kilometer

3 Schreibe die Durchmesser der einzelnen Planeten mithilfe von Zehnerpotenzen.

Durchmesser des Merkurs:

$4\,900\,000\text{ m} = 49 \cdot 100\,000\text{ m}$
$= 4{,}9 \cdot 1\,000\,000\text{ m}$
$= 4{,}9 \cdot 10^6\text{ m}$

Der Faktor vor der Zehnerpotenz ist immer größer als 1 und kleiner als 10.

4 Ordne die Planeten nach ihrer Masse.

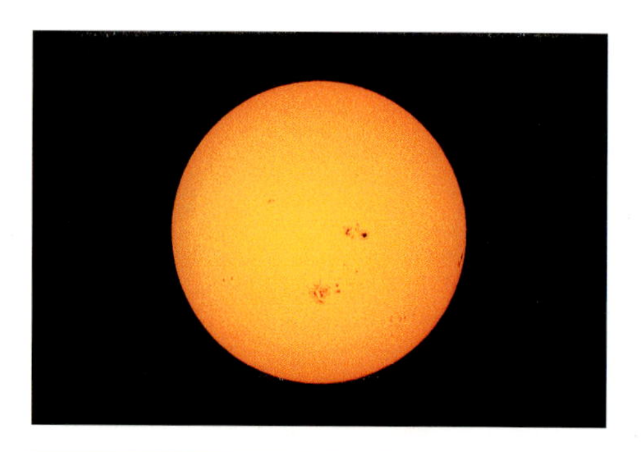

Der Durchmesser der Sonne ist 109-mal so groß wie der der Erde, ihre Masse entspricht dem 333 000fachen der Erdmasse. Die Sonne besteht vor allem aus Wasserstoff und Helium. An ihrer Oberfläche herrscht eine Temperatur von 5500 °C, in ihrem Kern sind es 15 000 000 °C.
Durch die hohe Temperatur und den großen Druck im Inneren der Sonne werden Wasserstoffatome zu Heliumatomen verschmolzen. Dabei wird Energie in Form elektromagnetischer Strahlung frei.
Wissenschaftler schätzen das Alter der Sonne auf $4{,}5 \cdot 10^9$ Jahre. Ihre gegenwärtige Gestalt behält sie voraussichtlich noch $5{,}5 \cdot 10^9$ Jahre, dann bläht sie sich zu einem roten Riesenstern auf. Eine halbe Milliarde Jahre später fällt die Sonne wieder in sich zusammen und leuchtet nur noch schwach.

5 a) Berechne den Durchmesser (die Masse) der Sonne.
b) Berechne das Lebensalter der Sonne und gib es in Worten an.
c) Gib die Temperatur an der Oberfläche (im Inneren) der Sonne mithilfe von Zehnerpotenzen an.

6 Die großen Entfernungen im Weltraum werden in Lichtjahren (Lj) gemessen. Ein Lichtjahr ist die **Entfernung,** die das Licht in einem Jahr (a) zurücklegt. Für eine Strecke von 300 000 km benötigt das Licht eine Sekunde.

Zeit	Strecke
1 s	300 000 km
1 min	$300\,000 \cdot 60$ km
1 h	$300\,000 \cdot 60 \cdot 60$ km
1 d	$300\,000 \cdot 60 \cdot 60 \cdot 24$ km
1 a	$300\,000 \cdot 60 \cdot 60 \cdot 24 \cdot 365$ km
	$= 9\,460\,800\,000\,000$ km
	$\approx 9{,}5 \cdot 10^{12}$ km

$1 \text{ Lj} = 9{,}5 \cdot 10^{12} \text{ km}$

Die Tabelle gibt die Entfernung einiger Sterne von der Erde an.

Stern	Sternbild	Entfernung
Altair	Adler	16 Lj
Wega	Leier	26 Lj
Pollux	Zwillinge	36 Lj
Antares	Skorpion	500 Lj
Polarstern	Kleiner Wagen	800 Lj
Rigel	Orion	880 Lj

Gib die Entfernung der anderen Sterne wie im Beispiel an.

Entfernung Erde – Altair

$$16 \text{ Lj} = 16 \cdot 9{,}5 \cdot 10^{12} \text{ km} = 152 \cdot 10^{12} \text{ km} = 1{,}52 \cdot 10^{14} \text{ km}$$

7 Eine Ansammlung von Sternen und Planetensystemen bezeichnen die Wissenschaftler als Galaxie. Der Weltraum besteht aus zahlreichen Galaxien. Die Galaxie, zu der unser Sonnensystem gehört, heißt **Milchstraße.**

Die Erde und Mond vor Sonne und Milchstraße

Die Galaxie, die der Milchstraße am nächsten liegt, nennt man Andromedanebel. Ihr Abstand von der Erde beträgt etwa $2 \cdot 10^6$ Lj.

Entfernung Erde – Andromedanebel

$$2 \cdot 10^6 \text{ Lj} = 2 \cdot 10^6 \cdot 9{,}5 \cdot 10^{12} \text{ km} = 2 \cdot 9{,}5 \cdot 10^6 \cdot 10^{12} \text{ km} = 19 \cdot \underbrace{10 \cdot \ldots \cdot 10}_{6 \text{ Faktoren}} \cdot \underbrace{10 \cdot \ldots \cdot 10}_{12 \text{ Faktoren}} \text{ km} = 19 \cdot 10^{18} \text{ km} = 1{,}9 \cdot 10^{19} \text{ km}$$

Andromedanebel M 31

Centaurus A ist eine andere spiralförmige, besonders energiegeladene Galaxie. Sie ist von der Erde $8 \cdot 10^6$ Lj entfernt.
Wie viele Kilometer sind das?

1 Das Blut der Wirbeltiere besteht aus dem flüssigen Blutplasma und den darin schwimmenden festen Bestandteilen, den Blutkörperchen. Man unterscheidet rote und weiße Blutkörperchen sowie Blutplättchen.

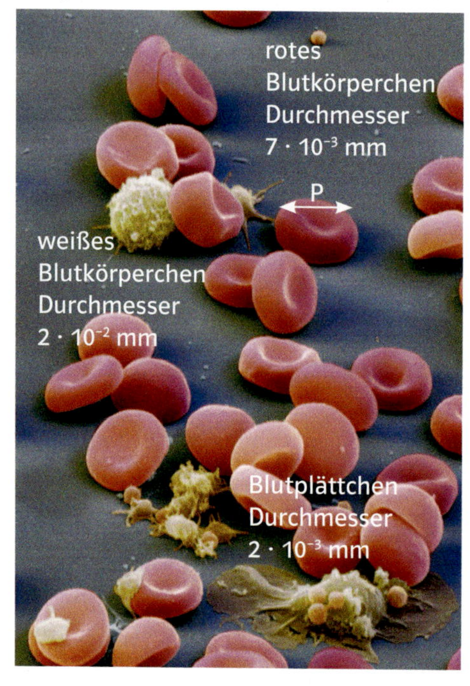

Durchmesser der roten Blutkörperchen:

$$7 \cdot 10^{-3}\text{ mm} = 7 \cdot \frac{1}{10^3}\text{ mm} = 7 \cdot \frac{1}{1000}\text{ mm} = 7 \cdot 0{,}001\text{ mm} = 0{,}007\text{ mm}$$

Gib den Durchmesser der weißen Blutkörperchen (der Blutplättchen) als Dezimalzahl an.

Zahlreiche Krankheiten beim Menschen werden durch Virusinfektionen hervorgerufen.
Viren sind sehr kleine Krankheitserreger. Sie heften sich an die Hülle einer menschlichen Zelle, geben ihr Erbgut hinein und zwingen die Zelle, neue Viren in großer Zahl herzustellen. Danach platzt die Zelle auf und lässt Hunderte von Viren frei.
Von Mensch zu Mensch werden Viren meistens in einer Flüssigkeit, z. B. beim Niesen übertragen.

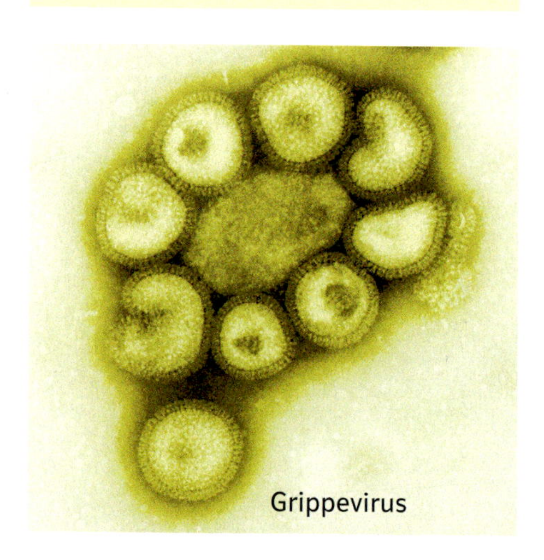
Grippevirus

2 In der Tabelle sind die Größen einiger Viren angegeben.

Krankheit	Größe des Virus
Masern	0,00013 mm
Grippe	0,0001 mm
Röteln	0,00007 mm
Mumps	0,00015 mm
Herpes	0,00011 mm

Gib die Größe der anderen Krankheitserreger wie im Beispiel mithilfe von Zehnerpotenzen an. Dabei soll der Faktor vor der Zehnerpotenz größer als 1 und kleiner als 10 sein.

Größe des Masernvirus

$$0{,}00013\text{ mm} = 13 \cdot 0{,}00001\text{ mm} = 13 \cdot 10^{-5}\text{ mm} = 1{,}3 \cdot 10^{-4}\text{ mm}$$

Atome sind die Grundbausteine der Materie. Die Bezeichnung Atom kommt aus dem Griechischen und bedeutet *unteilbar*. Im Jahr 1911 entwickelte der Physiker Ernest Rutherford die Vorstellung, dass Atome aus einem Atomkern und einer Atomhülle bestehen. Der Atomkern macht fast die gesamte Masse des Atoms aus, in der Atomhülle bewegen sich die Elektronen.

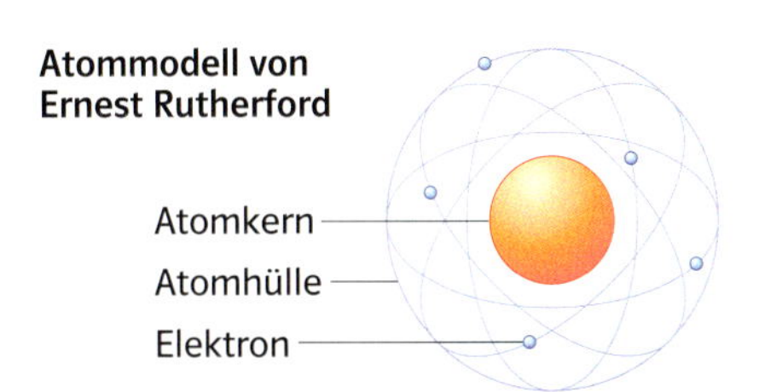

3 In der Tabelle sind die Radien der Atome von fünf chemischen Elementen angegeben.

Element	Zeichen	Radius (mm)
Eisen	Fe	$1{,}24 \cdot 10^{-7}$
Kohlenstoff	C	$7{,}7 \cdot 10^{-8}$
Kupfer	Cu	$1{,}28 \cdot 10^{-7}$
Sauerstoff	O	$6{,}6 \cdot 10^{-8}$
Wasserstoff	H	$5 \cdot 10^{-7}$

a) Schreibe den Radius jeweils als Dezimalzahl.

Radius des Eisenatoms:

$1{,}24 \cdot 10^{-7}$ mm = $1{,}24 \cdot 0{,}0000001$ mm
= 0,000000124 mm

b) Der Radius des Atomkerns beträgt ungefähr ein Hunderttausendstel des Atomradius.

Radius des Kerns eines Eisenatoms:

0,000000124 mm : 100 000
= 0,00000000000124 mm
= $1{,}24 \cdot 10^{-12}$ mm

Gib ebenso einen Näherungswert für den Radius des Kerns eines Wasserstoffatoms (Sauerstoffatoms) an.

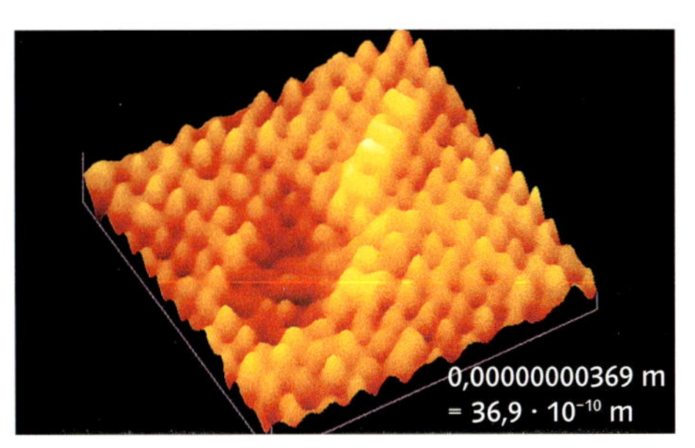

Das Rastertunnelmikroskop macht Atome auf einer Metalloberfläche sichtbar.

Die Masse von Atomen wird in der Einheit u (abgeleitet vom englischen Wort *unit*) gemessen. Ein u ist der zwölfte Teil der Masse des Kohlenstoffatoms $^{12}_{6}C$. Das entspricht ungefähr der Masse eines Wasserstoffatoms.

$1 \text{ u} = 1{,}66043 \cdot 10^{-27}$ kg

4 Die Tabelle gibt die Masse der Atome von vier chemischen Elementen an.

Element	Zeichen	Masse (u)
Kohlenstoff	C	12
Sauerstoff	O	16
Schwefel	S	32
Wasserstoff	H	1

Ein Wassermolekül besteht aus zwei Wasserstoffatomen und einem Sauerstoffatom. Seine chemische Formel lautet H_2O.

Masse eines Wasserstoffmoleküls

$2 \cdot 1 \text{ u} + 1 \cdot 16 \text{ u}$
= 18 u
= $18 \cdot 1{,}66043 \cdot 10^{-27}$ kg
= $29{,}88774 \cdot 10^{-27}$ kg
= $2{,}988774 \cdot 10^{-26}$ kg

Gib die Masse des Moleküls in Kilogramm an.
a) Schwefelwasserstoff H_2S
b) Kohlenstoffdioxid CO_2
c) Schwefelsäure H_2SO_4

Zehnerpotenzen

Ein Produkt aus gleichen Faktoren kann als Potenz geschrieben werden.

Für alle $a \in \mathbb{R}$ und $n \in \mathbb{N}$ $(n > 0)$ gilt:

$\underbrace{a \cdot a \cdot a \cdot \ldots \cdot a}_{n \text{ Faktoren}} = a^n$

a heißt Basis, n heißt Exponent, a^n heißt Potenz.

Potenzen mit der Basis 10 heißen **Zehnerpotenzen.**

$10 \cdot 10 \cdot 10 \cdot 10 = 10\,000 = 10^4$
$10 \cdot 10 \cdot 10 \cdot 10 \cdot 10 = 100\,000 = 10^5$

1 Gib als Potenz an.
a) $10 \cdot 10 \cdot 10 \cdot 10 \cdot 10 \cdot 10$
b) $10 \cdot 10 \cdot 10 \cdot 10 \cdot 10 \cdot 10 \cdot 10$
c) $10 \cdot 10 \cdot 10 \cdot 10$
d) $10 \cdot 10 \cdot 10 \cdot 10 \cdot 10 \cdot 10 \cdot 10 \cdot 10 \cdot 10$

2 Berechne.

a) 10^3	b) 10^6	c) 10^2	d) 10^{10}
10^4	10^8	10^1	10^{11}

3 Gib als Zehnerpotenz an.
a) das Zehnfache von Tausend
b) das Hundertfache von Hundert
c) das Tausendfache von Hundert
d) das Tausendfache von Tausend

$(-10)^1 = (-10) = -10$
$(-10)^2 = (-10) \cdot (-10) = +100$
$(-10)^3 = (-10) \cdot (-10) \cdot (-10) = -1000$
$(-10)^4 = (-10) \cdot (-10) \cdot (-10) \cdot (-10)$
$= +10\,000$

4 a) Berechne: $(-10)^5$, $(-10)^6$, $(-10)^{10}$.
b) Eine Potenz hat die Basis -10. Bei welchen Exponenten ist ihr Wert positiv, bei welchen negativ? Formuliere eine Regel.

44

5 Berechne wie in den Beispielen.

$5 \cdot 10^6 = 5 \cdot 1\,000\,000 = 5\,000\,000$
$2{,}5 \cdot 10^4 = 2{,}5 \cdot 10\,000 = 25\,000$
$1{,}78 \cdot 10^3 = 1{,}78 \cdot 1\,000 = 1\,780$

a) $3 \cdot 10^3$	b) $6{,}5 \cdot 10^2$	c) $3{,}6 \cdot 10^4$
$4 \cdot 10^2$	$4{,}3 \cdot 10^3$	$4{,}8 \cdot 10^3$
$5 \cdot 10^5$	$3{,}2 \cdot 10^4$	$1{,}2 \cdot 10^6$

d) $1{,}7 \cdot 10^5$	e) $1{,}6 \cdot 10^3$	f) $1{,}32 \cdot 10^5$
$6{,}3 \cdot 10^4$	$2{,}4 \cdot 10^6$	$3{,}25 \cdot 10^6$
$2{,}9 \cdot 10^8$	$8{,}2 \cdot 10^5$	$8{,}71 \cdot 10^4$

6 Schreibe mithilfe von Zehnerpotenzen. Dabei soll der Faktor vor der Zehnerpotenz größer als 1 und kleiner als 10 sein.

$200\,000\,000 = 2 \cdot 100\,000\,000 = 2 \cdot 10^8$
$51\,000\,000 = 5{,}1 \cdot 10\,000\,000 = 5{,}1 \cdot 10^7$
$2\,570\,000 = 2{,}57 \cdot 1\,000\,000 = 2{,}57 \cdot 10^6$

a) 20 000	b) 17 000	c) 51 000 000
300 000	230 000	87 000 000
50 000	38 000	3 700 000

d) 123 000 000	e) 43 100 000 000
4 310 000 000	6 110 000 000
3 520 000 000	33 510 000 000

Große Zahlen können mithilfe von Zehnerpotenzen übersichtlich ausgedrückt werden.
Wenn dabei der Faktor vor der Zehnerpotenz größer als 1 und kleiner als 10 ist, heißt die Darstellung **wissenschaftliche Notation** (scientific notation).

$3 \cdot 10^6 = 3\,000\,000$ $\quad 500\,000 = 5 \cdot 10^5$
$2{,}7 \cdot 10^5 = 270\,000$ $\quad 31\,000 = 3{,}1 \cdot 10^4$

7 Berechne ohne Taschenrechner. Achte darauf, dass beim Ergebnis der Faktor vor der Zehnerpotenz größer als 1 und kleiner als 10 ist.

$5 \cdot 40 \cdot 10^4 = 200 \cdot 10^4 = 2 \cdot 10^6$

a) $4 \cdot 5 \cdot 10^3$	b) $200 \cdot 5 \cdot 10^5$
$5 \cdot 6 \cdot 10^4$	$25 \cdot 40 \cdot 10^6$
$2{,}5 \cdot 16 \cdot 10^4$	$8 \cdot 12{,}5 \cdot 10^6$

8 In den Beispielen werden zwei Zehnerpotenzen multipliziert (dividiert). Erkläre, wie du den Exponenten des Produkts (Quotienten) bestimmen kannst.

$$10^3 \cdot 10^2 = \underbrace{10 \cdot 10 \cdot 10}_{} \cdot \underbrace{10 \cdot 10}_{}$$
$$= 10^{3+2}$$
$$= 10^5$$

$$\frac{10^5}{10^3} = \frac{10 \cdot 10 \cdot \cancel{10} \cdot \cancel{10} \cdot \cancel{10}}{\cancel{10} \cdot \cancel{10} \cdot \cancel{10}}$$
$$= 10^{5-3}$$
$$= 10^2$$

9 Schreibe mit einem einzigen Exponenten.

$10^3 \cdot 10^4 = 10^7$ $\quad \frac{10^7}{10^5} = 10^2$

$10^9 : 10^5 = 10^4$ $\quad \frac{10^6 \cdot 10^5}{10^3 \cdot 10^4} = \frac{10^{11}}{10^7} = 10^4$

a) $10^3 \cdot 10^4$
$10^2 \cdot 10^6$
$10^5 \cdot 10^5$

b) $10^5 \cdot 10^7$
$10^8 \cdot 10^2$
$10^2 \cdot 10^{11}$

c) $10^7 : 10^4$
$10^9 : 10^3$
$10^{12} : 10^3$

d) $10^2 \cdot 10^3 \cdot 10^5$
$10^8 \cdot 10^7 \cdot 10^3$
$10^{11} \cdot 10^3 \cdot 10^4$

e) $\frac{10^5}{10^3}$
$\frac{10^6}{10^2}$
$\frac{10^7}{10^4}$

f) $\frac{10^9}{10^2}$
$\frac{10^8}{10^7}$
$\frac{10^5}{10^4}$

g) $\frac{10^5 \cdot 10^3}{10^4}$
$\frac{10^7 \cdot 10^2}{10^6}$
$\frac{10^8 \cdot 10^9}{10^{10}}$

h) $\frac{10^{12}}{10^5 \cdot 10^4}$
$\frac{10^{13}}{10^7 \cdot 10^2}$
$\frac{10^9}{10^5 \cdot 10^3}$

i) $\frac{10^6 \cdot 10^2}{10^3 \cdot 10^4}$
$\frac{10^9 \cdot 10^5}{10^6 \cdot 10^3}$
$\frac{10^{14} \cdot 10^{11}}{10^9 \cdot 10^8}$

Für alle $m, n \in \mathbb{N}$ $(m > n > 0)$ gilt:

$10^m \cdot 10^n = 10^{m+n}$

$\frac{10^m}{10^n} = 10^{m-n}$

Zehnerpotenzen werden multipliziert, indem die Exponenten addiert werden.
Zehnerpotenzen werden dividiert, indem die Exponenten subtrahiert werden.

10 Im Beispiel werden die Terme $\frac{10^5}{10^7}$ und $\frac{10^4}{10^4}$ auf zwei verschiedene Arten vereinfacht.

Durch Kürzen

$$\frac{10^5}{10^7} = \frac{\cancel{10} \cdot \cancel{10} \cdot \cancel{10} \cdot \cancel{10} \cdot \cancel{10}}{10 \cdot 10 \cdot \cancel{10} \cdot \cancel{10} \cdot \cancel{10} \cdot \cancel{10} \cdot \cancel{10}} = \frac{1}{10^2}$$

$$\frac{10^4}{10^4} = \frac{\cancel{10} \cdot \cancel{10} \cdot \cancel{10} \cdot \cancel{10}}{\cancel{10} \cdot \cancel{10} \cdot \cancel{10} \cdot \cancel{10}} = \frac{1}{1} = 1$$

Durch Subtraktion der Exponenten

$$\frac{10^5}{10^7} = 10^{5-7} = 10^{-2}$$

$$\frac{10^4}{10^4} = 10^{4-4} = 10^0$$

Erläutere an Hand des Beispiels, warum es sinnvoll ist, Folgendes zu vereinbaren:

$\mathbf{10^{-2} = \frac{1}{10^2}}$ **und** $\mathbf{10^0 = 1}$

11 Schreibe als Bruch und als Dezimalzahl.

a) 10^{-3}
10^{-4}

b) 10^{-7}
10^{-5}

c) 10^{-8}
10^{-2}

Die Zahl 10^{-4} hat vier Stellen nach dem Komma.

12 Schreibe die Brüche als Potenzen mit negativem Exponenten.

a) $\frac{1}{1000}$
$\frac{1}{10\,000}$

b) $\frac{1}{100}$
$\frac{1}{10}$

c) $\frac{1}{1\,000\,000}$
$\frac{1}{10\,000\,000}$

13 Schreibe die Dezimalzahlen als Potenzen.

a) 0,0001
0,00001

b) 0,000001
0,0000001

c) 0,1
1

Für alle $n \in \mathbb{N}$ $(n > 0)$ gilt:

$\mathbf{10^{-n} = \frac{1}{10^n}}$ $\qquad$ $\mathbf{10^0 = 1}$

14 Schreibe als Dezimalzahl.

$4 \cdot 10^{-3} = 4 \cdot \frac{1}{1000} = 0{,}004$

$2{,}4 \cdot 10^{-4} = 2{,}4 \cdot \frac{1}{10\,000} = 0{,}00024$

$6{,}92 \cdot 10^{-5} = 6{,}92 \cdot \frac{1}{100\,000} = 0{,}0000692$

a) $5 \cdot 10^{-4}$; $8 \cdot 10^{-6}$; $2 \cdot 10^{-2}$
b) $2 \cdot 10^{-3}$; $7 \cdot 10^{-8}$; $9 \cdot 10^{-4}$
c) $5{,}5 \cdot 10^{-4}$; $3{,}1 \cdot 10^{-4}$; $6{,}2 \cdot 10^{-7}$

d) $2{,}2 \cdot 10^{-4}$; $9{,}5 \cdot 10^{-3}$; $5{,}3 \cdot 10^{-2}$
e) $1{,}44 \cdot 10^{-4}$; $1{,}55 \cdot 10^{-7}$; $3{,}88 \cdot 10^{-5}$
f) $1{,}02 \cdot 10^{-6}$; $2{,}41 \cdot 10^{-8}$; $7{,}18 \cdot 10^{-9}$

Der Faktor vor der Zehnerpotenz ist immer größer als 1 und kleiner als 10.

15 Schreibe mithilfe von Zehnerpotenzen.

a) 0,004; 0,0002; 0,00007
b) 0,0037; 0,084; 0,00096
c) 0,0056; 0,000021; 0,089

d) 0,0000057; 0,00000083; 0,000000025
e) 0,00000322; 0,0000000147; 0,000000481

16 Berechne ohne Taschenrechner wie in den Beispielen.

$10^{-3} \cdot 10^{-5} = 10^{-3+(-5)} = 10^{-3-5} = 10^{-8}$

$10^{2} : 10^{-7} = 10^{2-(-7)} = 10^{2+7} = 10^{9}$

$10^{-5} : 10^{-3} = 10^{-5-(-3)} = 10^{-5+3} = 10^{-2}$

$\frac{10^{-5}}{10^{-2}} = 10^{-5-(-2)} = 10^{-5+2} = 10^{-3}$

a) $10^{-4} \cdot 10^{-5}$; $10^{-8} \cdot 10^{-2}$; $10^{-2} \cdot 10^{-9}$
b) $10^{-7} \cdot 10^{3}$; $10^{-4} \cdot 10^{2}$; $10^{8} \cdot 10^{-5}$
c) $10^{2} : 10^{-5}$; $10^{9} : 10^{-1}$; $10^{5} : 10^{-7}$

d) $10^{-2} : 10^{-5}$; $10^{-7} : 10^{-4}$; $10^{-5} : 10^{11}$
e) $10^{3} : 10^{-5}$; $10^{9} : 10^{-6}$; $10^{5} : 10^{-7}$
f) $10^{-2} : 10^{-5}$; $10^{-7} : 10^{-4}$; $10^{-2} : 10^{11}$

g) $\frac{10^{-7}}{10^{-3}}$; $\frac{10^{-4}}{10^{-1}}$; $\frac{10^{-5}}{10^{-7}}$
h) $\frac{10^{-4}}{10^{6}}$; $\frac{10^{4}}{10^{-5}}$; $\frac{10^{-2}}{10^{9}}$
i) $\frac{10^{-2}}{10^{7}}$; $\frac{10^{-3}}{10^{-11}}$; $\frac{10^{2}}{10^{-8}}$
k) $\frac{10^{-9}}{10^{-3}}$; $\frac{10^{-1}}{10^{-13}}$; $\frac{10^{9}}{10^{-10}}$

44

17 In den Displays der abgebildeten Taschenrechner siehst du das Ergebnis der Multiplikation 4 500 000 000 · 20 und der Division 0,28 : 200 000 000.

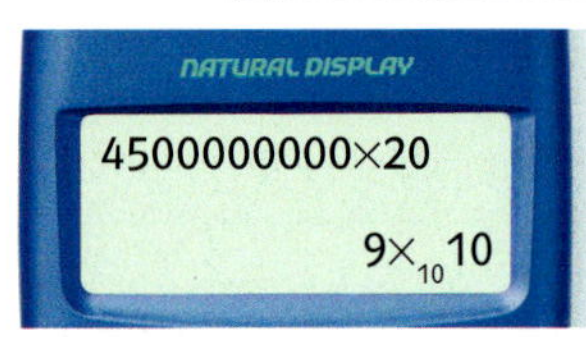

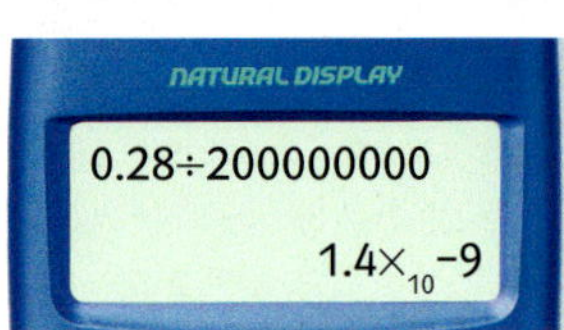

Überprüfe die Ergebnisse, indem du ohne Taschenrechner nachrechnest.

18 Berechne mit dem Taschenrechner.

a) 12 300 000 · 41 000 000; 0,000025 · 0,000000148; 0,0000072 · 0,00000875

b) 0,56 : 700 000 000; 0,017 : 8 500 000 000; 0,000112 : 45 000 000 000

19 Mithilfe der [×10ˣ] – Taste kannst du Zehnerpotenzen in den Taschenrechner eingeben.

$5{,}2 \cdot 10^{7} \cdot 3{,}5 \cdot 10^{4} =$ ▒

Tastenfolge: 5.2 [×10ˣ] 7 [×] 3.5 [×10ˣ] [=]

Anzeige: 1.82x₁₀12

$5{,}2 \cdot 10^{7} \cdot 3{,}5 \cdot 10^{4} = 1{,}82 \cdot 10^{12}$

Berechne mit dem Taschenrechner.

a) $12 \cdot 450 \cdot 10^{15}$; $244 \cdot 1350 \cdot 10^{17}$; $75 \cdot 47\,920 \cdot 10^{35}$
b) $3 \cdot 10^{11} \cdot 2{,}3 \cdot 10^{4}$; $8 \cdot 10^{7} \cdot 3{,}5 \cdot 10^{9}$; $3{,}1 \cdot 10^{9} \cdot 5 \cdot 10^{8}$

c) $7{,}4 \cdot 10^{11} \cdot 5{,}4 \cdot 10^{5} \cdot 2{,}7 \cdot 10^{9}$; $4{,}8 \cdot 10^{5} \cdot 8{,}41 \cdot 10^{10} \cdot 1{,}3 \cdot 10^{6}$; $6{,}12 \cdot 10^{5} \cdot 1{,}9 \cdot 10^{8} \cdot 7{,}55 \cdot 10^{12}$

d) $5{,}2 \cdot 10^{-3} \cdot 4{,}5 \cdot 10^{-7} \cdot 8 \cdot 10^{-5}$; $2{,}11 \cdot 10^{-7} \cdot 5{,}9 \cdot 10^{-2} \cdot 1{,}1 \cdot 10^{-4}$; $3{,}63 \cdot 10^{-4} \cdot 9{,}7 \cdot 10^{-9} \cdot 2{,}38 \cdot 10^{-6}$

Kleine und große Einheiten

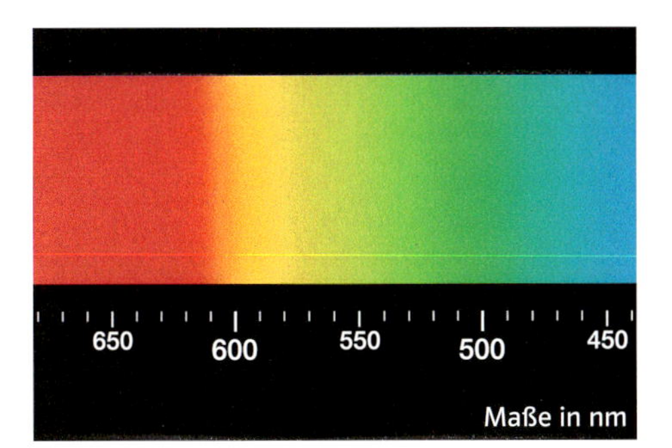

1 Um sehr kleine Längen auszudrücken, verwenden die Naturwissenschaftler Einheiten, die kleiner als ein Millimeter sind. Die Wellenlängen des farbigen Lichts zum Beispiel werden in Nanometern (nm) angegeben. 1 nm entspricht 10^{-9} m.
Gib die Wellenlänge des roten (gelben, blauen) Lichts in Metern an.

2 Einheiten für sehr kleine Größen werden mithilfe bestimmter Vorsilben gebildet. Dabei gibt jede dieser Vorsilben eine bestimmte Zehnerpotenz an.

Vorsilbe	Potenz		Beispiele
Milli	10^{-3}	Millimeter	1 mm = 10^{-3} m
		Milligramm	1 mg = 10^{-3} g
Mikro	10^{-6}	Mikrometer	1 µm = 10^{-6} m
		Mikrogramm	1 µg = 10^{-6} g
Nano	10^{-9}	Nanometer	1 nm = 10^{-9} m
		Nanogramm	1 ng = 10^{-9} g
Pico	10^{-12}	Picometer	1 pm = 10^{-12} m
		Picogramm	1 pg = 10^{-12} g

a) Gib in Metern an.

12 µm = $12 \cdot 10^{-6}$ m = 0,000012 m

57 mm	3 µm	230 nm
6,2 mm	69 µm	640 nm
2,71 mm	4,5 µm	15 pm

b) Gib in Gramm an.

34 mg	83 µg	1100 ng
4 mg	5,7 µg	750 ng
0,4 mg	0,34 µg	300 pg

3 1987 entstand in Kaiser-Wilhelm-Koog an der Nordseeküste der erste deutsche Windpark mit einer Gesamtleistung von einem Megawatt. (1 MW = 1 000 000 W).
Im Jahr 2008 betrug die elektrische Leistung aller Windenergieanlagen in Deutschland insgesamt 24 Terawatt. (1 TW = 10^{12} W). Wie viel Watt sind das?

4 Auch zur Bezeichnung besonders großer Einheiten werden bestimmte Vorsilben verwendet. Dabei entspricht jeder Vorsilbe eine bestimmte Zehnerpotenz.

Vorsilbe	Potenz		Beispiele
Kilo	10^{3}	Kilotonne	1 kt = 10^{3} t
		Kilowatt	1 kW = 10^{3} W
Mega	10^{6}	Megatonne	1 Mt = 10^{6} t
		Megawatt	1 MW = 10^{6} W
Giga	10^{9}	Gigatonne	1 Gt = 10^{9} t
		Gigawatt	1 GW = 10^{9} W
Tera	10^{12}	Teratonne	1 Tt = 10^{12} t
		Terawatt	1 TW = 10^{12} W

Gib in der Einheit an, die in Klammern steht.

a) 56 kW (W)
345 MW (W)
1,7 GW (W)

b) 236 Mt (t)
27,5 kt (t)
0,5 Gt (t)

c) 23,8 GW (W)
2,1 TW (W)
0,003 GW (W)

d) 21 800 kt (Mt)
1200 Mt (Gt)
500 Gt (Tt)

Grundwissen: Große und kleine Zahlen

Ein Produkt aus gleichen Faktoren kann als Potenz geschrieben werden.

Für alle $a \in \mathbb{R}$ und $n \in \mathbb{N}$ $(n > 0)$ gilt:

$$\underbrace{a \cdot a \cdot a \cdot \ldots \cdot a}_{\text{n Faktoren}} = a^n$$

a heißt Basis, n heißt Exponent, a^n heißt Potenz.

$8 \cdot 8 \cdot 8 \cdot 8 \cdot 8 \cdot 8 \cdot 8 = 8^7$

$x \cdot x \cdot x \cdot x \cdot x \cdot x \cdot x \cdot x \cdot x = x^9$

$10 \cdot 10 \cdot 10 \cdot 10 \cdot 10 = 10^5$

$10 = 10^1$

Potenzen mit der Basis 10 heißen **Zehnerpotenzen.**

Für alle $n \in \mathbb{N}$ gilt:

$$10^{-n} = \frac{1}{10^n} = \frac{1}{\underbrace{10 \cdot 10 \cdot \ldots \cdot 10}_{\text{n Faktoren}}}$$

$10^0 = 1$

$10^7 = 10 \cdot 10 \cdot 10 \cdot 10 \cdot 10 \cdot 10 \cdot 10$
$= 10\,000\,000$

$10^{-4} = \frac{1}{10^4}$
$= \frac{1}{10 \cdot 10 \cdot 10 \cdot 10}$
$= \frac{1}{10\,000}$
$= 0{,}0001$

Für alle $m, n \in \mathbb{N}$ $(m > n > 0)$ gilt:

$10^m \cdot 10^n = 10^{m+n}$

$\frac{10^m}{10^n} = 10^{m-n}$

$10^5 \cdot 10^7 = 10^{5+7} = 10^{12}$

$\frac{10^9}{10^6} = 10^{9-6} = 10^3$

In wissenschaftlicher Notation werden große und kleine Zahlen mithilfe von Zehnerpotenzen ausgedrückt.

Dabei ist der Faktor vor der Zehnerpotenz immer größer als 1 und kleiner als 10.

$20\,000\,000 = 2 \cdot 10^7$

$350\,000 = 3{,}5 \cdot 10^5$

$0{,}007 = 7 \cdot 10^{-3}$

$0{,}0000015 = 1{,}5 \cdot 10^{-6}$

Einheiten für sehr große und sehr kleine Größen werden mithilfe bestimmter Vorsilben gebildet. Jede dieser Vorsilben gibt eine bestimmte Zehnerpotenz an.

Kilo	10^3	Milli	10^{-3}
Mega	10^6	Mikro	10^{-6}
Giga	10^9	Nano	10^{-9}
Tera	10^{12}	Pico	10^{-12}
Peta	10^{15}	Femto	10^{-15}

1 kW = 10^3 W	1 mm = 10^{-3} m
1 MW= 10^6 W	1 µm = 10^{-6} m
1 GW = 10^9 W	1 nm = 10^{-9} m
1 TW = 10^{12} W	1 pm = 10^{-12} m
1 PW = 10^{15} W	1 fm = 10^{-15} m

Üben und Vertiefen

1 Schreibe mithilfe von Zehnerpotenzen.

a) 35 000
812 000
2 500 000

b) 0,000067
0,00000051
0,000000008

c) 5 680 000 000
17 000 000 000
27 900 000 000

d) 0,000741
0,00058
0,00000444

2 Vervollständige die Tabelle in deinem Heft.

	Bruch	Dezimalzahl	Zehnerpotenz
a)	$\frac{1}{100\,000}$		
b)		0,0000001	
c)			10^{-8}

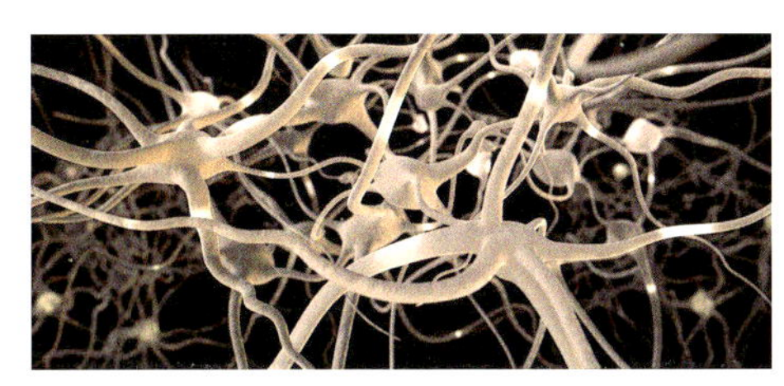

3 Gib die Zahl in naturwissenschaftlicher Schreibweise mithilfe von Zehnerpotenzen an.

a) Vor 65 Millionen Jahren starben die Dinosaurier aus.
b) Am 1. Januar 2008 waren in Deutschland 41,2 Millionen Personenkraftwagen zugelassen.
c) 6,9 Milliarden Menschen leben im Jahr 2010 auf der Erde.
d) Die Erde ist über $4\frac{1}{2}$ Milliarden Jahre alt.
e) Das menschliche Gehirn verfügt über 200 Milliarden Nervenzellen.
f) Experten schätzen den gesamten Schaden der Wirtschaftskrise des Jahres 2008 auf 10 Billionen Dollar.

4 Gib die Zahlen mithilfe von Zehnerpotenzen an.

a) sieben Tausendstel
b) vierundzwanzig Tausendstel
c) siebenundfünfzig Millionstel
d) dreiundsechzig Millionstel
e) achthundertzwölf Millionstel

5 Berechne wie in den Beispielen.

$10^4 \cdot 10^{-8} = 10^{4-8} = 10^{-4}$
$10^{-2} : 10^6 = 10^{-2-6} = 10^{-8}$
$10^5 \cdot 10^6 \cdot 10^{-2} = 10^{5+6-2} = 10^9$
$10^2 \cdot 10^4 : 10^8 = 10^{2+4-8} = 10^{-2}$

a) $10^5 \cdot 10^{-7}$
$10^{-4} \cdot 10^6$

b) $10^{-2} \cdot 10^{-6}$
$10^{-1} \cdot 10^{-4}$

c) $10^5 : 10^{-3}$
$10^{-11} : 10^8$

d) $10^9 : 10^{-4}$
$10^{-4} : 10^9$

e) $10^{-8} \cdot 10^6$
$10^7 \cdot 10^{-4}$

f) $10^{13} : 10^{-3}$
$10^{-12} : 10^8$

g) $10^4 \cdot 10^7 \cdot 10^{-6}$
$10^9 \cdot 10^6 \cdot 10^{-10}$

h) $10^5 \cdot 10^{-3} \cdot 10^2$
$10^{11} \cdot 10^{-4} \cdot 10^{-5}$

i) $10^5 \cdot 10^2 : 10^3$
$10^8 \cdot 10^{-3} : 10^2$

k) $10^7 \cdot 10^{-5} : 10^{-2}$
$10^4 \cdot 10^{-1} : 10^{-7}$

l) $\frac{10^{-6}}{10^2}$
$\frac{10^3}{10^{-1}}$

m) $\frac{10^5 \cdot 10^{-3}}{10^7}$
$\frac{10^{-2} \cdot 10^{-5}}{10^4}$

n) $\frac{10^9}{10^{-4} \cdot 10^{-2}}$
$\frac{10^{-4}}{10^5 \cdot 10^4}$

6 Gib in der Einheit an, die in Klammern steht.

a) 23 mm (µm)
123 nm (mm)

b) 5 µg (mg)
12 µg (kg)

c) 230 000 W (MW)
67 000 kW (MW)

d) 4,5 Gt (Mt)
220 Mt (Gt)

7 Druck wird in der Einheit Bar (bar) und der Einheit Pascal (Pa) gemessen.

1 bar = 100 000 Pa = 10^5 Pa
1 Pa = 0,00001 bar = 10^{-5} bar

a) Gib in Bar an: 700 000 Pa (320 000 Pa, 3 000 000 Pa, 17 000 Pa)
b) Gib in Pascal an: 5,2 bar (0,57 bar, 11,5 bar, 19 bar)

8 a) Energie wird in der Einheit Joule (J) und der Einheit Kilowattstunde (kWh) gemessen.

1 kWh = $3{,}6 \cdot 10^6$ J
1 J ≈ $2{,}78 \cdot 10^{-7}$ kWh

a) Gib in Joule an: 187,5 kWh (3,61 kWh, 78,51 kWh, 265,7 kWh)
b) Gib in Kilowattstunden an: 800 000 J (3456 J, 1 200 000 J, 12 400 J)

Stahlproduktion 2008			
Land	Menge (t)	Land	Menge (t)
China	$5 \cdot 10^8$	Russland	$6{,}9 \cdot 10^7$
Japan	$1{,}2 \cdot 10^8$	Indien	$5{,}5 \cdot 10^7$
USA	$9{,}2 \cdot 10^7$	Südkorea	$5{,}3 \cdot 10^7$
EU	$2{,}1 \cdot 10^8$	andere Länder	$2{,}3 \cdot 10^8$

1 Wie viel Tonnen Stahl wurden 2008 weltweit produziert?
Gib das Ergebnis in Megatonnen (Gigatonnen) an.

2 Das Erdreich lebt. In einem Kubikmeter Erdboden befinden sich durchschnittlich 150 Tausendfüßler, 200 Regenwürmer, 100 000 Springschwänze, eine Milliarde Pilze und $6 \cdot 10^{13}$ Bakterien.
Gib die Anzahl der Tausendfüßler (Regenwürmer, Springschwänze, Pilze, Bakterien) in 1000 m³ Erdboden mithilfe von Zehnerpotenzen an.

Wasservorräte der Erde	Menge (l)
Weltmeere	$1{,}322 \cdot 10^{21}$
Polareis, Gletscher	$2{,}919 \cdot 10^{19}$
Grundwasser	$8{,}595 \cdot 10^{18}$
Seen und Flüsse	$2{,}3 \cdot 10^{17}$
Atmosphäre	$1{,}3 \cdot 10^{16}$

3 a) Bestimme die Gesamtmenge aller Wasservorräte der Erde.
b) Wie viel Prozent der gesamten Wasservorräte befindet sich in den Weltmeeren?
c) Trinkwasser kann nur aus dem Grundwasser und aus Seen und Flüssen gewonnen werden.
Wie viel Prozent der gesamten Wasservorräte der Erde stehen für die Trinkwassergewinnung zur Verfügung?

4 Der Radius der Erde beträgt ungefähr $6{,}378 \cdot 10^6$ m.
a) Gib die Größe der Erdoberfläche in Quadratmetern an.
b) Bestimme das Volumen der Erde in Kubikmetern.

	Masse (kg)	Volumen (km³)
Erde	$6 \cdot 10^{24}$	$1{,}1 \cdot 10^{12}$
Mond	$7{,}35 \cdot 10^{22}$	$2{,}2 \cdot 10^{10}$

5 a) Untersuche die Größenverhältnisse von Erde und Mond.
Bestimme dazu das Verhältnis der Masse des Mondes m_M zur Masse der Erde m_E. Berechne ebenso $V_M : V_E$.
b) Die Dichte des Mondes beträgt etwa drei Fünftel der Dichte der Erde. Überprüfe diese Behauptung.

6 a) Die Erde bewegt sich mit einer durchschnittlichen Geschwindigkeit von $29{,}79\,\frac{km}{s}$ um die Sonne.
Wie viele Kilometer legt sie an einem Tag (in einem Jahr) zurück?
b) Die mittlere Entfernung der Erde von der Sonne beträgt $1{,}496 \cdot 10^8$ km.
Welche Strecke legt die Erde bei einem Umlauf um die Sonne zurück?
c) Vergleiche die Ergebnisse von a) und b). Warum sind beide Rechnungen ungenau?

7 Die Masse eines Wassermoleküls beträgt ungefähr $3 \cdot 10^{-29}$ g. Bei 4°C hat ein Gramm Wasser ein Volumen von einem Kubikzentimeter.
a) Wie viele Wassermoleküle befinden sich in einem Kubikzentimeter Wasser?
b) Auf der Erde gibt es etwa $1{,}36 \cdot 10^{21}\,l$ Wasser. Wie viele Moleküle sind das?

8 Sauberes Trinkwasser ist für die Gesundheit der Menschen unentbehrlich. Die Trinkwasserverordnung legt für zahlreiche Substanzen fest, wie viel davon höchstens in einem Liter Trinkwasser enthalten sein darf.

Substanz	Höchstwert (mg/l)
Arsen	0,01 mg/l
Nickel	0,02 mg/l
Quecksilber	0,001 mg/l
Cadmium	0,005 mg/l
Pestizide	0,0005 mg/l

Gib die Höchstwerte mithilfe von Zehnerpotenzen an.

9 Gib die Länge als Dezimalzahl an.

a) Milzbranderreger 10^{-5} m

b) Nukleinsäurefaden $5,6 \cdot 10^{-5}$ m

c) Colibakterien 10^{-6} m

d) Pockenvirus $2,4 \cdot 10^{-7}$ m

10 Ein Zuckerwürfel hat die Masse 2,5 g. Er wird in einer Tasse Kaffee (einer Flasche Milch, einem Tanklastzug mit Milch, im Bodensee) gelöst.
Gib an, wie viel Gramm Zucker jeweils in einem Liter Flüssigkeit enthalten sind.

11 Bei einem Schiffsunglück sind 1000 m³ Öl ins Meer gelangt. Die Ölschicht ist 1 µm dick.
Wie groß ist die Wasserfläche, die von Öl bedeckt ist?

12 Die Autobahnbrücke über das Moseltal ist 258 m lang. Wenn die Temperatur um 1°C steigt, dehnt sich ein Meter Beton um 12 µm aus.
Um wie viel Zentimeter unterscheidet sich die Länge der Brücke bei 30°C von ihrer Länge bei −10 °C?

13 Die Kante eines würfelförmigen Kristalls ist 3 nm lang.

a) Gib die Kantenlänge des Kristalls in Millimetern an.

b) Berechne das Volumen des Kristalls. Gib das Ergebnis in Kubikmillimetern an.

c) Wie viel Quadratmillimeter beträgt der Oberflächeninhalt des Kristalls?

14 Schwefelwasserstoff hat einen unangenehmen Geruch. Die Nase des Menschen kann diesen Duft wahrnehmen, wenn die Konzentration mehr als vier Nanogramm je Kubikzentimeter Luft beträgt.
Der Chemieraum der Schule ist 10 m lang, 8 m breit und 3,50 m hoch. Der Geruch von Schwefelwasserstoff ist überall im Raum wahrzunehmen.
Wie viel Gramm Schwefelwasserstoff sind mindestens hergestellt worden?

Große Zahlen

Bezeichnungen für große Zahlen

eintausend	10^3
eine Million	10^6
eine Milliarde	10^9
eine Billion	10^{12}
eine Billiarde	10^{15}
eine Trillion	10^{18}
eine Trilliarde	10^{21}
eine Quadrillion	10^{24}
eine Quadrilliarde	10^{27}
eine Quintillion	10^{30}

Zehntausend war die größte Zahl, für die die altgriechische Sprache ein eigenes Zahlwort kannte: *myrioi*. Größere Zahlen mussten mithilfe zusammengesetzter Zahlwörter ausgedrückt werden.
Erst im späten Mittelalter entstand die Bezeichnung Million aus dem lateinischen Wort *mille* für tausend und der Endung *-one* für groß. Million bedeutet also „große Tausend".
Im Jahr 1484 schlug der französische Mathematiker Nicolas Chuquet die Wörter Billion, Trillion, Quadrillion usw. zur Bezeichnung noch größerer Zahlen vor.
Einige Jahrzehnte später fügte Jacques Peletier, ein anderer französischer Mathematiker, dem System Chuquets die Bezeichnungen Milliarde, Billiarde, Trilliarde usw. hinzu.
Dieses System zur Bezeichnung großer Zahlen verwenden wir heute noch. Wissenschaftler benutzen die Zahlwörter allerdings selten, sie verständigen sich, indem sie die Zehnerpotenzen angeben.

1 Stelle die Zahl in wissenschaftlicher Schreibweise mithilfe einer Zehnerpotenz dar.
a) fünf Trillionen
b) achtundfünfzig Trillionen
c) vierhundertdreizehn Trilliarden
d) zwei Trilliarden fünfhundert Trillionen
e) vier Quadrillionen vierzig Trilliarden
f) achthundertelf Quadrillionen

2 Schreibe die Zahlen in Worten.
a) $3 \cdot 10^{18}$ b) $8 \cdot 10^{21}$
c) $7 \cdot 10^{30}$ d) $4 \cdot 10^{27}$
e) $1{,}2 \cdot 10^{16}$ f) $6{,}5 \cdot 10^{19}$

1938 beschäftigte sich der amerikanische Mathematiker Edward Kasner mit großen Zahlen. Er suchte eine Bezeichnung für die Zahl 10^{100}.
Bei einem Spaziergang fragte er seinen neunjährigen Neffen. Dieser erfand das Wort **Googol.** Seitdem wird die Zahl, die aus einer Eins und hundert Nullen besteht, so bezeichnet.
Die Zahl Googol ist unvorstellbar groß. Astronomen schätzen, dass die Anzahl aller Elementarteilchen des sichtbaren Universums kleiner als Googol ist.

3 Gib mithilfe von Zehnerpotenzen an:
a) das Doppelte von Googol
b) das Zehnfache von Googol
c) ein Zehntel Googol
d) ein Tausendstel Googol
e) die Hälfte von Googol
f) ein Viertel von Googol

4 a) Begründe, dass Googol gleich $(10^{10})^{10}$ ist.
b) Begründe, dass Googol gleich $10^{(10^2)}$ ist.

Noch viel größer als Googol ist die Zahl **Googolplex**, das ist eine Eins mit Googol Nullen, also 10^{Googol}.
Selbst wenn man alle Materie des Universums in Tinte und Papier verwandelte, reichte das nicht aus, um die Zahl Googolplex aufzuschreiben.

Vernetzen: Energienutzung und Klimaveränderung

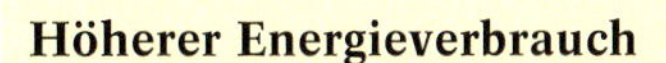

Höherer Energieverbrauch

Nach Angabe des Wirtschaftsministeriums ist der Primärenergieverbrauch in Deutschland im Jahr 2008 gegenüber dem Vorjahr um zwei Prozent auf 14 062 Petajoule gestiegen. Der Anstieg ist im Wesentlichen auf die im Vergleich zum Vorjahr kältere Witterung zurückzuführen. Der langjährige Trend zeigt weiterhin einen rückläufigen Energieverbrauch, der 2008 um sechs Prozent unter dem Niveau von 1990 liegt.

Primärenergie heißt die in natürlichen Formen, z. B. als Kohle oder Erdöl, vorkommende Energie.
Wird die Primärenergie in andere Formen, z. B. in elektrische Energie, umgewandelt, spricht man von **Sekundärenergie.**

1 Petajoule (P) = 10^{15} Joule ≈ $2{,}78 \cdot 10^6$ kWh

Verteilung der genutzten Primärenergie auf die einzelnen Energieträger 2008

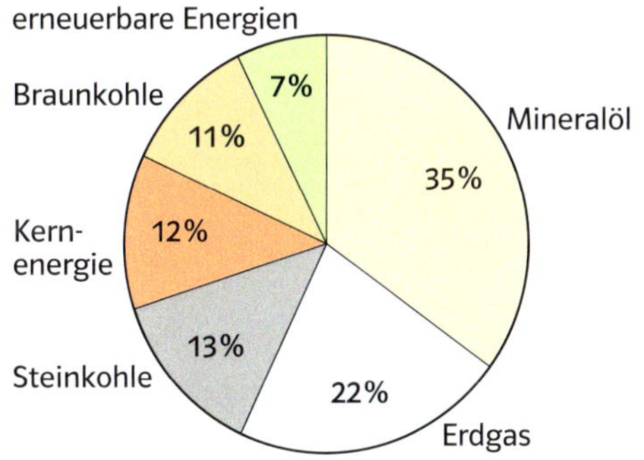

1 Gib die 2008 in Deutschland genutzte Primärenergie in Kilowattstunden an.

2 2008 lebten in Deutschland 82 Millionen Menschen. Berechne die genutzte Primärenergie pro Kopf der Bevölkerung.

3 Wie viel Petajoule Primärenergie wurde in Deutschland 2007 (1990) genutzt?

Beim Verbrennen von Heizöl, Benzin, Erdgas oder Kohle wird Kohlenstoffdioxid (CO_2) in die Atmosphäre der Erde abgegeben.
Durch die höhere Konzentration von Kohlenstoffdioxid in der Atmosphäre erwärmt sich die Erdoberfläche immer mehr. Die Gletscher an den Polen schmelzen ab, die Trockenheit in Afrika nimmt zu, der Meeresspiegel steigt und Flutkatastrophen häufen sich. Das Klima auf der Erde ist ernsthaft gefährdet.
Deutschland hat sich durch internationale Verträge dazu verpflichtet, dass sein CO_2-Ausstoß im Jahr 2012 um 21 % geringer als 1990 ist.

Jahr	CO_2-Ausstoß in Deutschland (Mt)
1990	1226
2000	903
2005	884
2006	895
2007	860
2008	857

4 Gib den Anteil der einzelnen Primärenergieträger an der gesamten genutzten Primärenergie in Petajoule (Kilowattstunden) an.

5 a) Gib den für 2012 geplanten CO_2-Ausstoß in Deutschland in Kilogramm an.
b) Informiere dich über den CO_2-Ausstoß in Deutschland im vergangenen Jahr.

Lernkontrolle 1

1 Schreibe ohne Zehnerpotenz.

a) 10^5
10^7

b) $3 \cdot 10^3$
$8 \cdot 10^4$

c) $2{,}4 \cdot 10^6$
$5{,}5 \cdot 10^5$

d) $3{,}11 \cdot 10^4$
$1{,}05 \cdot 10^3$

e) 10^{-2}
10^{-5}

f) $2 \cdot 10^{-5}$
$5 \cdot 10^{-3}$

g) $2{,}5 \cdot 10^{-2}$
$7{,}2 \cdot 10^{-5}$

h) $1{,}55 \cdot 10^{-6}$
$4{,}85 \cdot 10^{-8}$

2 Schreibe mithilfe von Zehnerpotenzen. Dabei soll der Faktor vor der Zehnerpotenz größer als 1 und kleiner als 10 sein.

a) 100 000
10 000 000

b) 300 000
4 000 000

c) 45 000 000
150 000 000

d) 1 440 000
58 900 000

e) 0,01
0,0000001

f) 0,0002
0,000007

g) 0,0035
0,000011

h) 0,00571
0,0639

3 Merkur hat eine Masse von $3{,}3 \cdot 10^{20}$ t und ein Volumen von $6 \cdot 10^{19}$ m³.
Berechne die durchschnittliche Dichte dieses Planeten.

Haushaltsabfälle 2004	
Art	Menge (kg)
Hausmüll	$15{,}6 \cdot 10^9$
Sperrmüll	$2{,}6 \cdot 10^9$
Kompost	$3{,}66 \cdot 10^9$
Gartenabfall	$4{,}17 \cdot 10^9$
anderer Müll	$16{,}9 \cdot 10^9$

4 a) Wie viel Kilogramm Müll produzierten 2004 alle Haushalte insgesamt?
b) Wie viel Kilogramm Müll entfällt durchschnittlich auf jeden der 82 Millionen Einwohner Deutschlands?

5 Gib die Entfernungen mithilfe von Zehnerpotenzen in Kilometern an.

$1 \text{ Lj} = 9{,}5 \cdot 10^{12}$ km

a) Der Sirius ist ein Stern im Sternbild Großer Hund. Er ist 8,8 Lichtjahre von der Erde entfernt.
b) Der Beteigeuze ist ein roter Riesenstern im Sternbild Orion. Seine Entfernung zur Erde beträgt 600 Lichtjahre.

6 Eine Bakterienzelle ist 3 µm lang. Gib die Länge in Metern an.

7 Die Wellenlänge des violetten Lichts beträgt 400 nm.
Gib die Wellenlänge als Dezimalzahl in Metern an.

Wiederholung

1 Erweitere auf einen Bruch mit dem Nenner Hundert und schreibe in Prozent.

a) $\frac{7}{20}$ b) $\frac{3}{4}$ c) $\frac{2}{5}$

2 Gib den Anteil als Bruch mit dem Nenner Hundert an und schreibe in Prozent.
a) 23 von hundert überprüften Fahrrädern waren defekt.
b) 43 von 50 Besuchern hat die Aufführung der Theater-AG sehr gut gefallen.
c) Von den 25 Schülerinnen und Schülern der Klasse 8b waren vier krank.
d) In dieser Saison hat Kristina drei von zehn Elfmetern gehalten.

3 Der Benzintank eines Autos fasst 60 Liter. Er ist nur noch zu 5 % gefüllt. Wie viel Liter Benzin sind im Tank?

4 Im Schülercafé wurden von den 80 belegten Brötchen heute nur 68 verkauft. Wie viel Prozent sind das?

5 Im Kino sind 46 % aller Plätze besetzt. 69 Zuschauer sehen den Film. Wie viel Plätze hat das Kino?

6 Eine Jeans kostete früher 64 €. Der Preis wurde um 25 % reduziert. Wie viel Euro muss Özge für die Jeans bezahlen?

Lernkontrolle 2

1 Gib jeweils die Entfernung der Sterne von der Erde mithilfe von Zehnerpotenzen in Kilometern an.

1 Lj = $9{,}5 \cdot 10^{12}$ km

Stern	Sternbild	Entfernung von der Erde
Castor	Zwillinge	50 Lj
Regulus	Löwe	78 Lj
Alioth	Großer Bär	81 Lj
Antares	Skorpion	604 Lj
Arcturus	Bärenhüter	36,7 Lj

2 Gib jeweils den Atomradius der in der Tabelle angegebenen chemischen Elemente in wissenschaftlicher Notation in Metern an.

Element	Zeichen	Atomradius (m)
Stickstoff	N	0,00000000007
Silber	Ag	0,000000000144
Schwefel	S	0,000000000104
Chlor	Cl	0,000000000099
Calcium	Ca	0,000000000197

3 Schreibe als Zehnerpotenz mit einem einzigen Exponenten.

a) $10^8 \cdot 10^3$
$10^9 \cdot 10^{-7}$

b) $10^{-6} \cdot 10^{-4}$
$10^5 \cdot 10^{-11}$

c) $10^9 : 10^4$
$10^{-5} : 10^3$

d) $10^{-5} : 10^{-2}$
$10^6 : 10^{-1}$

e) $\frac{10^8}{10^5}$

$\frac{10^{11}}{10^9}$

f) $\frac{10^6 \cdot 10^3}{10^5}$

$\frac{10^8}{10^2 \cdot 10^5}$

4 Gib in der Einheit an, die in Klammern steht.

a) 34 µm (mm)
560 nm (mm)

b) 500 µg (g)
10 µg (mg)

c) 4,51 MW (W)
0,5 GW (MW)

d) 8,86 Mt (t)
181 000 t (Mt)

5 Druck wurde früher auch in Atmosphären (atm) gemessen. Eine Atmosphäre entspricht dem normalen Luftdruck in Meereshöhe.

1 atm = $1{,}01325 \cdot 10^5$ Pa

Gib in Pascal an:

a) 4 atm
1,5 atm

b) 0,3 atm
0,75 atm

6 Bei einem Schiffsunglück auf See ist Öl ausgelaufen und bildet auf der Wasseroberfläche einen $8 \cdot 10^7$ m² großen Ölteppich. Die Ölschicht ist 10 µm dick. Wie viel Kubikmeter Öl sind ins Meer gelangt?

	Masse (kg)	Volumen (km³)
Erde	$6 \cdot 10^{24}$	$1{,}1 \cdot 10^{12}$
Mars	$6{,}4 \cdot 10^{23}$	$1{,}6 \cdot 10^{11}$

7 a) Untersuche die Größenverhältnisse von Erde und Mond.
Bestimme dazu das Verhältnis der Masse des Mars m_M zur Masse der Erde m_E.
Berechne ebenso $V_M : V_E$.
b) Die Dichte des Mars beträgt etwa 70 % der Dichte der Erde.
Überprüfe diese Behauptung.

1 a) Berechne 2 % von 300 g (250 g, 1000 g).
b) Wie viel Prozent sind 24 m von 48 m (120 m, 200 m)?
c) 5 % entsprechen 10 € (30 €; 2,50 €). Wie groß ist der Grundwert?
d) Wie viel Prozent sind 20 m² von 200 m² (400 m², 25 m²)?
e) 25 % (20 %, 9 %) entsprechen 18 *l*. Bestimme den Grundwert.

2 Frau Schmidhuber verdiente bisher 2875 €. Ihr Gehalt wird um 4 % erhöht.

3 Ein Paar Schuhe kostete bisher 69,50 €. Der Preis wird um 40 % reduziert.

4 Für Malerarbeiten in der Wohnung von Familie Mohn berechnet der Maler 1240 €. Hinzu kommen 19 % Mehrwertsteuer.

7 Statistische Erhebungen

Die Schülerinnen und Schüler wollen in Gruppen statistische Erhebungen durchführen. Die zugehörigen Daten sollen mithilfe von Fragebögen gesammelt werden.

Nenne weitere mögliche Themen für statistische Erhebungen. Entwerft in Gruppen zu einem Thema einen Fragebogen. Hinweise zur Planung einer statistischen Erhebung findet ihr auf Seite 168.

Eine statistische Erhebung planen

Eine statistische Erhebung durchführen

Hinweise zur Auswertung einer statistischen Erhebung findest du auf der Seite 169.

Auf den danach folgenden Seiten findest du Aufgaben zur Auswertung der Bundesjugendspiele. Alle Diagrammformen und alle Kennwerte, die du bei einer Auswertung verwenden kannst, werden dort noch einmal vorgestellt.

Eine statistische Erhebung auswerten

Das Ergebnis einer statistischen Erhebung präsentieren

Methode # Eine Umfrage planen

1. Wer soll gefragt werden?

Schüler des 9. Jahrgangs

Jugendliche von 10 bis 16 Jahren

Erwachsene

beliebige Personen

2. Wie werden die Personen für die Befragung ausgewählt?

Alle Schülerinnen und Schüler einer Klasse (eines Jahrgangs) werden gefragt.
Eine zufällige Auswahl von Schülerinnen und Schülern wird gefragt.
Zufällig ausgewählte, beliebige Personen werden gefragt.

3. Worauf ist beim Entwurf des Fragebogens zu achten?

Stelle keine Fragen, deren Antworten du nicht auswerten kannst.

~~Was muss bei dem Freizeitangebot anders werden?~~

~~Haben Schüler an anderen Schulen einen kürzeren Schulweg?~~

Wenn mehr als eine Antwort gegeben werden kann, muss das deutlich gemacht werden.

Was machst du in deiner Freizeit?
Du kannst mehrere Antworten ankreuzen.

- ☐ Sport
- ☐ Musik hören
- ☐ mit Freunden treffen

Was ist deine Lieblingssportart?

- ☐ Fußball
- ☐ Handball
- ☐ Basketball
- ☐ Schwimmen
- ☐ Leichtathletik
- ☐ Tennis

Bei vorgegebenen Antworten muss es zu jedem möglichen Befragungsergebnis auch eine Ankreuzmöglichkeit geben.

Wie viele Geschwister hast du?

Bitte kreuze die richtige Anwort an.

0 ☐ 1 ☐
2 ☐ 3 ☐
4 ☐ 5 ☐
mehr als 5 ☐

Wie lang ist dein Schulweg (in km)?

Bitte kreuze die richtige Anwort an.

0 bis 5 km ☐
über 5 bis 10 km ☐
über 10 bis 15 km ☐
über 15 bis 20 km ☐
über 20 km ☐

Methode Eine Umfrage auswerten und die Ergebnisse darstellen

1. Worauf ist bei der Auswertung der Fragebögen zu achten?

𝍸 𝍸 𝍸
𝍸 𝍸 IIII

Bei der Auswertung sollte zunächst mit Strichlisten gearbeitet werden.

relative Häufigkeit

Bruch: $\frac{7}{25}$

Dezimalzahl: 0,28

Prozent: 28 %

Müssen auch relative Häufigkeiten berechnet werden?
Wie sollen sie angegeben werden?

arithmetisches Mittel $\bar{x}$

Median $\tilde{x}$

Spannweite = Maximum – Minimum

Können Mittelwerte, Maximum, Minimum und die Spannweite bestimmt werden?

Zeit (s)

15 16 25 23 17 12
18 45 10 48 67 22
32 19 18 34

Müssen Daten in Klassen zusammengefasst werden?

2. Kann ein Tabellenkalkulationsprogramm eingesetzt werden?

3. Worauf ist bei der Darstellung der Ergebnisse zu achten?

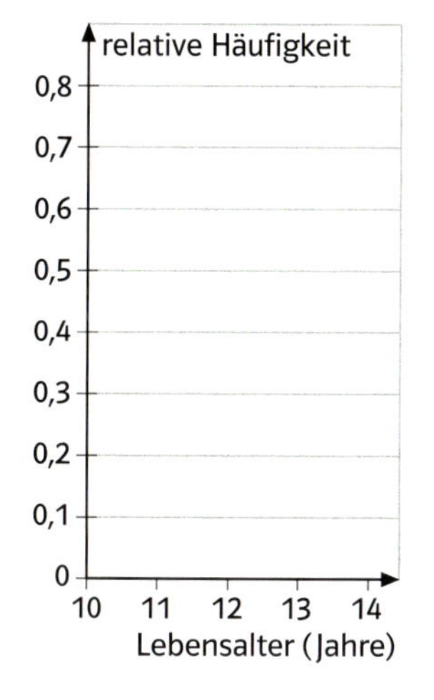

Die Achsen müssen eine Einteilung haben und beschriftet sein.

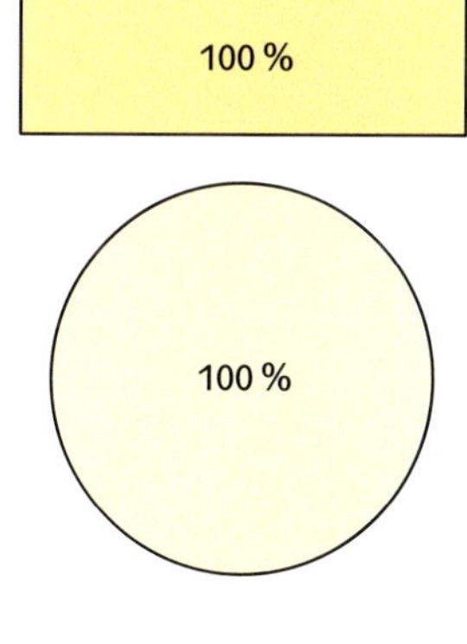

Kreis- und Streifendiagramm eignen sich nicht bei Mehrfachantworten.

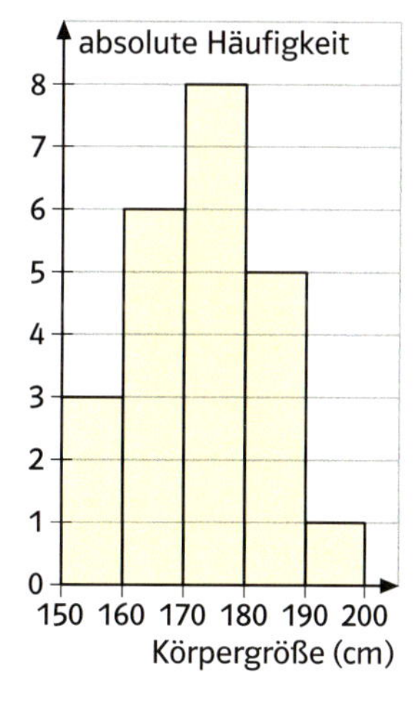

Bei Daten, die in Klassen zusammengefasst werden, ist das Histogramm die richtige Diagrammform.

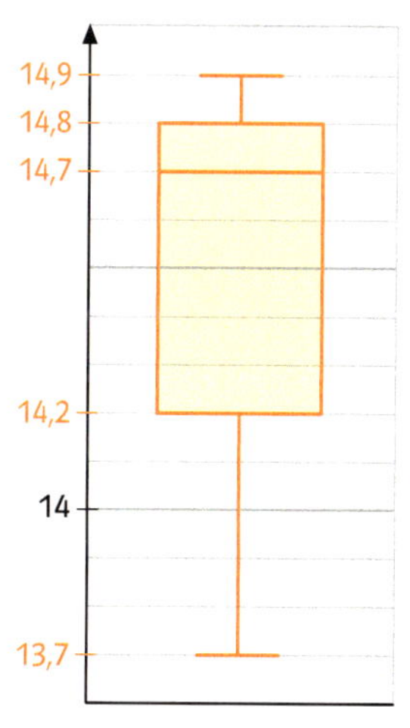

Median, Maximum, Minimum und die Spannweite lassen sich in einem Boxplot veranschaulichen.

Auswertung der Bundesjugendspiele

Wettkampfkarte in der Leichtathletik: Mädchen

Geburtsjahrgang: 1994　　Name und Vorname: Neumann Johanna

Klasse/Gruppe | Riege: 9a / 17　　Veranstalter: ______

Datum: ______

Land: ______　　Gesamtpunkte: ______

Ort: ______　　○ TU　○ SU　○ EU

Die erreichte Leistung markieren. Zwischenleistungen sind zu notieren und die Punkte durch Interpolieren zu errechnen. Ungültige Versuche mit 0 Punkten vermerken. Leistungen oberhalb des Wertungsspielraums handschriftlich eintragen. Für die beste Leistung Punkte ablesen und am Rand eintragen.

50 m	13,4	13,3	13,2	13,1	13,0	12,9	12,8	12,7	12,6	12,5	12,4	12,3	12,2	12,1	12,0	11,9	11,8	11,7	11,6	11,5	11,4	11,3	11,2	11,1	11,0
	2	6	10	15	19	23	28	32	37	41	46	51	56	61	66	71	76	81	87	92	98	103	109	115	121
	10,9	10,8	10,7	10,6	10,5	10,4	10,3	10,2	10,1	10,0	9,9	9,8	9,7	9,6	9,5	9,4	9,3	9,2	9,1	9,0	8,9	8,8	8,7	8,6	8,5
	127	133	139	146																					
	8,4	8,3	8,2	8,1																					
	324	334	344	355																					

75 m	17,9	17,8	17,7	17,6
	5	8	10	15
	15,4	15,3	15,2	15,1
	104	109	114	118
	12,9	12,8	12,7	12,6
	242	248	255	262
	10,4	10,3	10,2	10,1
	444	454	464	474

Wettkampfkarte in der Leichtathletik: Jungen

Geburtsjahrgang: 1995　　Name und Vorname: Vester Manuel

Klasse/Gruppe | Riege: 9c / 13　　Veranstalter: ______

Datum: ______

Land: ______　　Gesamtpunkte: ______

Ort: ______　　○ TU　○ SU　○ EU

Die erreichte Leistung markieren. Zwischenleistungen sind zu notieren und die Punkte durch Interpolieren zu errechnen. Ungültige Versuche mit 0 Punkten vermerken. Leistungen oberhalb des Wertungsspielraums handschriftlich eintragen. Für die beste Leistung Punkte ablesen und am Rand eintragen.

50 m	12,9	12,8	12,7	12,6	12,5	12,4	12,3	12,2	12,1	12,0	11,9	11,8	11,7	11,6	11,5	11,4	11,3	11,2	11,1	11,0	10,9	10,8	10,7	10,6	10,5
	2	6	10	15	19	24	28	33	37	42	47	52	57	62	67	73	78	84	89	95	101	107	113	119	125
	10,4	10,3	10,2	10,1	10,0	9,9	9,8	9,7	9,6	9,5	9,4	9,3	9,2	9,1	9,0	8,9	8,8	8,7	8,6	8,5	8,4	8,3	8,2	8,1	8,0
	131	138	144	151	158	165	172	179	187	194	202	210	218	226	234	243	252	261	270	279	289	299	309	319	330
	7,9	7,8	7,7	7,6	7,5	7,4	7,3	7,2	7,1	7,0	6,9	6,8	6,7	6,6	6,5	6,4	6,3	6,2	6,1	6,0	5,9	5,8			
	340	352	363	375	386	399	411	424	439	451	465	480	494	510	525	542	558	575	593	612	630	650			

75 m	17,9	17,8	17,7	17,6	17,5	17,4	17,3	17,2	17,1	17,0	16,9	16,8	16,7	16,6	16,5	16,4	16,3	16,2	16,1	16,0	15,9	15,8	15,7	15,6	15,5
	5	8	12	15	19	22	26	30	33	37	41	45	49	53	57	61	65	69	73	78	82	86	91	95	100
	15,4	15,3	15,2	15,1	15,0	14,9	14,8	14,7	14,6	14,5	14,4	14,3	14,2	14,1	14,0	13,9	13,8	13,7	13,6	13,5	13,4	13,3	13,2	13,1	13,0
	104	109	114	118	123	128	133	138	143	148	154	159	164	170	175	181	187	192	198	204	210	216	222	229	235
	12,9	12,8	12,7	12,6	12,5	12,4	12,3	12,2	12,1	12,0	11,9	11,8	11,7	11,6	11,5	11,4	11,3	11,2	11,1	11,0	10,9	10,8	10,7	10,6	10,5
	242	248	255	262	269	276	283	290	297	305	312	320	328	336	344	352	361	369	378	387	396	405	414	424	434
	10,4	10,3	10,2	10,1	10,0	9,9	9,8	9,7	9,6	9,5	9,4	9,3	9,2	9,1	9,0	8,9	8,8	8,7	8,6	8,5	8,4	8,3			
	444	454	464	474	485	496	507	518	530	542	554	566	579	591	604	618	631	645	660	674	689	705			

1 Lena und Jonas möchten die Sommer-Bundesjugendspiele im 9. Jahrgang auswerten.
Alle Schülerinnen und Schüler haben dabei an drei Disziplinen teilgenommen: 100-m-Lauf, Kugelstoßen mit einer 3-kg-, 4-kg- oder 5-kg-Kugel, Weit- oder Hochsprung. Einige Schülerinnen und Schüler haben zusätzlich einen 1000-m-Lauf gemacht.

a) Überlege anhand der Wettkampfkarten, welche Daten Lena und Jonas außer den sportlichen Leistungen erfassen sollen.

b) Welche Berechnungen müssen sie durchführen, um ihre Fragen beantworten zu können?

Säulen- und Balkendiagramme

1 Lena und Jonas halten zunächst in einer Strichliste für jede Klasse das Geburtsjahr der teilnehmenden Mädchen und Jungen fest.
a) Wie viele Mädchen (Jungen) der Klasse 9a haben an den Bundesjugendspielen teilgenommen?

Geburtsjahr	Mädchen	Jungen
1992	I	I
1993	I	II
1994	卌 II	卌 I
1995	IIII	II

b) Übertrage die Häufigkeitstabelle für die Mädchen in dein Heft und trage die absoluten Häufigkeiten der einzelnen Geburtsjahre ein.

Geburtsjahr	absolute Häufigkeit	relative Häufigkeit
1992	1	≈ 0,077
1993		
1994		
1995		
Summe	13	

Bestimme die zugehörigen relativen Häufigkeiten wie im Beispiel.

Geburtsjahr:	1992
absolute Häufigkeit:	1
Anzahl der Daten:	13
relative Häufigkeit:	$\frac{1}{13} \approx 0{,}077$

c) Addiere die relativen Häufigkeiten bei den Mädchen. Was fällt dir auf?
d) Lege auch für die Jungen der 9a eine Häufigkeitstabelle an.
Bestimme die absoluten Häufigkeiten, die Anzahl aller Daten und berechne die relativen Häufigkeiten.
Runde auf drei Nachkommastellen.
Berechne auch die Summe der relativen Häufigkeiten.

2 Du kannst die Ergebnisse der Auswertung in Aufgabe 1 auch in einem Säulen- oder einem Balkendiagramm darstellen.

relative Häufigkeit:

$\frac{3}{13} \approx 0{,}231$

relative Häufigkeit in Prozent: 23,1 %

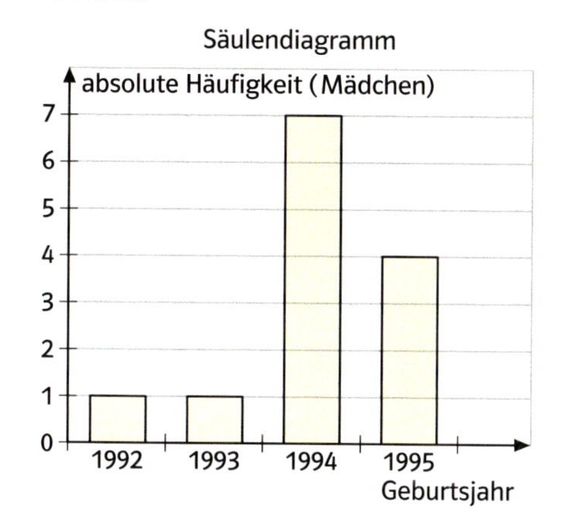

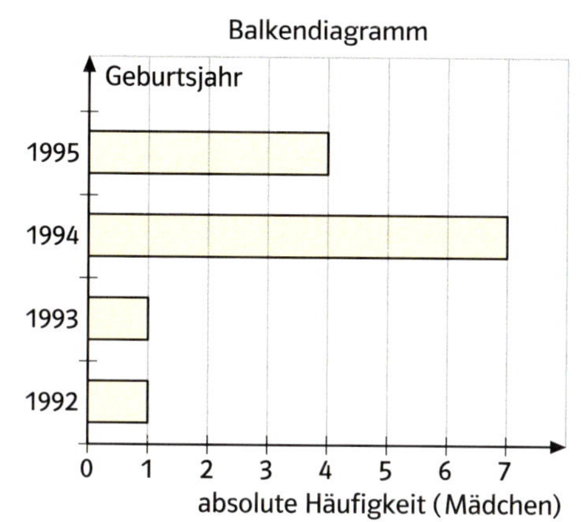

Stelle die Ergebnisse für die Jungen in einem Säulen- und einem Balkendiagramm dar.

3 In den Urlisten findest du die Geburtsjahrgänge der Mädchen und Jungen aus der Klasse 9b, die an den Bundesjugendspielen teilgenommen haben.
a) Ordne die Daten mithilfe von Strichlisten und lege für Mädchen und Jungen jeweils eine Häufigkeitstabelle an.
b) Berechne die relativen Häufigkeiten als Dezimalzahl und in Prozent und trage sie ebenfalls in die Häufigkeitstabellen ein. Runde bei den Dezimalzahlen auf drei Nachkommastellen.
c) Stelle die Verteilung der Häufigkeiten in zwei Säulendiagrammen dar.

Geburtsjahrgänge (Mädchen)

93 93 93 93 94
94 94 92 92 92
92 92 95

Geburtsjahrgänge (Jungen)

93 93 92 92 93
94 93 94 93 92
92 93 94 94 94
93

Streifendiagramm

100 mm

110 cm

1 Nicht alle Mädchen des 9. Jahrgangs nehmen am Hochsprungwettbewerb teil. In der Häufigkeitstabelle werden die übersprungenen Höhen der teilnehmenden Mädchen dargestellt.

übersprungene Höhe (cm)	absolute Häufigkeit	relative Häufigkeit
110	12	0,3
115	8	■
120	8	■
125	6	■
130	4	■
135	2	■
Summe	■	■

a) Ergänze die abgebildete Häufigkeitstabelle in deinem Heft.
b) Das Ergebnis der Umfrage soll in einem **Streifendiagramm** (Blockdiagramm) dargestellt werden.
Begründe, warum in diesem Fall für die Gesamtlänge des Streifens 100 mm gewählt wurden. Zeichne das vollständige Streifendiagramm in dein Heft.

2 In der Strichliste findest du die übersprungenen Höhen der Jungen des 9. Jahrgangs.

Jungen

Sprunghöhe (cm)	
120	卌 I
125	卌 II
130	卌 卌 卌
135	卌 卌 II
140	卌 II
145	III

a) Lege eine Häufigkeitstabelle an und berechne die absoluten und relativen Häufigkeiten (auch in Prozent).
b) Stelle die Ergebnisse in einem Streifendiagramm grafisch dar.

3 Die Jungen der Klasse 9a und die Jungen der Klasse 9c haben alle auch am Hochsprung teilgenommen. Die erzielten Sprunghöhen werden in der abgebildeten Häufigkeitstabelle dargestellt. Die Ergebnisse im Hochsprung sollen jeweils in einem Streifendiagramm (Gesamtlänge 15 cm) dargestellt werden.

übersprungene Höhe (cm)	9 a absolute Häufigkeit	9 c absolute Häufigkeit
120	5	3
125	3	4
130	3	3
135	2	2
140	2	1
145	0	1
Summe	■	■

a) Berechne zunächst die relativen Häufigkeiten. Runde auf zwei Nachkommastellen.
b) Berechne dann wie im Beispiel jeweils die Länge der zugehörigen Abschnitte des Streifendiagramms.

Klasse: 9a

Sprunghöhe: 120 cm

absolute Häufigkeit: 5

relative Häufigkeit: $\frac{5}{15} \approx 0{,}33$

Streifenbreite: $15\text{ cm} \cdot 0{,}33$
$\approx 5{,}0\text{ cm}$

c) Zeichne beide Streifendiagramme und vergleiche sie miteinander.

95 % aller Schülerinnen und Schüler einer Schule haben an den Bundesjugendspielen teilgenommen. Von den teilnehmenden Schülerinnen und Schülern haben 30 % eine Urkunde erhalten. Insgesamt wurden 342 Urkunden vergeben.

Kreisdiagramm

1 Die abgebildete Häufigkeitstabelle zeigt, wie viele Mädchen im 9. Jahrgang Urkunden erhalten haben.

Mädchen	absolute Häufigkeit	relative Häufigkeit
ohne Urkunde	39	0,59
Siegerurkunde	19	▒
Ehrenurkunde	8	▒
Summe	▒	▒

a) Ergänze die abgebildete Häufigkeitstabelle in deinem Heft.

So kannst du die in der Häufigkeitstabelle aufbereiteten Daten in einem Kreisdiagramm grafisch darstellen:

1. Berechne zu jeder Häufigkeit den zugehörigen Winkel. Multipliziere dazu die Größe des Vollwinkels mit der relativen Häufigkeit.

   Vollwinkel: 360°
   relative Häufigkeit von „ohne Urkunde“: 0,59
   zugehöriger Winkel: $360° \cdot 0{,}59 = 212{,}4°$

2. Zeichne jeden Winkel im Kreis ein und beschrifte den zugehörigen Kreisausschnitt.

b) Vervollständige das Kreisdiagramm (Radius 5 cm) in deinem Heft.

2 Stelle die Verteilung der Urkunden bei den Jungen in einem Kreisdiagramm (Radius 5 cm) dar. Vervollständige zunächst die Häufigkeitstabelle in deinem Heft.

Jungen	absolute Häufigkeit	relative Häufigkeit
ohne Urkunde	41	▒
Siegerurkunde	20	▒
Ehrenurkunde	11	▒
Summe	▒	▒

3 In der Strichliste findest du das Lebensalter der teilnehmenden Mädchen und Jungen im 9. Jahrgang.

Lebensalter in Jahren

14	卌 卌 卌 卌 |
15	卌 卌 卌 卌 卌 卌 卌 卌 卌 卌 卌 ||
16	卌 卌 卌 卌 卌 卌 卌 卌 卌 ||||
17	卌 卌 |

a) Lege eine Häufigkeitstabelle an und berechne die absoluten und die relativen Häufigkeiten (auch in Prozent).
b) Stelle die Ergebnisse in einem Kreisdiagramm grafisch dar.

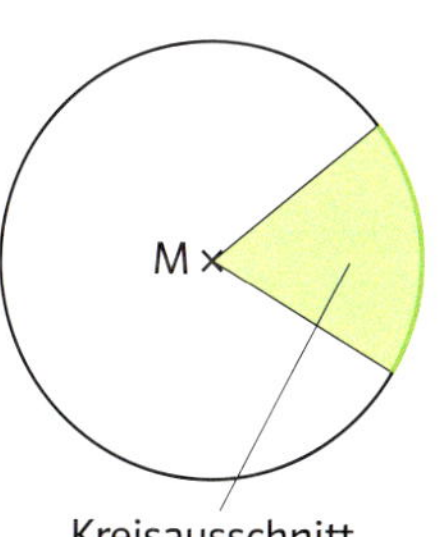

Kreisausschnitt (Kreissektor)

4 In der abgebildeten Grafik wird das Ergebnis einer Umfrage unter 960 Schülerinnen und Schülern dargestellt. Berechne die absoluten Häufigkeiten und stelle die Ergebnisse in einem Streifendiagramm (15 cm) dar.

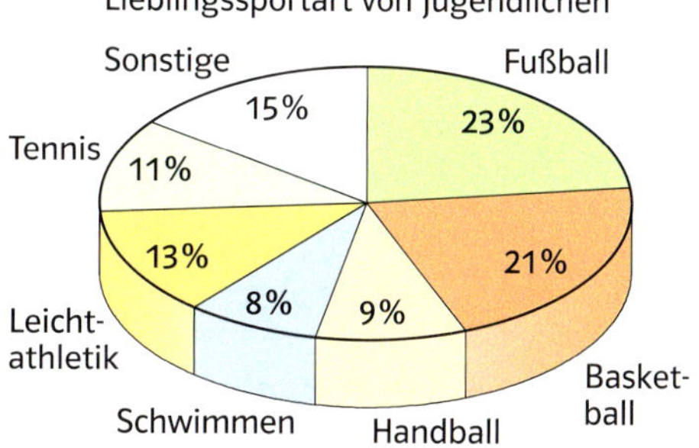

Histogramm

1 Lena und Jonas möchten für den 9. Jahrgang die Ergebnisse im 100-m-Lauf der Jungen grafisch darstellen. Dazu haben sie eine Klasseneinteilung vorgenommen und jeweils mehrere unterschiedliche Ergebnisse in einer Klasse zusammengefasst.
Das Ergebnis der Auswertung ist in der Häufigkeitstabelle zusammengefasst.

100-m-Lauf der Jungen Zeit (s)	absolute Häufigkeit
von 13,0 bis unter 13,5	7
von 13,5 bis unter 14,0	9
von 14,0 bis unter 14,5	10
von 14,5 bis unter 15,0	13
von 15,0 bis unter 15,5	14
von 15,5 bis unter 16,0	12
von 16,0 bis unter 16,5	7

So kannst du zu der Klasseneinteilung das zugehörige **Histogramm** zeichnen:

1. Trage auf der x-Achse die Klassen ein.
2. Zeichne über jeder Klasse ein Rechteck. Bei gleich breiten Klassen entsprechen die Rechteckhöhen den absoluten oder relativen Häufigkeiten.

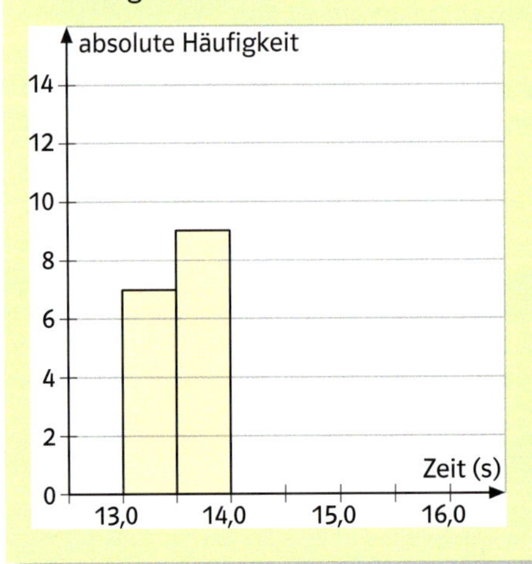

Zeichne das vollständige Histogramm in dein Heft.

2 In der Häufigkeitstabelle siehst du die Ergebnisse im 100-m-Lauf der Mädchen.

100-m-Lauf der Mädchen Zeit (s)	absolute Häufigkeit
von 15,5 bis unter 16,0	4
von 16,0 bis unter 16,5	11
von 16,5 bis unter 17,0	19
von 17,0 bis unter 17,5	15
von 17,5 bis unter 18,0	10
von 18,0 bis unter 18,5	7

Zeichne zu der Klasseneinteilung das zugehörige Histogramm.

3 Die Weitsprungergebnisse der Mädchen und Jungen aus den Klassen 9b und 9d sollen miteinander verglichen werden. Dazu sollen vier Histogramme mit der gleichen Klasseneinteilung gezeichnet werden.

Mädchen 9b
Weitsprungergebnisse (cm)

325 261 334 351 266 357 348 321
332 347 303 268 296 335

Mädchen 9d
Weitsprungergebnisse (cm)

345 289 344 327 287 317 339 313
342 339 300 358 288 307

Jungen 9b
Weitsprungergebnisse (cm)

433 467 407 429 425 465 367 343
451 457 467 383 359 435

Jungen 9d
Weitsprungergebnisse (cm)

382 419 389 401 443 373 361 439
370 365 421 440 380

a) Überlege eine für den Vergleich sinnvolle Klasseneinteilung und lege dazu jeweils eine Häufigkeitstabelle an.
b) Zeichne die zugehörigen Histogramme und vergleiche.

100-m-Lauf der Mädchen (9a)
Zeit (s)

18,1	17,4	17,7	16,7	16,2	15,7
16,8	15,9	17,0	16,3	17,8	18,3
17,3	16,3	16,7			

1 Die Schülerinnen der 9a haben für ihre Ergebnisse im 100-m-Lauf eine einfache Klasseneinteilung gewählt: von 15,0 bis unter 16,0; von 16,0 bis unter 17,0; …
Zu ihren Ergebnissen haben sie dann ein Stängel-und-Blätter-Diagramm gezeichnet. Dazu haben sie die vollen Sekunden jeder Klasse in den Stängel geschrieben, die Zehntelsekunden der einzelnen Ergebnisse in die Blätter.

100-m-Lauf der Mädchen
Zeit (s)

Stängel	Blätter
15	7 9
16	2 3 3 7 7 8
17	0 3 4 7 8
18	1 3

a) Gib die schnellste (die langsamste) Zeit im 100-m-Lauf an.
b) Warum erscheinen hinter der Sekundenangabe 16 jeweils zwei Blätter mit der Ziffer 3 und der Ziffer 7?
c) Stelle die Ergebnisse der Jungen ebenfalls in einem Stängel-und-Blätter-Diagramm dar.

100-m-Lauf der Jungen 9a
Zeit (s)

13,3	13,8	14,6	14,1	14,2	15,6	15,5	14,0
13,1	17,2	17,0	16,2	16,5	15,8	14,7	

2 In dem Stängel-und-Blätter-Schaubild findest du die Ergebnisse der Mädchen und Jungen der Klasse 9d im 100-m-Lauf.

100-m-Lauf (9d)
Zeit (s)

Mädchen		Jungen
	13	4 6
	14	0 5 8
6	15	1 2 4 4 5
2 2 5 6 6 7	16	1 3 3
0 5 5 7	17	2
1 1	18	

Zeichne zu der gleichen Klasseneinteilung jeweils ein Histogramm für die Mädchen und für die Jungen. Was fällt dir auf?

3 a) Stelle die Ergebnisse im Kugelstoßen für die Mädchen der 9a und der 9b in einem Stängel-und-Blätter-Diagramm dar. Schreibe dazu in den Stängel die Meterzahlen, in die Blätter die Zentimeterzahlen der einzelnen Ergebnisse.
b) Zeichne zu dem Stängel-und-Blätter-Diagramm zwei Histogramme und vergleiche.

4 In dem Stängel-und-Blätter-Diagramm werden die Ergebnisse der Jungen der Klassen 9a und 9b im Kugelstoßen dargestellt.

Kugelstoßen
Weiten (m)

Jungen (9a)		Jungen (9b)
80 86 95	5	
00 35 85 92	6	60 90 95
45 58	7	60 70 90 90
08 16 28 44	8	59
04 34	9	30 30
	10	00 55

Zeichne jeweils ein Histogramm. Vergleiche Histogramme und Stängel-und-Blätter-Diagramm miteinander.

Mädchen (9a)
Weiten im Kugelstoßen (m)

6,80	5,55	5,58
4,36	5,47	5,18
6,45	5,25	4,60
4,45	5,58	5,31
4,90	5,56	6,08

Mädchen (9b)
Weiten im Kugelstoßen (m)

6,06	5,09	4,72
6,10	5,90	4,88
5,28	5,12	6,30
6,48	5,32	5,78
6,45	5,74	

Arithmetisches Mittel

Sportliche Aktivitäten in einer Woche:

16 Mädchen insgesamt 108 h

13 Jungen insgesamt 100 h

1 Eine statistische Untersuchung zum „Freizeitverhalten" in der Klasse 9a ergab das oben abgebildete Ergebnis. Ist die Behauptung richtig? Begründe.

Handelt es sich bei Daten um reelle Zahlen, kannst du das arithmetische Mittel $\bar{x}$ (*lies:* x quer) berechnen.

Sprungweiten (cm): 324, 332, 318, 320

$$\bar{x} = \frac{324 + 332 + 318 + 320}{4} = 323{,}5$$

$$\bar{x} = \frac{\textbf{Summe aller Daten}}{\textbf{Anzahl der Daten}}$$

2 In der Häufigkeitstabelle findest du die von den Jungen der Klasse 9a und den Jungen der Klasse 9 c erzielten Sprunghöhen.
a) Berechne jeweils das arithmetische Mittel. Es gibt unterschiedliche Rechenwege.
b) Vergleiche die arithmetischen Mittel miteinander.

übersprungene Höhe (cm)	9a: absolute Häufigkeit	9c: absolute Häufigkeit
120	5	3
125	3	4
130	3	3
135	2	2
140	2	1
145	0	1
Summe	■	■

In der Häufigkeitstabelle siehst du die Hochsprungergebnisse der Mädchen.

übersprungene Höhe (cm)	absolute Häufigkeit	Produkt
110	12	12 · 110
115	10	10 · 115
120	8	8 · 120
125	6	6 · 125
130	4	4 · 130
Summe	40	4700

So kannst du mithilfe der absoluten Häufigkeiten das arithmetische Mittel berechnen:

1. Multipliziere jede Höhe mit der zugehörigen absoluten Häufigkeit.
2. Addiere alle so berechneten Produkte.
3. Dividiere die Summe durch die Anzahl der Daten.

$$\bar{x} = \frac{12 \cdot 110 + 10 \cdot 115 + 8 \cdot 120 + 6 \cdot 125 + 4 \cdot 130}{40}$$

$$= \frac{4700}{40}$$

$$\bar{x} = 117{,}5$$

Das arithmetische Mittel $\bar{x}$ beträgt 117,5 cm.

3 Berechne das arithmetische Mittel der übersprungenen Höhen bei den Jungen des 9. Jahrgangs. Runde auf zwei Nachkommastellen.

Höhe (cm)	absolute Häufigkeit
120	11
125	14
130	10
135	9
140	6
145	2
Summe	■

1 Matthias nimmt an einem Wettbewerb im Kugelstoßen teil. Von fünf Versuchen ist einer ungültig.

erzielte Weiten (cm)				
945	0	912	895	907

a) Berechne das arithmetische Mittel.
b) Ordne die erzielten Weiten der Größe nach. Beginne mit der kleinsten Weite. Bestimme die Weite, die genau in der Mitte steht.
c) Vergleiche diese Weite mit dem arithmetischen Mittel. Welcher Wert beschreibt die Leistungen von Matthias im Kugelstoßen besser?

2 Beim Weitsprung hat Jana insgesamt sechs Versuche. Zwei davon sind ungültig.

erzielte Weiten (cm)					
446	0	487	468	485	0

a) Ordne die erzielten Weiten der Größe nach. Bestimme das arithmetische Mittel der beiden Weiten, die in der Mitte stehen.
b) Vergleiche diesen Wert mit dem arithmetischen Mittel. Welcher Wert beschreibt die Leistungen von Jana besser?

Insbesondere bei stark abweichenden Werten (Ausreißern) ist es sinnvoll, als Mittelwert den Median (Zentralwert) zu wählen.
In den Beispielen siehst du, wie du bei statistischen Untersuchungen den Median $\tilde{x}$ (*lies:* x Schlange) bestimmen kannst:

Ungerade Anzahl von Daten:

erzielte Weiten (cm)				
935	912	634	895	903

Geordnete Urliste:
634 895 903 912 935

Bei einer ungeraden Anzahl von Daten ist der Median $\tilde{x}$ der mittlere Wert in der geordneten Urliste.
Median (Zentralwert): $\tilde{x} = 903$

Gerade Anzahl von Daten:

erzielte Weiten (cm)					
896	908	801	921	884	906

Geordnete Urliste:
801 884 896 906 908 921

Bei einer geraden Anzahl von Daten liegt der Median $\tilde{x}$ zwischen den beiden mittleren Werten in der geordneten Urliste.
Median (Zentralwert):

$$\tilde{x} = \frac{896 + 906}{2} = 901$$

3 In den Urlisten findest du die Weiten, die Christian und Felix beim Kugelstoßen erzielt haben. Bestimme jeweils den Median.

Christian: erzielte Weiten (cm)						
877	835	867	899	839	869	564

Felix: erzielte Weiten (cm)							
846	885	834	862	854	681	809	844

55

1 Arnd oder Tim sollen die Schule bei einem Sportwettkampf im Kugelstoßen vertreten. Vor dem Wettkampf machen beide noch einmal sieben Probestöße. Wer von beiden soll am Wettkampf teilnehmen?

Von Arnd erzielte Weiten (cm):
912 945 899 936 1012 1005 941

Von Tim erzielte Weiten (cm):
1052 1027 938 979 941 837 876

2 In den Urlisten findest du die von Andre und Jan beim Kugelstoßen erzielten Weiten.

Von Andre erzielte Weiten (m):
8,39 7,87 8,12 8,40 8,16

Von Jan erzielte Weiten (m):
8,45 7,64 8,03 8,68 8,14

a) Bei welchem Schüler ist die Differenz zwischen der größten erzielten Weite (Maximum) und der kleinsten erzielten Weite (Minimum) am größten?
b) Berechne für beide Schüler jeweils das arithmetische Mittel der erzielten Weiten. Vergleiche jeweils das arithmetische Mittel mit den erzielten Weiten. Was fällt dir auf?
c) Wer von beiden erbringt die konstanteren Leistungen? Begründe.

55

Bei statistischen Untersuchungen ist es oft sinnvoll, auch die Streuung der einzelnen Werte zu berücksichtigen.

100-Meter-Zeiten (s)
14,1 14,3 14,6 14,7 14,8

Die Spannweite gibt die Differenz zwischen dem größten Wert **(Maximum)** und dem kleinsten Wert **(Minimum)** an.

Maximum: 14,8
Minimum: 14,1
Spannweite: 14,8 – 14,1 = 0,7

Die **mittlere lineare Abweichung** $\bar{s}$ ist das arithmetische Mittel der Abweichungen von $\bar{x}$.

Zeiten (s)	Abweichung von $\bar{x}$ = 14,5
14,1	14,5 – 14,1 = 0,4
14,3	14,5 – 14,3 = 0,2
14,6	14,6 – 14,5 = 0,1
14,7	14,7 – 14,5 = 0,2
14,8	14,8 – 14,5 = 0,3

$$\bar{s} = \frac{0{,}4 + 0{,}2 + 0{,}1 + 0{,}2 + 0{,}3}{5} = 0{,}24$$

Mittlere lineare Abweichung $\bar{s}$:

$$\bar{s} = \frac{\text{Summe der Abweichungen von } \bar{x}}{\text{Anzahl der Daten}}$$

3 Vergleiche die von Birthe und Janina beim Kugelstoßen erzielten Weiten. Berechne dazu jeweils die Spannweite, das arithmetische Mittel $\bar{x}$ und die mittlere lineare Abweichung $\bar{s}$. Was stellst du fest?

Von Birthe erzielte Weiten (m):
5,35 5,20 5,15 5,40 5,60

Von Janina erzielte Weiten (m):
5,25 5,45 5,05 5,55 5,30 5,50

Boxplots

1 Lena und Jonas möchten die Weitsprungergebnisse der Mädchen der 9 a in einem **Boxplot (Kastenschaubild)** veranschaulichen.

Mädchen 9a
Weitsprungergebnisse (cm)

335 281 338 371 306 366 358 331
342 347 403 368 296 395 365

Dazu haben sie die Daten zunächst sortiert.

Weitsprungergebnisse (cm)
Geordnete Urliste

281 296 306 331 335 338 342 347
358 365 366 368 371 395 403

Anhand der geordneten Urliste haben sie dann das Minimum, den Median und das Maximum bestimmt.

Minimum:	281
Median:	347
Maximum:	403

Danach haben sie als Wert in der Mitte zwischen Median und Maximum $\frac{366 + 368}{2} = 367$ bestimmt. Dieser Wert wird **das obere Quartil** genannt.
Als Wert in der Mitte zwischen Median und Minimum ergibt sich $\frac{331 + 335}{2} = 333$. Dieser Wert wird **das untere Quartil** genannt.

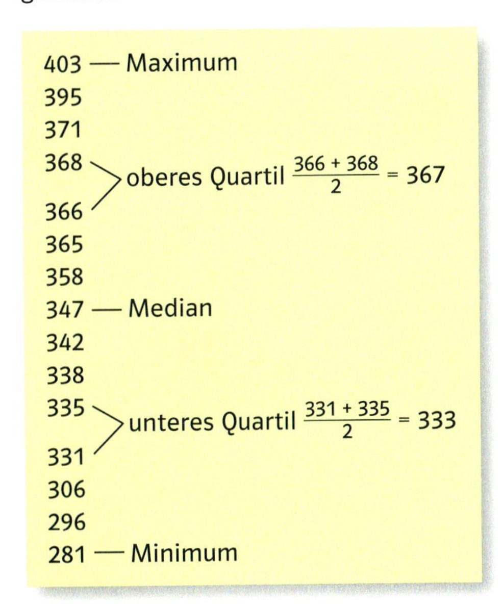

Danach konnte der Boxplot gezeichnet werden. Die Breite des Kastens ist dabei frei wählbar.

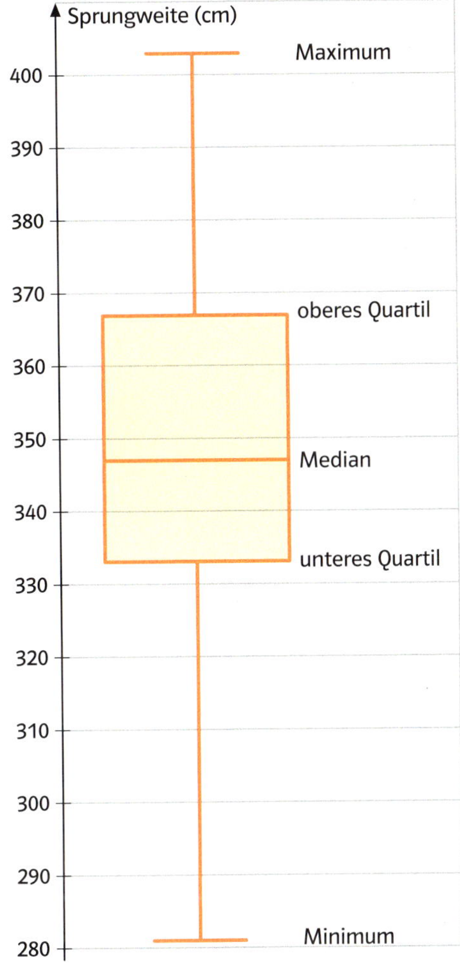

a) Wie viel Prozent der Daten liegen ungefähr innerhalb des Kastens?
b) Wie viel Prozent der Daten liegen ungefähr zwischen oberem Quartil und Maximum (unterem Quartil und Minimum)?
c) Wo kannst du im Boxplot die Spannweite ablesen?
d) Übertrage den Boxplot für die Sprungweiten der Mädchen in dein Heft.
e) Veranschauliche auch die Weitsprungergebnisse der Jungen der 9 a in einem Boxplot. Bestimme zunächst Minimum, Median, Maximum, unteres und oberes Quartil.
f) Vergleiche die Boxplots miteinander.

Jungen 9a
Weitsprungergebnisse (cm)

423 447 417
429 415 455
357 346 454
450 468 373
352 425

1 Lena und Jonas möchten die Hochsprungergebnisse der Mädchen des 9. Jahrgangs mithilfe eines Tabellenkalkulationsprogramms auswerten.
Sie haben dazu die absoluten Häufigkeiten in ein Tabellenblatt eingetragen.

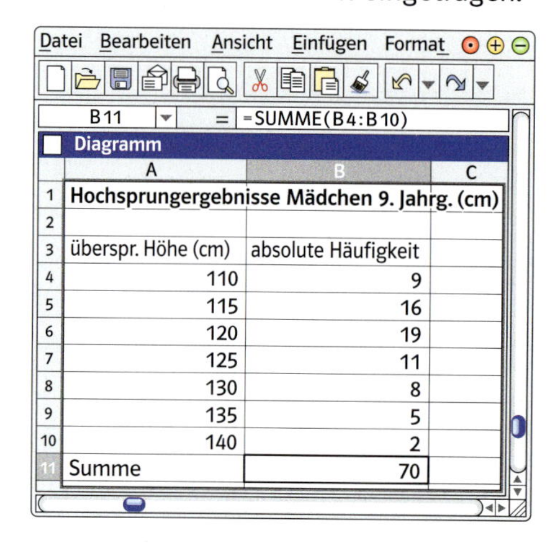
Datei Bearbeiten Ansicht Einfügen Format

B11 = =SUMME(B4:B10)

Diagramm

	A	B	C
1	Hochsprungergebnisse Mädchen 9. Jahrg. (cm)		
2			
3	überspr. Höhe (cm)	absolute Häufigkeit	
4	110	9	
5	115	16	
6	120	19	
7	125	11	
8	130	8	
9	135	5	
10	140	2	
11	Summe	70	

a) Gib die Daten wie Lena und Jonas in das Tabellenkalkulationsprogramm ein. Beschreibe, wie sie mithilfe des Programms die Summe der absoluten Häufigkeiten bestimmt haben.
b) Bestimme mithilfe einer Formel auch die relativen Häufigkeiten. Gib die Ergebnisse auf drei Nachkommastellen gerundet an. Benutze dazu die Schaltfläche **„Dezimalstelle löschen"**.

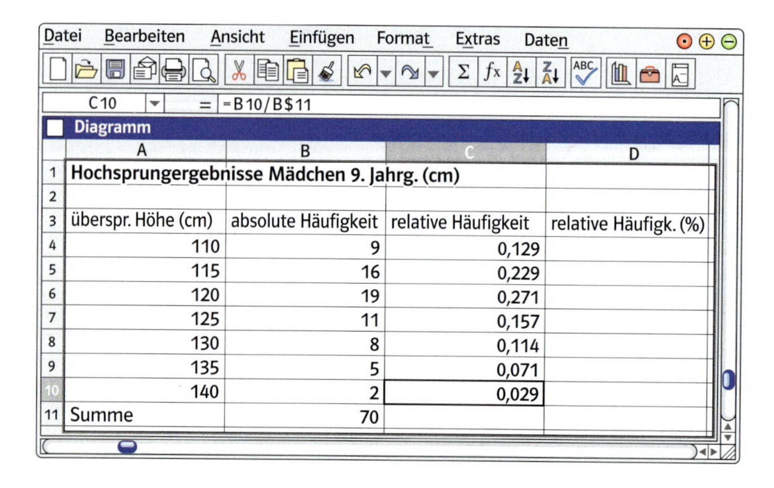
Datei Bearbeiten Ansicht Einfügen Format Extras Daten

C10 = =B10/B$11

Diagramm

	A	B	C	D
1	Hochsprungergebnisse Mädchen 9. Jahrg. (cm)			
2				
3	überspr. Höhe (cm)	absolute Häufigkeit	relative Häufigkeit	relative Häufigk. (%)
4	110	9	0,129	
5	115	16	0,229	
6	120	19	0,271	
7	125	11	0,157	
8	130	8	0,114	
9	135	5	0,071	
10	140	2	0,029	
11	Summe	70		

c) Gib die relativen Häufigkeiten auch in Prozent an und bestimme jeweils die Summe der relativen Häufigkeiten in Prozent.

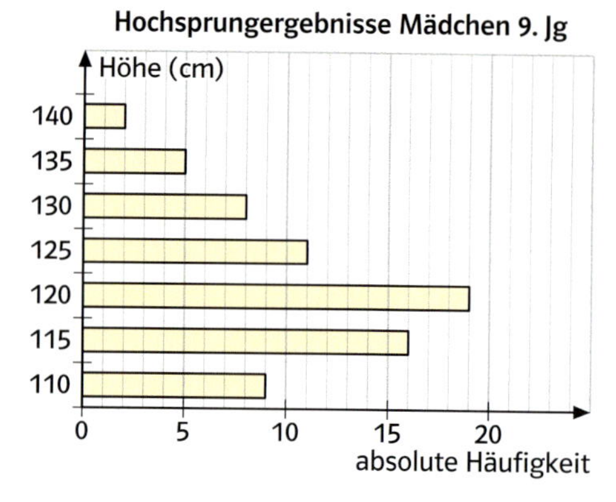

d) Markiere die Zellen B 4 bis B 10 und erstelle das abgebildete Balkendiagramm.
e) Stelle die absoluten (relativen) Häufigkeiten auch in anderen Diagrammformen dar. Markiere zuvor die zugehörigen Zellbereiche.

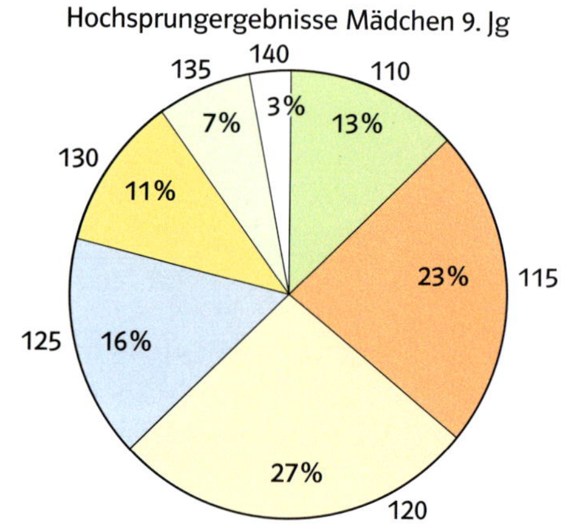

f) Werte wie Lena und Jonas auch die Hochsprungergebnisse der Jungen des 9. Jahrgangs aus und stelle sie in verschiedenen Diagrammformen grafisch dar.

Höhe (cm)	absolute Häufigkeit
120	6
125	13
130	17
135	15
140	11
145	7
150	3

Arbeiten mit dem Computer: Daten auswerten

2 Lena und Jonas haben auch die Weitsprungergebnisse der Mädchen des 9. Jahrgangs in ein Tabellenblatt eingetragen. Dann haben sie eine Klasseneinteilung vorgenommen und die oberen Grenzen in die Zellen **D6** bis **D14** geschrieben.
Sie haben dann die Zellen **E6** bis **E14** markiert und unter dem Menüpunkt „**Funktion einfügen (f)**" die Funktion „**Häufigkeit**" gewählt. In den angezeigten Felder wurden dann die Zellen mit den Daten **A2:A71** und die Zellen mit den Klassengrenzen **D6:D14** eingegeben. Die Eingabe wurde dann mit **Strg + Shift + Enter** abgeschlossen.

Mädchen 9. Jahrgang
Weitsprungergebnisse (cm)

326	287	343	367	309	355	322	335
375	300	410	388	268	367	330	395
368	332	318	376	389	354	331	287
296	376	345	361	360	345	344	320
336	348	367	402	415	285	290	328
365	374	376	335	383	361	370	389
275	347	338	390	326	347	352	386
375	345	365	349	338	385	374	363
342	381	283	294	318	355		

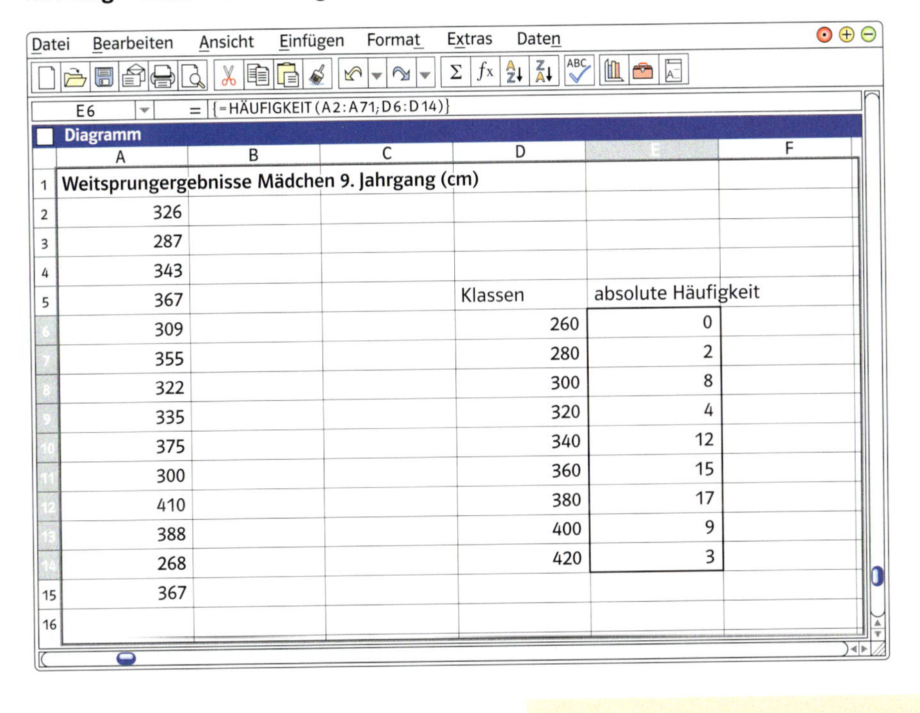

	A	B	C	D	E	F
1	Weitsprungergebnisse Mädchen 9. Jahrgang (cm)					
2	326					
3	287					
4	343					
5	367			Klassen	absolute Häufigkeit	
6	309			260	0	
7	355			280	2	
8	322			300	8	
9	335			320	4	
10	375			340	12	
11	300			360	15	
12	410			380	17	
13	388			400	9	
14	268			420	3	
15	367					
16						

Klasseneinteilung zu den Weitsprungergebnissen

von 0 cm bis 260 cm
von 260 cm bis 280 cm
von 280 cm bis 300 cm
von 300 cm bis 320 cm
von 320 cm bis 340 cm
von 340 cm bis 360 cm
von 360 cm bis 380 cm
von 380 cm bis 400 cm
von 400 cm bis 420 cm

a) Gib die Daten und die Klasseneinteilung wie Anna und Julian in das Tabellenkalkulationsprogramm ein. Bestimme mithilfe der Funktion „**Häufigkeit**" wie abgebildet die absoluten Häufigkeiten der gewählten Klassen.
b) Erzeuge zu der Klasseneinteilung ein Histogramm. Gehe dazu wie folgt vor:

Erzeuge zunächst mithilfe des Diagrammassistenten ein Säulendiagramm.
Durch einen Doppelklick auf eine Säule öffnet sich das Menü „ Datenreihen formatieren".
Setze hier unter „Optionen" den Säulenabstand auf 0.

Achtung !
Dieses Verfahren funktioniert nur bei gleich breiten Klassen.

c) Wähle andere Klasseneinteilungen und erzeuge die zugehörigen Histogramme.

Arbeiten mit dem Computer: Daten auswerten

3 In den Urlisten findest du die Ergebnisse im Kugelstoßen von Mädchen und Jungen im 9. Jahrgang.
Die Daten für die Mädchen wurden direkt in ein Tabellenkalkulationsprogramm eingegeben.
Mit Hilfe des Menüpunktes **„Funktion einfügen (f)"** wurden dann die zugehörigen Mittelwerte und Streumaße bestimmt.
a) Gib die Ergebnisse im Kugelstoßen der Mädchen in ein Tabellenkalkulationsprogramm ein. Bestimme mithilfe des Menüpunktes **„Funktion einfügen (f)"** das arithmetische Mittel $\bar{x}$ und den Median $\tilde{x}$.
b) Bestimme das Maximum und das Minimum, berechne die Spannweite und die mittlere lineare Abweichung.
c) Verfahre genauso mit den Ergebnissen im Kugelstoßen der Jungen.
d) Vergleiche Mittelwerte und Streumaße miteinander.

Kugelstoßen 9. Jahrgang Mädchen
erzielte Weiten (cm)

514 524 536 486 455 480 476 410
488 526 614 624 587 605 574 538
674 745 594 601 597 556 573 524
537 588 504 588 541 508 500 497
451 552 546

Kugelstoßen 9. Jahrgang Jungen
erzielte Weiten (cm)

614 724 636 586 755 680 576 710
688 826 714 624 787 905 774 838
774 845 694 601 797 656 773 824
737 788 804 688 741 808 900 797
651 752 746
684 764 696 786 775 690 676 810
678 856 774 634 757 901 754 868
754 835 664 671 707 756 713 832
757 778 824 678 761 818 890 777
681 732 766

Die Spannweite lässt sich mit dem Programm nicht direkt berechnen.

Datei Bearbeiten Ansicht Einfügen Format Extras Daten

F6 = =MITTELWERT(A2:A36)

Diagramm

	A	B	C	D	E	F
1	Kugelstoßen Mädchen 9. Jahrgang - Weiten (cm)					
2	514					
3	524					
4	536					
5	486					
6	455		Arithmetisches Mittel		MITTELWERT	546,1
7	480		Median		MEDIAN	538
8	476		Maximum		MAX	745
9	410		Minimum		MIN	410
10	488		Spannweite		MAX-MIN	335
11	526		Mittlere lineare Abweichung		MITTELABW	50,3
12	614					
13	624					

e) Werte auch die Ergebnisse der Jungen des 9. Jahrgangs im 100-m-Lauf mithilfe eines Tabellenkalkulationsprogrammes aus.

100-m-Lauf Jungen 9. Jahrgang
Zeit (s)

13,4 13,7 14,7 14,2 14,3 15,4 15,5
14,0 13,5 16,2 17,1 16,1 16,4 15,5
14,7 13,4 13,7 14,7 14,2 14,3 15,4
15,5 14,0 13,5 16,2 16,8 16,3 16,5
15,6 14,6 13,7 13,8 14,4 14,7 14,8
15,2 15,1 14,8 13,6 16,1 17,1 16,2

Statistische Darstellungen beurteilen

1 Eine neue Jugendzeitschrift lässt in einer Untersuchung erfragen, wie bekannt die Zeitschrift bei den Jugendlichen ist. Das Ergebnis wird mithilfe von Piktogrammen (bildliche Zeichen) dargestellt.

Vergleiche die beiden Darstellungen miteinander. Wo wird hier manipuliert?

2 In einer Kleinstadt läuft seit mehreren Jahren die Aktion „Öfters mit dem Fahrrad unterwegs!".
Die Darstellung zeigt, wie viele städtische Angestellte mit dem Fahrrad zur Arbeit kommen.

a) Was fällt dir an der Darstellung auf?
b) Stelle die relativen Häufigkeiten in einem Säulendiagramm dar und vergleiche. Was stellst du fest?

3 Ist die Darstellungsform hier richtig? Begründe deine Meinung. Zeichne das zugehörige Balkendiagramm.

> Bei der Verwendung von Piktogrammen in statistischen Darstellungen ist zu beachten:
>
> Es wirkt die Fläche der Figur. Die Häufigkeit muss deshalb dem Flächeninhalt entsprechen, nicht der Höhe.
>
> Werden die Figuren hintereinander angeordnet, ensteht ein räumlicher Eindruck. Kleinere Figuren im Hintergrund wirken dabei so groß wie größere Figuren im Vordergrund.

4 In einer hausinternen Mitteilung weist ein Unternehmen auf die deutliche Umsatzsteigerung hin.

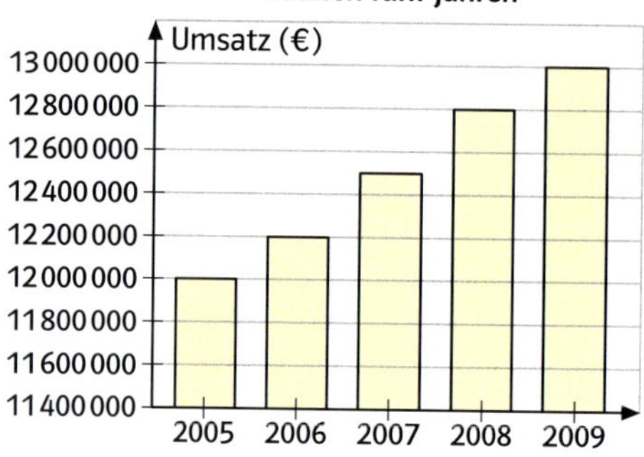

a) Was fällt dir an der Darstellung auf?
b) Zeichne ein vollständiges Säulendiagramm und vergleiche.

5 Eine Zeitung in einer mittleren Großstadt veröffentlicht den folgenden Artikel mit der abgebildeten Grafik.

Verkehrsunfälle mit Personenschaden deutlich zurückgegangen

(ewu) Wie aus einer heute vom Polizeipräsidium veröffentlichten Unfallstatistik hervorgeht, ist die Anzahl von Verkehrsunfällen mit Personenschaden deutlich zurückgegangen.

2001: 7384 Verkehrsunfälle insgesamt

2010: 11 076 Verkehrsunfälle insgesamt

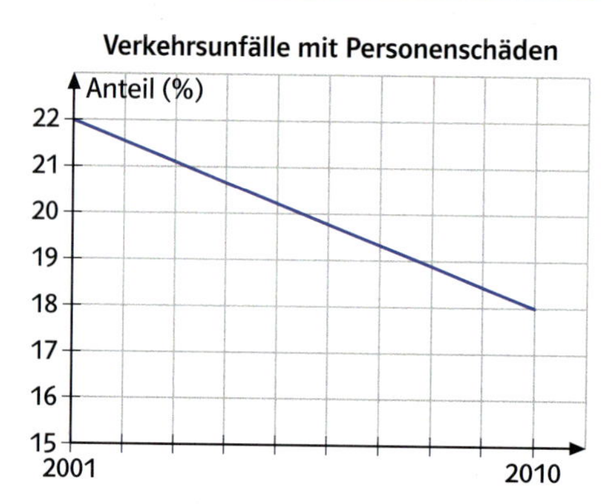

a) Welche Fehler werden hier bei der grafischen Darstellung gemacht?
b) Ist die Behauptung der Zeitung so richtig? Berechne dazu die absoluten Häufigkeiten der Unfälle mit Personenschaden für die Jahre 2001 und 2010.

6 a) Welche Fehler werden bei dieser grafischen Darstellung gemacht?
b) Zeichne das zugehörige Säulendiagramm und vergleiche.

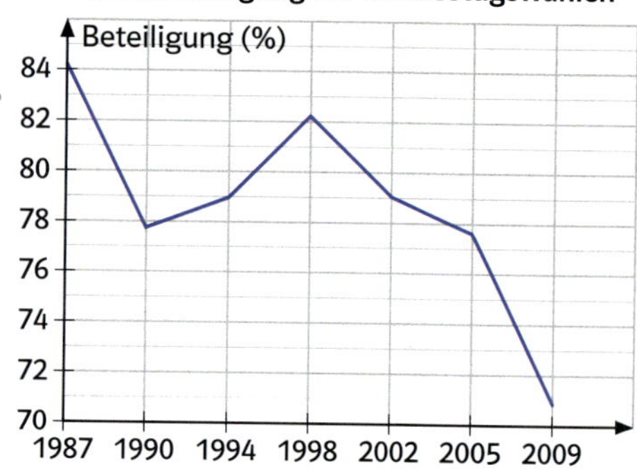

7 Die Jungen der 9a haben ihre Ergebnisse im Kugelstoßen grafisch dargestellt.

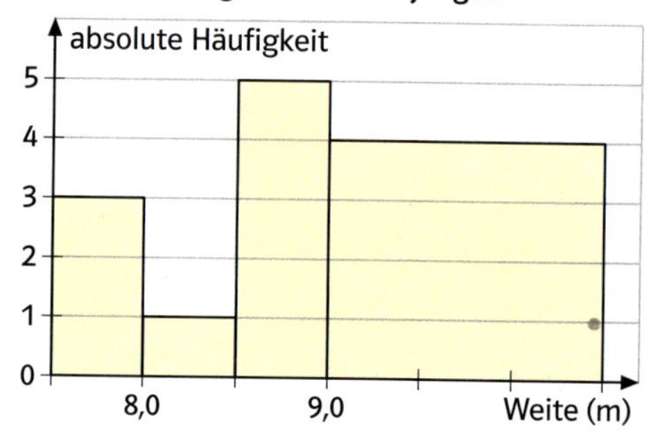

a) Was fällt dir an der Darstellung auf?
b) Die Messwerte der Klasse „von 9,00 m bis unter 10,50 m" sind: 9,35 m, 9,12 m, 9,76 m und 10,33 m. Teile die Klasse in drei gleich breite Klassen ein. Zeichne ein neues Histogramm.
c) Vergleiche beide Darstellungen.

Werden Sockelbeträge weggelassen, wirken kleine Unterschiede viel größer.

Verbindet man einzelne Punkte, entsteht der Eindruck, als ob auch Zwischenwerte möglich sind.

Bei Histogrammen wirkt immer die Fläche des Rechtecks über der Klasse.

Kommunizieren

Strukturierte Partnerarbeit

1. Jeder liest zunächst die Aufgabenstellung für sich durch und beachtet dabei die vorgegebenen Arbeitsschritte, Hinweise und Hilfen.
2. Jeder entwickelt einen eigenen Lösungsansatz.
3. Vergleicht eure Lösungsansätze und erarbeitet eine gemeinsame Lösung.
4. Bereitet eine Präsentation eures Ergebnisses vor (Folie, Lernplakat, Vortrag mit Spickzettel, …)

8 Beurteilt die grafischen Darstellungen in strukturierter Partnerarbeit.
1. Beurteile die grafische Darstellung mithilfe der Hinweise auf den Seiten 183 und 184.
2. Einige dich mit deinem Partner auf eine gemeinsame Beurteilung.
3. Falls ihr die Darstellung nicht für angemessen haltet, wählt eine geeignete Darstellungsform.
4. Bereitet eine Präsentation eures Ergebnisses vor.

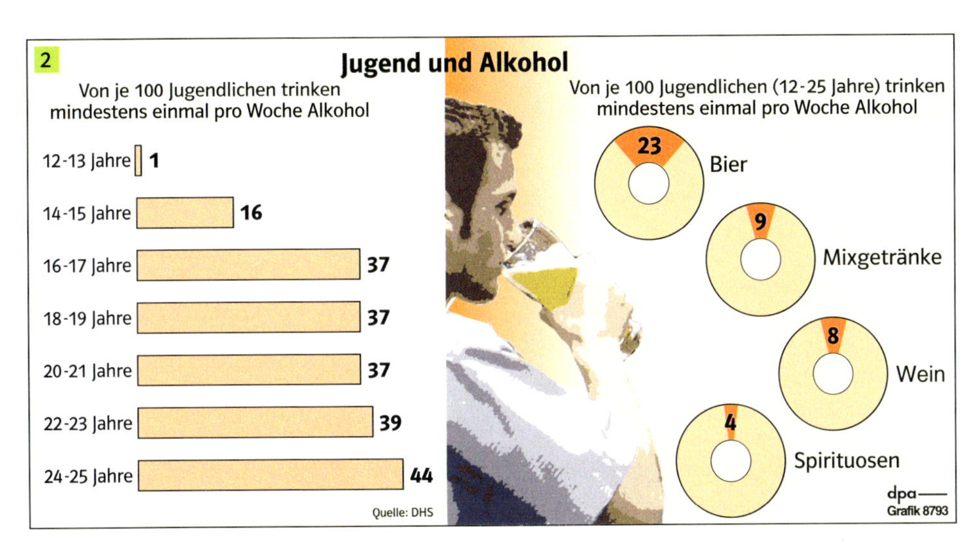

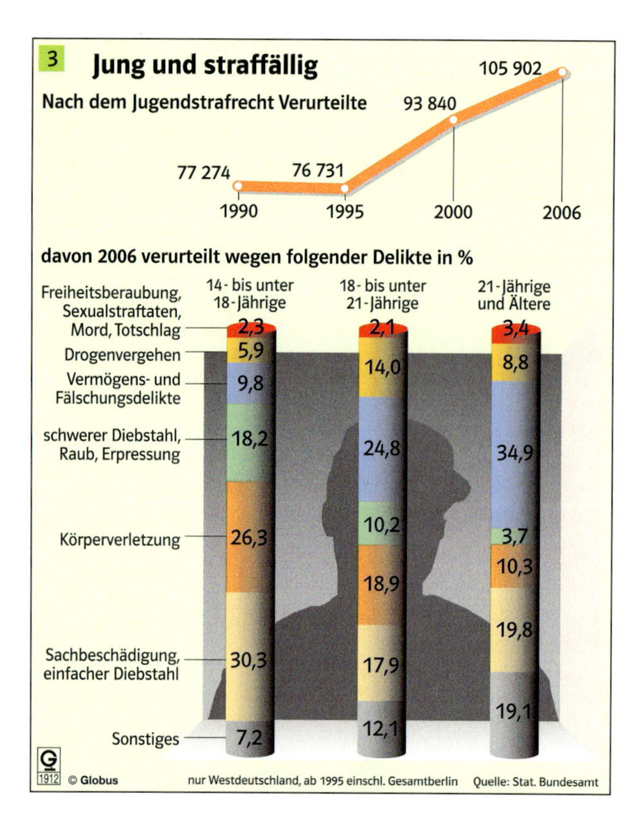
3
Jung und straffällig
Nach dem Jugendstrafrecht Verurteilte
77 274
76 731
93 840
105 902
1990
1995
2000
2006
davon 2006 verurteilt wegen folgender Delikte in %
14- bis unter 18-Jährige
18- bis unter 21-Jährige
21-Jährige und Ältere
Freiheitsberaubung, Sexualstraftaten, Mord, Totschlag
2,3
2,1
3,4
Drogenvergehen
5,9
14,0
8,8
Vermögens- und Fälschungsdelikte
9,8
24,8
34,9
schwerer Diebstahl, Raub, Erpressung
18,2
10,2
3,7
Körperverletzung
26,3
18,9
10,3
Sachbeschädigung, einfacher Diebstahl
30,3
17,9
19,8
Sonstiges
7,2
12,1
19,1
1912 © Globus
nur Westdeutschland, ab 1995 einschl. Gesamtberlin
Quelle: Stat. Bundesamt

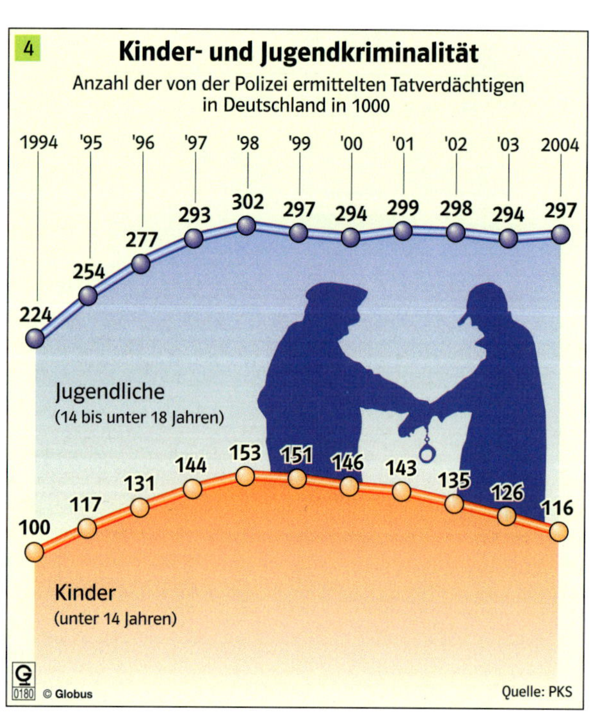
4
Kinder- und Jugendkriminalität
Anzahl der von der Polizei ermittelten Tatverdächtigen in Deutschland in 1000
1994 '95 '96 '97 '98 '99 '00 '01 '02 '03 2004
224 254 277 293 302 297 294 299 298 294 297
Jugendliche
(14 bis unter 18 Jahren)
100 117 131 144 153 151 146 143 135 126 116
Kinder
(unter 14 Jahren)
0180 © Globus
Quelle: PKS

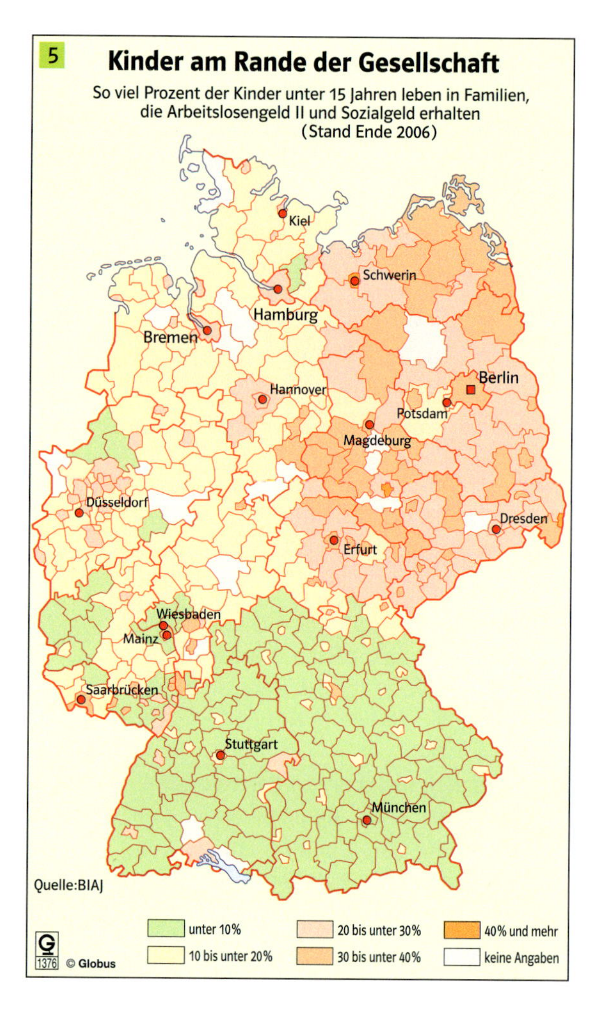
5
Kinder am Rande der Gesellschaft
So viel Prozent der Kinder unter 15 Jahren leben in Familien, die Arbeitslosengeld II und Sozialgeld erhalten
(Stand Ende 2006)
Kiel
Schwerin
Hamburg
Bremen
Hannover
Berlin
Potsdam
Magdeburg
Düsseldorf
Dresden
Erfurt
Wiesbaden
Mainz
Saarbrücken
Stuttgart
München
Quelle: BIAJ
1376 © Globus
unter 10%
10 bis unter 20%
20 bis unter 30%
30 bis unter 40%
40% und mehr
keine Angaben

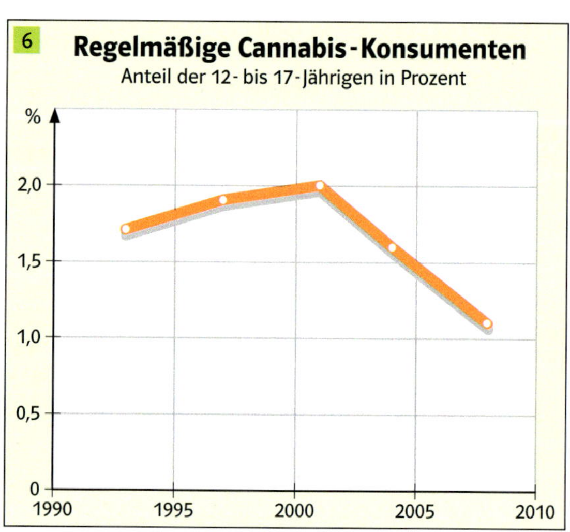
6
Regelmäßige Cannabis-Konsumenten
Anteil der 12- bis 17-Jährigen in Prozent
%
2,0
1,5
1,0
0,5
0
1990
1995
2000
2005
2010

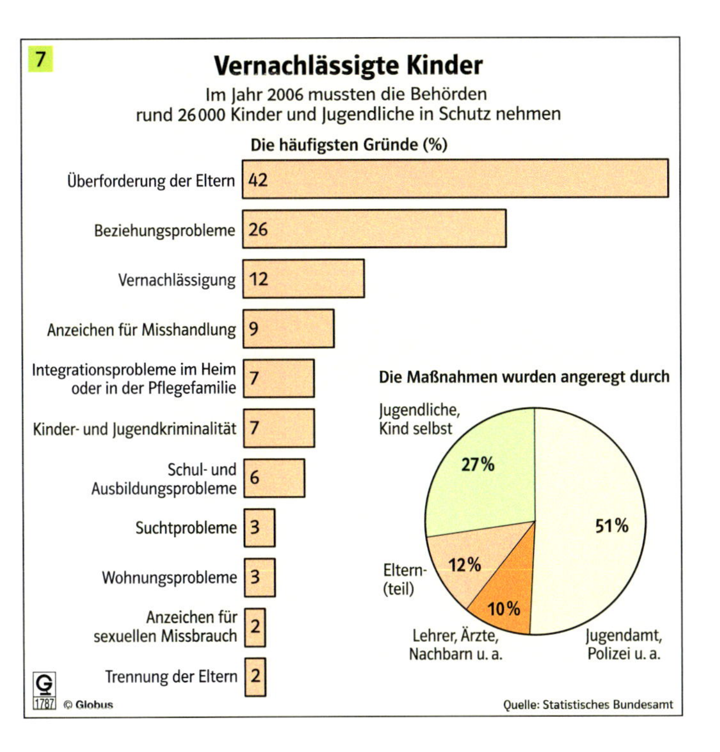
7
Vernachlässigte Kinder
Im Jahr 2006 mussten die Behörden
rund 26000 Kinder und Jugendliche in Schutz nehmen
Die häufigsten Gründe (%)
Überforderung der Eltern 42
Beziehungsprobleme 26
Vernachlässigung 12
Anzeichen für Misshandlung 9
Integrationsprobleme im Heim oder in der Pflegefamilie 7
Kinder- und Jugendkriminalität 7
Schul- und Ausbildungsprobleme 6
Suchtprobleme 3
Wohnungsprobleme 3
Anzeichen für sexuellen Missbrauch 2
Trennung der Eltern 2
Die Maßnahmen wurden angeregt durch
Jugendliche, Kind selbst 27%
Eltern(teil) 12%
Lehrer, Ärzte, Nachbarn u. a. 10%
Jugendamt, Polizei u. a. 51%
1787 © Globus
Quelle: Statistisches Bundesamt

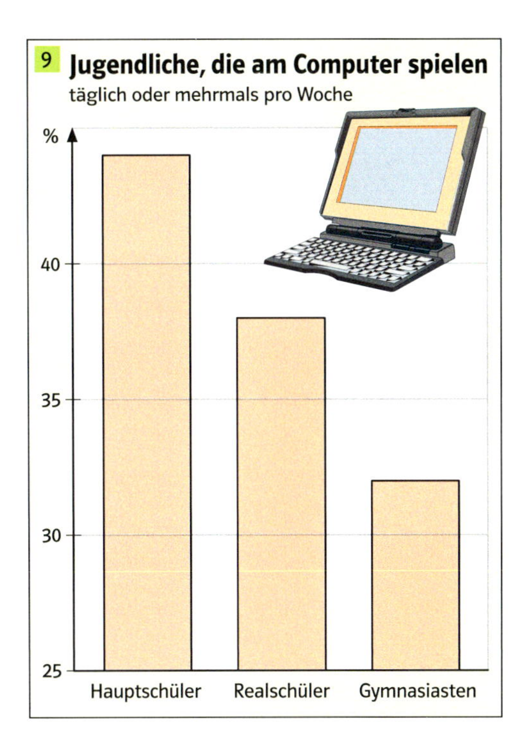
9
Jugendliche, die am Computer spielen
täglich oder mehrmals pro Woche
%
40
35
30
25
Hauptschüler
Realschüler
Gymnasiasten

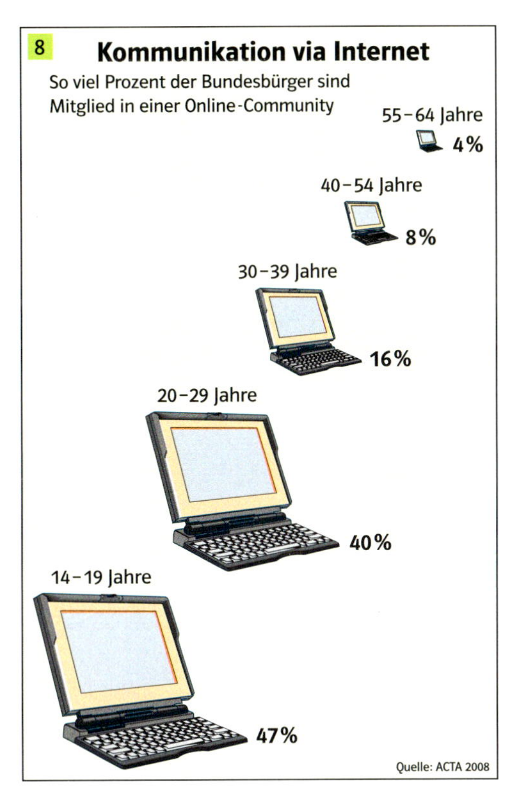
8
Kommunikation via Internet
So viel Prozent der Bundesbürger sind Mitglied in einer Online-Community
55–64 Jahre 4%
40–54 Jahre 8%
30–39 Jahre 16%
20–29 Jahre 40%
14–19 Jahre 47%
Quelle: ACTA 2008

10
Der ideale Lehrling
Was sich Betriebe von Auszubildenden wünschen (%).
Zuverlässigkeit 94
Beherrschen d. Lesens, Schreibens, Rechnens 91
Teamfähigkeit 87
Leistungsbereitschaft 85
Höflichkeit/ Freundlichkeit 78
Verantwortungsbewusstsein 75
gutes Allgemeinwissen 68
Selbstständigkeit 65
Ausdauer/ Belastbarkeit 60
Kritikfähigkeit 48
Konfliktfähigkeit 40
Englischkenntnisse 29
wirtschaftliche Kenntnisse 29
naturwissenschaftl. Kenntnisse 17
Medienkompetenz 9
Mehrfachnennungen
8975 © Globus
Stand 2003
Quelle: BIBB, DIHK

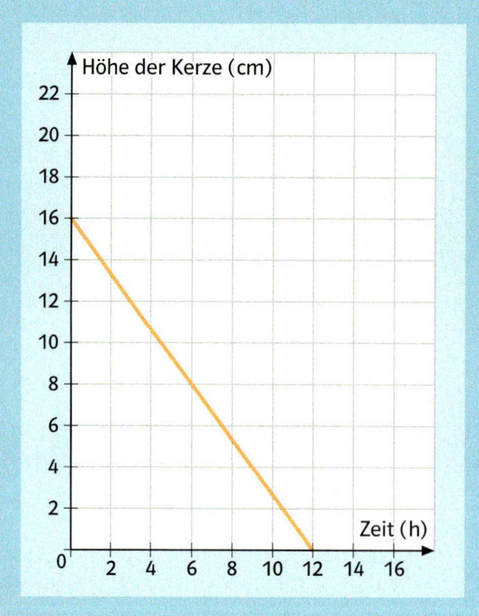

8 Sachprobleme

Funktionale Zusammenhänge untersuchen

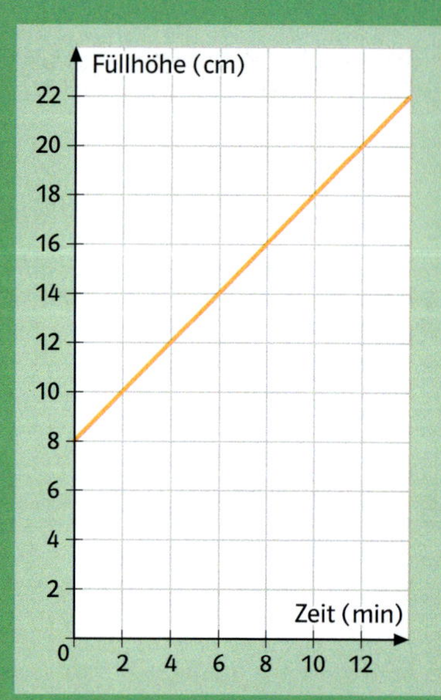

Beschreibe jeweils den Zusammenhang zwischen dem Bild und der zugehörigen grafischen Darstellung.

GO!!!!!!!
YAMAHA
MOTUL

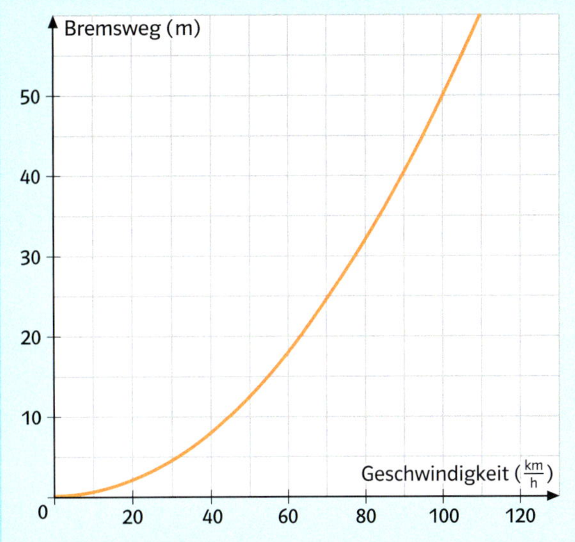
Bremsweg (m)
50
40
30
20
10
0
20
40
60
80
100
120
Geschwindigkeit ($\frac{km}{h}$)

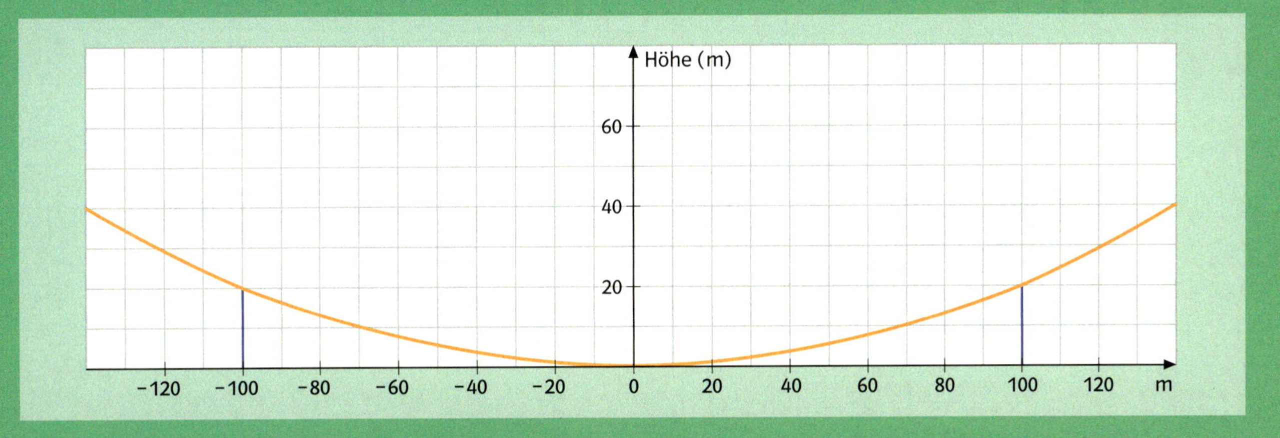
Höhe (m)
60
40
20
-120
-100
-80
-60
-40
-20
0
20
40
60
80
100
120
m

Füllvorgänge: Lineare Funktionen

1 In das abgebildete Aquarium fließen pro Minute 4 *l* Wasser.
Zu Beginn des Füllvorgangs ist das Becken leer.

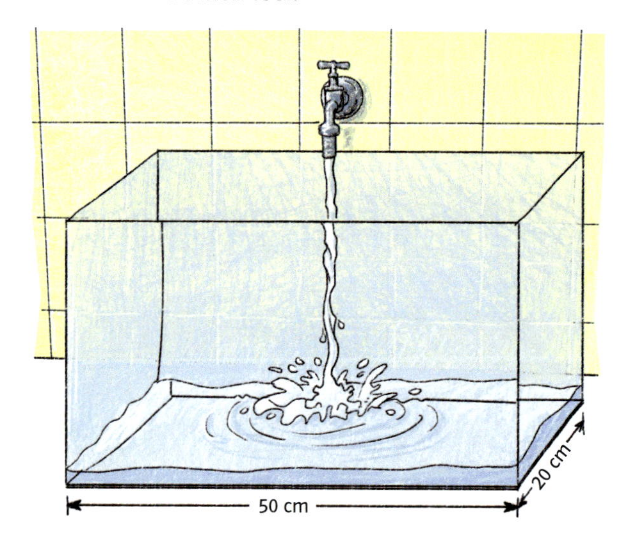

Leni und Tim berechnen, wie hoch das Wasser im Becken nach einer Minute steht.

1 *l* = 1 dm³
1 *l* = 1000 cm³

Wasserzufluss nach einer Minute:
4 *l* = 4000 cm³

Grundfläche: $G = a \cdot b$
$G = 20 \cdot 50$
$G = 1000$

Die Grundfläche ist 1000 cm² groß.

Volumen: $V = G \cdot h_k$
$1000 \cdot h_k = 4000 \quad |:1000$
$h_k = 4$

Nach einer Minute steht das Wasser im Becken 4 cm hoch.

a) Erläutere die Rechnung von Leni und Tim.
b) Berechne zu den angegebenen Zulaufzeiten den Wasserstand im Becken. Vervollständige die Tabelle in deinem Heft.

Zulaufzeit (min)	0	1	2	3	4	5	6	7	8
Wasserstand (cm)	0	4	■	■	■	■	■	■	■

2 Leni und Tim haben die Zuordnung „Zulaufzeit → Wasserstand" grafisch dargestellt.

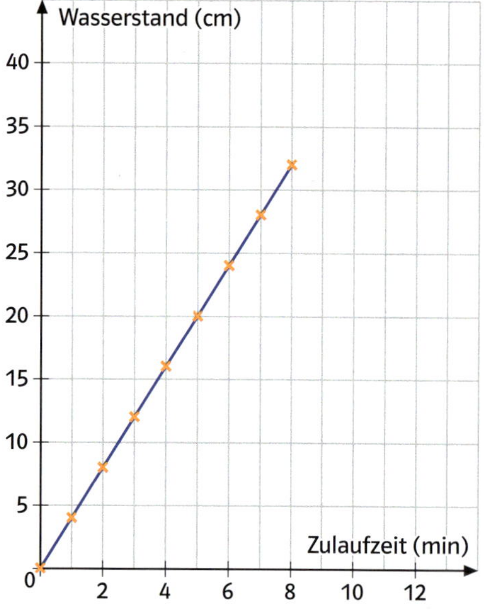

a) Beschreibe den Verlauf des Graphen. Ist ein Verbinden der einzelnen Punkte sinnvoll?
b) Gib die zum Graphen gehörige Funktionsgleichung an. Benutze dabei die Variable x für die Zulaufzeit (min) und die Variable y für den Wasserstand (cm).

3 In ein Wasserbecken mit einer 25 cm breiten und 80 cm langen, rechteckigen Grundfläche fließen pro Minute 2 (6, 10, 3, 1) Liter Wasser. Zu Beginn des Füllvorgangs ist das Becken leer.
a) Vervollständige die Tabelle in deinem Heft.

Zulaufzeit (min)	0	1	2	3	4	5	6	7	8
Wasserstand (cm)	■	■	■	■	■	■	■	■	■

b) Zeichne den Graphen der Funktion „Zulaufzeit → Wasserstand" in ein Koordinatensystem.
c) Gib die zugehörige Funktionsgleichung an.

4 Ein Standzylinder hat innen eine Grundfläche von 500 cm^2 und eine Höhe von 90 cm. In den Zylinder fließen pro Minute 2 l Wasser.
Er ist zu Beginn des Füllvorgangs bereits zum Teil gefüllt, der Wasserstand beträgt 30 cm.

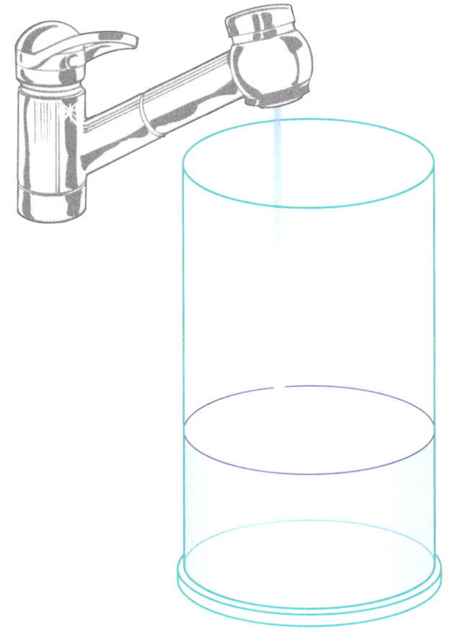

a) Vervollständige die Tabelle in deinem Heft.

Zulaufzeit (min)	0	2	4	6	8	10	12	14
Wasserstand (cm)	30							

b) Zeichne den Graphen der Funktion „Zulaufzeit → Wasserstand" in ein Koordinatensystem (x-Achse: 1 min ≙ 1 cm; y-Achse: 5 cm Wasserstand ≙ 1 cm).
c) Gib die zum Graphen gehörige Funktionsgleichung an. Benutze dabei die Variable x für die Zulaufzeit (min) und die Variable y für den Wasserstand (cm).
d) Der Wasserstand zu Beginn des Füllvorgangs beträgt 10 (20, 40, 50) cm. Wie verändert sich dann der Graph der Funktion, wie verändert sich die Funktionsgleichung?
e) Wie verändert sich der Graph (die Funktionsgleichung), wenn der Wasserstand zu Beginn des Füllvorgangs 30 cm beträgt und pro Minute drei (vier) Liter Wasser in das Becken fließen?

5 Ein Standzylinder mit einer Grundfläche von 1000 cm^2 wird mit Wasser gefüllt. Zu Beginn des Füllvorgangs ist der Zylinder nicht leer.
In dem Koordinatensystem wird der Graph der Funktion „Zulaufzeit → Wasserstand" dargestellt.

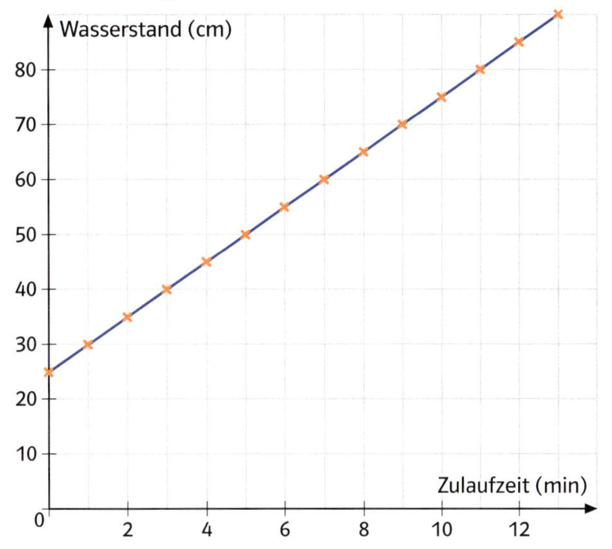

a) Wie hoch ist der Wasserstand zu Beginn des Füllvorgangs?
b) Um wie viel Zentimeter steigt der Wasserstand pro Minute? Wie viel Liter Wasser fließen pro Minute in den Standzylinder?
c) Gib die zum Graphen gehörige Funktionsgleichung an. Benutze dabei die Variable x für die Zulaufzeit (min) und die Variable y für den Wasserstand (cm).
d) Der Wasserstand im Standzylinder kann maximal 100 cm betragen. Wann ist der Zylinder gefüllt?

6 In einen Zylinder mit einem Innenradius von 15,45 cm fließen pro Minute 6 l Wasser. Zu Beginn des Füllvorgangs steht das Wasser im Zylinder 10 cm hoch. Bestimme die Funktionsgleichung der Funktion „Zulaufzeit → Wasserstand" und zeichne den zugehörigen Graphen.

Anna fährt langsamer als Steffi und Markus, Steffi fährt langsamer als Markus, aber nicht so langsam wie Boris. Wer fährt am schnellsten?

Du kannst den Graphen auch mithilfe eines Tabellenkalkulationsprogrammes oder dynamischer Geometriesoftware erstellen.

7 In das abgebildete Becken fließen pro Minute 225 *l* Wasser. Zu Beginn des Füllvorgangs ist das Becken leer.

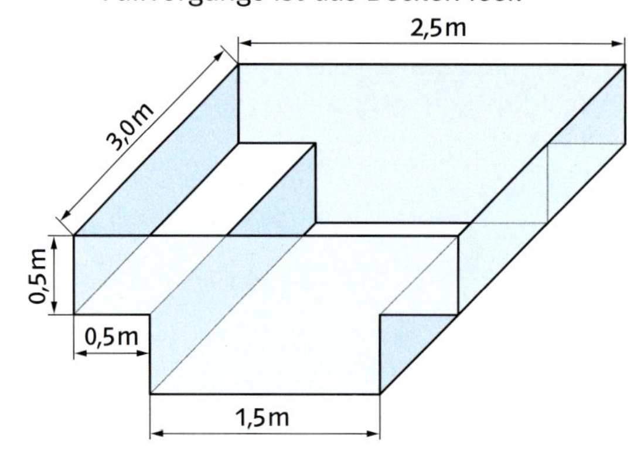

a) Bis zu einem Wasserstand von 0,5 m läuft das Wasser in den unteren, kleineren Teil des Beckens.
Berechne die Grundfläche für diesen Teil und vervollständige die Tabelle in deinem Heft.

Zulaufzeit (min)	0	1	2	4	5	6	8	10
Wasserstand (cm)	0	▪	▪	▪	▪	▪	▪	▪

b) Nach 10 Minuten ist der untere Teil des Beckens voll Wasser und das Wasser läuft nun in den größeren, oberen Teil des Beckens.
Berechne auch dafür die Grundfläche und vervollständige die Tabelle in deinem Heft.

Zulaufzeit (min)	10	13	16	18	21	24
Wasserstand (cm)	50	▪	▪	▪	▪	▪

c) Zeichne den Graphen der Funktion „Zulaufzeit → Wasserstand" in ein Koordinatensystem (x-Achse: 1 min ≙ 0,5 cm; y-Achse: 5 cm Wasserstand ≙ 1 cm).
d) Nach welcher Zeit ist das Becken so voll, dass das Wasser 2 cm unterhalb des Randes steht?

8 Ein Wasserbecken besteht aus einem unteren Teil mit einer kleineren Grundfläche und einem oberen Teil mit einer größeren Grundfläche. In das Becken fließen pro Minute 600 *l* Wasser. Nach 100 Minuten ist das Wasserbecken gefüllt.
Im Koordinatensystem siehst du den Graphen der Funktion „Zulaufzeit → Wasserstand".

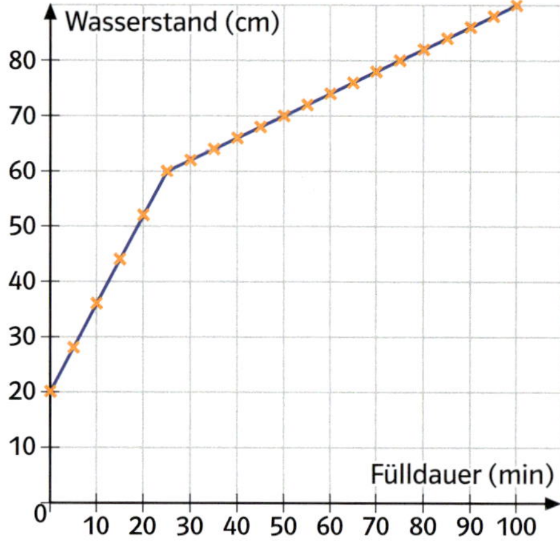

a) Beschreibe den Verlauf des Graphen. Wie hoch ist der Wasserstand zu Beginn des Füllvorgangs? Wie groß ist die Höhe des unteren Beckenteils?
b) Berechne für jeden Beckenteil die Größe der Grundfläche.
c) Bestimme das Volumen des kleineren und des größeren Beckenteils.

9 In das unten abgebildete Becken fließen pro Minute 40 *l* Wasser. Zu Beginn des Füllvorgangs ist das Becken leer. Lege eine Wertetabelle an und zeichne den Graphen der Funktion „Zulaufzeit → Wasserstand".

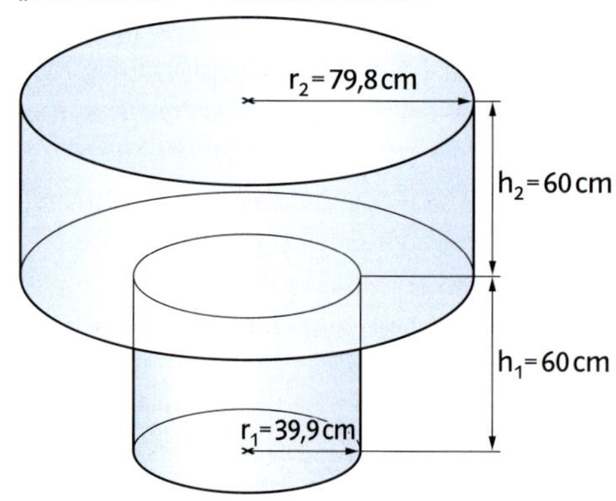

Brenndauer einer Kerze

1 Die abgebildete Kerze ist 18 cm lang und hat einen Durchmesser von 2 cm.

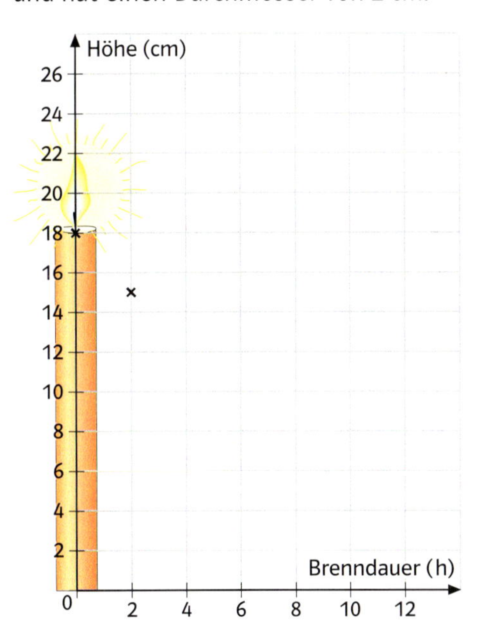

In einer Stunde brennt die Kerze 1,5 cm herunter.

a) Vervollständige die Wertetabelle in deinem Heft.

Brenndauer (h)	0	1	2	3	4	5
Höhe (cm)	18	▒	▒	▒	▒	▒

Brenndauer (h)	6	7	8	9	10	11
Höhe (cm)	▒	▒	▒	▒	▒	▒

b) Zeichne den Graphen der Funktion „Brenndauer → Höhe der Kerze" in ein Koordinatensystem. Ist ein Verbinden der Punkte sinnvoll?

c) Nach wie viel Stunden ist die Kerze abgebrannt?

2 Eine Kerze ist 12 cm hoch und hat einen Durchmesser von 5 cm. Pro Stunde Brenndauer brennt sie um 0,8 cm ab.

a) Zeichne den Graphen der Funktion „Brenndauer → Höhe der Kerze" in ein Koordinatensystem. Lege dazu vorher eine Wertetabelle an.

b) Gib die zugehörige Funktionsgleichung an.

c) Bestimme, nach wie viel Stunden die Kerze abgebrannt ist. Es gibt mehrere Lösungswege.

3 Im Koordinatensystem wird der Graph der Funktion „Brenndauer → Höhe der Kerze" dargestellt.

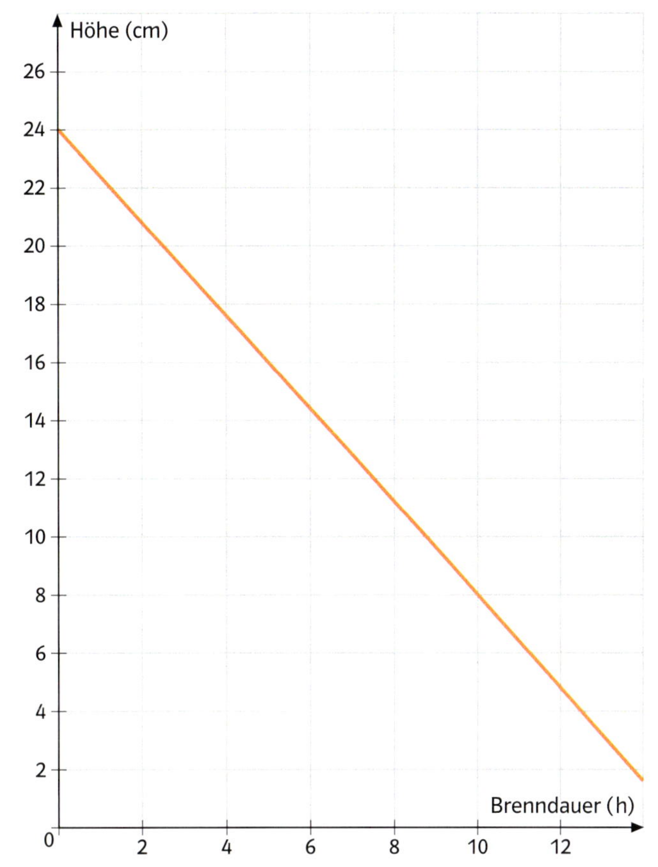

a) Bestimme anhand des Graphen die Höhe der Kerze zu Beginn des Brennvorgangs.

b) Wie viel Zentimeter brennt die Kerze pro Stunde ab?

c) Gib die Gleichung der Funktion an.

d) Nach wie viel Stunden ist die Kerze abgebrannt?

4 Eine Kerze ist 25 cm hoch und brennt pro Stunde um 2 cm herunter.
Eine dickere Kerze ist 17 cm hoch und brennt pro Stunde nur um 1,2 cm ab.
Beide Kerzen werden gleichzeitig angezündet.

a) Welche Kerze brennt länger?

b) Gibt es einen Zeitpunkt, zu dem beide Kerzen die gleiche Höhe haben?
Wie kannst du die beiden Fragen mithilfe einer Zeichnung, wie mithilfe von Gleichungen beantworten?

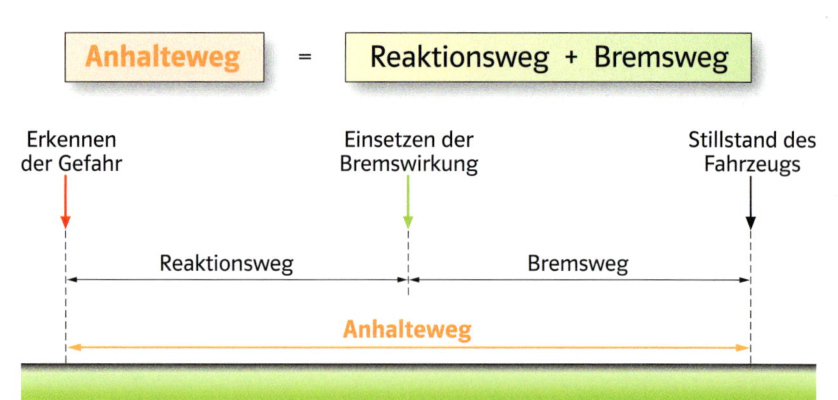

Wenn im Straßenverkehr plötzlich ein Hindernis oder eine Gefahr auftaucht, muss der Fahrer eines Fahrzeugs eine Vollbremsung durchführen. Vom Erkennen der Gefahr bis zum Stillstand des Fahrzeugs vergeht eine bestimmte Zeit. Der Weg, den das Fahrzeug in dieser Zeit zurücklegt, heißt **Anhalteweg**. Die Länge des Anhalteweges ist von der Geschwindigkeit des Fahrzeugs abhängig.

Der **Reaktionsweg** ist die Strecke, die das Fahrzeug zwischen dem ersten Sehen eines Hindernisses und dem Betätigen der Bremse zurücklegt. Die durchschnittliche Reaktionszeit beträgt eine Sekunde. Der **Bremsweg** ist die Strecke, die das Fahrzeug vom Betätigen der Bremse bis zum Stillstand zurücklegt.

In der Fahrschule wird zur Berechnung des Bremsweges die folgende Faustregel gelehrt:

Faustregel zur Berechnung des Bremsweges für einen Pkw (in m):

Dividiere die Geschwindigkeit (in $\frac{km}{h}$) durch 10 und quadriere das Ergebnis.

(Das gilt nur bei trockener Fahrbahn.)

1 Dana hat mithilfe des Taschenrechners für verschiedene Geschwindigkeiten v den Bremsweg s berechnet und die ermittelten Werte in eine Tabelle eingetragen.

$v = 15\,\frac{km}{h}$

$s = \left(\frac{15}{10}\right)^2$ m

Tastenfolge: (15 : 10) x^2 =

Anzeige: 2.25

s = 2,25

Der Bremsweg ist 2,25 m lang.

Übertrage die Tabelle in dein Heft und vervollständige sie

v ($\frac{km}{h}$)	0	5	10	15	20	25
s (m)	0	0,25	1,00	2,25	▪	▪

v ($\frac{km}{h}$)	30	35	40	45	50	55
s (m)	▪	▪	▪	▪	▪	▪

2 Dana hat die Wertepaare als Punkte in ein Koordinatensystem eingetragen und durch die Punkte eine Kurve gezeichnet. Sie erhält den **Graphen einer quadratischen Funktion (Parabel).**

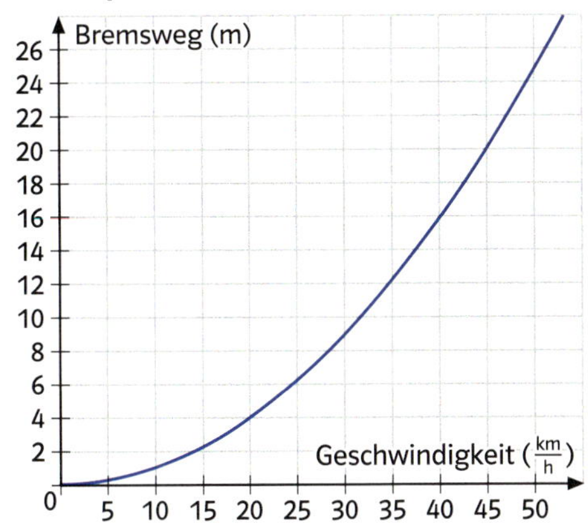

Mit welcher Geschwindigkeit darf das Auto höchstens fahren, wenn der Bremsweg nicht mehr als 15 m (10 m, 20 m) betragen soll?

3 Die Faustregel zur Berechnung des Bremsweges kann auch mithilfe einer Funktionsgleichung ausgedrückt werden.

Trockene Fahrbahn

Geschwindigkeit (in $\frac{km}{h}$): x

Bremsweg (in m): y

Gleichung der quadratischen Funktion:

$$y = \left(\frac{x}{10}\right)^2$$

$$y = \frac{x^2}{100}$$

$$y = 0{,}01x^2$$

Berechne mithilfe der Funktionsgleichung die fehlenden y-Werte.

x	0	3	6	9	12	16	18
y	0	0,09	■	■	■	■	■

x	22	24	26	28	33	46	52
y	■	■	■	■	■	■	■

Die Faustregel zur Berechnung des Bremsweges ist nur eine grobe Schätzung. Die wirkliche Berechnung des Bremsweges hängt von mehreren Bedingungen ab: der Witterung, den Straßenverhältnissen und dem Zustand der Bremsen des Fahrzeugs.
Bei einer gut asphaltierten Fahrbahn, trockenem Wetter und einem durchschnittlichen Erhaltungszustand des Pkws kann man von der folgenden Funktionsgleichung ausgehen:

$$y = 0{,}005x^2$$

4 a) Lege für die Funktion $y = 0{,}005x^2$ und für die Faustregel ($y = 0{,}01x^2$) jeweils eine Wertetabelle mit x-Werten zwischen 0 und 100 $\frac{km}{h}$ an.
b) Zeichne die Graphen beider Funktionen in ein Koordinatensystem (x-Achse: 1 cm ≙ 10 $\frac{km}{h}$; y-Achse: 1 cm ≙ 10 m). Der größte Wert auf der y-Achse soll 150 m betragen.

5 Auf nasser Fahrbahn ist der Bremsweg viermal so lang wie auf trockener Fahrbahn, auf vereister Fahrbahn sogar zehnmal so lang.
a) Bestimme die Funktionsgleichung für den Bremsweg auf nasser (vereister) Fahrbahn. Zeichne den Funktionsgraphen.
b) Der Bremsweg soll nicht mehr als 40 m (50 m, 60 m) betragen. Wie schnell darf das Auto bei nasser (vereister) Fahrbahn höchstens fahren?

Du kannst Funktionsgraphen auch mit einem Funktionenplotter zeichnen lassen. Kostenlose Programme findest du im Internet.

Mithilfe einer dynamischen Geometriesoftware kannst du unter dem Menüpunkt „Kurven" den Graphen einer Funktion zeichnen.

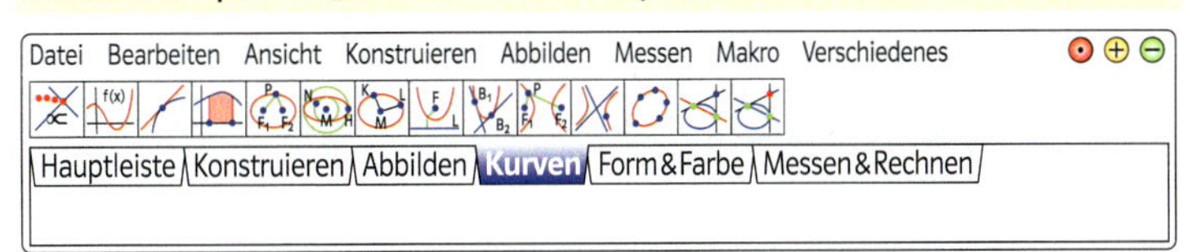

Klicke dazu auf den Button „Funktions-Schaubild" und gib den Funktionsterm ein.

Funktions-Schaubild

Funktions-Term f(x)

0,01*x^2

Abbrechen OK

6 Die Reaktionszeit ist die Zeit vom Erkennen der Gefahr bis zum Einsetzen der Bremswirkung. Sie dauert im Durchschnitt eine Sekunde. In dieser Zeit legt der Pkw eine Strecke zurück, die von seiner Geschwindigkeit abhängt.
Für die Berechnung des Reaktionsweges wird in der Fahrschule die folgende Faustregel gelehrt:

Faustregel zur Berechnung des Reaktionsweges (in m):

Dividiere die Geschwindigkeit (in $\frac{km}{h}$) durch 10 und multipliziere das Ergebnis mit 3.

Auch diese Faustregel kann mithilfe einer Funktionsgleichung ausgedrückt werden.

Funktionsgleichung zur Berechnung des Reaktionsweges (in m):

Geschwindigkeit (in $\frac{km}{h}$): x

Reaktionsweg (in m): y

Gleichung: $y = 3 \cdot \frac{x}{10}$

$y = 0{,}3\,x$

a) Berechne den Reaktionsweg für einen Pkw, der mit der angegebenen Geschwindigkeit x fährt. Vervollständige die Tabelle in deinem Heft.

x	0	20	40	60	80	100
y	■	■	■	■	■	■

b) Zeichne den zugehörigen Graphen. Vergleiche den Graphen für den Bremsweg mit dem Graphen für den Reaktionsweg. Was stellst du fest?
c) Wie verändern sich Reaktionsweg und Bremsweg, wenn sich die Geschwindigkeit verdoppelt (verdreifacht)? Begründe dein Ergebnis.

7 Mithilfe der Funktionsgleichungen für den Reaktionsweg und den Bremsweg kann auch eine Funktionsgleichung für den Anhalteweg aufgestellt werden.

Funktionsgleichung zur Berechnung des Anhalteweges (in m):

Geschwindigkeit (in $\frac{km}{h}$): x

Reaktionsweg (in m): y

Gleichung: $y = 0{,}3x$

Bremsweg (in m): y

Gleichung: $y = 0{,}005x^2$

Gleichung für den Anhalteweg (in m):
$\mathbf{y = 0{,}005x^2 + 0{,}3x}$

a) Berechne mithilfe des Taschenrechners zu den in der Tabelle angegebenen Geschwindigkeiten jeweils den zugehörigen Anhalteweg. Beachte dazu die Hinweise auf der rechten Seite.
Zeichne den Funktionsgraphen (x-Achse: 1 cm ≙ 10 $\frac{km}{h}$; y-Achse: 1 cm ≙ 10 m).

x	0	5	10	15	20	25	30	35
y	■	■	■	■	■	■	■	■

x	40	45	50	60	70	80	90	100
y	■	■	■	■	■	■	■	■

b) Zeichne die Funktionsgraphen für den Anhalteweg bei nasser und bei vereister Fahrbahn in dasselbe Koordinatensystem.
Anhalteweg bei nasser Fahrbahn:
$y = 0{,}02x^2 + 0{,}3x$

Anhalteweg bei vereister Fahrbahn:
$y = 0{,}05x^2 + 0{,}3x$

c) Der Anhalteweg eines Autos soll nicht mehr als 50 m betragen. Wie schnell darf das Auto bei trockener (nasser, vereister) Fahrbahn höchstens fahren?

Arbeiten mit dem Taschenrechner: Wertetabellen

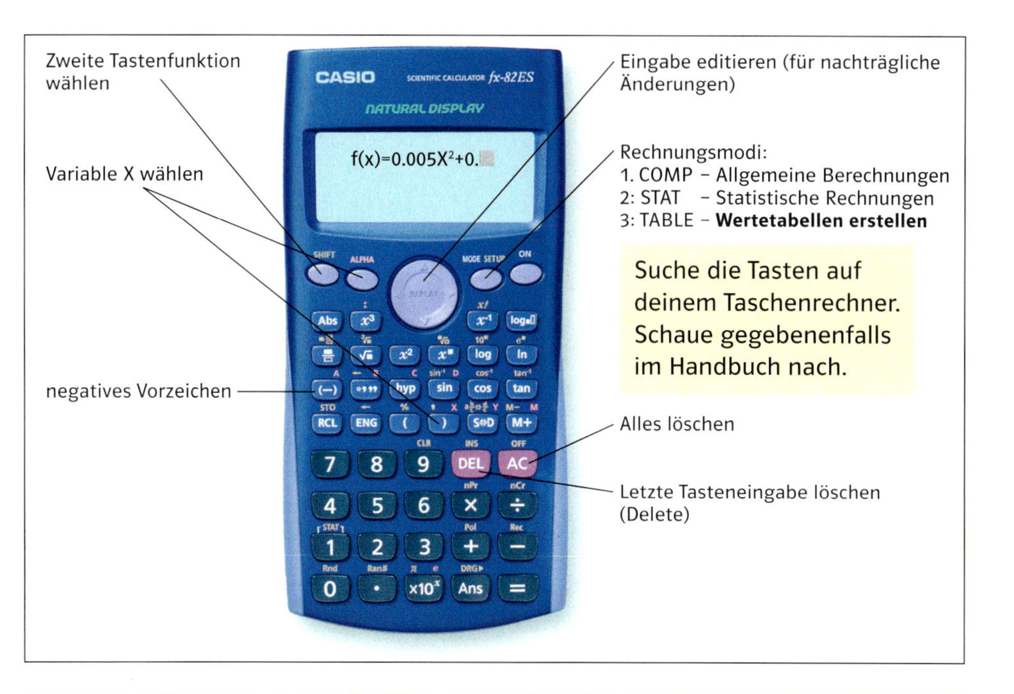

Suche die Tasten auf deinem Taschenrechner. Schaue gegebenenfalls im Handbuch nach.

So kannst du für die Funktion f mit der Funktionsgleichung $f(x) = 0{,}005x^2 + 0{,}3x$ eine Wertetabelle erstellen:

Schritt	Tastenfolge	TR-Anzeige
1. Wähle den Modus 3.	MODE 3	f(X) =
2. Gib den Funktionsterm ein.	0.005 ALPHA [ )] [X²] [+] 0.3 ALPHA [ )] [=]	Start?
3. Gib den kleinsten x-Wert ein.	0 [=]	End?
4. Gib den größten x-Wert ein.	100 [=]	Step?
5. Gib die Schrittweite ein.	5 [=]	X / F (X) 1: 0 / 0 2: 5 / 1.625 3: 10 / 3.5
6. Bewege den Cursor nach unten, um alle Werte ablesen zu können.		X / F (X) 19: 90 / 67.5 20: 95 / 73.625 21: 100 / 80

Nach der Berechnung von Funktionswerten muss der Modus wieder geändert werden.

1 Auf dem Foto siehst du die Golden-Gate-Brücke in San Francisco.
a) Beschreibe den Verlauf des Haupttrageseils.
b) Der Verlauf des Haupttrageseils kann annähernd durch den Graphen der quadratischen Funktion
$y = 0{,}0003x^2$ beschrieben werden.
Lege zu dieser quadratischen Funktion eine Wertetabelle an. Vervollständige dazu die abgebildete Tabelle in deinem Heft.

$$y = 0{,}0003 \cdot (-500)^2 = 0{,}0003 \cdot 250\,000 = 75$$

x	−600	−500	−400	−300	−200	−100
y	■	75	■	■	■	■

x	0	100	200	300	400	500	600
y	■	■	■	■	■	■	■

c) Zeichne den Graphen der Funktion (x-Achse: 1 cm ≙ 100 m; y-Achse: 1 cm ≙ 50 m).
d) Wie hoch sind die Brückenpfeiler?

Die Graphen quadratischer Funktionen werden **Parabeln** genannt.

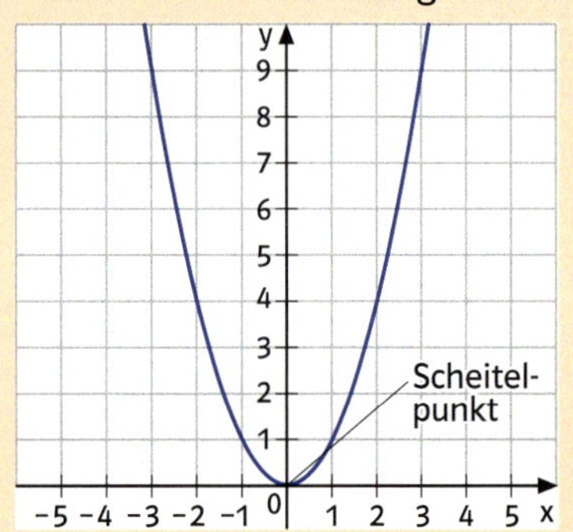

Der Graph der quadratischen Funktion mit der Funktionsgleichung $y = x^2$ heißt **Normalparabel.**

2 Der Bogen der unten im Koordinatensystem dargestellten Brücke wird beschrieben durch den Graphen der quadratischen Funktion $y = 0{,}008x^2 + 10$.
a) Vergleiche den Funktionsgraphen mit dem Graphen aus Aufgabe 1.
b) Zeichne den Graphen der Funktion.
c) Berechne die Höhe der Brückenpfeiler und die Längen der Halteseile.
d) Wie groß ist die Spannweite der Brücke?

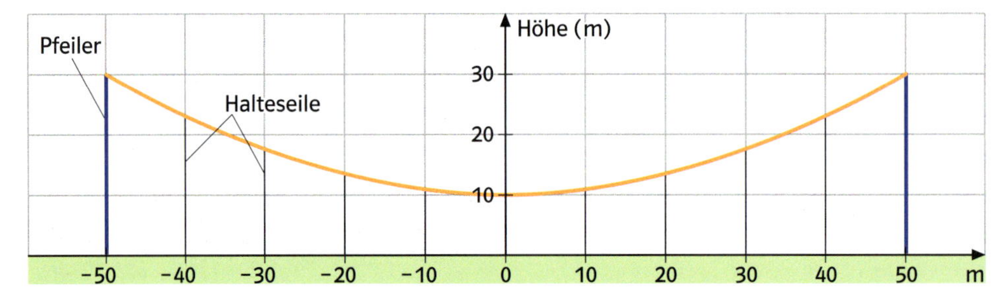

3 Das Foto zeigt die Müngstener Brücke zwischen Remscheid und Solingen.

a) Beschreibe den Verlauf des Brückenbogens.
b) Der Verlauf des Brückenbogens kann annähernd durch den Graphen der quadratischen Funktion $y = -0{,}009x^2$ beschrieben werden.
Lege zu dieser quadratischen Funktion eine Wertetabelle an mit x-Werten von -80 bis 80 (Schrittweite 10).
c) Zeichne den Graphen der Funktion (x-Achse: 1 cm ≙ 10 m; y-Achse: 1 cm ≙ 10 m).

4 Der Brückenbogen der im Koordinatensystem dargestellten Brücke wird durch den Graphen der quadratischen Funktion $y = -0{,}06x^2$ beschrieben.

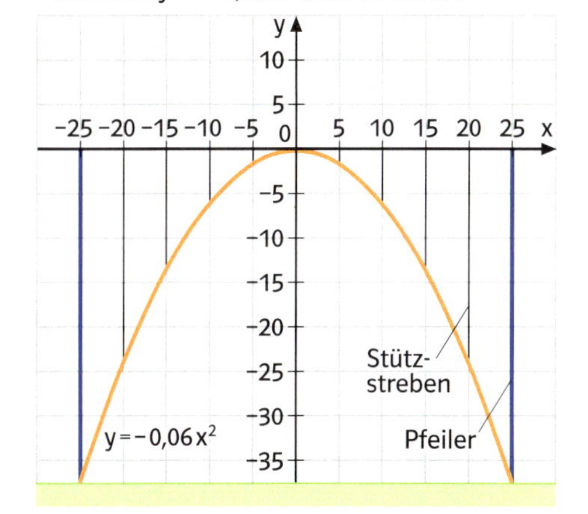

Bestimme Spannweite und Höhe der Brücke sowie die Längen der eingezeichneten Stützstreben.

5 Der Bogen der im Koordinatensystem dargestellten Brücke wird beschrieben durch den Graphen der quadratischen Funktion $y = -0{,}2x^2 + 4$.

a) Vergleiche den Funktionsgraphen mit den Graphen aus Aufgabe 3 und 4. Nenne Gemeinsamkeiten und Unterschiede.

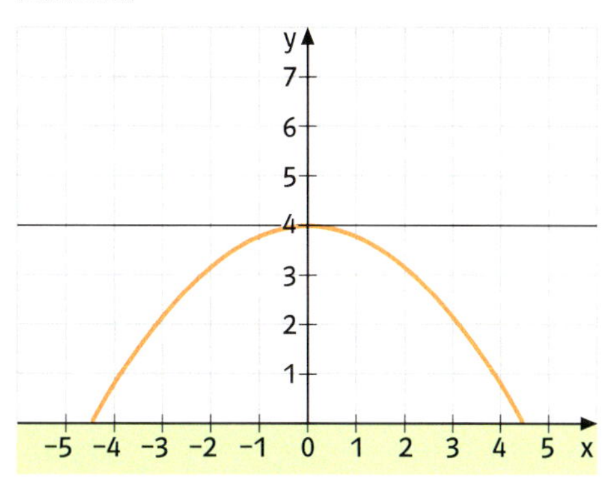

b) Zeichne den Graphen der Funktion.
c) Gib die Koordinaten des höchsten Punktes der Parabel an. Auch dieser Punkt wird **Scheitelpunkt** genannt.
d) Kann ein 3,60 m hoher und 2,80 m breiter Lkw unter der Brücke durchfahren? Begründe deine Antwort mithilfe einer Rechnung.

6 Der Graph der quadratischen Funktion $y = -0{,}04x^2 + 9$ beschreibt den Verlauf eines Brückenbogens. Bestimme die Höhe und die Spannweite der Brücke.

Vorbereitung auf den Einstellungstest

Wenn du die Absicht hast, nach dem 10. Schuljahr eine berufliche Ausbildung zu beginnen, musst du dich bei einer oder mehreren Firmen bewerben. Dort werden deine Bewerbungsunterlagen geprüft und du wirst von manchen Firmen zu einem Einstellungs- oder Eignungstest eingeladen.

In diesem Test möchte der Arbeitgeber deine Fähigkeiten auf verschiedenen Gebieten überprüfen und feststellen, ob du für den Beruf geeignet bist.
Es werden meistens mehrere Bereiche getestet:
- Teamfähigkeit, Konzentrationsfähigkeit …
- räumliches Vorstellungsvermögen, logisches Schlussfolgern …
- Sprachverständnis, Ausdruck, Allgemeinwissen, Kenntnisse in Fremdsprachen, mathematische Kenntnisse …

Finden Sie die Figur, die aus der Reihe tanzt.

a	b	c	d	e
□	▭	△	⏢	▱

Ein Kaufmann kauft für 1200 € Tee. Diesen verkauft er für 1500 €. An jedem Sack Tee verdient er 50 €.
Wie viele Säcke Tee hatte er? ☐

Frage 1: Wann endete der Zweite Weltkrieg?
- ○ 1943
- ○ 1945
- ○ 1949
- ○ 1944

Auf den folgenden Seiten findest du Wiederholungsaufgaben mit Erläuterungen und Beispielen zu wichtigen mathematischen Themen. Du kannst diese Seiten nutzen, um dich auf Einstellungstests vorzubereiten.
Nach jeder Wiederholungseinheit folgt ein Test zur Selbstüberprüfung.
Zu jeder Testaufgabe gibt es vier mögliche Lösungen, von denen nur eine richtig ist. Löse die Aufgaben zügig und sorgfältig. Eine Zeitvorgabe gibt es nicht.
Notiere die Aufgabennummer und den Lösungsbuchstaben auf einem Zettel. Auf Seite 236 findest du die richtigen Lösungen.
Den Taschenrechner darfst du nur einsetzen, wenn du folgendes Symbol siehst:

TR

1 Welcher Bruchteil ist gefärbt (weiß)?

a) 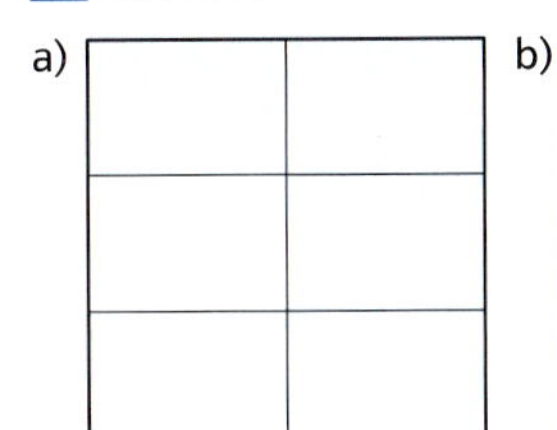
b) 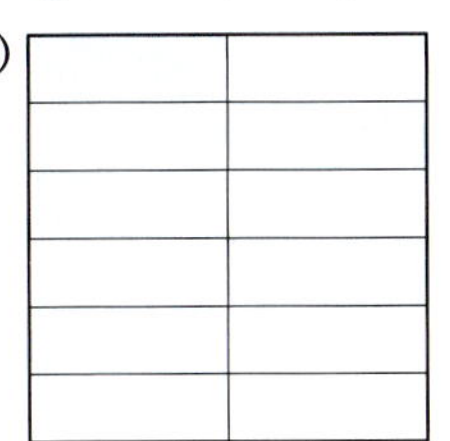
c) 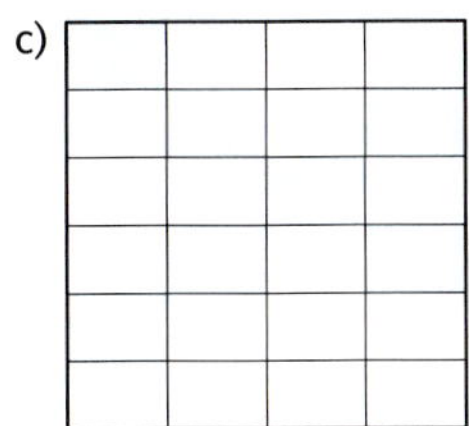

d) 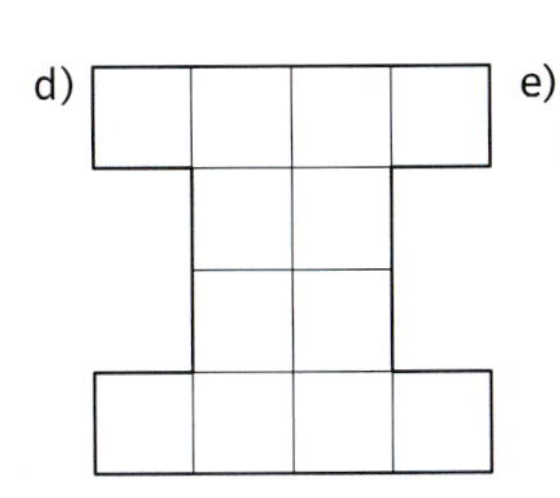
e) 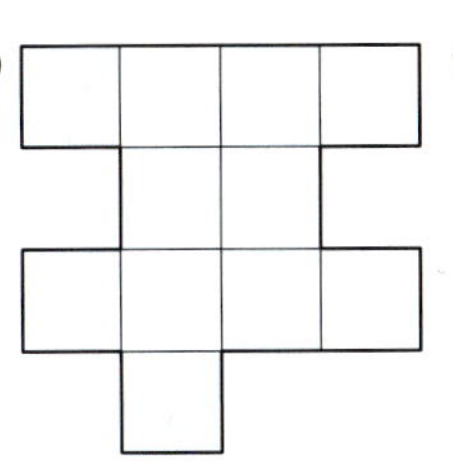
f) 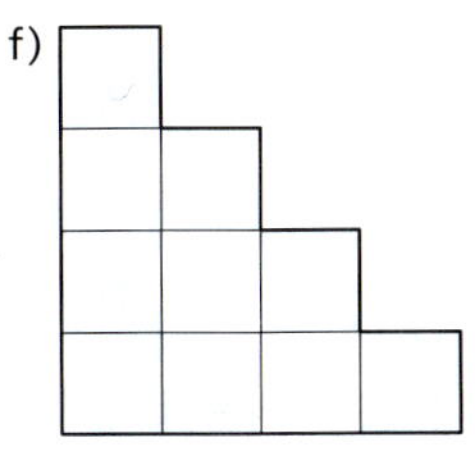

2 Erweitere mit 4 (5, 6, 7).

$\frac{6}{7}$ $\quad \frac{3}{8}$ $\quad \frac{7}{9}$ $\quad \frac{1}{12}$ $\quad \frac{7}{13}$ $\quad \frac{6}{11}$

3 Erweitere auf den angegebenen Nenner.

a) $\frac{2}{3} = \frac{}{24}$ $\quad \frac{3}{4} = \frac{}{32}$ $\quad \frac{4}{7} = \frac{}{35}$

b) $\frac{5}{6} = \frac{}{36}$ $\quad \frac{7}{16} = \frac{}{64}$ $\quad \frac{4}{15} = \frac{}{90}$

4 Kürze so weit wie möglich.

a) $\frac{16}{24}$ $\quad \frac{20}{32}$ $\quad \frac{16}{64}$ $\quad \frac{20}{24}$ $\quad \frac{18}{32}$

b) $\frac{36}{64}$ $\quad \frac{32}{128}$ $\quad \frac{27}{90}$ $\quad \frac{72}{144}$ $\quad \frac{51}{85}$

5 Schreibe als Bruch.

a) 0,7 0,6 0,31 0,67 0,07
b) 0,71 0,23 0,462 0,486 0,071
c) 0,5179 0,0407 0,0358 0,0061 0,0307

6 Schreibe als Dezimalzahl.

a) $\frac{1}{10}$ $\quad \frac{7}{10}$ $\quad \frac{23}{100}$ $\quad \frac{9}{100}$ $\quad \frac{107}{1000}$

b) $\frac{17}{1000}$ $\quad \frac{3}{1000}$ $\quad \frac{149}{1000}$ $\quad \frac{77}{100}$ $\quad \frac{77}{1000}$

7 Erweitere und schreibe als Dezimalzahl.

a) $\frac{1}{2}$ $\quad \frac{4}{5}$ $\quad \frac{11}{50}$ $\quad \frac{3}{20}$ $\quad \frac{13}{50}$

b) $\frac{17}{20}$ $\quad \frac{5}{8}$ $\quad \frac{9}{25}$ $\quad \frac{101}{500}$ $\quad \frac{117}{200}$

c) $\frac{9}{200}$ $\quad \frac{6}{125}$ $\quad \frac{11}{40}$ $\quad \frac{1}{250}$ $\quad \frac{39}{40}$

Brüche

Der **Nenner** eines **Bruches** gibt an, in wie viele gleich große Teile das Ganze eingeteilt wurde.
Der **Zähler** gibt an, wie viele Teile genommen werden.

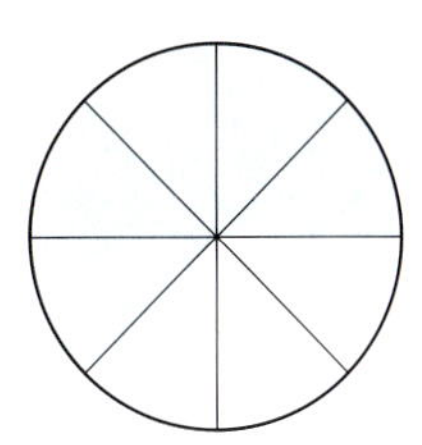

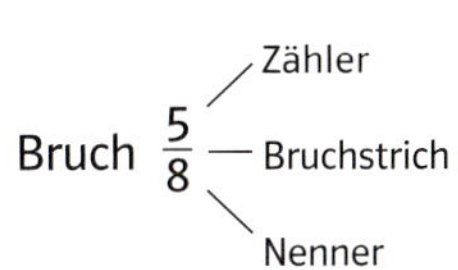

Erweitern von Brüchen

$\frac{5}{8} = \frac{5 \cdot 3}{8 \cdot 3} = \frac{15}{24}$

Zähler und Nenner werden mit der gleichen Zahl multipliziert.

Kürzen von Brüchen

$\frac{15}{24} = \frac{15 : 3}{24 : 3} = \frac{5}{8}$

Zähler und Nenner werden durch die gleiche Zahl dividiert.

Dezimalzahlen

Eine Dezimalzahl ist ein Bruch mit dem Nenner 10, 100, 1000, …

$0{,}9 = \frac{9}{10}$ $\quad 0{,}37 = \frac{37}{100}$ $\quad 0{,}231 = \frac{231}{1000}$

$0{,}4 = \frac{4}{10} = \frac{2}{5}$ $\quad 0{,}2 = \frac{2}{10} = \frac{1}{5}$

$0{,}25 = \frac{25}{100} = \frac{1}{4}$ $\quad 0{,}75 = \frac{75}{100} = \frac{3}{4}$

$\frac{7}{50} = \frac{14}{100} = 0{,}14$ $\quad \frac{13}{25} = \frac{52}{100} = 0{,}52$

$\frac{3}{20} = \frac{15}{100} = 0{,}15$ $\quad \frac{3}{8} = \frac{375}{1000} = 0{,}375$

Brüche und Dezimalzahlen

Eine **gemischte Zahl** besteht aus einer **natürlichen Zahl** und einem **echten Bruch.**

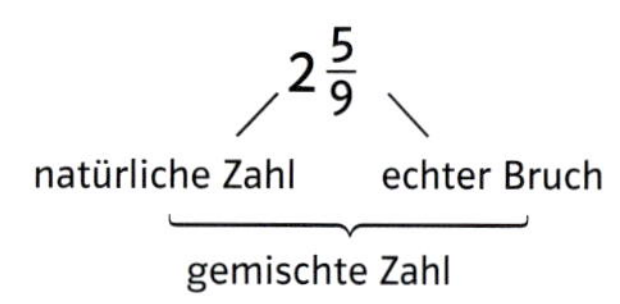

$\frac{17}{40} = 17 : 40 =$ ■

$17 : 40 = 0{,}425$
170
<u>160</u>
100
<u>80</u>
200
<u>200</u>
0

$\frac{7}{11} = 7 : 11 =$ ■

$7 : 11 = 0{,}6363\ldots = 0{,}\overline{63}$
70
<u>66</u>
40
<u>33</u>
70
<u>66</u>
40...

Vergleichen von Dezimalzahlen

Schreibe die Dezimalzahlen stellenrichtig untereinander und vergleiche die Ziffern, die genau untereinander stehen:

0,3253
0,326

$0{,}3253 < 0{,}326$

Runden von Dezimalzahlen

Beim Runden einer Dezimalzahl auf eine bestimmte Stelle kommt es nur auf die nachfolgende Stelle an.
Steht dort die Ziffer 0, 1, 2, 3, 4, wird **ab**gerundet.
Steht dort die Ziffer 5, 6, 7, 8, 9, wird **auf**gerundet.

Runden auf Zehntel:
$0{,}248 \approx 0{,}2$ $\quad 0{,}951 \approx 1{,}0$

Runden auf Hundertstel:
$0{,}4239 \approx 0{,}42$ $\quad 0{,}7462 \approx 0{,}75$

8 Schreibe als Bruch.

a) $3\frac{1}{3}$ $\quad 4\frac{2}{5}$ $\quad 6\frac{4}{5}$ $\quad 7\frac{3}{8}$ $\quad 9\frac{7}{100}$

b) 3,7 $\quad$ 4,37 $\quad$ 5,723 $\quad$ 6,019 $\quad$ 5,003

9 Schreibe als gemischte Zahl.

a) $\frac{17}{3}$ $\quad \frac{25}{4}$ $\quad \frac{31}{9}$ $\quad \frac{42}{5}$ $\quad \frac{100}{9}$

b) 2,3 $\quad$ 7,07 $\quad$ 19,301 $\quad$ 17,051 $\quad$ 22,001

10 Bestimme die Dezimalzahl durch eine Division.

a) $\frac{3}{4}$ $\quad \frac{1}{8}$ $\quad \frac{7}{8}$ $\quad \frac{23}{40}$ $\quad \frac{9}{16}$

b) $\frac{11}{16}$ $\quad \frac{10}{32}$ $\quad \frac{19}{20}$ $\quad \frac{47}{200}$ $\quad \frac{97}{125}$

c) $\frac{15}{32}$ $\quad \frac{33}{80}$ $\quad \frac{7}{80}$ $\quad \frac{1}{32}$ $\quad \frac{77}{80}$

d) $\frac{5}{3}$ $\quad \frac{1}{6}$ $\quad \frac{7}{11}$ $\quad \frac{11}{9}$ $\quad \frac{10}{7}$

11 Vergleiche die Dezimalzahlen. Setze <, > oder = ein.

a) 1,29 ▢ 1,3
0,101 ▢ 1,010
1,4 ▢ 1,40
2,05 ▢ 2,0501

b) 0,029 ▢ 0,0209
0,010 ▢ 0,0100
2,41 ▢ 2,401
2,041 ▢ 2,0401

c) $0{,}\overline{3}$ ▢ 0,3
$0{,}\overline{6}$ ▢ 0,67
$1{,}\overline{1}$ ▢ $1{,}\overline{10}$
$2{,}\overline{3}$ ▢ $2{,}\overline{31}$

12 Ordne die Dezimalzahlen der Größe nach. Benutze das Zeichen <.
4,1023; 4,02; 40,0023; 4,0012; 4,01; 4,0011

13 Runde auf Zehntel.

a) 0,46 $\quad$ 0,73 $\quad$ 0,654 $\quad$ 0,736 $\quad$ 0,59
b) 1,64 $\quad$ 2,97 $\quad$ 1,849 $\quad$ 3,048 $\quad$ 3,9914
c) 21,787 $\quad$ 34,949 $\quad$ 21,691 $\quad$ 25,95 $\quad$ 59,97
d) $0{,}0\overline{3}$ $\quad 0{,}0\overline{8}$ $\quad$ 0,007 $\quad$ 5,099 $\quad$ 1,999

14 Runde auf Hundertstel.

a) 0,515 $\quad$ 0,376 $\quad$ 0,613 $\quad$ 0,739 $\quad$ 0,544
b) 2,776 $\quad$ 3,828 $\quad$ 3,565 $\quad$ 7,795 $\quad$ 4,444
c) 26,976 $\quad$ 6,9449 $\quad$ 7,9051 $\quad$ 6,8838 $\quad$ 6,9949
d) $0{,}\overline{5}$ $\quad 0{,}\overline{7}$ $\quad 3{,}\overline{4}$ $\quad 2{,}\overline{59}$ $\quad 11{,}\overline{51}$

15 Runde auf Tausendstel.

a) 0,7345 $\quad$ 0,87646 $\quad$ 0,96251 $\quad$ 0,66654
b) 2,45791 $\quad$ 3,90953 $\quad$ 0,00033 $\quad$ 8,699522
c) 9,99952 $\quad$ 0,00349 $\quad 6{,}\overline{6}$ $\quad 0{,}\overline{7}$

Brüche und Dezimalzahlen: Addieren und Subtrahieren

1 Bestimme den gemeinsamen Nenner und addiere. Kürze das Ergebnis, wenn möglich.

a) $\frac{8}{15} + \frac{2}{15}$ $\frac{3}{20} + \frac{7}{20}$ $\frac{1}{2} + \frac{1}{3}$

b) $\frac{2}{3} + \frac{1}{4}$ $\frac{3}{16} + \frac{1}{4}$ $\frac{3}{8} + \frac{5}{12}$

c) $2\frac{5}{8} + 3\frac{1}{6}$ $4\frac{7}{12} + \frac{2}{3}$ $5\frac{5}{6} + 2\frac{7}{9}$

2 Bestimme den gemeinsamen Nenner und subtrahiere. Kürze das Ergebnis, wenn möglich.

a) $\frac{8}{15} - \frac{2}{15}$ $\frac{7}{20} - \frac{3}{20}$ $\frac{1}{2} - \frac{1}{3}$

b) $\frac{2}{3} - \frac{1}{4}$ $\frac{7}{8} - \frac{5}{12}$ $\frac{7}{9} - \frac{5}{8}$

c) $3\frac{1}{3} - 2\frac{1}{3}$ $12\frac{3}{5} - 4\frac{1}{10}$ $4\frac{1}{4} - 2\frac{2}{3}$

3 Schreibe richtig untereinander und addiere.

a) 8,35 + 4,09 + 1,74
2,47 + 3,35 + 4,84
3,88 + 4,51 + 3,87

b) 3,77 + 6,4 + 0,561
0,753 + 1,76 + 2,6
2,8 + 0,786 + 4,55

4 Schreibe richtig untereinander und subtrahiere.

a) 12,7 − 7,3
27,5 − 8,9
47,8 − 18,8

b) 6,46 − 2,89
3,52 − 2,39
5,36 − 4,59

c) 5,3 − 3,18
6,8 − 4,94
10,3 − 6,28

5 Berechne. Ordne zunächst nach positiven und negativen Zahlen und fasse dann zusammen.

a) 38,6 − 6,095 + 0,07 − 5,469 + 6
b) 120 − 13,8 + 22,04 − 0,3258 + 5
c) 19,45 − 13,67 + 4,306 − 7,435 + 1,04
d) 653 − 8,45 − 94,7 − 0,648 + 30
e) 357,07 − 5,077 − 61,08 + 0,6735
f) 5,09 + 53,795 + 0,061 − 43,009 − 9,040

6 Bestimme den Platzhalter.

a) +2,3 = 10,34
b) − 1,71 = 9,23
c) 231,1 − = 1,9
d) 12,8 − + 56,2 − 6,3 = 45
e) 140,8 − 12,589 + = 150,17
f) 0,0001 + − 1 = 0

Addition (Subtraktion) von Brüchen

$\frac{3}{11} + \frac{7}{11} = \frac{10}{11}$

$\frac{5}{8} + \frac{1}{3} = \frac{15}{24} + \frac{8}{24} = \frac{23}{24}$

$\frac{7}{11} - \frac{3}{11} = \frac{4}{11}$

$\frac{5}{8} - \frac{1}{3} = \frac{15}{24} - \frac{8}{24} = \frac{7}{24}$

Die Brüche müssen vor dem Addieren (Subtrahieren) so erweitert werden, dass sie den gleichen Nenner haben. Dann werden die Zähler addiert (subtrahiert). Der Nenner ändert sich nicht.

Addition (Subtraktion) von Dezimalzahlen

Beim schriftlichen Addieren (Subtrahieren) gilt:
Komma unter Komma.

46,3 − 12,4 + 8,09 − 0,461 + 5 =

46,3 − 12,4 + 8,09 − 0,461 + 5
= 46,3 + 8,09 + 5 − 12,4 − 0,461
= 59,39 − 12,861
= 46,529

46,3 − 12,4 + 8,09 − 0,461 + 5 = 46,592

Nebenrechnungen:

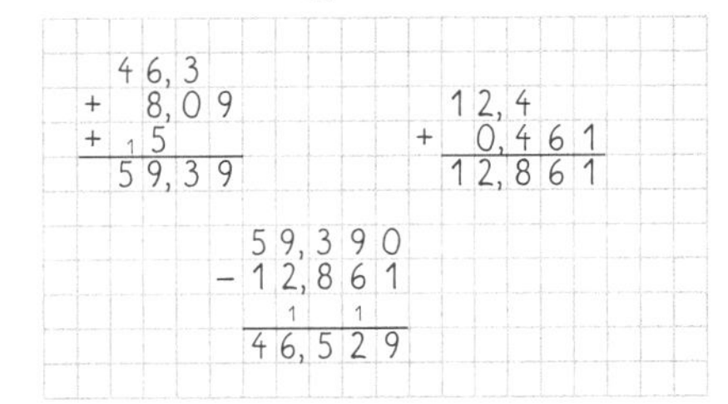

Brüche und Dezimalzahlen: Multiplizieren und Dividieren

Multiplizieren von Brüchen

$\frac{5}{8} \cdot \frac{4}{15} = \frac{{}^{1}\cancel{5} \cdot \cancel{4}^{1}}{{}_{2}\cancel{8} \cdot \cancel{15}_{3}} = \frac{1}{6}$

$\frac{2}{13} \cdot 5 = \frac{2 \cdot 5}{13 \cdot 1} = \frac{10}{13}$

Der Zähler wird mit dem Zähler und der Nenner mit dem Nenner multipliziert.

Dividieren von Brüchen

$\frac{5}{8} : \frac{7}{16} = \frac{5 \cdot \cancel{16}^{2}}{{}_{1}\cancel{8} \cdot 7} = \frac{10}{7} = 1\frac{3}{7}$

$\frac{3}{8} : 5 = \frac{3 \cdot 1}{8 \cdot 5} = \frac{3}{40}$

Wir dividieren durch einen Bruch, indem wir mit seinem Kehrwert multiplizieren.

Multiplizieren von Dezimalzahlen

Beim Multiplizieren gilt: Das Ergebnis hat so viele Stellen nach dem Komma wie beide Faktoren zusammen.

```
  3 Stellen     2 Stellen
0,0 5 7 · 0,7 9
        3 9 9
          5 1 3
        1 1
    0,0 4 5 0 3
      5 Stellen
```

Dividieren von Dezimalzahlen

Bei beiden Zahlen wird das Komma um so viele Stellen nach rechts verschoben, dass die zweite Zahl eine ganze Zahl wird.

1,932 : 0,14 = ☐

```
193,2 : 14 = 13,8
14
 53
 42
 112
 112
   0
```

Beim Überschreiten des Kommas wird im Ergebnis das Komma gesetzt.

1 Berechne. Kürze vor dem Ausrechnen.

a) $\frac{4}{9} \cdot \frac{1}{4}$ $\frac{5}{9} \cdot \frac{3}{10}$ $\frac{7}{8} \cdot \frac{4}{21}$ $\frac{4}{9} \cdot \frac{18}{19}$

b) $\frac{5}{11} \cdot \frac{11}{20}$ $\frac{6}{13} \cdot \frac{26}{33}$ $\frac{7}{12} \cdot \frac{9}{14}$ $\frac{8}{9} \cdot \frac{7}{12}$

c) $\frac{1}{4} \cdot 12$ $\frac{7}{9} \cdot 6$ $21 \cdot \frac{4}{7}$ $15 \cdot \frac{3}{10}$

2 Berechne. Kürze vor dem Ausrechnen.

a) $\frac{5}{9} : \frac{5}{6}$ $\frac{7}{8} : \frac{5}{12}$ $\frac{4}{11} : \frac{8}{33}$ $\frac{2}{9} : \frac{8}{15}$

b) $\frac{7}{24} : \frac{3}{8}$ $\frac{32}{35} : \frac{10}{21}$ $\frac{33}{49} : \frac{11}{14}$ $\frac{14}{25} : \frac{21}{40}$

c) $\frac{5}{7} : 10$ $\frac{8}{13} : 12$ $36 : \frac{9}{10}$ $24 : \frac{12}{17}$

3 Multipliziere im Kopf.

a) 0,7 · 4; 0,3 · 6; 0,6 · 9

b) 2,5 · 2; 1,5 · 3; 4,5 · 6

c) 0,6 · 11; 0,4 · 10; 0,35 · 2

d) 0,6 · 0,7; 0,7 · 0,8; 0,5 · 0,8

e) 0,06 · 0,4; 0,07 · 0,4; 0,13 · 0,3

f) 0,006 · 0,3; 0,002 · 0,16; 0,014 · 0,5

4 Multipliziere schriftlich.

a) 5,8 · 7; 6,5 · 8; 7,8 · 5

b) 4,97 · 7; 3,65 · 9; 7,06 · 9

c) 4,65 · 28; 7,38 · 35; 5,89 · 97

d) 5,6 · 7,4; 4,8 · 8,7; 2,6 · 8,3

e) 0,86 · 7,8; 3,72 · 4,5; 5,4 · 0,76

f) 0,76 · 7,6; 0,48 · 7,95; 2,47 · 0,944

5 Berechne im Kopf.

a) 57,4 : 10; 5,67 : 10; 6,06 · 10; 0,2 · 10

b) 334,5 : 100; 4,559 : 100; 55,421 · 100; 0,045 · 100

c) 53,45 : 1000; 6,79 : 1000; 0,43 · 1000; 0,097 · 1000

6 Dividiere.

a) 2,492 : 0,7; 8,912 : 1,6; 0,0896 : 3,2

b) 0,8675 : 0,25; 13,398 : 0,29; 0,0282 : 0,015

c) 0,10572 : 0,04; 333,4 : 0,5; 0,60214 : 0,023

7 Bestimme den Platzhalter.

a) 16,12 : ☐ = 5,2 1,2 · ☐ = 7,08

b) ☐ : 0,12 = 1,3 ☐ · 1,7 = 1,36

Test 1: Rechnen mit Brüchen und Dezimalzahlen

Löse die Aufgaben im Heft. Notiere den Kennbuchstaben des Lösungsvorschlags, der mit deiner Lösung übereinstimmt.

Aufgabe		Lösung
1 1 532,50 + 79,05 + 423,96 + 24 005,33	a	26 041,19
	b	26 041,29
	c	26 040,84
	d	25 941,84
2 1522,35 − 762,68	a	759,66
	b	749,67
	c	760,07
	d	759,67
3 Welche Zahl ist um genau 10 000 größer als 99 090 891?	a	99 100 891
	b	99 099 891
	c	99 101 891
	d	99 100 991
4 3697,23 + □ = 7091,50	a	3494,27
	b	3394,17
	c	3394,27
	d	3395,27
5 65 266,3 − 10 061,3 + 2	a	55 307
	b	55 207
	c	45 307
	d	55 308
6 634,8 · 34,6	a	21 964,88
	b	21 964,08
	c	21 864,08
	d	21 963,88
7 2 : 0,25	a	8
	b	80
	c	0,8
	d	0,2
8 26 · 14 = 13 · □	a	13
	b	52
	c	21
	d	28
9 Kürze soweit wie möglich und verwandle in eine gemischte Zahl. $\frac{39}{33}$	a	$1\frac{1}{3}$
	b	$1\frac{3}{17}$
	c	$1\frac{1}{6}$
	d	$1\frac{2}{11}$
10 Verwandle in eine Dezimalzahl. $\frac{9}{8}$	a	1,125
	b	1,075
	c	1,1
	d	$0,\overline{8}$
11 $\frac{5}{6} + \frac{3}{8}$	a	$\frac{19}{24}$
	b	$1\frac{5}{24}$
	c	1
	d	$\frac{8}{14}$
12 $\frac{2}{3} - \frac{7}{15}$	a	$-\frac{3}{15}$
	b	0
	c	$\frac{1}{5}$
	d	$\frac{1}{15}$
13 $10\frac{1}{4} - 8{,}2$	a	$2\frac{1}{4}$
	b	2
	c	2,05
	d	$2\frac{1}{5}$
14 $\frac{2}{5} \cdot \frac{10}{7}$	a	$\frac{40}{35}$
	b	$1\frac{3}{7}$
	c	$\frac{7}{4}$
	d	$\frac{4}{7}$
15 $\frac{4}{9} : \frac{2}{11}$	a	$2\frac{3}{9}$
	b	$\frac{22}{9}$
	c	$\frac{7}{3}$
	d	$\frac{8}{99}$
16 $\frac{3}{5} : 0{,}0006$	a	1,0
	b	0,01
	c	100
	d	1000

Proportionale Zuordnungen

34

12 Hefte kosten 7,80 €.

Anzahl → **Preis**

Anzahl	Preis (€)
12	7,80
24	15,60
36	23,40
12	7,80
6	3,90
4	2,60

(·2, ·3; :2, :3)

doppelte Anzahl → **doppelter** Preis
dreifache Anzahl → **dreifacher** Preis

Hälfte d. Anzahl → **Hälfte** d. Preises
Drittel d. Anzahl → **Drittel** d. Preises

Diese Zuordnung ist **proportional**.

Dreisatz

12 Hefte kosten 7,80 €.
Wie viel kosten 7 Hefte?

Anzahl	Preis (€)
12	7,80
1	0,65
7	4,55

(:12, ·7)

12 Hefte kosten 7,80 €.
1 Heft kostet 7,80 € : 12 = 0,65 €.
7 Hefte kosten 0,65 € · 7 = 4,55 €.

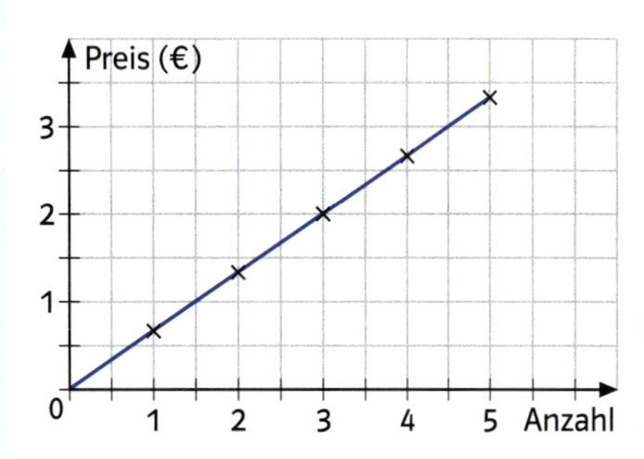

Bei einer proportionalen Zuordnung liegen die Punkte im Koordinatensystem auf einer Geraden durch den Ursprung.

1 Die folgenden Zuordnungen sind proportional. Berechne die fehlenden Werte.

a)

kg	€
4	34,72
2	
8	

b)

kg	€
3	17,97
6	
9	

c)

l	km
2	45
4	
6	
1	

d)

l	km
8	156
4	
2	
1	

e)

kg	€
2,5	21,5
1	
3,5	
7,6	

f)

l	km
46,8	1053
1	
12,8	
33,7	

2 Eine Mauer von 15 m Länge kann in 10 Tagen errichtet werden. Wie viele Tage werden für eine gleich starke Mauer von 21 m Länge benötigt?

3 Torben legt mit seinem Fahrrad eine Strecke von 8,5 km in 34 Minuten zurück. Wie weit fährt er bei gleicher Durchschnittsgeschwindigkeit in 42 (50, 8, 120) Minuten?

4 Anna möchte für den Urlaub in der Schweiz 45 Euro in Franken einwechseln. Ihre Mutter erhielt für 600 Euro auf der Bank 924 Franken. Wie viele Franken bekommt Anna?

5 500 g Schinken kosten beim Schlachter 8,50 €. Frau Hechler kauft für 3,74 Euro Schinken. Wie viel Gramm Schinken hat sie erhalten?

6 Ein Dachdecker bestellt für ein 150 m² großes Dach 2700 Dachziegel. Wie viele Dachziegel benötigt er für ein Dach von 240 m²?

7 18 Kiwis kosten 3,60 €. Trage das Zahlenpaar als Punkt in ein Koordinatensystem ein und zeichne durch den Punkt die zugehörige Ursprungsgerade.
Bestimme anhand der Geraden den Preis für 10 (5, 2) Kiwis.

1 Die folgenden Zuordnungen sind antiproportional. Berechne die fehlenden Werte.

a)

Anzahl	Tage
3	180
6	
12	
15	

b)

Anzahl	Tage
18	7
6	
9	
2	

c)

Anzahl	Tage
16	13
8	
2	
1	

d)

cm	cm
12	36
24	
60	
1	

e)

cm	cm
33,6	17,5
1	
60	

f)

cm	cm
126,4	90,0
1	
80,0	

2 Eine Busreise kostet für eine Gruppe von 50 Personen 12 Euro pro Person. Zwei Personen fallen am Abreisetag wegen Krankheit aus. Wie viel Euro muss nun jeder Teilnehmer zahlen?

3 Eine Rolle Schnur lässt sich in sechs jeweils 1,80 m lange Stücke zerschneiden.
Wie viele Stücke erhältst du, wenn jedes Stück 1,20 m lang sein soll?

4 Familie Kurz plant ihren Sommerurlaub. Wenn die täglichen Kosten 120 Euro betragen, reicht das gesparte Urlaubsgeld für 14 Tage. Wie viel Euro darf Familie Kurz täglich ausgeben, wenn sie drei Wochen in Urlaub fahren will?

5 Bei einer Durchschnittsgeschwindigkeit von $80\,\frac{\text{km}}{\text{h}}$ braucht ein Fahrzeug für eine Autobahnstrecke eine Zeit von 3 h 30 min. Wie lange braucht es für die gleiche Strecke bei einer Durchschnittsgeschwindigkeit von $100\,\frac{\text{km}}{\text{h}}$?

6 Bei einem Benzinverbrauch von 3,5 Liter auf 100 km kann Frederic mit seinem Motorrad 360 km weit fahren. Fährt eine zweite Person mit, beträgt der Benzinverbrauch 4,5 Liter auf 100 km. Wie weit kommt Frederic mit einer Tankfüllung?

Eine Leiste lässt sich in sechs jeweils 0,30 m lange Stücke zersägen.

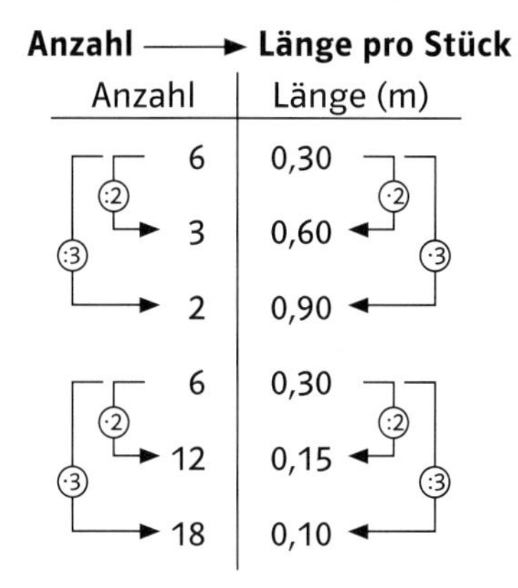

Hälfte d. Anzahl → **doppelte** Länge
Drittel d. Anzahl → **dreifache** Länge

doppelte Anzahl → **Hälfte** d. Länge
dreifache Anzahl → **Drittel** d. Länge

Diese Zuordnung ist **antiproportional**.

Eine Leiste lässt sich in sechs jeweils 0,30 m lange Stücke zersägen.
Wie lang ist jedes Stück bei fünf gleich langen Stücken?

Anzahl	Länge (m)
6 (:6)	0,30 (·6)
1 (·5)	1,80 (:5)
5	0,36

Bei sechs Stücken hat jedes eine Länge von 0,30 m.
Die ganze Leiste hat eine Länge von $6 \cdot 0{,}30\ \text{m} = 1{,}80\ \text{m}$.
Bei fünf Stücken hat jedes eine Länge von $1{,}80\ \text{m} : 5 = 0{,}36\ \text{m}$.

Test 2: Zuordnungen

Löse die Aufgaben im Heft. Notiere den Kennbuchstaben des Lösungsvorschlags, der mit deiner Lösung übereinstimmt.

Aufgabe		
1 3 kg Äpfel kosten 5,85 Euro. Wie viel Euro kosten 5 kg?	a b c d	9,75 Euro 10,25 Euro 10,85 Euro 9,85 Euro
2 Eine Stange von 0,875 m Länge wirft einen Schatten von 0,6 m Länge. Wie hoch ist ein Turm, der einen Schatten von 48 m Länge wirft?	a b c d	87,5 m 55 m 60 m 70 m
3 Drei Handwerker benötigen für einen Dachausbau 12 Tage. Wie viele Tage benötigen vier Handwerker?	a b c d	10 Tage 8 Tage 9 Tage 15 Tage
4 Ein Maler streicht in sechs Tagen eine Fläche von 396 m^2. Wie viel Quadratmeter kann er in acht Tagen streichen?	a b c d	628 m^2 528 m^2 352 m^2 452 m^2
5 Vier Motoren benötigen in sechs Stunden 84 kWh elektrischer Energie. Wie viel kWh elektrischer Energie benötigen sie in zehn Stunden?	a b c d	120 kWh 144 kWh 140 kWh 50,4 kWh
6 Ein Radfahrer legt in drei Tagen eine Strecke von 360 km zurück. Welchen Weg legt er in fünf Tagen zurück?	a b c d	400 km 500 km 600 km 216 km
7 Eine Straße wird auf einer Seite mit 451 Bäumen in einem Abstand von jeweils 8 m bepflanzt. Wie viele Bäume werden benötigt, wenn der Abstand 9 m beträgt?	a b c d	600 401 400 501
8 Ein Bau könnte von 72 Arbeitern in 91 Tagen fertig gestellt werden. Wie viele Arbeiter müssen zusätzlich eingestellt werden, damit der Bau in 84 Tagen fertig ist?	a b c d	24 8 12 6
9 Bei 25 beteiligten Schülern betragen die Kosten für eine Busfahrt für jeden Schüler 20 €. Wie viel Euro muss jeder Schüler bezahlen, wenn aus der Parallelklasse 15 weitere Schüler mitfahren?	a b c d	25 € 11,50 € 14 € 12,50 €

1 Grundwert, Prozentwert, Prozentsatz: Was ist gegeben? Was ist gesucht?
a) 25 % der 28 Schüler einer Klasse haben die Grippe.
b) Im Fußballstadion sind nur 65 % der Plätze belegt. Insgesamt sind 8125 Zuschauer gekommen.
c) 6 von 80 Lehrern kommen mit dem Fahrrad zur Schule..

2 Berechne jeweils den Prozentwert.

a)	b)	c)
20 % von 150 kg	1 % von 50 kg	0,2 % von 200 kg
15 % von 230 €	96 % von 2,50 €	2,5 % von 350 €
86 % von 2350 g	6 % von 50,5 kg	9,4 % von 8000 g

3 Berechne jeweils den Grundwert.

a)	b)	c)
20 % sind 15 kg	2 % sind 5 kg	0,2 % sind 2 kg
25 % sind 30 €	4 % sind 2,50 €	2,5 % sind 3,5 €
8 % sind 50 g	12 % sind 3,6 kg	0,4 % sind 6 g

4 Berechne jeweils den Prozentsatz.

a)	b)	c)
3 kg von 15 kg	2,8 kg von 5 kg	56 kg von 200 kg
25 kg von 40 kg	1,2 € von 25 €	37 € von 400 €
12 g von 50 g	8 kg von 12,5 kg	45 g von 5000 g

5 Frau Kandner verkauft ihr vier Jahre altes Auto für 9000 €. Das sind 45% des ursprünglichen Kaufpreises. Wie teuer war der Neuwagen?

6 Der Reinerlös eines Schulfestes betrug 2350 €. Für Sportgeräte auf dem Schulhof sind 45% des Betrages vorgesehen.

7 Von 24 Schülerinnen und Schülern einer Klasse haben 18 eine gute Note für ein Referat erhalten.

8 Peer hat eine Taschengelderhöhung von 15% erhalten. Er bekommt jetzt 7,50 € mehr. Berechne sein ursprüngliches Taschengeld.

9 Von den 150 Schülerinnen und Schülern eines Jahrgangs nutzen täglich 86% das Internet.

10 Berechne:

a)	b)
5 ‰ von 2,5 *l*	0,5 ‰ von 4 *l*
5,6 ‰ von 25 kg	9,9 ‰ von 20 kg
0,4 ‰ von 5 hl	2,1 ‰ von 600 hl

In der Prozentrechnung werden folgende Begriffe verwendet:
Grundwert (G): das Ganze
Prozentwert (W): der Anteil vom Ganzen
Prozentsatz (p %): der Anteil in %
Der Grundwert entspricht immer 100 %.

Prozentwert gesucht

35 % von 320 kg = ▒ kg

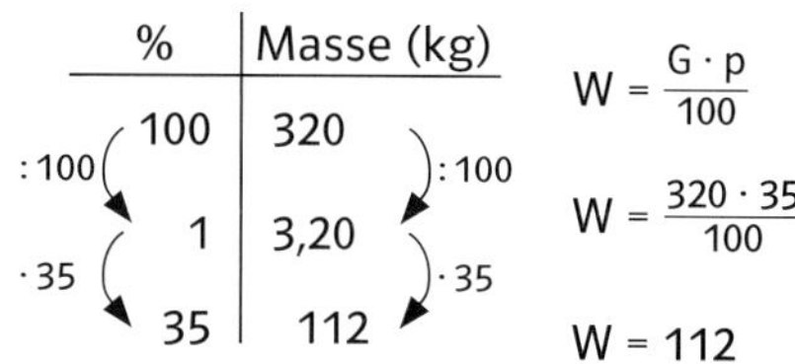

$W = \frac{G \cdot p}{100}$

$W = \frac{320 \cdot 35}{100}$

$W = 112$

Der Prozentwert beträgt 112 kg.

Grundwert gesucht

40 % ≙ 80 €   100 % ≙ ▒ €

	%	Betrag (€)	
:40	40	80	:40
·100	1	2	·100
	100	200	

$G = \frac{W \cdot 100}{p}$

$G = \frac{80 \cdot 100}{40}$

$G = 200$

Der Grundwert beträgt 200 €.

Prozentsatz gesucht

16 m sind ▒ von 25 m

	Strecke (m)	%	
:25	25	100	:25
·16	1	4	·16
	16	64	

$p\% = \frac{W \cdot 100}{G}\,\%$

$p\% = \frac{16 \cdot 100}{25}\,\%$

$p\% = 64\,\%$

Der Prozentsatz beträgt 64 %.

Ein Tausendstel einer Gesamtgröße wird **Promille** genannt.

$\frac{1}{1000} = 1$ ‰

$0{,}001 = 1$ ‰

TR

Prozentuale Zu- und Abnahme

Prozentuale Abnahme

Der Preis für ein 60 € teures Kleid wird um 30 % reduziert. Wie teuer ist das Kleid nach der Reduzierung?

60 €
≙ 100 %

alter Preis

42 €	18 €
≙ 70 %	≙ 30 %
reduzierter Preis	Ermäßigung

1. Lösungsweg:
30 % von 60 € sind 18 €.
60 € – 18 € = 42 €

2. Lösungsweg:
Prozentsatz: 100 % – 30 % = 70 %
70 % von 60 € sind 42 €

Nach der Reduzierung kostet das Kleid 42 €.

Prozentuale Zunahme

Herr Diekmann ist in einem Jahr 15 % schwerer geworden. Sein altes Gewicht betrug 80 kg. Wie schwer ist er jetzt?

80 kg	12 kg
≙ 100 %	≙ 15 %
altes Gewicht	Zunahme

92 kg
≙ 115 %

erhöhtes Gewicht

1. Lösungsweg:
15 % von 80 kg sind 12 kg.
80 kg + 12 kg = 92 kg

2. Lösungsweg:
Prozentsatz: 100 % + 15 % = 115 %
115 % von 80 kg sind 92 kg

Jetzt wiegt Herr Diekmann 92 kg.

1 Berechne den ermäßigten Preis.

	alter Preis	Ermäßigung		alter Preis	Ermäßigung
a)	23 €	15 %	d)	24 €	15 %
b)	89,90 €	10 %	e)	99,90 €	10 %
c)	4500 €	4,8 %	f)	4300 €	2,3 %

2 Frau Dickmann wog 110 kg. Sie konnte ihr Gewicht um 10 % reduzieren.

3 Bens Taschengeld ist um 12 % erhöht worden. Vor der Erhöhung bekam er 40 €.

4 Holzhändler Kaiser gibt bei sofortiger Bezahlung 2 % Rabatt (Skonto). Berechne den Rechnungsbetrag bei sofortiger Bezahlung.
a) 230,50 € b) 4900 € c) 12,30 €

5 Nach 10 Jahren erhöht Herr Meier zum ersten Mal die Miete um 5 %. Bisher mussten seine Mieter 420 € bezahlen.

6 Familie Alsdorf konnte ihren Stromverbrauch in diesem Jahr um 14 % reduzieren. Im vergangenen Jahr verbrauchte die Familie 5560 Kilowattstunden.

7 Berechne den erhöhten Preis.

	alter Preis	Erhöhung		alter Preis	Erhöhung
a)	400 €	8%	e)	450 €	6%
b)	80 €	15%	f)	302 €	3%
c)	300 €	9%	g)	134 €	20%
d)	125 €	8%	h)	212 €	3%

8 Frau Petersdorf kann die Waren für ihr Geschäft im Großhandel einkaufen. Zu den Angaben auf den Preisschildern muss sie noch 19 % Mehrwertsteuer hinzurechnen. Wie viel Euro muss sie an der Kasse des Großhandels bezahlen, wenn 15 Hosen für je 40 € und 10 Pullover für je 30 € im Einkaufswagen liegen?

9 Philipp erhält monatlich 40 € Taschengeld. Sein Vater fragt ihn: „Soll ich dein Taschengeld um 10% erhöhen oder dir pro Jahr 50 € mehr geben?"

10 Ein Einzelhändler kauft ein Paar Schuhe für 20,94 € ein. Für die Geschäftskosten und den Gewinn veranschlagt er zusätzlich 120 %.
Anschließend muss er noch 19 % Mehrwertsteuer dazurechnen. Berechne den Ladenpreis für die Schuhe. Runde auf Cent.

Prozentuale Veränderungen

1 Frau Bader muss für ihr Wohnmobil 28 704 € bezahlen. Der Händler hat ihr einen Rabatt von 8 % gewährt. Wie hoch ist der Listenpreis des Wohnmobils?

2 Berechne den alten Preis.

	neuer Preis	Erhöhung		neuer Preis	Ermäßigung
a)	136,50 €	5%	e)	564 €	6%
b)	562,50 €	25%	f)	11 520 €	4%
c)	69 €	15%	g)	56 €	30%
d)	2,40 €	20%	h)	4 825 €	3,5%

3 Herr Kurtz verkauft sein 4 Jahre altes Auto für 10 270€. Das sind 65 % des Neupreises.
a) Wie teuer war der Neuwagen?
b) Wie hoch ist der Wertverlust?

4 Ein Handballverein konnte die Zahl der Mitglieder um 5 % steigern und hat jetzt 126 Mitglieder. Wie viele waren es vorher?

5 Berechne die fehlenden Werte.

	alter Preis	Erhöhung in %	Erhöhung in Euro	neuer Preis
a)	▒	5%	▒	178,50 €
b)	40 €	▒	▒	42,40 €
c)	80 €	15%	▒	▒
d)	▒	▒	50 €	300 €
e)	▒	8%	5,60 €	▒

6 Nach einer Mieterhöhung um 5 % muss Herr Schewe insgesamt 504 € bezahlen. Wie hoch war die Miete vorher?

7 Die Rechnung eines Malers weist einen Mehrwertsteuerbetrag von 85,50 € aus.
a) Wie hoch ist der Rechnungsbetrag ohne Mehrwertsteuer?
b) Was muss der Kunde insgesamt bezahlen?

8 Ein Fahrrad kostet einschließlich Mehrwertsteuer (19 %) 546,21 €. Berechne die Mehrwertsteuer.

9 Ein Fernsehgerät kostet nach einer Preisermäßigung von 15 % noch 1190 €. Bestimme den alten Preis des Gerätes.

10 Ein Händler macht einen Bruttoumsatz von 10 591 €. Wie viel Euro Mehrwertsteuer muss er an das Finanzamt abführen?

Prozentuale Veränderungen

Ein Paar Schuhe kostet nach einer Preisreduzierung um 30 % noch 63 €. Wie teuer waren die Schuhe vorher?

Ermäßigung ≙ 30 %
Preis vorher ≙ 100 %
Preis nachher ≙ 70 %

$70\,\% \longrightarrow 63\,€$

$1\,\% \longrightarrow \frac{63}{70}\,€$

$100\,\% \longrightarrow \frac{63 \cdot 100}{70}\,€$

$100\,\% \longrightarrow 90\,€$

Die Schuhe kosteten vorher 90 €.

Frau Kappel erhält eine Lohnerhöhung von 4 %. Jetzt verdient sie 3172 € im Monat. Wie viel verdiente sie vor der Erhöhung?

Erhöhung ≙ 4 %
Verdienst vorher ≙ 100 %
Verdienst nachher ≙ 104 %

$104\,\% \longrightarrow 3172\,€$

$1\,\% \longrightarrow \frac{3172}{104}\,€$

$100\,\% \longrightarrow \frac{3172 \cdot 100}{104}\,€$

$100\,\% \longrightarrow 3050\,€$

Sie hat vorher 3050 € verdient.

Ein Stuhl kostet im Geschäft 77,35 €. Berechne die Mehrwertsteuer (19 %).

77,35 €	
≙ 119 %	
65 €	12,35 €
≙ 100 %	≙ 19 %

$119\,\% \longrightarrow 77{,}35\,€$

$1\,\% \longrightarrow \frac{77{,}35}{119}\,€$

$19\,\% \longrightarrow \frac{77{,}35 \cdot 19}{119}\,€$

$19\,\% \longrightarrow 12{,}35\,€$

Die Mehrwertsteuer (19 %) beträgt 12,35 €.

Zinsrechnung

45

TR

Zinsen gesucht

K = 4500 €, p % = 4 %, Z = ▒

100 % → 4 500 €

1 % → $\frac{4500}{100}$ € $\qquad Z = \frac{K \cdot p}{100}$

4 % → $\frac{4500 \cdot 4}{100}$ € $\qquad Z = \frac{4500 \cdot 4}{100}$ €

4 % → 180 € $\qquad$ Z = 180 €

Die Zinsen betragen 180 €.

Zinssatz gesucht

K = 4000 €, Z = 180 €, p % = ▒

4000 € → 100 %

1 € → $\frac{100}{4000}$ % $\qquad p\,\% = \frac{Z \cdot 100}{K}$ %

180 € → $\frac{100 \cdot 180}{4000}$ % $\qquad p\,\% = \frac{180 \cdot 100}{4000}$ %

180 € → 4,5 % $\qquad$ p % = 4,5 %

Der Zinssatz beträgt 4,5 %.

Kapital gesucht

Z = 540 €, p % = 3 %, K = ▒

3 % → 540 €

1 % → $\frac{540}{3}$ € $\qquad K = \frac{Z \cdot 100}{p}$

100 % → $\frac{540 \cdot 100}{3}$ € $\qquad K = \frac{540 \cdot 100}{3}$ €

100 % → 18 000 € $\qquad$ K = 18 000 €

Das Kapital beträgt 18 000 €.

Tageszinsen

K = 3500 €, p % = 12 %, n = 15, Z = ▒

Zinsen für n Tage:

$Z = \frac{K \cdot p}{100} \cdot \frac{n}{360}$

$Z = \frac{3500 \cdot 12}{100} \cdot \frac{15}{360}$ €

Z = 17,50 €

n gibt hier die Anzahl der Zinstage an. Ein Jahr hat 360 Zinstage.

Die Zinsen für 15 Tage betragen 17,50 €.

Zinseszinsen

K = 200 €, p % = 5 %

Kapital nach 1 Jahr: $K_1 = 200 \cdot 1{,}05$ €

Kapital nach 2 Jahren: $K_2 = 200 \cdot 1{,}05^2$ €

Kapital nach 3 Jahren: $K_3 = 200 \cdot 1{,}05^3$ €

1 Berechne die Zinsen für ein Jahr. Runde auf zwei Stellen nach dem Komma.

a) 400 € (450 €, 1100 €) zu 3,5 %
b) 720 € (86,50 €, 390 €) zu 4,5 %
c) 1240 € (2365 €, 745 €) zu 6,25 %
d) 268 € (346,20 €, 894,10 €) zu 3,2 %

2 Berechne den Zinssatz.

	a)	b)	c)	d)	e)
Kapital (€)	1200	245	1680	740	1580
Zinsen (€)	48	7,35	100,80	37	50,56

	f)	g)	h)	i)	k)
Kapital (€)	280	650	2170	235	45,80
Zinsen (€)	9,80	16,25	97,65	6,11	2,52

3 Berechne das Kapital.

a) 145 € (28 €, 7,56 €) Zinsen bei 4 %
b) 75 € (43,50 €, 7,74 €) Zinsen bei 3 %
c) 9,80 € (16,10 €, 7 €) Zinsen bei 3,5 %
d) 25,56 € (565,65 €) Zinsen bei 4,5 %

4 Finn hat 300€ auf einem Sparbuch angelegt. Er erhält nach einem Jahr 3€ Zinsen. Berechne den Zinssatz.

5 Frau Kempker erhält für ihr Guthaben 3% Zinsen. Welches Kapital hat sie angelegt, wenn sie nach einem Jahr 375 € Zinsen bekommt?

6 Herr Dabisch hat 15 000 € zu einem Zinssatz von 2,5 % angelegt. Nach einem Jahr werden ihm die Zinsen gutgeschrieben. Welches Guthaben hat er jetzt auf seinem Konto?

7 Herr Vahle hat eine Hypothek von 60 000 Euro zu einem Zinssatz von 5,5 %. Wie viel Euro Zinsen muss er monatlich bezahlen?

8 Larissa leiht ihrer Freundin Lisa 30 €. Lisa gibt ihr das Geld erst nach 30 Tagen zurück. Wie viel Euro Zinsen müsste Lisa bei einem Zinssatz von 4 % bezahlen?

9 Frau Lamm überzieht 21 Tage lang ihr Konto um 3200 Euro. Wie viel Euro Zinsen muss sie bei einem Zinssatz von 12,75 % dafür bezahlen?

10 Ein Kapital von 3500 € wird zu einem Zinssatz von 3 % (4,5 %) fest angelegt. Berechne, auf welchen Wert das Kapital nach 3 (8; 10) Jahren angestiegen ist.

Test 3: Prozent- und Zinsrechnung

Löse die Aufgaben im Heft. Notiere den Kennbuchstaben des Lösungsvorschlags, der mit deiner Lösung übereinstimmt.

Aufgabe		
1 An einer Schule mit insgesamt 580 Schülerinnen und Schülern kommen 203 Schülerinnen und Schüler mit dem Fahrrad zur Schule. Wie viel Prozent sind das?	a b c d	35 % 45 % 40 % 33 %
2 Ein Händler bietet an: Blu-ray Player für 490 Euro, bei Barzahlung 2,5 % Rabatt. Wie hoch ist der Barzahlungspreis?	a b c d	475,00 Euro 477,50 Euro 477,75 Euro 475,75 Euro
3 Ein Obsthändler setzt den Preis für 1 kg Äpfel von 2,25 Euro auf 1,80 Euro herab. Um wie viel Prozent wurde reduziert?	a b c d	10 % 20 % 25 % 30 %
4 Ein Artikel, der für 2 Euro eingekauft wurde, wird für 3,20 Euro verkauft. Wie viel Prozent beträgt die Erhöhung?	a b c d	50 % 37,75 % 60 % 6 %
5 Nach einer Lohnerhöhung von 2,3 % verdient Herr Meyer jetzt 2199,45 €. Berechne die Lohnerhöhung in Euro.	a b c d	59,45 Euro 49,45 Euro 50,59 Euro 99,59 Euro
6 Ein Sparvertrag mit 2400 Euro wird mit 3,5 % verzinst. Wie hoch sind die Zinsen nach 120 Tagen?	a b c d	28,00 Euro 84,00 Euro 42,00 Euro 21,00 Euro
7 Welches Kapital muss angelegt werden, um bei einem Zinssatz von 8 % in einer Woche 1050 Euro Zinsen zu erhalten?	a b c d	675 000 Euro 500 000 Euro 1 000 000 Euro 682 500 Euro
8 Ein Sparer erhält für sein Guthaben von 7200 Euro für einen Tag 1 Euro Zinsen. Zu welchem Zinssatz ist das Geld angelegt?	a b c d	2,5 % 4 % 5 % 4,5 %
9 Auf welchen Wert ist ein Anfangskapital von 2000 € bei einer jährlichen Verzinsung von 4 % in 3 Jahren angestiegen?	a b c d	2320 € 2249,73 € 6240 € 2300,10 €

Terme

Zahlen und Variablen sind Terme. Summen, Differenzen, Produkte, Quotienten von Termen sind auch Terme.

a $2x - 4$ 45 b^2 $2a + 2$

Wenn du bei einem Term für die Variable eine Zahl einsetzt, erhältst du den Wert des Terms.

Term: $3x + 1$

Wert des Terms für $x = 5$:
$3 \cdot 5 + 1 = 16$

Gleichartige Summanden (Terme) kannst du zusammenfassen.

$5x + 3y - 2x - 5 + y$
$= 5x - 2x + 3y + y - 5$
$= 3x + 4y - 5$

Einen Term kannst du mit einer **Summe multiplizieren,** indem du **jeden Summanden mit dem Term** multiplizierst.

$5 \cdot (a + b) = 5a + 5b$
$a \cdot (b - 8) = ab - 8a$
$3 \cdot (x + 4) = 3 \cdot x + 3 \cdot 4 = 3x + 12$

$\mathbf{a \cdot (b + c) = ab + ac}$

Eine Summe wird mit **einer Summe multipliziert**, indem **jeder Summand der ersten Summe** mit **jedem Summanden der zweiten Summe** multipliziert wird.

$\mathbf{(a + b)(c + d) = ac + ad + bc + bd}$
$\mathbf{(a + b)(c - d) = ac - ad + bc - bd}$

Binomische Formeln

1. binomische Formel
$\mathbf{(a + b)^2 = a^2 + 2ab + b^2}$

2. binomische Formel
$\mathbf{(a - b)^2 = a^2 - 2ab + b^2}$

3. binomische Formel
$\mathbf{(a + b)(a - b) = a^2 - b^2}$

1 Fasse gleichartige Summanden (Terme) zusammen.

a) $2x - 8 + 7x + 3$
$4x + 14 + 3x + 16$
$43 + 3x - 30 + x$
$3x + 21 + 5x - 15$

b) $7x + 4 - 2x + 1$
$8x + 9 - 5x + 7$
$6x - 12 + 4x - 22$
$11x - 7 - 11 + x$

2 In den Term wird für die Variable jeweils eine Zahl eingesetzt. Bestimme den Wert des Terms.

Term	Einsetzung	Wert des Terms
$3x$	$x = 5$	15
$2a+3$	$a = -1$	■
$-4y + 11$	$y = 3$	■
$z^2 - 3z$	$z = 6$	■

3 Multipliziere aus. Das Malzeichen vor und hinter einer Klammer darfst du weglassen

a) $4 \cdot (a + b)$
$6 \cdot (x + y)$
$13 \cdot (c - d)$
$19 \cdot (x - y)$

b) $y(9 - z)$
$z(4 + q)$
$5(4 - r)$
$7(x - 9)$

c) $6(x - y + z)$
$5(n - 11 + p)$
$-2(x + y + 7)$
$-4(a - b - 8)$

4 Wandle um in eine Summe.

a) $b(2a + 4c)$
$-x(3b + x)$
$-y(z + 3x)$

b) $3x(b + 11y)$
$-2b(4 + 2d)$
$-3a(2b - 3x)$

c) $4(3x + 2y - z)$
$-7(2r - 3p + q)$
$(4y - z + 5) \cdot 6$

5 Verwandle in ein Produkt, indem du ausklammerst.

a) $7a + 7c$
$11r + 11p$
$19x - 19y$
$1{,}5s + 1{,}5t$

b) $-12q + 12r$
$-17a - 17c$
$-0{,}2p - 0{,}2q$
$-1{,}4x + 1{,}4y$

c) $8a + 12b$
$12b - 8c$
$63a - 27b$
$16m + 20n$

6 Multipliziere aus und fasse zusammen.

a) $(x - 3)(x + 4)$
$(3 - a)(a + 7)$
$(z - 7)(z - 4)$

b) $(2a + 3)(3a - 6)$
$(3c - 4d)(5c + 2d)$
$(7q + 11)(5 - 9q)$

7 Multipliziere aus, indem du die binomischen Formeln anwendest.

a) $(a + d)^2$
$(n + p)^2$
$(q - z)^2$
$(x - v)^2$

b) $(c - d)(c + d)$
$(u + w)(u - w)$
$(2x - y)(2x + y)$
$(v - 7w)(v + 7w)$

c) $(n + 4m)^2$
$(3x + y)^2$
$(4a - b)^2$
$(a - 7b)^2$

1 Bestimme jeweils die Lösung.

a) $x - 7 = 23$
$x - 11 = 13$
$34 = x - 22$

b) $x + 3 = 12$
$x + 7 = 4$
$13 = x - 14$

c) $3x = 2x + 5$
$6x = 5x - 11$
$-8x = 9x + 8$

2 Bestimme jeweils die Lösung.

a) $6x = 144$
$13x = 143$
$0{,}4x = 20$

b) $-3x = -102$
$-12x = 96$
$-1{,}4x = -70$

c) $\frac{1}{3}x = 19$
$-\frac{1}{4}x = -15$
$32 = \frac{1}{5}x$

3 Löse die Gleichung.

a) $8x + 4 = 5x + 16$
$9x + 3 = 2x + 24$
$4x + 7 = 2x + 25$

b) $4x - 11 = 37 - 8x$
$8x - 12 = 18 - 7x$
$7x - 25 = 55 - 3x$

c) $17x - 41 = 2x - 11$
$-3x + 7 = -7x + 15$
$13x + 34 = 6x - 15$

d) $15 - 6x = 27 - 8x$
$66 - 9x = 78 - 15x$
$11x + 17 = 15x + 29$

4 Fasse gleichartige Summanden zusammen und bestimme die Lösung.

a) $4x - 16 + 14x + 6 = 62$
$8x + 28 + 6x + 32 = 102$
$86 + 6x - 60 + 2x = 50$
$6x + 42 + 10x - 30 = 44$

b) $14x + 8 - 4x + 2 = 0$
$16x + 18 - 10x + 14 = 80$
$3x - 6 + 2x - 11 = 2$
$11x - 18 + 2x - x = 42$

5 Bestimme x.

a) $6(x + 4) = 4x - 14$
$7(2x + 3) = 9x - 4$
$6x - 14 = 7(3x + 8)$
$-7x - 27 = -5(3x - 1)$

b) $5(x - 3) = 3(x + 7)$
$6(x - 7) = 9(x - 5)$
$-2(x + 6) = 4(x + 8)$
$-(3x - 6) = -7(x - 2)$

6 Die Schenkel eines gleichschenkligen Dreiecks ABC sind 6 cm länger als die Grundseite. Der Umfang des Dreiecks beträgt 60 cm. Wie lang ist die Grundseite, wie lang sind die Schenkel des Dreiecks?

7 Eine Seite eines Rechtecks ist 7,5 cm kürzer als die benachbarte Seite. Das Rechteck hat einen Umfang von 74,2 cm. Wie lang sind die Seiten des Rechtecks?

8 Der Großvater möchte 60 € so auf seine drei Enkel verteilen, dass Celine ein Viertel, Emily ein Drittel und Ben den Rest bekommt. Wie viel Euro erhält jeder?

9 Das Fünffache einer Zahl, vermindert um 70, ist gleich dem Dreifachen, vermehrt um 10.

Die Lösung einer Gleichung ändert sich nicht, wenn du auf beiden Seiten dieselbe Zahl (denselben Term) addierst oder auf beiden Seiten dieselbe Zahl (denselben Term) subtrahierst.

$$\begin{aligned} 3x + 4 &= 2x - 5 \quad | -2x \\ x + 4 &= -5 \quad | -4 \\ x &= -9 \end{aligned}$$

Die Lösung einer Gleichung ändert sich nicht, wenn du beide Seiten mit derselben Zahl (ungleich Null) multiplizierst oder beide Seiten durch dieselbe Zahl (ungleich Null) dividierst.

$$\begin{aligned} \tfrac{2}{3}x &= 5 \quad | : \tfrac{2}{3} \\ x &= \tfrac{5 \cdot 3}{2} \\ x &= 7{,}5 \end{aligned}$$

Gleichungen mit Klammern

$$\begin{aligned} 3(x + 1) + 2x &= 18 \\ 3x + 3 + 2x &= 18 \\ 5x + 3 &= 18 \quad | -3 \\ 5x &= 15 \quad | : 5 \\ x &= 3 \end{aligned}$$

Probe: $3(3 + 1) + 2 \cdot 3 = 18$
$18 = 18$ (w)

Eine Seite eines Rechtecks ist 9 cm länger als die andere. Der Umfang des Rechtecks beträgt 42 cm.

x + 9
x x
x + 9

$$\begin{aligned} x + x + x + 9 + x + 9 &= 42 \\ 4x + 18 &= 42 \quad | -18 \\ 4x &= 24 \quad | : 4 \\ x &= 6 \\ 6 + 9 &= 15 \end{aligned}$$

Die kürzere Seite des Rechtecks ist 6 cm lang. Die längere Seite ist 15 cm lang.

Test 4: Terme und Gleichungen

Löse die Aufgaben im Heft. Notiere den Kennbuchstaben des Lösungsvorschlags, der mit deiner Lösung übereinstimmt.

Aufgabe		Lösung	Aufgabe		Lösung
1 Vereinfache den Term. $3x + 5x - y$	a b c d	$8x - y$ $8x^2y$ $7x^2y$ $8xy$	**9** Bestimme die Lösung. $6(x - 5) = 3(x + 4)$	a b c d	$x = 14$ $x = 13$ $x = 3$ $x = 76$
2 Bestimme den Wert des Terms für $x = 4$. $2x - 3(2 - x)$	a b c d	2 -10 -2 14	**10** Bestimme die Lösung. $-\frac{3x}{5} = -2(x - 14)$	a b c d	$x = 28$ $x = 20$ $x = 39\frac{1}{5}$ $x = -20$
3 Multipliziere aus und fasse zusammen. $(x - 2)(x + 3)$	a b c d	$x^2 + 5x - 6$ $x^2 + x - 6$ $x^2 - 5x - 6$ $x^2 - x + 6$	**11** Addiert man zu einer Zahl −20, so erhält man 5. Wie heißt die Zahl?	a b c d	15 −25 −15 25
4 Multipliziere aus und fasse zusammen. $(3x - 4y)(-x + 5y)$	a b c d	$-3x^2 + 19xy - 20y^2$ $3x^2 + 11xy - 20y^2$ $-3x^2 + 19xy + 20y^2$ $3x^2 - 19xy - 20y^2$	**12** Der Umfang eines Rechtecks beträgt 30 cm. Eine Seite ist 4,6 cm lang.	a b c d	20,8 cm 10,8 cm 10,4 cm 5,8 cm
5 Wende die 1. binomische Formel an. $(c + 2d)^2$	a b c d	$c^2 + 2cd + d^2$ $c^2 + 4cd + 4d^2$ $2c^2 + 2cd + d^2$ $c^2 + 2cd + 4d^2$	**13** Der Großvater schenkt Tim und Arnd zusammen 215 Euro. Tim soll 7 Euro mehr erhalten als Arnd. Wie groß ist Tims Anteil?	a b c d	113 Euro 108 Euro 111 Euro 115 Euro
6 Wende die 2. binomische Formel an. $(2x - 3)^2$	a b c d	$4x^2 + 12x - 9$ $4x^2 - 12x + 9$ $2x^2 + 12x - 6$ $4x^2 - 12x - 9$	**14** 300 Euro sollen so verteilt werden, dass A ein Viertel erhält, B die Hälfte und C den Rest. Wie viel Euro erhält C?	a b c d	75 Euro 125 Euro 150 Euro 100 Euro
7 Bestimme die Lösung. $3x + 12 = 36$	a b c d	$x = 6$ $x = 12$ $x = 8$ $x = 16$	**15** Bei einem Rechteck mit dem Umfang 168 cm ist eine Seite 8 cm länger als die andere. Bestimme die Längen der Seiten.	a b c d	36 cm, 44 cm 38 cm, 46 cm 40 cm, 48 cm 39 cm, 45 cm
8 Bestimme die Lösung. $9x - 4x - 2x - 43 = 8$	a b c d	$x = 10$ $x = 13$ $x = -12$ $x = 17$	**16** Kaninchen und Fasane eines Stalles haben zusammen 35 Köpfe und 98 Füße. Wie viel Kaninchen sind es?	a b c d	14 21 18 15

1 Wandle in die Einheit um, die in Klammern steht.

a) 13 kg (g); 43 g (mg); 11 t (kg)
b) 26 g (mg); 65 t (kg); 3 kg (g)
c) 7000 g (kg); 33 000 mg (g); 87 000 kg (t)

d) 2,4 kg (g); 3,5 t (kg); 13,2 g (mg)
e) 3,87 t (kg); 4,06 g (mg); 4,75 kg (g)
f) 0,123 kg (g); 0,0465 t (kg); 0,0034 t (kg)

g) 1245 g (kg); 7632 kg (t); 4310 g (kg)
h) 255 g (kg); 200 kg (t); 340 mg (g)
i) 46 kg (t); 77 g (kg); 8 g (kg)

2 Wandle zuerst in die gleiche Einheit um.

a) 12 kg + 870 g + 540 g; 1450 g + 17 kg + 6 kg; 4 t + 3500 kg + 870 kg
b) 33 kg − 2480 g; 7 t − 580 kg; 1 t − 45 kg

3 Wandle in die Einheit um, die in Klammern steht.

a) 27 cm (mm); 2,35 m (cm); 5,30 m (cm); 73 cm (m)
b) 61 dm (cm); 230 mm (cm); 18 mm (cm); 5,34 m (dm)
c) 5 m (cm); 3,4 km (m); 450 m (km); 5,4 cm (mm)

4 Wandle in die kleinere Einheit um und berechne.

a) 6,3 m + 45 cm; 4,9 cm + 22 mm; 3,67 m + 8 cm
b) 12 km + 1256 m + 2,1 km; 4,72 m + 99 cm + 1 m; 7,89 km + 563 m + 0,6 km

5 Wandle in die Einheit um, die in Klammern steht.

a) $132\ dm^2$ (cm^2); 5 ha (a); $7\ km^2$ (ha)
b) $4\ cm^2$ (mm^2); $3,82\ m^2$ (dm^2); $3,67\ m^2$ (cm^2)
c) 6,5 a (m^2); 3,94 ha (a); 5,6 ha (m^2)

6 Wandle in die nächstgrößere Einheit um.

a) $20\,000\ cm^2$; $12\,438\ mm^2$; $6,853\ dm^2$
b) $3467\ dm^2$; 45,9 a; 156,89 ha
c) 23,8 ha; $7,5\ mm^2$; $31,8\ cm^2$

7 Wandle in die Einheit um, die in Klammern steht.

a) $5\ dm^3$ (cm^3); $13\ cm^3$ (mm^3); $5,3\ m^3$ (cm^3)
b) $3\ cm^3$ (mm^3); $1,8\ m^3$ (dm^3); $0,453\ m^3$ (dm^3)
c) $1100\ dm^3$ (m^3); $3000\ cm^3$ (dm^3); $800\ mm^3$ (cm^3)

d) $4,1\ cm^3$ (mm^3); $0,04\ km^3$ (m^3); $0,013\ m^3$ (dm^3)
e) $1,02\ dm^3$ (m^3); $0,2\ dm^3$ (mm^3); $0,0031\ m^3$ (dm^3)
f) $0,03\ m^3$ (dm^3); $0,01\ m^3$ (cm^3); $0,071\ m^3$ (cm^3)

Masseeinheiten

1 t = 1000 kg	1 kg = 0,001 t
1 kg = 1000 g	1 g = 0,001 kg
1 g = 1000 mg	1 mg = 0,001 g

Im Alltag ist der Begriff „Gewicht" an Stelle von Masse gebräuchlich.

15 kg + 560 g + 480 mg
= 15 000 g + 560 g + 0,48 g
= 15 560,48 g

8,2 t + 360 kg + 4 t
= 8,2 t + 0,36 t + 4 t
= 12,56 t

Längeneinheiten

1 km = 1000 m	1 m = 0,001 km
1 m = 10 dm	1 dm = 0,1 m
1 dm = 10 cm	1 cm = 0,1 dm
1 cm = 10 mm	1 mm = 0,1 cm

13,86 km + 34 m
= 13 860 m + 34 m
= 13 894 m

18 km + 1450 m + 125 dm
= 18 km + 1,450 km + 0,0125 km
= 19,4625 km

Flächeneinheiten

$1\ km^2 = 100$ ha	1 ha $= 0,01\ km^2$
1 ha = 100 a	1 a = 0,01 ha
1 a $= 100\ m^2$	$1\ m^2 = 0,01$ a
$1\ m^2 = 100\ dm^2$	$1\ dm^2 = 0,01\ m^2$
$1\ dm^2 = 100\ cm^2$	$1\ cm^2 = 0,01\ dm^2$
$1\ cm^2 = 100\ mm^2$	$1\ mm^2 = 0,01\ cm^2$

Hektar (ha), Ar (a)

Raumeinheiten (Volumeneinheiten)

$1\ m^3 = 1000\ dm^3$	$1\ dm^3 = 0,001\ m^3$
$1\ dm^3 = 1000\ cm^3$	$1\ cm^3 = 0,001\ dm^3$
$1\ cm^3 = 1000\ mm^3$	$1\ mm^3 = 0,001\ cm^3$

Ebene Figuren

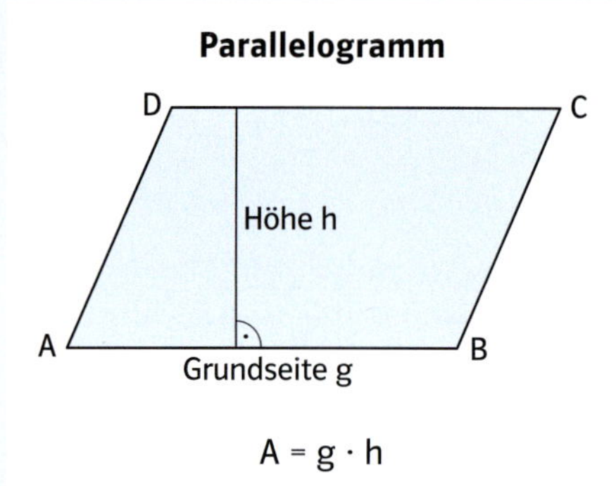

$A = g \cdot h$

Dreieck

$A = \frac{g \cdot h}{2}$

$A = \frac{1}{2} \cdot g \cdot h$

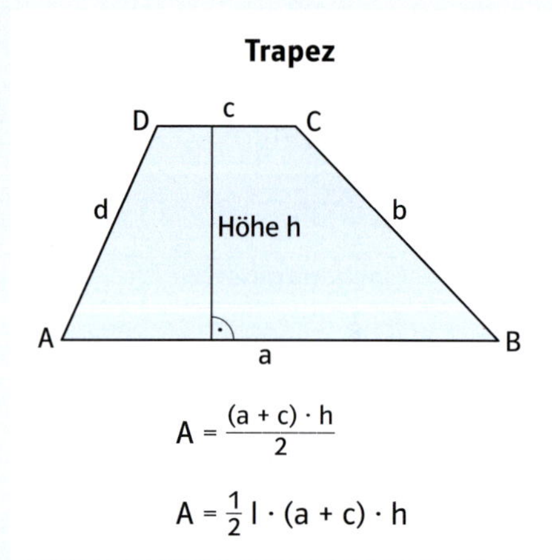

$A = \frac{(a + c) \cdot h}{2}$

$A = \frac{1}{2} \cdot (a + c) \cdot h$

1 Berechne den Flächeninhalt des abgebildeten Parallelogramms.

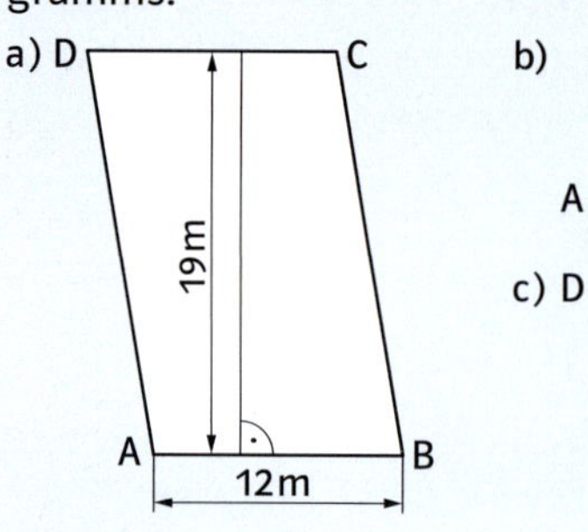

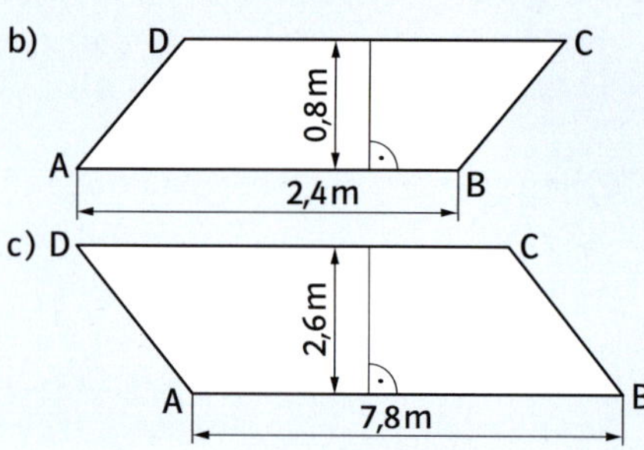

2 Berechne den Flächeninhalt des abgebildeten Dreiecks. Entnimm die dafür notwendigen Längen der Zeichnung.

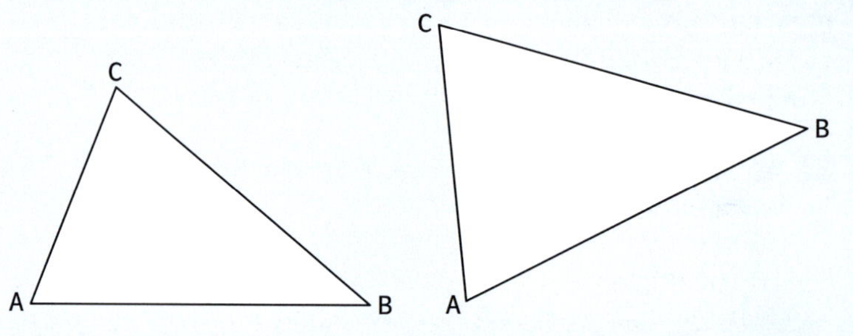

3 Die Grundstücke A,B und C werden jeweils durch einen Weg in zwei Teilflächen zerlegt.
Berechne jeweils die Größe des Grundstücks. Beachte, dass der Weg nicht zum Grundstück gehört.

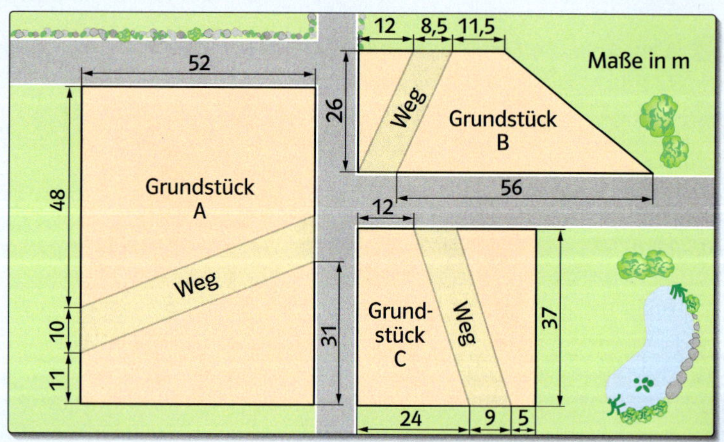

4 Berechne den Flächeninhalt der abgebildeten Figur. Entnimm die dafür notwendigen Längen der Zeichnung.

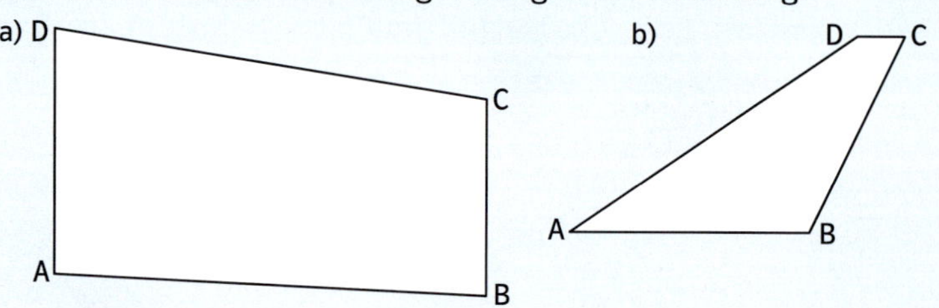

TR

1 Berechne die fehlenden Größen des Kreises. Runde dein Ergebnis auf zwei Stellen nach dem Komma.

	a)	b)	c)	d)
r	5 cm			
d		8,2 cm		
u			51,3 cm	
A				200 cm²

2 a) Die Räder eines Fahrrads haben jeweils einen Außendurchmesser von 66 cm. Bestimme die Länge der Fahrstrecke, die das Fahrrad bei 1000 Umdrehungen eines Rades zurücklegt.
b) Emilie legt während einer Fahrradtour eine Strecke von 21 km zurück. Wie viele Umdrehungen machte dabei jedes Rad? (Außendurchmesser eines Rades: 60 cm)

3 Der Flächeninhalt eines Kreises beträgt 128 cm². Berechne seinen Umfang.

4 Aus einer quadratischen Blechplatte (a = 1600 mm) wird eine möglichst große Kreisfläche herausgeschnitten.
Wie viel Quadratmeter Blech bleiben als Verschnitt übrig? Gib den Verschnitt auch in Prozent an.

5 Berechne den Flächeninhalt und den Umfang der farbig markierten Flächen.

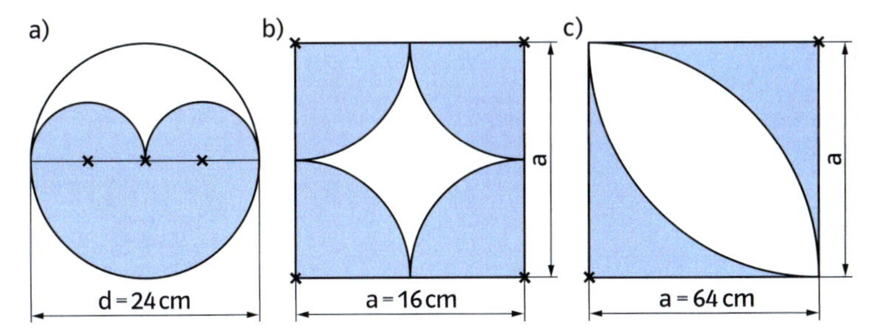

6 Bestimme Umfang und Flächeninhalt der abgebildeten Figur. Entnimm die dafür notwendigen Längen der Zeichnung.

a)

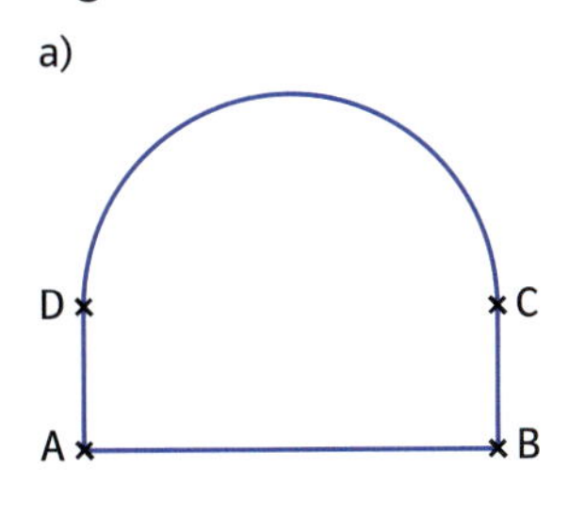

b)

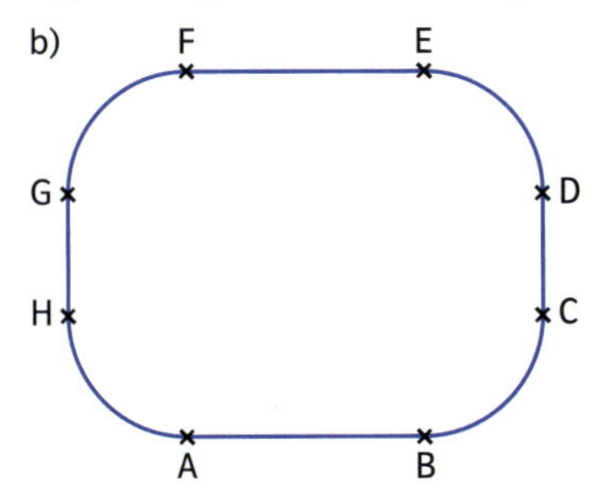

Kreis

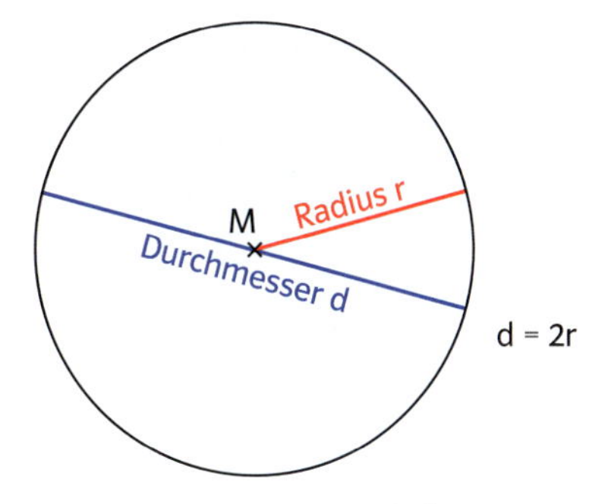

d = 2r

$u = \pi \cdot d$ $\qquad A = \pi \cdot \left(\frac{d}{2}\right)^2$

$u = 2 \cdot \pi \cdot r$ $\qquad A = \pi \cdot r^2$

Die Kreiszahl π ist keine rationale Zahl.
$\pi = 3{,}1415926535897932\ldots$

Gegeben: u = 72 cm
Gesucht: r

$$u = 2 \cdot \pi \cdot r \quad |:(2 \cdot \pi)$$
$$\frac{u}{2 \cdot \pi} = r$$
$$r = \frac{u}{2 \cdot \pi}$$
$$r = \frac{72}{2 \cdot \pi}$$
$$r \approx 11{,}5$$

Der Radius beträgt ungefähr 11,5 cm.

Gegeben: A = 480 cm²
Gesucht: r

$$A = \pi \cdot r^2 \quad |:\pi$$
$$\frac{A}{\pi} = r^2$$
$$r = \sqrt{\frac{A}{\pi}}$$
$$r = \sqrt{\frac{480}{\pi}}$$
$$r \approx 12{,}4$$

Der Radius beträgt ungefähr 12,4 cm.

TR

Kreis und Kreisteile

50

Kreisring

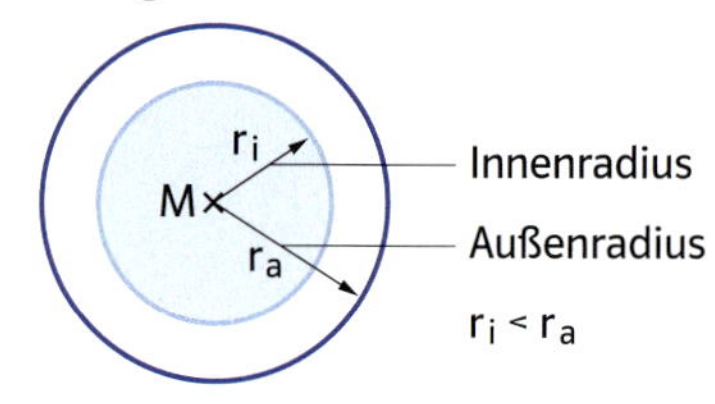

Der Flächeninhalt des Kreisrings ist die Differenz aus dem Flächeninhalt des Außenkreises und dem Flächeninhalt des Innenkreises.

Flächeninhalt: $A = \pi \cdot r_a^2 - \pi \cdot r_i^2$
$A = \pi \cdot (r_a^2 - r_i^2)$

Kreisausschnitt

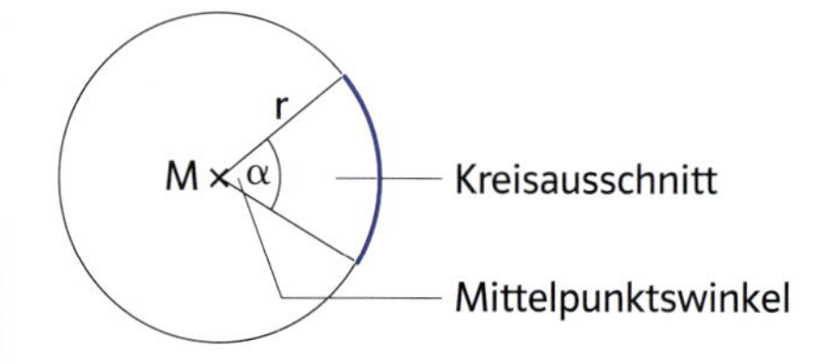

Der Flächeninhalt des Kreisausschnitts ist ein Teil des Kreisflächeninhalts.

Flächeninhalt eines Kreisausschnitts:

$$A_s = \pi \cdot r^2 \cdot \frac{\alpha}{360°}$$

Kreisbogen

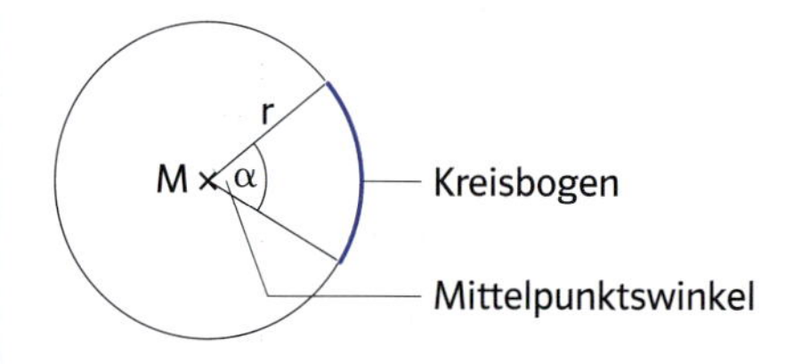

Die Länge des Kreisbogens ist ein Teil des Kreisumfangs.

Länge des Kreisbogens:

$$b = 2 \cdot \pi \cdot r \cdot \frac{\alpha}{360°}$$

7 Berechne den Flächeninhalt des Kreisrings.

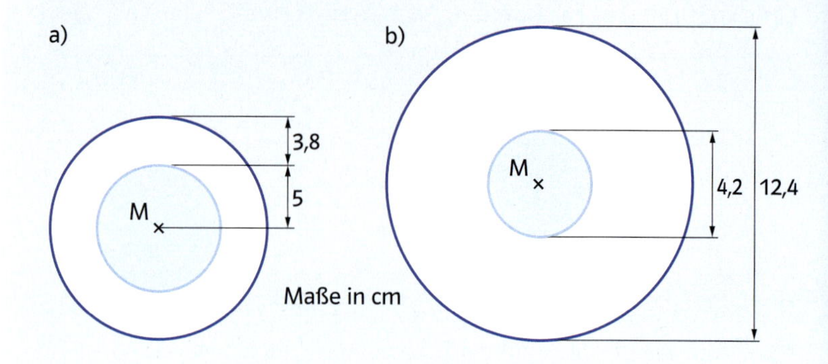

8 Der abgebildete Kreis ist in gleich große Abschnitte eingeteilt. Bestimme jeweils die Größe des Mittelpunktwinkels, den Flächeninhalt des Kreisausschnitts und die Länge des Kreisbogens.

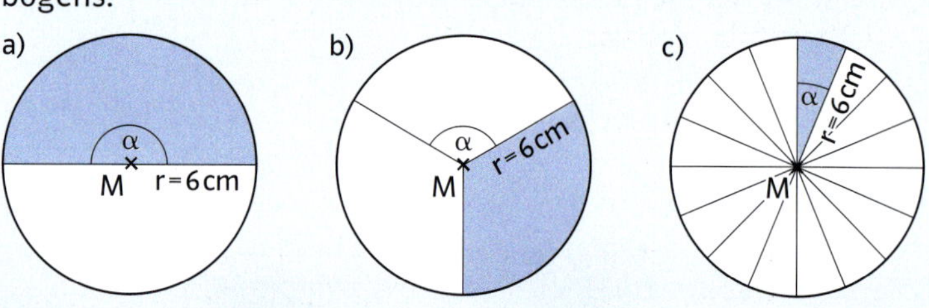

9 Berechne den Flächeninhalt des Kreisausschnitts und die Länge des Kreisbogens.

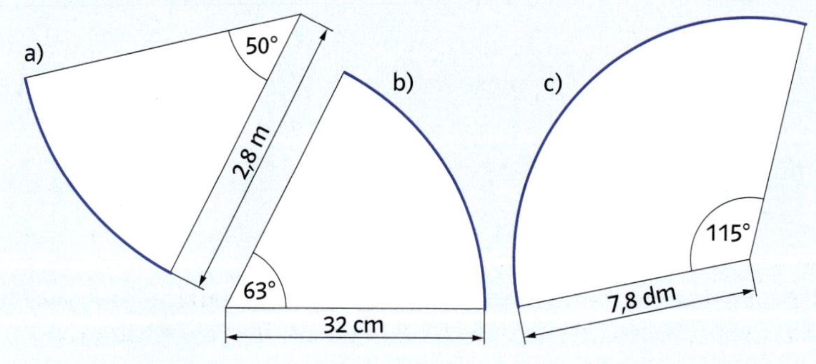

10 Ein Sportplatz soll wie abgebildet eine 5 m breite Laufbahn erhalten.
Wie viel Quadratmeter Kunststoffbahn müssen dafür verlegt werden?

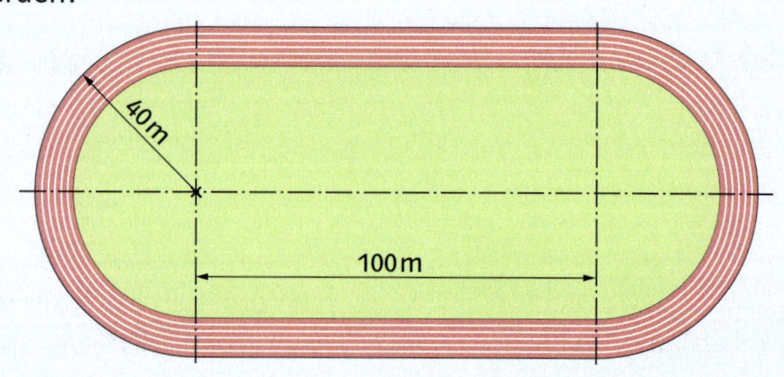

TR

1 Zeichne das Netz des Würfels. Berechne das Volumen und den Oberflächeninhalt.

a)

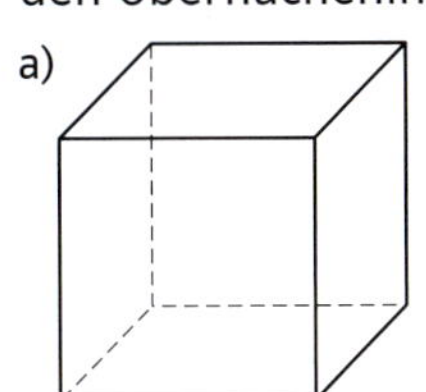

b)

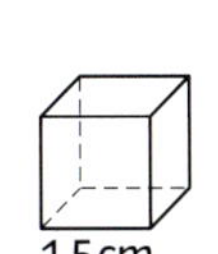

2 Berechne das Volumen und den Oberflächeninhalt eines Würfels mit der Kantenlänge 2,5 m (4,8 dm; 12,6 cm).

3 Ein Würfel hat einen Oberflächeninhalt von 37,5 dm^2 (1176 cm^2; 34,56 mm^2). Gib die Kantenlänge an.

4 Zeichne das Netz des Quaders. Berechne das Volumen und den Oberflächeninhalt.

a)

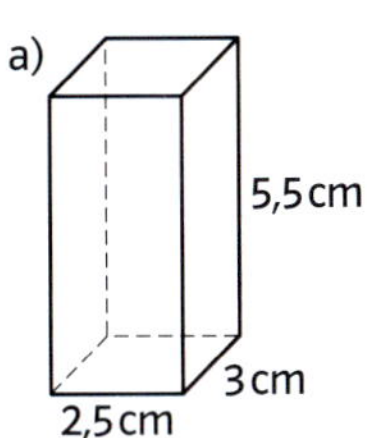

b)

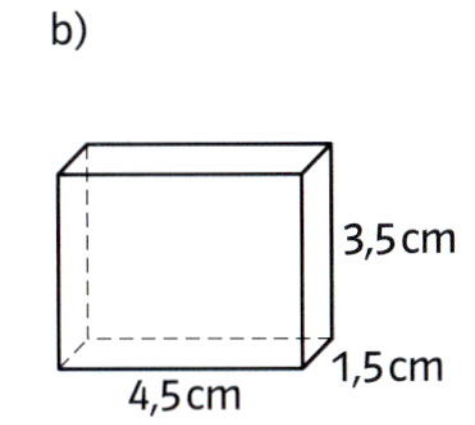

5 Berechne das Volumen und den Oberflächeninhalt des Quaders.

	a)	b)	c)
Kantenlänge a	6 cm	3 m	0,8 m
Kantenlänge b	2 cm	7 m	3,1 m
Kantenlänge c	5 cm	2 m	4,3 m

6 Ein Holzwürfel (Dichte $\varrho = 0{,}7\,\frac{g}{cm^3}$) hat eine Kantenlänge von 12 cm. Berechne die Masse des Würfels. Multipliziere dazu das Volumen mit der Dichte.

7 Ein Aluminiumquader (Dichte $\varrho = 2{,}7\,\frac{g}{cm^3}$) hat die Kantenlängen a = 6 cm, b = 8 cm und c = 24 cm. Berechne die Masse des Quaders.

8 Richard möchte das Kantenmodell eines Quaders aus Draht löten. Der Quader soll 4,5 cm lang, 3 cm breit und 2 cm hoch werden. Wie viel Zentimeter Draht braucht er mindestens für sein Modell?

9 Die Grundfläche eines quaderförmigen Aquariums ist innen 60 cm lang und 40 cm breit. Yasmin gießt zwölf Liter Wasser in das Aquarium. Wie hoch steht das Wasser im Becken?

Würfel

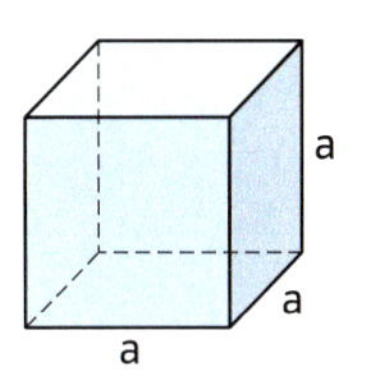

Volumen (Rauminhalt):
$V = a \cdot a \cdot a = a^3$

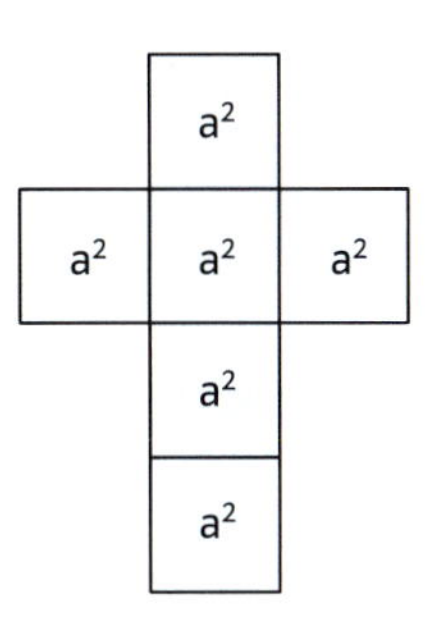

Oberflächeninhalt: $O = 6 \cdot a^2$

Quader

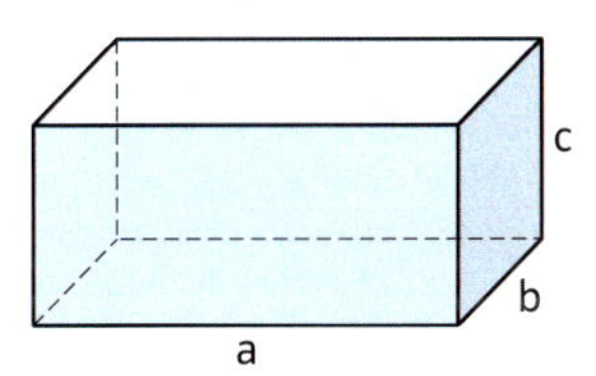

Volumen (Rauminhalt):
$V = a \cdot b \cdot c$

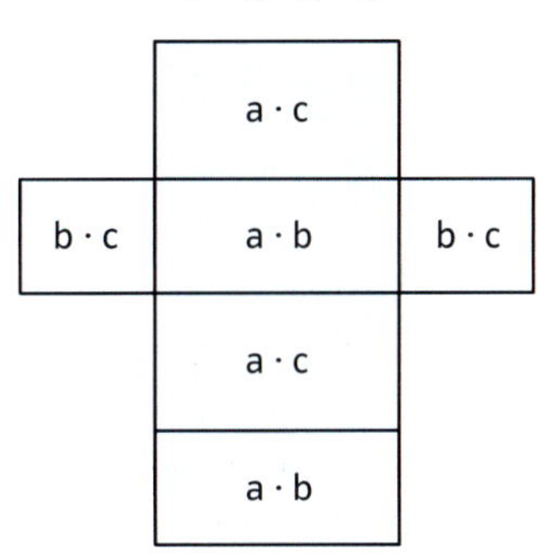

Oberflächeninhalt:
$O = 2 \cdot a \cdot b + 2 \cdot b \cdot c + 2 \cdot a \cdot c$
$O = 2 \cdot (a \cdot b + b \cdot c + a \cdot c)$

Körper

Prisma

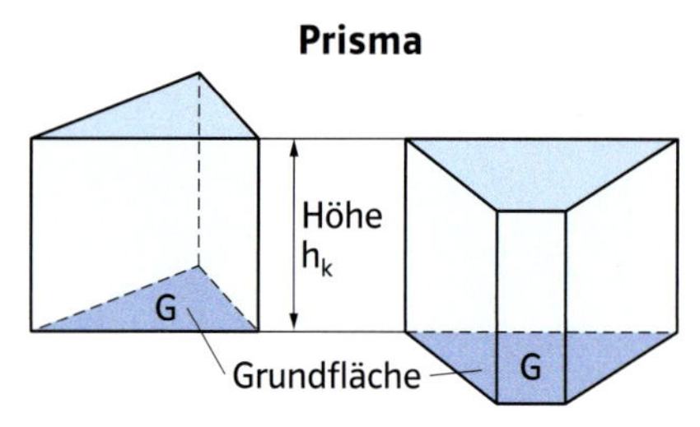

Volumen: $V = G \cdot h_k$

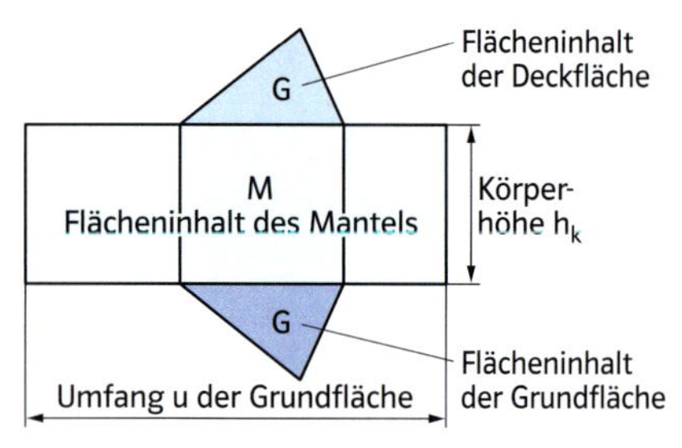

Flächeninhalt des Mantels:
$M = u \cdot h_k$

Oberflächeninhalt des Prismas:
$O = 2 \cdot G + M$

Zylinder

r
Radius
Höhe h_k
G
Grundfläche

Volumen: $V = G \cdot h_k = \pi \cdot r^2 \cdot h_k$

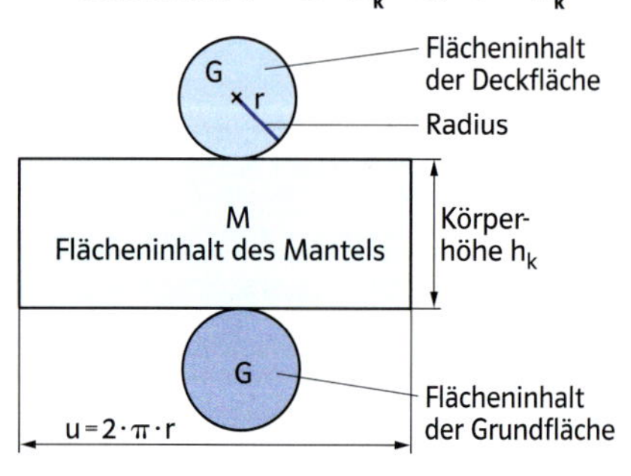

Flächeninhalt des Mantels:
$M = u \cdot h_k = 2 \cdot \pi \cdot r \cdot h_k$

Oberflächeninhalt des Zylinders:
$O = 2 \cdot G + M$
$O = 2 \cdot \pi \cdot r^2 + 2 \cdot \pi \cdot r \cdot h_k$

10 Bestimme das Volumen und den Oberflächeninhalt des Prismas.

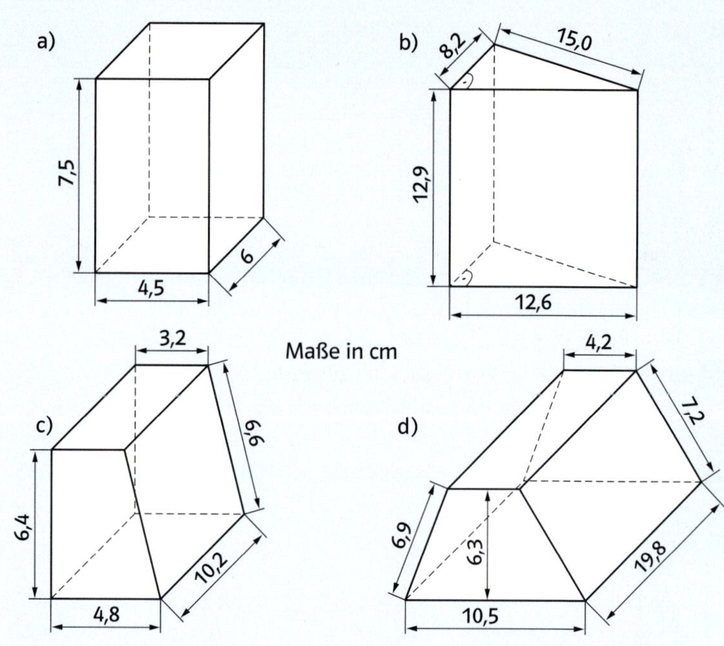

11 Berechne die fehlenden Größen eines Zylinders.

	a)	b)	c)	d)
Radius	0,5 m	18,6 cm	1 m	■
Höhe	2,5 m	42,0 cm	■	1,7 cm
Volumen	■	■	13,5 m³	30 cm³
Oberflächeninhalt	■	■	■	■

12 a) Körper A soll aus Stahl hergestellt werden. Berechne sein Volumen und seine Masse (Dichte Stahl: $\varrho = 7{,}8\ \frac{g}{cm^3}$).
b) Berechne Volumen und Oberflächeninhalt von Körper B.

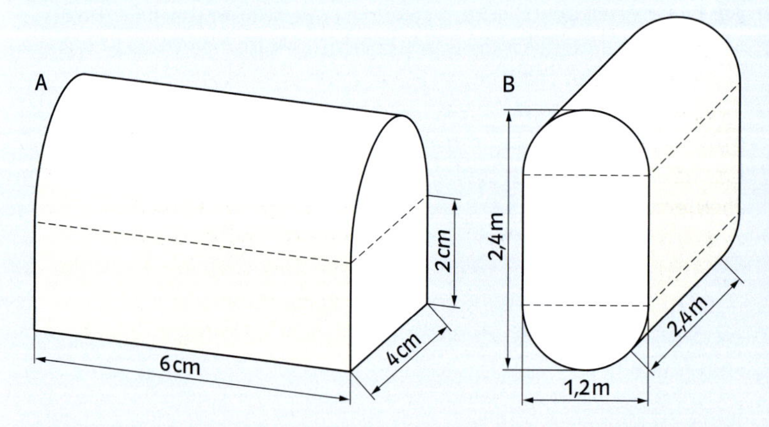

13 Wie verändert sich das Volumen eines Zylinders, wenn der Radius der Grundfläche verdoppelt wird?

14 Berechne die fehlenden Größen einer quadratischen Pyramide.

	a)	b)	c)	d)
Grundkante a	5,6 cm	2,6 dm	▪	2,4 m
Körperhöhe h_k	6,3 cm	4,1 dm	4,4 cm	▪
Seitenhöhe h_s	6,9 cm	4,3 dm	4,7 cm	3,7 m
Oberflächeninhalt	▪	▪	▪	▪
Volumen	▪	▪	16,0 cm³	6,72 m³

15 Wie hoch ist eine Pyramide mit rechteckiger Grundfläche (a = 22 cm; b = 34 cm) und einem Volumen V = 10 472 cm³?

16 Berechne das Volumen und den Oberflächeninhalt des Kegels.

a)

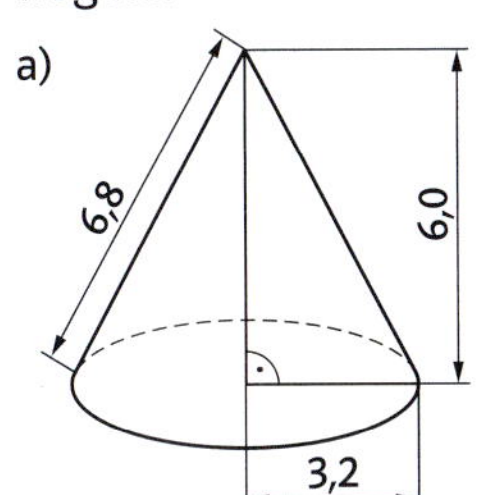

b)

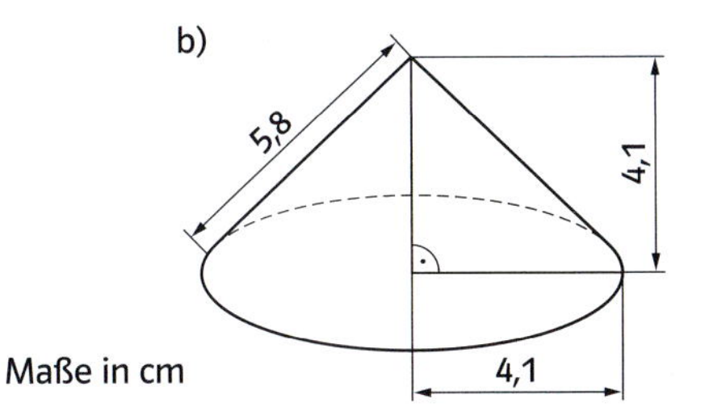

Maße in cm

17 Ein Kegel ist 1,5 m hoch. Sein Umfang beträgt 3,77 m. Berechne das Volumen des Kegels.

18 Der Radius eines kugelförmigen Fesselballons beträgt 12 m. Berechne das Volumen des Ballons.

19 a) Eine Kugel hat einen Radius von 5,6 cm. Berechne ihr Volumen und ihren Oberflächeninhalt.
b) Berechne das Volumen einer Kugel mit dem Oberflächeninhalt 8 m².

20 Auf ein Gebäude ist eine Glaskuppel aufgesetzt worden. Die Kuppel hat die Form einer Halbkugel mit dem Radius r = 10 m.
a) Berechne den umbauten Raum (das Gesamtvolumen) des Gebäudes.
b) Wie viel Quadratmeter Glas müssen eingeplant werden?
c) Berechne den Flächeninhalt der restlichen Dachfläche.

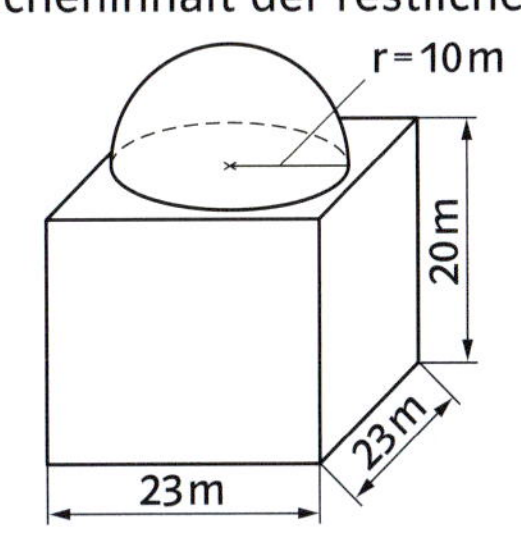

Pyramide

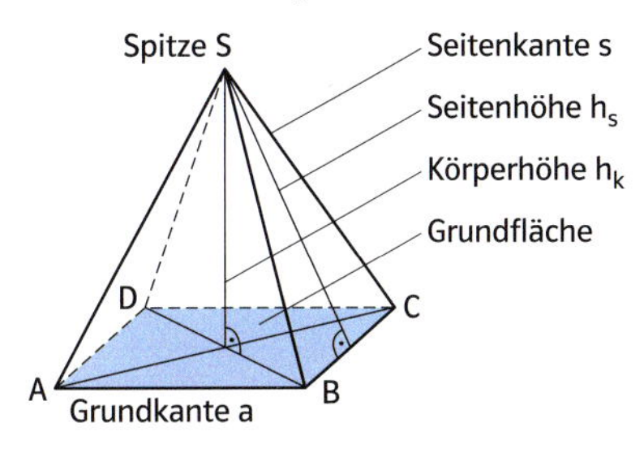

Volumen der Pyramide:
$$V = \frac{1}{3} \cdot G \cdot h_k$$

Oberflächeninhalt der Pyramide:
$$O = G + M$$

Kegel

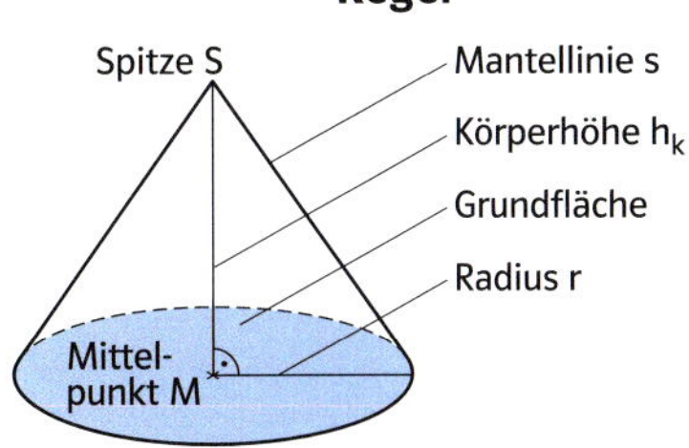

Volumen:
$$V = \frac{1}{3} \cdot G \cdot h_k = \frac{1}{3} \cdot \pi \cdot r^2 \cdot h_k$$

Flächeninhalt des Mantels:
$$M = \pi \cdot r \cdot s$$

Oberflächeninhalt des Kegels:
$$O = G + M$$
$$O = \pi \cdot r^2 + \pi \cdot r \cdot s$$

Kugel

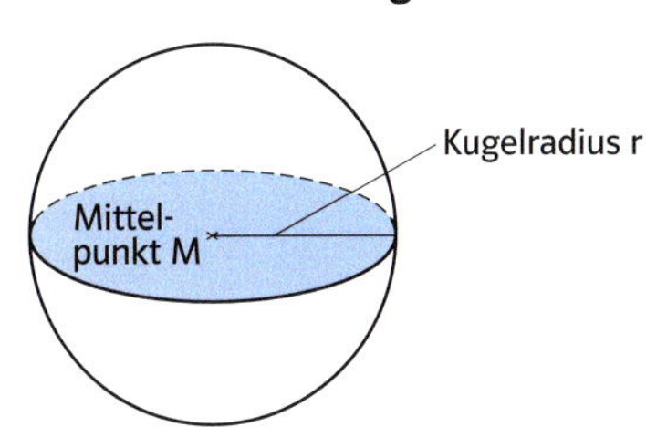

Volumen:
$$V = \frac{4}{3} \cdot \pi \cdot r^3$$

Oberflächeninhalt:
$$O = 4 \cdot \pi \cdot r^2$$

TR

Test 5: Größen, Flächen und Körper

Löse die Aufgaben im Heft. Notiere den Kennbuchstaben des Lösungsvorschlags, der mit deiner Lösung übereinstimmt.

Aufgabe		
1 Wie viel Meter sind 84 321 cm?	a b c d	843,21 84,321 8432,1 8,4321
2 Wie viel Kilometer sind 8 km 50 m?	a b c d	8,50 8,05 8,005 8,0050
3 Wie viel Quadratmeter sind 25 ha?	a b c d	2 500 25 000 250 250 000
4 Wie viel Quadratzentimeter sind 6 dm^2 280 mm^2?	a b c d	602,8 600,28 60 028 6 002,8
5 Wie viel Liter sind 2,5 m^3?	a b c d	250 2 500 25 000 25
6 Wie viel Kubikzentimeter sind 1 *l* 250 mm^3?	a b c d	1 000,25 100,025 10 000,25 100,25
7 Wie viel Kilogramm sind 7,5 t?	a b c d	75 750 7 500 75 000
8 Wie viel Gramm sind $1\frac{1}{4}$ kg?	a b c d	12 500 1 250 125 1 400
9 Wie viele Platten mit einer Länge von 20 cm und einer Breite von 10 cm werden zum Auslegen einer Fläche von 40 m^2 benötigt?	a b c d	4000 2000 400 200

Test 5: Größen, Flächen und Körper

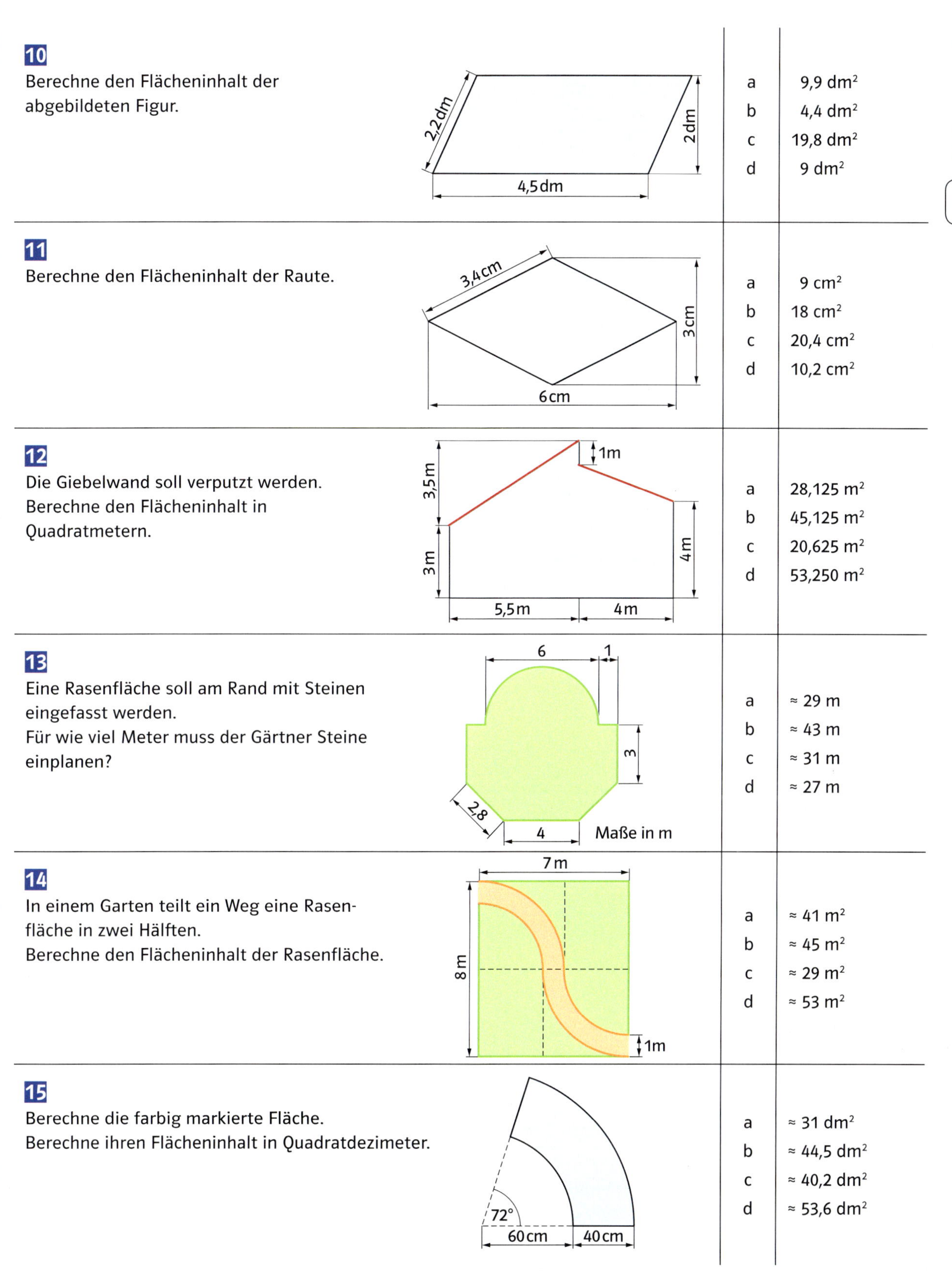

10

Berechne den Flächeninhalt der abgebildeten Figur.

a	$9{,}9\ dm^2$
b	$4{,}4\ dm^2$
c	$19{,}8\ dm^2$
d	$9\ dm^2$

11

Berechne den Flächeninhalt der Raute.

a	$9\ cm^2$
b	$18\ cm^2$
c	$20{,}4\ cm^2$
d	$10{,}2\ cm^2$

12

Die Giebelwand soll verputzt werden. Berechne den Flächeninhalt in Quadratmetern.

a	$28{,}125\ m^2$
b	$45{,}125\ m^2$
c	$20{,}625\ m^2$
d	$53{,}250\ m^2$

13

Eine Rasenfläche soll am Rand mit Steinen eingefasst werden.
Für wie viel Meter muss der Gärtner Steine einplanen?

a	≈ 29 m
b	≈ 43 m
c	≈ 31 m
d	≈ 27 m

14

In einem Garten teilt ein Weg eine Rasenfläche in zwei Hälften.
Berechne den Flächeninhalt der Rasenfläche.

a	$\approx 41\ m^2$
b	$\approx 45\ m^2$
c	$\approx 29\ m^2$
d	$\approx 53\ m^2$

15

Berechne die farbig markierte Fläche.
Berechne ihren Flächeninhalt in Quadratdezimeter.

a	$\approx 31\ dm^2$
b	$\approx 44{,}5\ dm^2$
c	$\approx 40{,}2\ dm^2$
d	$\approx 53{,}6\ dm^2$

TR

Test 5: Größen, Flächen und Körper

16
Wie viel Kubikzentimeter fasst ein Quader, der 2 m lang, 12 cm breit und 4 dm hoch ist?

a	96
b	960
c	9 600
d	96 000

17
Berechne den umbauten Raum (das Volumen) des Hauses.

a	560 m^3
b	240 m^3
c	300 m^3
d	400 m^3

18
Wie viel Quadratmeter müssen an der Hauswand verputzt werden?

a	72
b	60
c	42
d	84

19
Ein zylindrischer Wasserbehälter hat einen Radius von 92,5 cm und eine Höhe von 3 m. Wie viel Kubikmeter enthält er, wenn er zu 75 % gefüllt ist?

a	≈ 6,048
b	≈ 60,48
c	≈ 24,19
d	≈ 2,419

20
Der Dachraum eines Turmdaches hat die Form eines Kegels mit einem Durchmesser d = 4,8 m und der Höhe h = 6 m. Wie groß ist das Volumen (in m^3)?

a	≈ 36,2
b	≈ 362
c	≈ 48,3
d	≈ 483

21
Ein Betonring ist 50 cm hoch und hat einen Außendurchmesser von 80 cm. Die Wandstärke beträgt 10 cm.
Wie viel Liter Beton werden für die Herstellung benötigt?

a	≈ 251 *l*
b	≈ 141 *l*
c	≈ 110 *l*
d	≈ 85 *l*

22
Ein kegelförmiger Messbecher mit einem Durchmesser von d = 15 cm soll 500 cm^3 fassen. Wie groß muss die Mindesthöhe sein?

a	≈ 8,5
b	≈ 4,5
c	≈ 17
d	≈ 9

23
Um welchen Faktor ändert sich das Volumen eines Zylinders, wenn der Radius r und die Höhe h verdoppelt werden?

a	2
b	4
c	8
d	16

24
Die Grundfläche einer quadratischen Pyramide hat eine Seitenlänge von 12 m. Die Pyramide ist 15 m hoch. Berechne ihr Volumen.

a	720 m^3
b	2160 m^3
c	1080 m^3
d	890 m^3

zu Seite 34

1

	Maßstab	Bild	Original
a)	2 : 1	6 cm	3 cm
b)	1 : 3	0,5 cm	1,5 cm
c)	10 : 1	34 cm	3,4 cm
d)	1 : 5	0,2 m	1 m
e)	1 : 100	23 cm	23 m

2
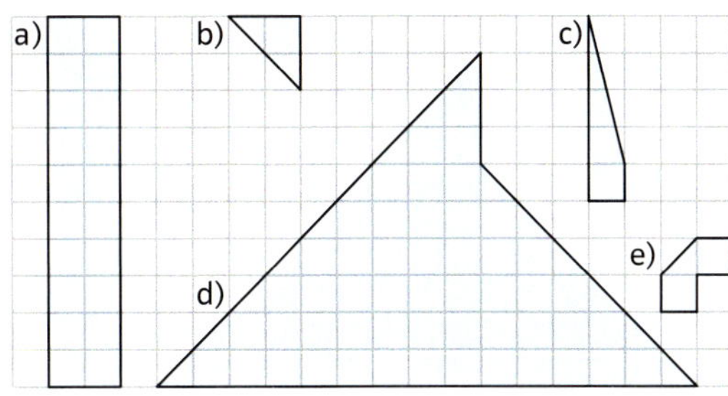

3 18,25 km

4
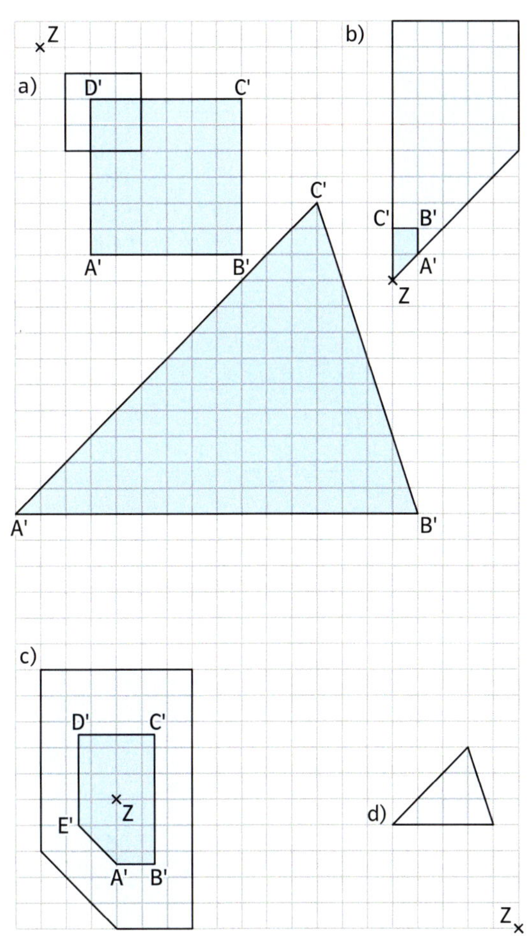

5 Flächeninhalt des Rechtecks
vorher: 20 cm²; nachher: 180 cm²

W1 f: $y = -1{,}5x$

x	−2	−1	0	1	2
f(x)	3	1,5	0	−1,5	−3

g: $y = 2x - 5$

x	−2	−1	0	1	2
f(x)	−9	−7	−5	−3	−1

W2 a) $y = 2x$ b) $y = 3x - 4$ c) $y = x^2$

W3
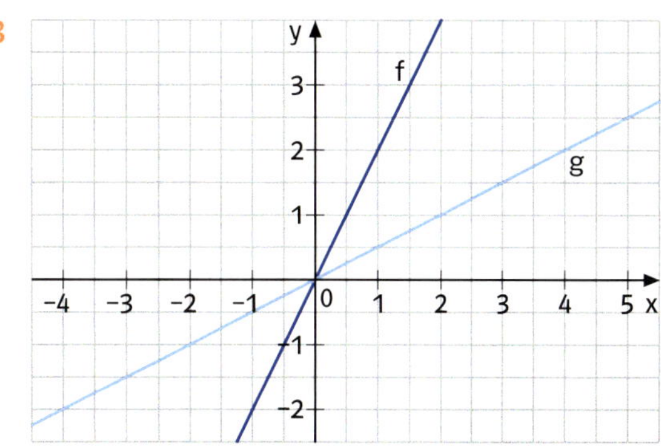

W4 f: Steigung 2; g: Steigung −1,5

zu Seite 35

1 Maßstab 1 : 16

2
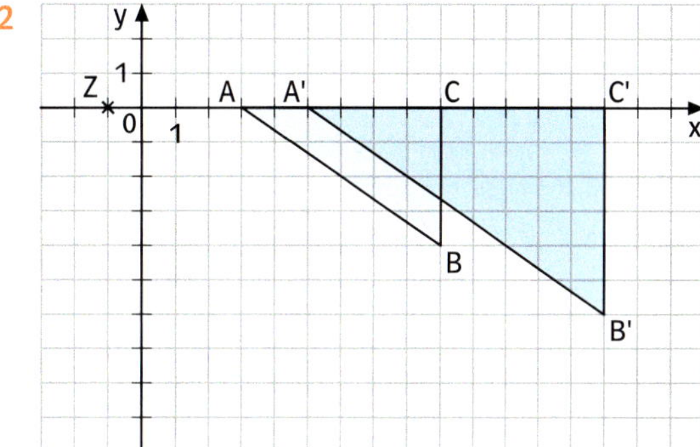

3

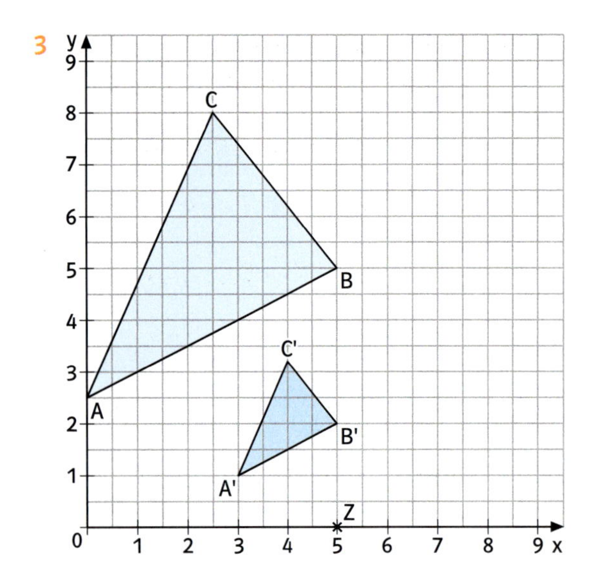

4 Flächeninhalt 12 cm^2

5 a) x = 9,8 cm b) x = 2,4 cm
c) x = 14,4 cm d) x = 12 cm
e) x = 6,25 cm f) x = 2,4 cm

6 Die Bildgröße beträgt 2,4 cm.

W1

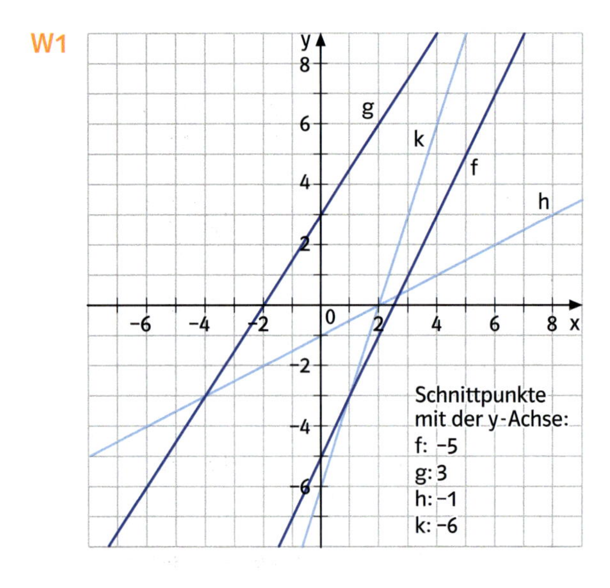

W2 a) (0|0) b) (0|− 1,5) c) (0|− 7) d) (0|0,3)

W3

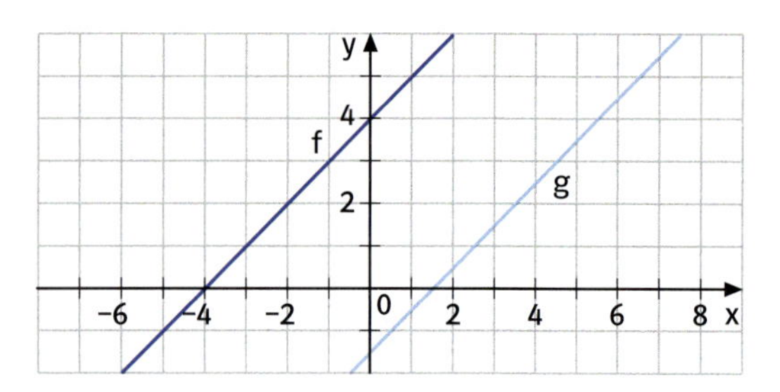

W4 f: y = − x − 2 g: y = − 2x + 3
h: y = 2x − 3 k: y = 3x − 4

zu Seite 62

1 a) 7, 14 b) 80, 90 c) 0,5, 1,8
d) 0,06, 0,12 e) $\frac{1}{2}$, $\frac{3}{5}$ f) $\frac{9}{11}$, $2\frac{1}{2}$

2 Es gibt keine rationale Zahl, deren Quadrat 7 ist. Die Maßzahl für den Flächeninhalt liegt zwischen 4 und 9, also liegt die Maßzahl für die Seitenlänge zwischen 2 und 3.

3 a) $6 < \sqrt{39} < 7$ b) $7 < \sqrt{55} < 8$ c) $12 < \sqrt{151} < 13$

4 70 cm

5 28 cm

6 a) 6, 9 b) 3, 7 c) 3, 12 d) 5, 9

7 a) $15\sqrt{2} + 14\sqrt{7}$ b) $14\sqrt{5} - 14\sqrt{3}$ c) $12\sqrt{11} - \sqrt{6}$

8 a) 40, 2, 33 b) 6, 9, 20

9 a) $5\sqrt{3}$, $10\sqrt{7}$ b) $4\sqrt{5}$, $11\sqrt{3}$

W1 Parallelogramm: A = 10 cm^2
Trapez: A = 5 cm^2
Dreieck: A = 5 cm^2

W2 A = 48 cm^2

W3 255 €

Lösungen zu den Lernkontrollen

zu Seite 63

1 a) 17 b) 27 c) 0,7 d) 2,5 e) 0,08 f) 0,011

2 a) $2 < \sqrt{5} < 3$, denn $4 < 5 < 9$
$2{,}2 < \sqrt{5} < 2{,}3$, denn $4{,}84 < 5 < 5{,}29$
$2{,}23 < \sqrt{5} < 2{,}24$, denn $4{,}9729 < 5 < 5{,}0176$
b) $2{,}236 < \sqrt{5} < 2{,}237$

3 a) 42 b) 71

4 a) $x_1 = 5$ $y_1 = 7$
$x_2 = 6$ $y_2 = 5{,}8\overline{3}$
$x_3 = 5{,}91\overline{6}$ $y_3 \approx 5{,}9155$
$x_4 \approx 5{,}9161$

5 $4{,}123105626^2$ ist eine rationale Zahl mit 18 Stellen nach dem Komma, deren letzte Ziffer eine 6 ist.

6 Flächeninhalt des Quadrats ACEF: 8 cm²
Seitenlänge des Quadrats ACEF: $\sqrt{8}$ cm

7 rationale Zahlen: $\sqrt{9}, \sqrt{2{,}25}, \sqrt{0{,}04}, \sqrt{1{,}21}, \sqrt{\frac{1}{4}}, 2 + \sqrt{1}$
irrationale Zahlen: $\sqrt{7}, \sqrt{11}, \sqrt{0{,}4}, \sqrt{\frac{1}{2}}, 1 + \sqrt{2}$

8 a) 21 b) 30

9 a) wahr b) falsch c) falsch

10 a) $D = \{x \in \mathbb{R} \mid x \geq 3\}$ b) $D = \{x \in \mathbb{R} \mid x \geq -4\}$

11 $x = 8$

W1 obere Teilfläche: 24 700 m²
untere Teilfläche: 22100 m²

W2 1,26 kg

zu Seite 98

1 a) S (−1 | 2,5) b) S (4 | −2,5)
c) S (−3 | 3,5) d) S (−2 | −3)

2 a) L = {(4 | 23)} b) L = {(12,5 | 11)}
c) L = {(−11,5 | 8,5)} d) L = {(−13,4 | 7,6)}

3 a) L = {(−11 | 14)} b) unendl. viele Lsg.
c) L = {(−5,5 | 6,5)} d) L = { }

4 a) Die erste Zahl ist 25, die zweite −10.
b) Die erste Zahl ist 3, die zweite 4.

5 Die Länge beträgt 52,5 cm, die Breite 37,5 cm.

6 Ein Joghurt kostet 0,40 €, ein Brötchen 0,50 €.

W1 a)

Ergebnis	relative Häufigkeit
rot	0,36
schwarz	0,18
grün	0,46

b)

Ergebnis	erwartete relative Häufigkeit
rot	0,3
schwarz	0,2
grün	0,5

W2 a) $P(\text{rot}) = \frac{1}{6}$; $P(\text{weiß})\ \frac{2}{6} = \frac{1}{3}$; $P(\text{blau})\ \frac{3}{6} = \frac{1}{2}$
b) $P(1) = P(2) = P(3) = \ldots = P(11) = P(12) = \frac{1}{12}$
c) $P(\text{rot}) = 0{,}3$; $P(\text{gelb}) = 0{,}4$; $P(\text{grün}) = 0{,}2$; $P(\text{weiß}) = 0{,}1$
d) $P(\text{Niete}) = 0{,}98$; $P(\text{Gewinn}) = 0{,}02$

zu Seite 99

1 a) L = {(−22 | 26)} b) L = {(12,4 | −6,8)}
c) L = {(−3,4 | −4,6)} d) L = {(−15,2 | 9,4)}

2 a) L = { } b) L = {(−19 | 26)}
c) $L = \{(0 \mid \frac{2}{3})\}$ d) $L = \{(\frac{2}{3} \mid -\frac{1}{3})\}$

3 Die längere Seite ist 13,5 cm lang, die kürzere 10,5 cm.

4 Die ursprüngliche Länge beträgt 36 m, die ursprüngliche Breite 20 m.

5 Für 100 BRL werden 36,60 € berechnet, für 100 ARS 25,40 €.

6 10 Typ A; 70 Typ B; maximaler Gewinn: 3800 €

W1

Farbe	insgesamt 20 Kugeln	insgesamt 50 Kugeln	insgesamt 250 Kugeln
weiß	4	10	50
schwarz	6	15	75
rot	8	20	100
blau	2	5	25

W2 E_1 = {3, 6, 9, 12, 15, 18, 21, 24, 27, 30, 33, 36, 39, 42, 45},
$P(E_1) = \frac{15}{45} = \frac{1}{3}$
E_2 = {5, 10, 15, 20, 25, 30, 35, 40, 45}, $P(E_2) = \frac{9}{45} = \frac{1}{5}$
E_3 = {37}, $P(E_3) = \frac{1}{45}$ E_4 = {1, 2, …, 45}, $P(E_4) = 1$
E_5 = { }, $P(E_5) = 0$ E_6 = {9, 18, 27, 36, 45}, $P(E_6) = \frac{5}{45} = \frac{1}{9}$
E_7 = {15, 30, 45}, $P(E_7) = \frac{3}{45} = \frac{1}{15}$
E_8 = {1, 2, 3, 4, 5, 6, 7, 8, 10, 11, 12, 13, 14, 15, 16, 17, 19, 20, 21, 22, 23, 24, 25, 26, 28, 29, 30, 31, 32, 33, 34, 35, 37, 38, 39, 40, 41, 42, 43, 44}, $P(E_8) = \frac{40}{45} = \frac{8}{9}$

zu Seite 120

1 a) ja b) nein c) ja d) ja

2 a) b = 8 cm b) c = 21,6 m

3 6,60 m

4 a = 12 cm A = 75,6 cm²

7 d ≈ 41,6 cm

8 90 m

W1 a) z.B. – 0,71; – 0,73; – 0,75; – 0,77; – 0,79
b) – 19; – 18; – 16; – 15; – 14; – 13; – 12; – 11; – 10

W2 a) > b) = c) <

W3 a) $98 > 58 > 42 > 29 > 7 > 0 > -3 > -5 > -7 > -12 > -32 > -53$
b) $10{,}01 > 1{,}001 > 0{,}011 > -0{,}101 > -10{,}01 > -10{,}1 > 11$
c) $5{,}34 > \frac{32}{6} > \frac{36}{7} > 4{,}329 > -5{,}184 > -\frac{21}{4} > -\frac{51}{8} > -\frac{20}{3} > -7{,}83$

W4 a) 16 b) 1

W5 A (0|0), B (3|0), C (0|2), D (2|2), E (– 1,5|5), F (– 4|2), G (– 2|2), H(– 5|0), I (– 2|0), K (– 6|– 2), L (– 2|– 2), M (– 2|– 4), N (0|– 4),

W6 Sechseck

zu Seite 121

1 h = 0,7 m; A = 1,68 m²

2 Breite: 8,5 m A = 374 m² 5610 Ziegel

3 ≈ 6,29 m

4 s ≈ 31,9 km

5 Breite: 6,5 m A = 54,6 m² A = 61,152 m² 5503,68 €

6 1850 m

7 a) b ≈ 13,4 m q ≈ 10 m p = 8 m h_c ≈ 8,9 m
b) c = 10 m h_c ≈ 4,6 m a ≈ 8,4 m b ≈ 5,5 m

8 –

W1 a) 14; 27; 124; – 36 b) – 10; – 162; – 140; – 31
c) – 2,2; 11,2; – 2,5; – 3,2

W2 a) – 46; – 53; – 55; – 133 b) 367; – 4; – 3,8; 13,5

W3 a) – 55; – 96; 105; – 39 b) 90; – 56; 360; – 165

W4 a) – 3; 8; – 16; – 6 b) 7; – 6; – 2,5; – 3,6
c) 21; – 8; – 17; – 24

W5 a) – 4,5; 14; – 2,1; 2 b) – 0,5; 0,9; – 0,3; 0,3
c) 10,5; – 6; – 4; – 120

W6 a) – 369; 264; 31,2; – 72 b) – 182; 44; 0; – 608

zu Seite 146

1 V ≈ 2968,805 m³; O ≈ 1145,11 m²

2 V ≈ 344,064 m³; O ≈ 752,62 m²

3 V ≈ 314,16 cm³; O ≈ 282,74 cm²
V ≈ 1758,89 m³; O ≈ 977,19 cm²

4 V ≈ 65,4 cm³; O ≈ 78,5 cm²

5 r ≈ 1,50 m; V ≈ 5,42 cm³

6 V ≈ 460 ml

7 M = 49,68 m²; 12 420 €

8 V ≈ 3 053 628 *l*; m ≈ 545,072 kg

W1 a) 15x + 121 b) 6a + 10 b c) – 2x – 4

W2 a) 13 (r + p); 21 (x – y); 1,2 (a –b)
b) 4 (x + 3y + 4z); 3 (2a + 3b – 4c); 5 (3x + 4y – 5z)

Lösungen zu den Lernkontrollen

W3 a) $x^2 + 3x - 10$; $-a^2 - 4a - 32$; $-w^2 + 9w + 70$
b) $24a^2 - 44a - 40$; $20c^2 - 75cd + 35d^2$; $63x^2 + 180x + 108$

W4 a) $32a^2 - 100ab - 52ac + 52b^2 + 40bc + 6c^2$
b) $4x^2 + 2xy - 2xz - 12y^2 + 38yz - 30z^2$
c) $-6p^2 - 8pq - 19pr + 30q^2 - 76qr + 11r^2$

W5 a) $m^2 + 2mn + n^2$; $a^2 - 2ac + c^2$; $a^2 + 12a + 36$
b) $16 + 8r + r^2$; $o^2 + 2op + p^2$; $v^2 - 28v + 196$
c) $y^2 - 81$; $49 - x^2$; $a^2 - 25$

W6 a) $(a - 8b)^2$ b) $(v + 6z)^2$ c) $(2c - 4x)^2$

W7 a) $z^2 - 10z + 25$; $m^2 + 24m + 144$; $b^2 - 20b + 100$
b) $4a^2 - 16a + 16$; $9v^2 + 42v + 49$; $169 - 26m + m^2$

W8 a) $-4x - 2$ b) $-100q^2$ c) $2r^2 - 142s^2$

zu Seite 147

1 $m \approx 6{,}990$ kg

2 $d_i \approx 6{,}33$ m

3 $h_s = 39$ m; $V = 22778{,}496\ m^3$; $O = 5840{,}64\ m^2$

4 $V_{Rest} \approx 5072{,}72\ cm^3$; $\approx 47{,}6\,\%$

5 a) $h_k = 48$ cm; $V \approx 3852{,}03\ cm^3$; $O \approx 2814{,}87\ cm^2$
b) $r = 4$ m; $V \approx 160{,}85\ m^3$; $O \approx 180{,}96\ m^2$

6 $r \approx 5{,}0$ cm; $V \approx 523{,}60\ cm^3$

7 555 Kugeln

8 $r = 100$ mm $= 10$ cm; $V \approx 17\,592{,}91\ cm^3$; $m \approx 124\,909{,}7$ g

W1 a) 6; 7; 9 b) 13; 8; 16

W2 a) 3 b) 7 c) 5

W3 a) 3; 8 b) 6; −2

W4 a) −5 b) 7 c) −11

W5 a) 13 b) 15 c) 26

W6 Frau Darms: 4800 €; Frau Schulte: 6400 €;
Frau Hasse: 9600 €

W7 $a = 55$ m; $b = 130$ m

W8 $\alpha = 88°$; $\beta = 63°$, $\gamma = 29°$

zu Seite 164

1 a) 100 000; 10 000 000 b) 3000; 80 000 c) 2 400 000; 550 000
d) 31 100; 1050 e) 0,01; 0,00001 f) 0,00002; 0,005
g) 0,025; 0,000072 h) 0,00000155; 0,0000000485

2 a) 10^5; 10^7 b) $3 \cdot 10^5$; $4 \cdot 10^6$ c) $4{,}5 \cdot 10^7$; $1{,}5 \cdot 10^8$ d) $1{,}44 \cdot 10^6$; $5{,}89 \cdot 10^7$

3 $5{,}5\ \frac{t}{m^3}$

4 a) $4{,}293 \cdot 10^{10}$ t b) $5{,}235 \cdot 10^2$ t

5 a) $8{,}36 \cdot 10^{13}$ km b) $5{,}7 \cdot 10^{15}$ km

6 $3 \cdot 10^{-6}$ m $= 0{,}000003$ m

7 0,0000004 m

W1 a) $\frac{35}{100} = 35\,\%$ b) $\frac{75}{100} = 75\,\%$ c) $\frac{40}{100} = 40\,\%$

W2 a) $\frac{23}{100} = 23\,\%$ b) $\frac{86}{100} = 86\,\%$ c) $\frac{16}{100} = 16\,\%$ d) $\frac{30}{100} = 30\,\%$

W3 3 Liter

W4 85 %

W5 150 Plätze

W6 48 €

zu Seite 165

1

Castor	$4{,}75 \cdot 10^{14}$ km
Regulus	$7{,}41 \cdot 10^{14}$ km
Alioth	$7{,}695 \cdot 10^{14}$ km
Antares	$5{,}738 \cdot 10^{15}$ km
Arcturus	$3{,}4865 \cdot 10^{14}$ km

2
N $7 \cdot 10^{-11}$ m
Ag $1{,}44 \cdot 10^{-10}$ m
S $1{,}04 \cdot 10^{-10}$ m
Cl $9{,}9 \cdot 10^{-11}$ m
Ca $1{,}97 \cdot 10^{-10}$ m

3
a) 10^{11}, 10^{2}
b) 10^{-10}, 10^{-6}
c) 10^{5}, 10^{-8}
d) 10^{-3}, 10^{7}
e) 10^{3}, 10^{2}
f) 10^{4}, 10

4
a) 0,034 mm; 0,00056 mm
b) 0,0005 g; 0,01 mg
c) 4 510 000 W; 500 MW
d) 8 860 000 t; 0,181 Mt

5
a) $4{,}053 \cdot 10^{5}$ Pa; $1{,}519875 \cdot 10^{5}$ Pa
b) $3{,}03975 \cdot 10^{4}$ Pa; $7{,}599375 \cdot 10^{4}$ Pa

6 800 m^3

7
a) $m_M : m_E \approx 0{,}11$; $V_M : V_E \approx 0{,}15$
b) $\varrho_M \approx \frac{4\,kg}{dm^3}$ $\varrho_E \approx 5{,}5\,\frac{kg}{dm^3}$; $\varrho_M : \varrho_E \approx 0{,}7 = 70\,\%$

W1
a) 6 g, 5 g, 20 g
b) 50 %, 20 %, 12 %
c) 200 €, 600 €, 50 €
d) 10 %, 5 %, 80 %
e) 72 *l*, 90 *l*, 200 *l*

W2 2990 €

W3 41,70 €

W4 1475,60 €

Lösungen zu den Tests

Test 1: Rechnen mit Brüchen und Dezimalzahlen

1c 2d 3a 4c 5b 6b 7a 8d 9d
10a 11b 12c 13c 14d 15b 16d

Test 2: Zuordnungen

1a 2d 3c 4b 5c 6c 7b 8d 9d

Test 3: Prozent- und Zinsrechnung

1a 2c 3b 4c 5b 6a 7a 8c 9b

Test 4: Terme und Gleichungen

1a 2d 3b 4a 5b 6b 7c 8d 9a 10b
11d 12c 13c 14a 15b 16a

Test 5: Größen, Flächen und Körper

1a 2b 3d 4a 5b 6a 7c 8b 9b 10d
11a 12b 13d 14b 15c 16d 17d 18a 19a 20a
21c 22a 23c 24a

Formeln und Gesetze

Prozentrechnung

Berechnen des Prozentsatzes $p\,\% = \frac{W \cdot 100}{G}\,\%$

Berechnen des Prozentwertes $W = \frac{G \cdot p}{100}$

Berechnen des Grundwertes $G = \frac{W \cdot 100}{p}$

Zinsrechnung

Berechnen des Zinssatzes $p\,\% = \frac{Z \cdot 100}{K}\,\%$

Berechnen der Jahreszinsen $Z = \frac{K \cdot p}{100}$

Berechnen des Kapitals $K = \frac{Z \cdot 100}{p}$

Berechnen der Tageszinsen $Z = \frac{K \cdot p}{100} \cdot \frac{n}{360}$

Rationale Zahlen

Kommutativgesetz	$a + b = b + a$	$a \cdot b = b \cdot a$
Assoziativgesetz	$a + (b + c) = (a + b) + c$	$a \cdot (b \cdot c) = (a \cdot b) \cdot c$
Distributivgesetz	$a \cdot (b + c) = a \cdot b + a \cdot c$	$a \cdot (b - c) = a \cdot b - a \cdot c$

Beschreibende Statistik

relative Häufigkeit $= \frac{\text{absolute Häufigkeit}}{\text{Anzahl der Daten}}$

arithmetisches Mittel $\bar{x} = \frac{\text{Summe aller Daten}}{\text{Anzahl der Daten}}$

mittlere lineare Abweichung $\bar{s} = \frac{\text{Summe der Abweichung von } \bar{x}}{\text{Anzahl der Daten}}$

Maximum: größter Wert der geordneten Urliste

Minimum: kleinster Wert der geordneten Urliste

Spannweite: Differenz zwischen dem größten und kleinsten Wert der geordneten Urliste

Geometrie

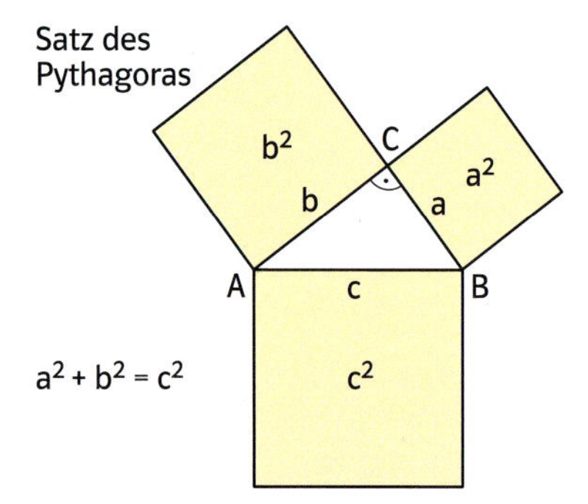

Höhensatz

C
h_c^2
h_c
q
p
A
D
B
$p \cdot q$

$h_c^2 = p \cdot q$

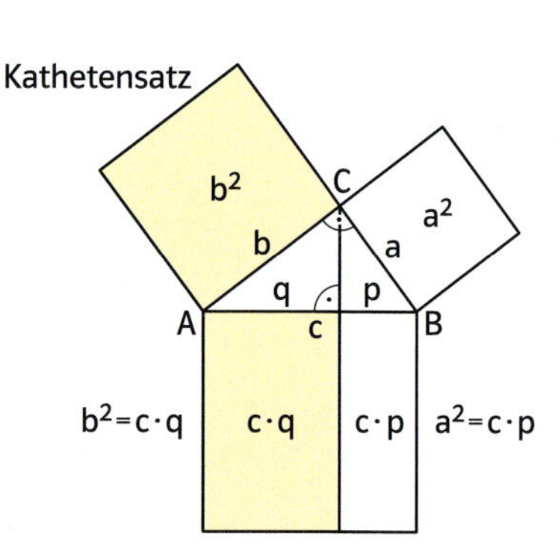

Rechteck

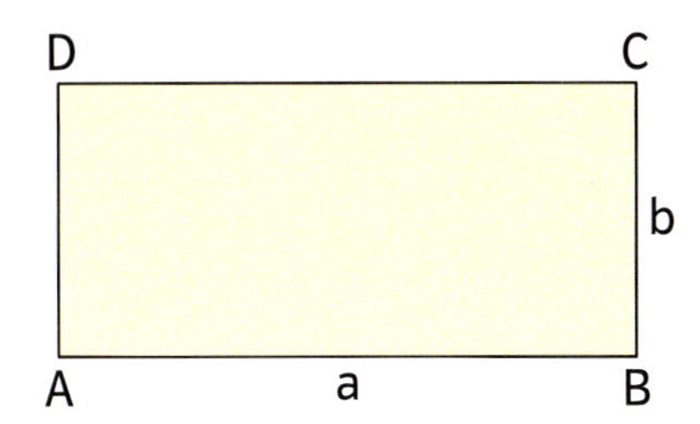

Quadrat

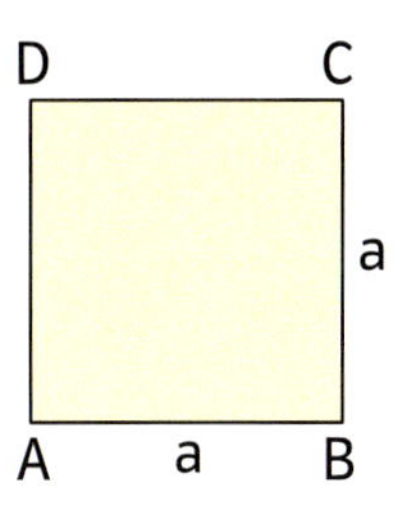

	Rechteck	Quadrat
Flächeninhalt:	$A = a \cdot b$	$A = a^2$
Umfang:	$u = 2a + 2b$ $u = 2(a + b)$	$u = 4a$

Parallelogramm

$A = g \cdot h$

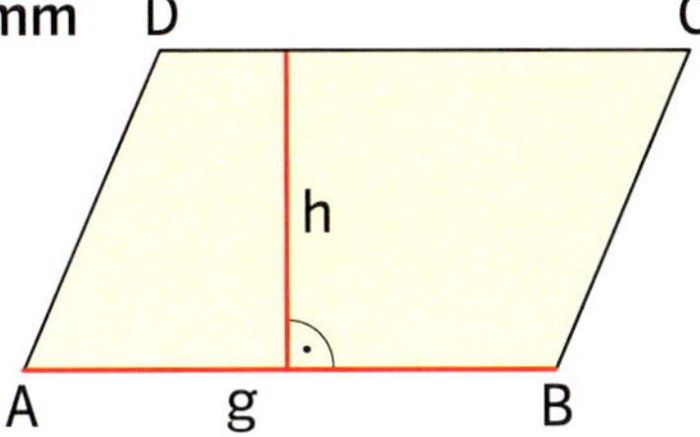

Dreieck

$A = \frac{g \cdot h}{2}$

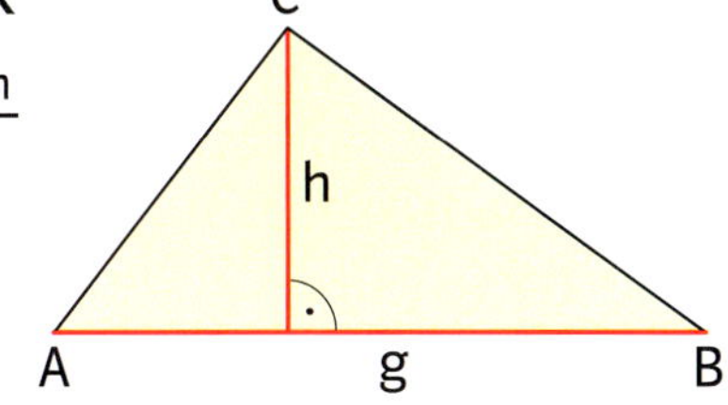

Trapez

$A = \frac{(a + c) \cdot h}{2}$

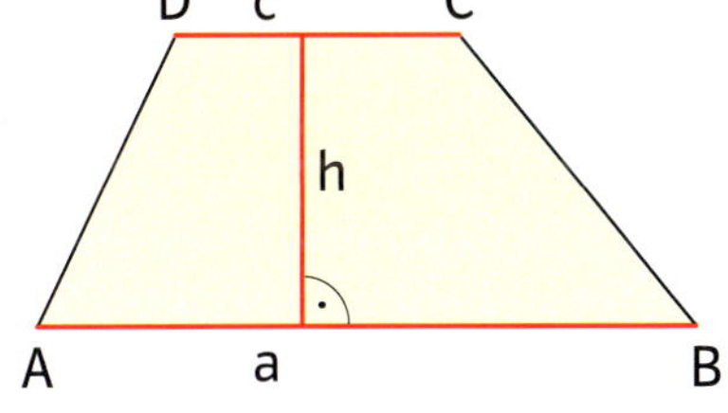

Drachen

$A = \frac{e \cdot f}{2}$

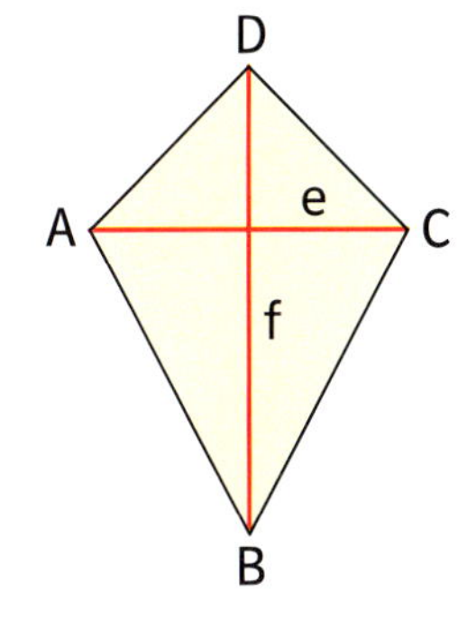

Raute

$A = \frac{e \cdot f}{2}$

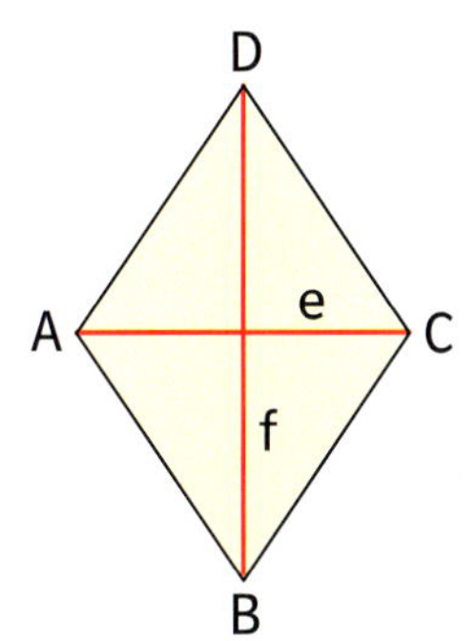

Kreis

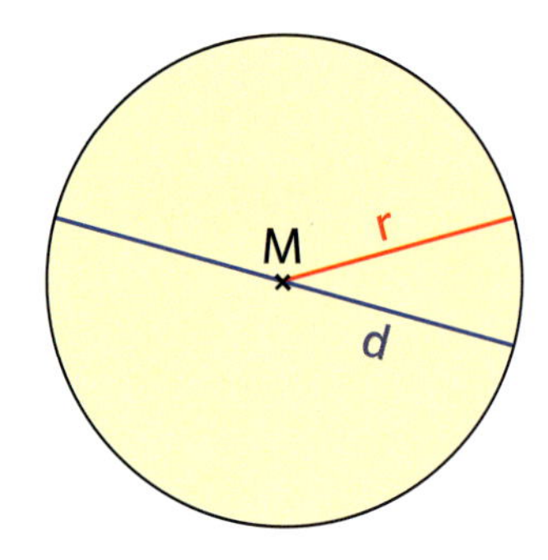

M

$d = 2r$

u

Flächeninhalt: $A = \pi \cdot r^2$

$A = \pi \cdot (\frac{d}{2})^2$

Umfang: $u = \pi \cdot d$

$u = 2 \cdot \pi \cdot r$

Quader

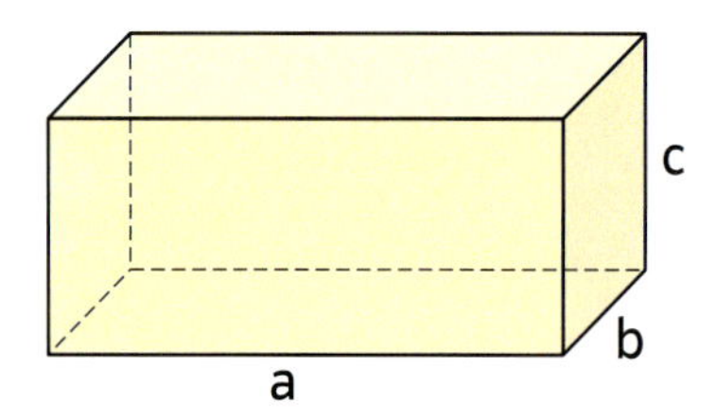

Oberflächeninhalt: $O = 2ab + 2bc + 2ac$

$O = 2\,(ab + bc + ac)$

Volumen: $V = a \cdot b \cdot c$

Würfel

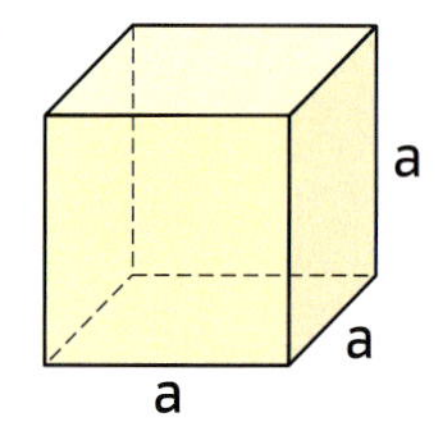

$O = 6a^2$

$V = a^3$

Prismen

$O = 2 \cdot G + M$

$V = G \cdot h_k$

$M = u \cdot h_k$

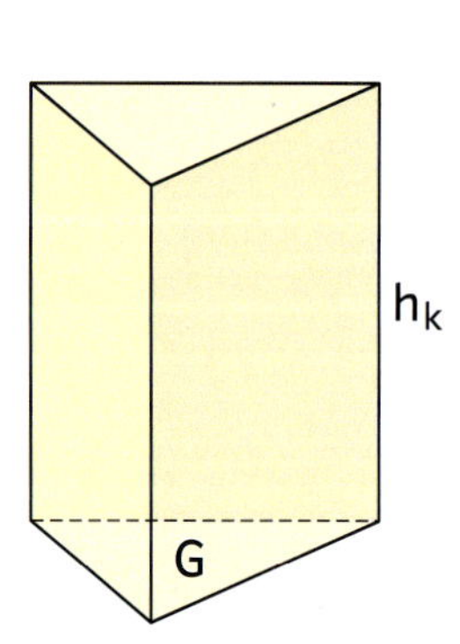

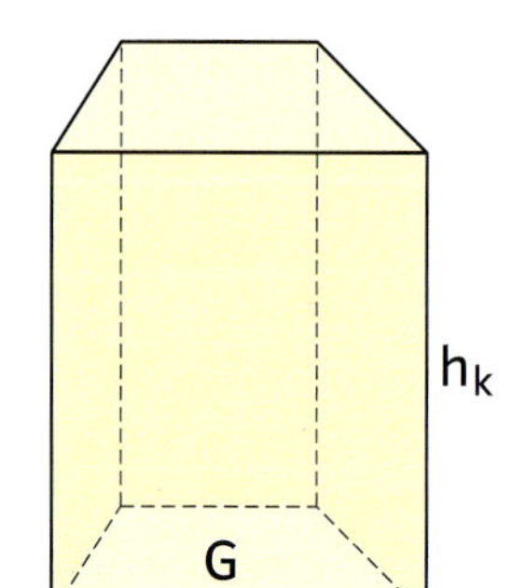

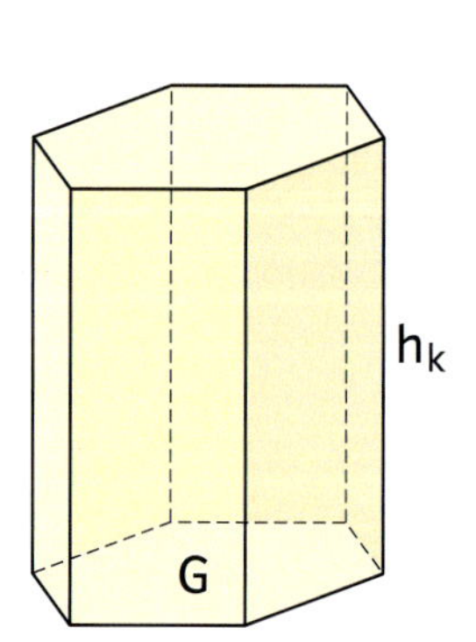

Zylinder

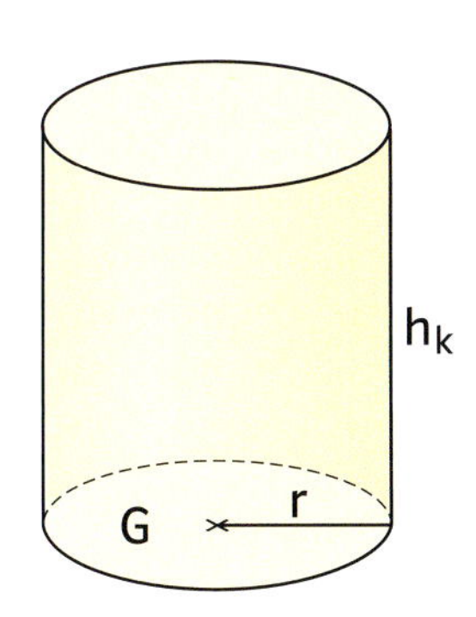

Oberflächeninhalt: $O = 2 \cdot G + M$

$O = 2 \cdot \pi \cdot r^2 + 2 \cdot \pi \cdot r \cdot h_k$

$O = 2 \cdot \pi \cdot r \cdot (r + h_k)$

Volumen: $V = G \cdot h_k$

$V = \pi \cdot r^2 \cdot h_k$

Pyramide

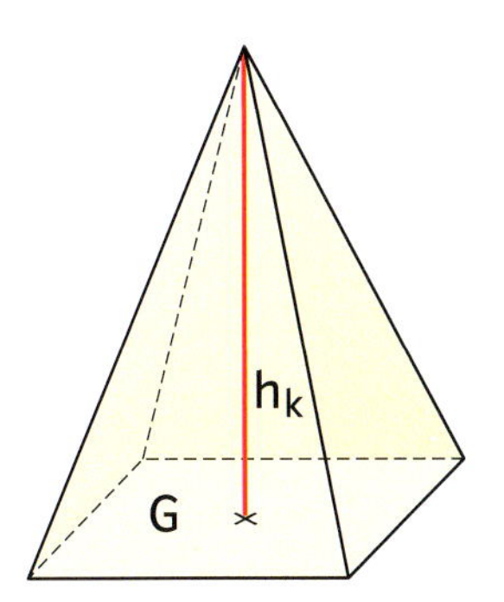

Oberflächeninhalt: $O = G + M$

Volumen: $V = \frac{1}{3} \cdot G \cdot h_k$

Kegel

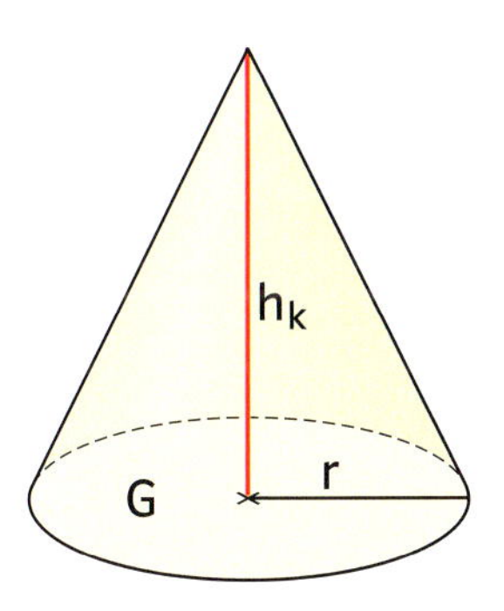

Kegelmantel: $M = \pi \cdot r \cdot s$

Oberflächeninhalt: $O = G + M$

$O = \pi \cdot r^2 + \pi \cdot r \cdot s$

$O = \pi \cdot r \cdot (r + s)$

Volumen: $V = \frac{1}{3} \cdot G \cdot h_k$

$V = \frac{1}{3} \cdot \pi \cdot r^2 \cdot h_k$

Kugel

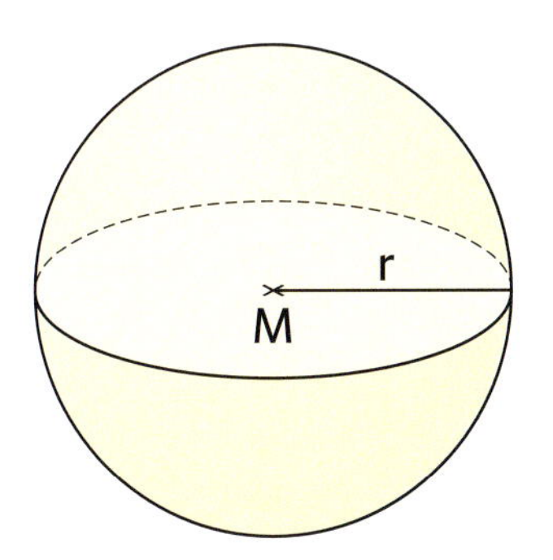

Oberflächeninhalt: $O = 4 \cdot \pi \cdot r^2$

Volumen: $V = \frac{4}{3} \cdot \pi \cdot r^3$

Bildquellennachweis

Your Photo Today / A1PIX, Taufkirchen: 152.2 (PHN)
akg-images, Berlin: 101.1
Alamy: 174.1a (© Wildscape), 174.1b (Catherine Esmeralda), 175.1 (H. Mark Weidman Photography)
Astrofoto, Sörth: 5.3, 149.1, 150.5, 151.7a/b, 160.4 (NASA)
AUTO Bild, Hamburg: 71.6 (Lindlahr), 71.8b (Bader)
Autorenteam Hannover (ATH): 93.2
Bildagentur Huber, Garmisch-Partenkirchen: 5.2, 128.1b
Bildarchiv Preußischer Kulturbesitz (bpk), Berlin: 28.1, 122.1
Blickwinkel, Witten: 160.2 (H. Schmidbauer)
Hans Blossey, Hamm: 161.12
Ulrich Brinkhoff, Greven: 92.4M
Burligh Instruments GmbH, Pfungstadt: 153
Caro, Berlin: 40.1 (Sorge), 132.2 (Preuss)
Casio Europe GmbH, Norderstedt: 197
Corbis, Düsseldorf: 100.2 (UTPAL BARUAH/Reuters), 139.10
Hans Blossey, Hamm: 161.12
Deutsches Museum, München: 36.2, 36.4, 36.5, 144.4
die bildstelle, Hamburg: 125.3 (Bernd Nasner)
Olaf Döring, Düsseldorf: 200.1
ecopix Fotoagentur, Berlin: 132.1M
Focus, Hamburg: 152.1 (eye of science)
F1 Online, Frankfurt: 199.6 (Kleinhenz)
Ulrich Brinkhoff, Greven: 92.4M
Getty Images, München: 177.2 (Louis Fox)
hde Metallwerk GmbH, Menden: 97.06M
Helga Lade, Frankfurt: 30.1a, 100.1
images.de, Berlin: 163.1 (Xinhua)
Institut für wissenschaftliche Fotografie/M.P. Kage, Lauterstein: 161.13
Joker, Bonn: 124.1 (Walter G. Allgoewer)
Klaus Günther Kohn, Braunschweig: 12.1b-e
Karl-Heinz Kuhlmann, Bielefeld: 9.2, 9.3
Keystone, Hamburg: 194.1b (Jochen Zick)
Laif, Köln: 157.3 (Langrock/Zenit)
Jörg Lantelmé, Kassel: 132.1
LOOK-foto, München: 163.2 (TerraVista)
© Igor Lubnevskiy - Fotolia.com: 211.1
© Raimond Spekking/Wikimedia Commons (CC-BY-SA-3.0 & GDFL): 189.2
mauritius images, Mittenwald: 125.2 (imagebroker.net), 138.1 (imagebroker.net), 138.6, 198.1
medicalpicture, Köln: 159.3
Olympus Deutschland GmbH, Hamburg: 36.1
Adam Opel GmbH, Rüsselsheim: 71.7
Picture-Alliance, Frankfurt: 25.3 (Heinz von Heydenaber), 92.6 (dpa), 97.2, 106/Beispiel (chromorange), 185-187 (dpa-infografik), 200.3, 200.4 (dpa/U. Zucchi)
pkphotography – Pius Koller, Sursee: 189.1
Skoda Auto Deutschland GmbH, Weiterstadt: 71.8M
Max Schröder, Koblenz: 124.2
Andrea Späth Fotodesign, München: 124.3
Stadt Solingen: 199.3
SSPL/National media Museum, Bradford: 37.6b
Matthias Stolt, Hamburg: 37.6a
Jochen Tack, Essen: 140.22
vario images, Bonn: 96.4, 139.14, 183.2M, 188.2, 199.5M
Volkswagen AG, Wolfsburg: 35.1, 68.1b-c, 91.2a-b
www.BilderBox.com, Thening, Österreich: 95.4

Titelbild links: foto und film Klaus Wefringhaus, Braunschweig
Titelbild rechts: Corbis, Düsseldorf (Robert Essel)
Alle übrigen Fotos: Fotostudio Druwe & Polastri, Weddel
Alle Illustrationen: Matthias Berghahn, Bielefeld
Alle technischen Zeichnungen wurden von der Technisch-Grafischen-Abteilung Westermann (Hannelore Wohlt), Braunschweig angefertigt.